高等院校职业技能实训规划教材

AutoCAD 2016中文版经典课堂

杨 桦 李 雪 徐慧玲 编著

清華大學出版社
北 京

内 容 提 要

本书以AutoCAD 2016为平台，以“理论+应用”为创作导向，用简洁的形式、通俗的语言，对AutoCAD软件的应用以及一系列典型的实例进行了全面讲解。

全书共13章，分别对AutoCAD绘图知识、三维建模知识、室内设计施工图的绘制、园林景观设计施工图的绘制以及机械零件图的绘制进行了讲解，以达到“授人以渔”的目的。其中，主要知识点涵盖了AutoCAD 2016入门知识、辅助功能的应用、二维图形的绘制和编辑、图块与外部参照的应用、文本与表格的应用、尺寸标注的应用、三维模型的创建与编辑、图形的输出与打印等内容。

本书结构清晰，思路明确，内容丰富，语言简练，解说详略得当，既有鲜明的基础性，也有很强的实用性。

本书既可作为大中专院校及高等院校相关专业的教学用书，又可作为AutoCAD爱好者的学习用书。同时，也可以作为社会各类AutoCAD培训班的首选教材。

图书在版编目(CIP)数据

AutoCAD 2016中文版经典课堂 / 杨桦，李雪，徐慧玲编著. —北京：清华大学出版社，2018
（高等院校职业技能实训规划教材）

ISBN 978-7-302-49464-5

Ⅰ.①A… Ⅱ.①杨… ②李… ③徐… Ⅲ. ①AutoCAD软件—高等职业教育—教材 Ⅳ. ①TP391.72

中国版本图书馆CIP数据核字（2018）第020918号

责任编辑：陈冬梅
封面设计：杨玉兰
责任校对：李玉茹
责任印制：杨 艳
出版发行：清华大学出版社

网 址：http://www.tup.com.cn，http://www.wqbook.com
地 址：北京清华大学学研大厦A座 **邮 编**：100084
社 总 机：010-62770175 **邮 购**：010-62786544
投稿与读者服务：010-62776969，c-service@tup.tsinghua.edu.cn
质量反馈：010-62772015，zhiliang@tup.tsinghua.edu.cn

印 装 者：三河市金元印装有限公司
经 销：全国新华书店
开 本：200mm×260mm **印 张**：16.75 **字 数**：408千字
版 次：2018年4月第1版 **印 次**：2018年4月第1次印刷
印 数：1～3000
定 价：49.00 元

产品编号：076478-01

前 言

为何要学习 AutoCAD

设计图是设计师的语言，作为一名优秀的设计师，除了要有丰富的设计经验外，还必须掌握几门绘图技术。早期设计师们都采用手工制图，由于设计图纸是随着设计方案的变化而变化的，使得设计师们需反复地修改图纸，工作量可想而知是多么繁重。随着时代的进步，计算机绘图取代了手工绘图，从而被普遍应用到各个专业领域，其中 AutoCAD 软件应用最为广泛。从建筑到机械，从水利到市政，从服装到电气，从室内设计到园林景观，可以说凡是涉及机械制造或建筑施工行业，都能见到 AutoCAD 软件的身影。目前，AutoCAD 软件已成为各专业设计师必备技能之一，所以想成为一名出色的设计师，学习 AutoCAD 是必经之路。

AutoCAD 软件介绍

Autodesk 公司自 1982 年推出 AutoCAD 软件以来，先后对该软件进行了十多次的版本升级，目前主流版本为 AutoCAD 2016。新版本的界面根据用户需求做了更多的优化，旨在使用户更快完成常规 CAD 任务、更轻松地找到更多常用命令。从功能上看，除了保留空间管理、图层管理、图形管理、面板的使用、块的使用、外部参照文件的使用等优点外，还增加很多更为人性化的设计，如捕捉几何中心、调整尺寸标注宽度、智能标注功能以及云线功能。

系列图书内容设置

本系列图书以 AutoCAD 2016 为平台，以“理论知识 + 实际应用 + 案例展示”为创作思路，向读者全面阐述了 AutoCAD 在设计领域中的强大功能。在讲解过程中，结合各领域的实际应用，对相关的行业知识进行了深度剖析，以辅助读者完成各种类型的设计工作。正所谓要“授人以渔”，读者不仅可以掌握这款绘图设计软件，还能利用它独立完成作品的创作。本系列图书包含以下作品：

⇨《AutoCAD 2016 中文版经典课堂》

⇨《AutoCAD 2016 室内设计经典课堂》

⇨《AutoCAD 2016 家具设计经典课堂》

⇨《AutoCAD 2016 园林景观经典课堂》

⇨《AutoCAD 2016 建筑设计经典课堂》

⇨《AutoCAD 2016 电气设计经典课堂》

⇨《AutoCAD 2016 机械设计经典课堂》

配套资源获取方式

目前市场上很多计算机图书中配有 DVD 光盘，但总是容易破损或无法正常读取。鉴于此，本系列图书的资源可以通过以下方式获取。

需要获取本书配套实例、教学视频的老师可以发送邮件到：619831182@QQ.com 或添加微信公众号 DSSF007 回复“经典课堂”，制作者会在第一时间将其发至您的邮箱。

适用读者群体

本系列图书主要面向广大高等院校相关设计专业的学生；室内、建筑、园林景观、机械以及电气设计的从业人员；除此之外，还可以作为社会各类 AutoCAD 培训班的学习教材，同时也是 AutoCAD 自学者的良师益友。

作者团队

本书由杨桦、李雪、徐慧玲编著，本系列图书由高校教师、工作在一线的设计人员以及富有多年出版经验的老师共同编写。其中，刘鹏、王晓婷、汪仁斌、郝建华、刘宝锺、崔雅博、彭超、伏银恋、任海香、李瑞峰、杨继光、周杰、刘松云、吴蓓蕾、王赞赞、李霞丽、周婷婷、张静、张晨晨、张素花、赵盼盼、许亚平、刘佳玲、王浩、王博文等均参与了具体章节的编写工作，在此对他们的付出表示真诚的感谢。

致　谢

为了令本系列图书尽可能满足读者的需求，许多人付出了辛勤的劳动。在此，向参与本书出版工作的“ACAA 教育集团”和“Autodesk 中国教育管理中心”的领导及老师、出版社的策划编辑等人员，致以诚挚谢意。同时感谢清华大学出版社的所有编审人员为本系列图书的出版所付出的努力。本系列图书在编写过程中力求严谨细致，但由于时间和精力有限，书中仍难免出现疏漏和不妥之处，希望各位读者朋友们多多包涵，并批评指正，万分感谢！

读者朋友在阅读本系列图书时，如遇与本书有关的技术问题，则可以通过添加微信号 dssf2016 进行咨询，或者在获取资源的公众平台中留言，我们将在第一时间与您互动解答。

编　者

AutoCAD 知识导图

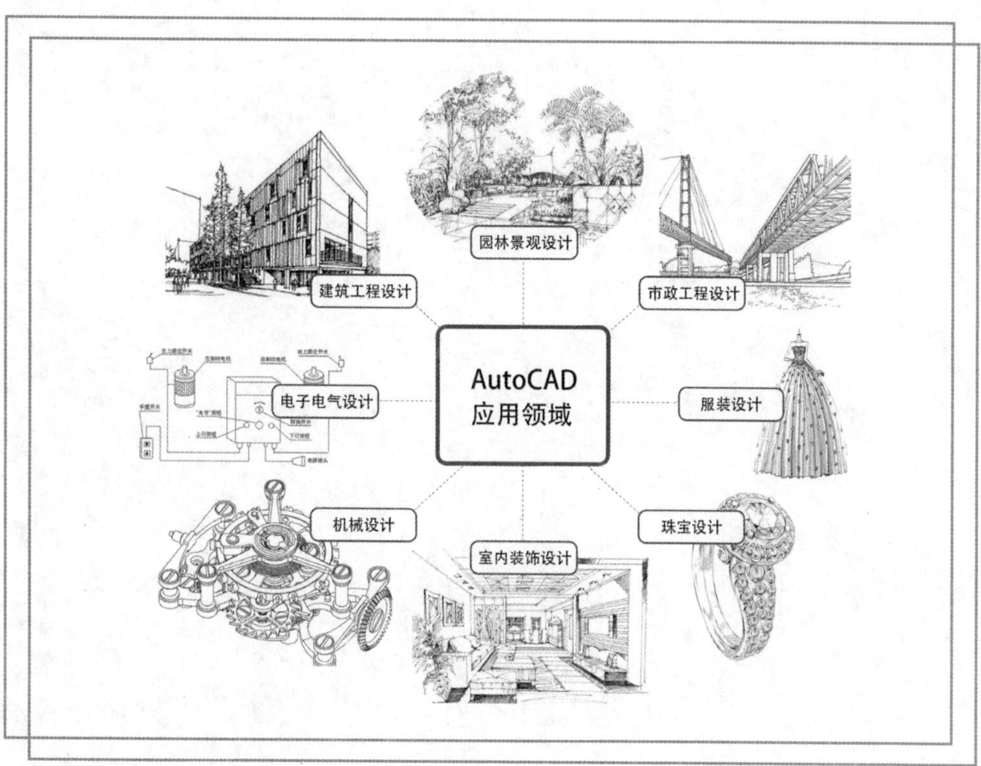

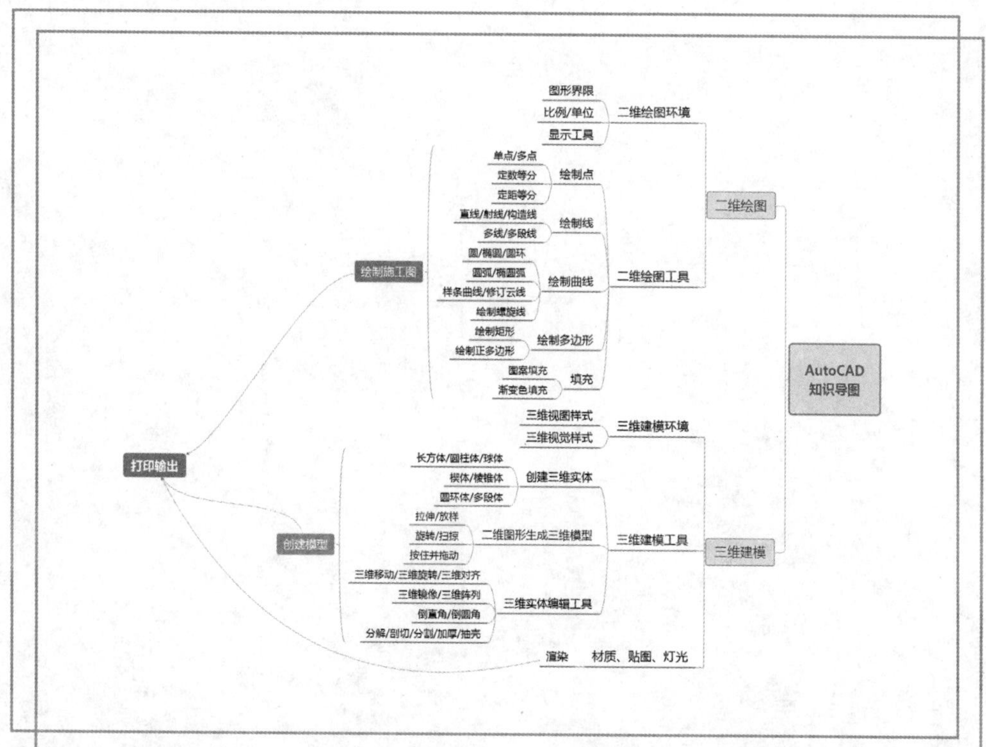

目录

第 1 章 AutoCAD 2016 基础入门

1.1 AutoCAD 2016 概述 1

1.1.1 AutoCAD 的行业应用 1

1.1.2 AutoCAD 2016 新功能 2

1.1.3 AutoCAD 2016 工作界面 4

1.2 图形文件的操作与管理 7

1.2.1 新建图形文件 7

1.2.2 打开图形文件 7

1.2.3 保存图形文件 8

1.3 绘图环境的设置 9

1.3.1 更改绘图界限 9

1.3.2 设置绘图单位 9

1.3.3 设置显示工具 10

第 2 章 辅助功能的使用

2.1 设置绘图辅助功能 15

2.1.1 栅格显示 15

2.1.2 捕捉模式 16

2.1.3 极轴追踪 17

2.1.4 对象捕捉 18

2.1.5 正交模式 20

2.2 夹点捕捉 20

2.2.1 设置夹点 20

2.2.2 编辑夹点 21

2.3 使用动态输入 21

2.3.1 启用指针输入 22

2.3.2 启用标注输入 22

2.3.3 显示动态提示 23

2.4 查询功能的使用 23

2.4.1 距离查询 23

2.4.2 半径查询 24

2.4.3 角度查询 25

2.4.4 面积 / 周长查询 25

2.4.5 面域 / 质量查询 26

第 3 章 图层设置与管理

3.1 图层的操作 29

3.1.1 创建新图层 29

3.1.2 设置图层 30

3.2 管理图层 33

3.2.1 置为当前图层 33

3.2.2 图层的显示与隐藏 33

3.2.3 图层的锁定与解锁 34

3.2.4 图层的冻结与解冻 34

3.2.5 隔离图层 35

3.3 管理图层工具 35

3.3.1 新建特性过滤器 35

3.3.2 图层状态管理器 37

第 4 章 绘制二维图形

4.1 绘制点 41

4.1.1 设置点样式 41

4.1.2 点的绘制 42

4.1.3 定数等分 42

4.1.4 定距等分 42

4.2 绘制线型 42

4.2.1 绘制直线 43

4.2.2 绘制射线 44

4.2.3 绘制构造线 ………… 44
4.2.4 绘制与编辑多线 ………… 44
4.2.5 绘制与编辑多段线 ………… 48
4.3 绘制曲线 ………… 50
4.3.1 绘制圆 ………… 50
4.3.2 绘制圆弧 ………… 51
4.3.3 绘制椭圆 ………… 52
4.3.4 绘制圆环 ………… 52
4.3.5 绘制样条曲线 ………… 53
4.3.6 绘制修订云线 ………… 54
4.4 绘制矩形和多边形 ………… 54
4.4.1 绘制矩形 ………… 54
4.4.2 绘制多边形 ………… 56

第 5 章 编辑二维图形

5.1 编辑图形 ………… 59
5.1.1 移动图形 ………… 59
5.1.2 复制图形 ………… 60
5.1.3 旋转图形 ………… 60
5.1.4 镜像图形 ………… 61
5.1.5 偏移图形 ………… 63
5.1.6 阵列图形 ………… 63
5.1.7 拉伸图形 ………… 65
5.1.8 缩放图形 ………… 66
5.1.9 延伸图形 ………… 66
5.1.10 倒角和圆角 ………… 67
5.1.11 修剪图形 ………… 68
5.1.12 打断图形 ………… 68
5.1.13 分解图形 ………… 69
5.1.14 删除图形 ………… 69
5.2 编辑复杂图形 ………… 69
5.2.1 编辑多段线 ………… 69
5.2.2 编辑样条曲线 ………… 70
5.3 图形图案的填充 ………… 71
5.3.1 图案填充 ………… 71
5.3.2 渐变色填充 ………… 76

第 6 章 图块、外部参照及设计中心

6.1 图块的应用 ………… 79
6.1.1 创建图块 ………… 79
6.1.2 存储图块 ………… 81
6.1.3 插入图块 ………… 83
6.2 图块属性的编辑 ………… 84
6.2.1 创建与附着属性 ………… 84
6.2.2 编辑块的属性 ………… 87
6.2.3 块属性管理器 ………… 87
6.3 外部参照的使用 ………… 88
6.3.1 附着外部参照 ………… 88
6.3.2 管理外部参照 ………… 89
6.3.3 剪裁外部文件 ………… 89
6.3.4 编辑外部参照 ………… 90
6.4 设计中心的应用 ………… 90
6.4.1 “设计中心”面板 ………… 90
6.4.2 “设计中心”面板的应用 ………… 91
6.5 动态图块设置 ………… 92
6.5.1 使用参数 ………… 92
6.5.2 使用动作 ………… 92
6.5.3 使用参数集 ………… 93
6.5.4 使用约束 ………… 94

第 7 章 文本与表格的应用

7.1 设置文字样式 ………… 99
7.1.1 创建文字样式 ………… 99
7.1.2 修改文字样式 ………… 100
7.1.3 管理文字样式 ………… 100

7.2 创建和编辑单行文本 101
7.2.1 创建单行文本 101
7.2.2 编辑单行文本 104
7.3 创建和编辑多行文本 104
7.3.1 创建多行文本 105
7.3.2 编辑修改多行文本 106
7.4 表格的使用 107
7.4.1 设置表格样式 107
7.4.2 创建表格 109
7.4.3 编辑表格 110

第 8 章 尺寸标注与编辑

8.1 标注的基本规则和组成要素 117
8.1.1 标注的规则 117
8.1.2 标注的组成要素 118
8.2 创建和设置标注样式 119
8.2.1 新建标注样式 119
8.2.2 设置标注样式 119
8.2.3 删除标注样式 120
8.3 基本尺寸标注 120
8.3.1 线性标注 120
8.3.2 对齐标注 122
8.3.3 角度标注 122
8.3.4 弧长标注 122
8.3.5 半径 / 直径标注 123
8.3.6 折弯标注 123
8.3.7 坐标标注 124
8.3.8 快速标注 124
8.3.9 连续标注 125
8.3.10 基线标注 126
8.3.11 公差标注 126
8.3.12 引线标注 128
8.4 编辑尺寸标注 130
8.4.1 编辑标注文本 131
8.4.2 使用“特性”面板编辑尺寸标注 ··· 131
8.4.3 更新尺寸标注 133

第 9 章 创建与编辑三维模型

9.1 创建三维实体模型 137
9.1.1 创建长方体 137
9.1.2 创建圆柱体 138
9.1.3 创建楔体 139
9.1.4 创建球体 139
9.1.5 创建圆环 140
9.1.6 创建棱锥体 140
9.1.7 创建多段体 141
9.2 二维图形生成三维实体 142
9.2.1 拉伸实体 142
9.2.2 放样实体 143
9.2.3 旋转实体 143
9.2.4 扫掠实体 144
9.2.5 按住并拖动 145
9.3 编辑三维实体模型 146
9.3.1 三维移动 146
9.3.2 三维旋转 146
9.3.3 三维对齐 147
9.3.4 三维镜像 148
9.3.5 三维阵列 150
9.3.6 编辑三维实体边 151
9.3.7 编辑三维实体面 153
9.3.8 布尔运算 155
9.3.9 抽壳 156
9.3.10 倒角 157

第 10 章 输出与打印

10.1 输入与输出 161
10.1.1 输入图纸 161
10.1.2 插入 OLE 对象 162
10.1.3 输出图纸 162

10.2 模型空间与图纸空间 164
10.2.1 相关概念介绍 164
10.2.2 模型空间与图纸空间的互换 165
10.3 布局视口 165
10.4 打印图纸 167
10.4.1 设置打印参数 168
10.4.2 预览打印 168
10.5 网络应用 169
10.5.1 Web 浏览器应用 169
10.5.2 超链接管理 169

第 11 章 绘制居室施工图

11.1 居室空间设计概述 173
11.1.1 居室空间设计分析 173
11.1.2 居室空间设计风格 174
11.2 绘制居室空间平面图 176
11.2.1 绘制原始户型图 176
11.2.2 绘制平面布置图 181
11.2.3 绘制顶面布置图 185
11.3 绘制居室立面图 188
11.3.1 绘制客厅 A 立面图 188
11.3.2 绘制卧室 A 立面图 193
11.3.3 绘制玄关 B 立面图 196
11.4 绘制剖面详图 198
11.4.1 绘制酒柜详图 198
11.4.2 绘制衣柜详图 201
11.4.3 绘制客厅吊顶详图 203

第 12 章 绘制园林景观图

12.1 园林景观设计概述 205
12.1.1 园林景观设计要点 205
12.1.2 园林艺术风格 206
12.2 绘制园林景门图 207
12.2.1 绘制园林景门平面图 207
12.2.2 绘制园林景门正立面图 208
12.2.3 绘制园林景门侧立面图 211
12.3 绘制花盆图 212
12.3.1 绘制花盆平面图 212
12.3.2 绘制花盆正立面图 213
12.3.3 绘制花盆剖面图 214
12.4 绘制园林木桥图 217
12.4.1 绘制木桥平面图 217
12.4.2 绘制木桥正立面图 219
12.4.3 绘制木桥剖面图 221

第 13 章 绘制机械零件图

13.1 绘制螺母三视图 225
13.1.1 绘制螺母正立面图 225
13.1.2 绘制螺母侧立面图 228
13.1.3 绘制螺母俯视图 229
13.2 绘制机件三视图 230
13.2.1 绘制机件正立面图 230
13.2.2 绘制机件侧立面图 231
13.2.3 绘制机件俯视图 233
13.3 绘制泵盖三视图 233
13.3.1 绘制泵盖俯视图 234
13.3.2 绘制泵盖剖面图 236
13.4 绘制底座三视图 238
13.4.1 绘制底座正立面图 238
13.4.2 绘制底座侧立面图 240
13.4.3 绘制底座俯视图 242
13.4.4 绘制底座模型 244
附录 A 认识 3ds Max 247
附录 B 认识 SketchUp 253
参考文献 257

第 1 章

AutoCAD 2016 基础入门

AutoCAD 是美国 Autodesk 公司首次于 1982 年生产的自动计算机辅助设计软件，用于二维绘图和三维设计。本章向读者介绍新版本 AutoCAD 2016 软件的一些新增功能、图形基本操作以及绘图环境的设置等基础知识。

知识要点

- ▲ AutoCAD 2016 概述
- ▲ 图形文件的操作与管理
- ▲ 绘图环境的设置

1.1 AutoCAD 2016 概述

AutoCAD 的每一次升级和更新，功能都会得到增强，且日趋完善。一个好的设计理念只有通过规范的制图才能实现其理想的效果。下面向读者介绍一些工程制图的基本知识以及 AutoCAD 软件的应用范围。

1.1.1 AutoCAD 的行业应用

随着科学技术的发展，AutoCAD 软件已经被广泛运用到了各行各业，如城市规划、园林设计、航空航天、建筑设计、机械设计、工业设计、电子电气、服装设计、美工设计等。下面对 AutoCAD 常见的应用领域进行简单介绍。

1. 建筑绘图

从最初的二维绘图发展到了现在的三维建模，不但可以提高设计质量，缩短工程周期，还可以节约建筑成本。建筑设计主要包括建筑平面效果图、建筑装饰效果图和简单建筑物的三维建模。如图 1-1 所示为一幅电视机背景墙立面图。

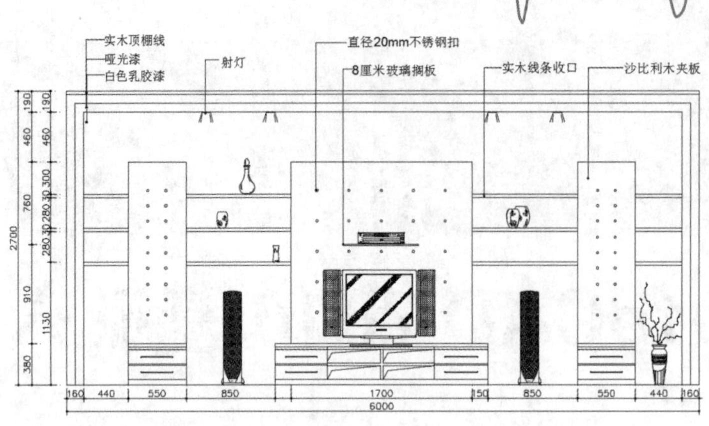

图 1-1 电视机背景墙立面图

2. 机械制图

AutoCAD 在机械制造行业的应用最早，也最为广泛。CAD 技术的应用，不但可以使设计人员“甩掉图板”，实现设计自动化，还可以使企业由原来的串行式作业转变为并行作业，建立一种全新的设计和生产技术管理体制，缩短产品的开发周期，提高劳动生产率。如今越来越多的设计者采用 CAD 技术设计机械图形，如图 1-2 所示。

3. 服装制版

AutoCAD 还被用于服装制版行业，如图 1-3 所示。以前我国纺织品及服装的工序都由人工来完成，速度慢、效率低。采用 CAD 技术，不仅使设计更加精确，还加快了产业的开发周期，更提高了生产率。AutoCAD 在服装行业的广泛应用，大大加快了我国纺织及服务企业走向国际的步伐。

由于功能的强大和应用范围的广泛，越来越多的设计单位和企业采用这一技术来提高工作效率、产品的质量和改善劳动条件。因此，AutoCAD 已逐渐成为工程设计中最流行的计算机辅助绘图软件之一。

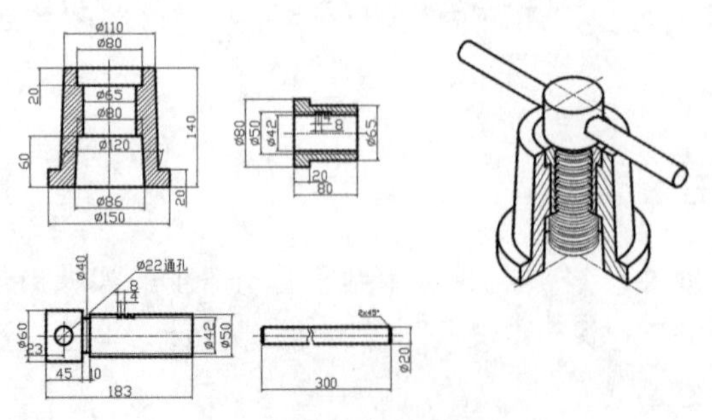

图 1-2 三维机械图形

图 1-3 服装制版

1.1.2 AutoCAD 2016 新功能

AutoCAD 2016 添加了许多新功能，使 2D 和 3D 设计、文档编制和协同工作流程更加迅捷，同时赋予了用户更为丰富的感观体验，使用户能够创造出想象中的任何图形。此外，用户可以利用数据存储和交换技术——TrustedDWG ™放心地与他人分享自己的作品。

新版 AutoCAD 在修订云线、标注、PDF 输出、附着协调模型、使用点云、外部参照、对象捕捉、截面平面工具等多个方面都有了很大的改进。

1. 云线功能增强

在 AutoCAD 2016 中对修订云线的功能进行了完善，在“默认”选项卡中增加了矩形云线和多边形云线两种功能，用户可以直接利用这两种命令进行各种造型云线的绘制，如图 1-4 所示。绘制矩形云线的方法很简单，就像绘制矩形一般，指定两个对角点即可完成矩形云线的绘制，如图 1-5 所示。

多边形云线的绘制也很简单，在绘制过程中根据命令行提示依次指定多边形的下一点即可绘制出多边形云线，如图 1-6 所示。

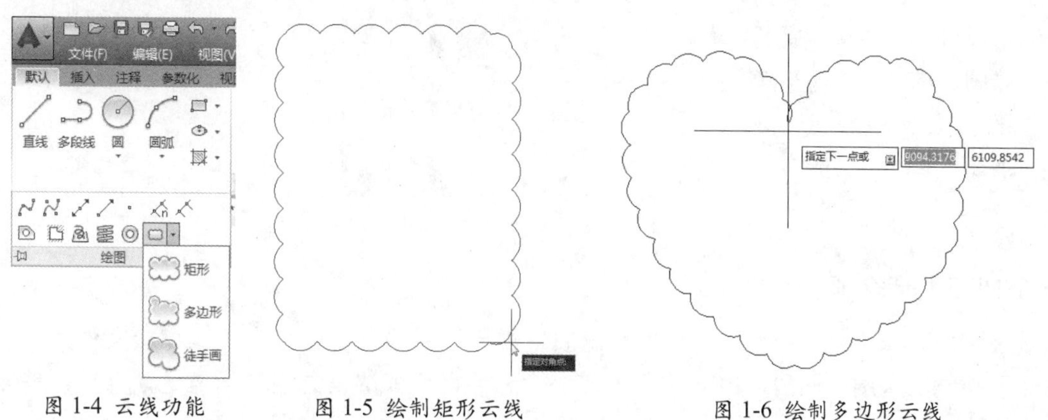

图 1-4 云线功能　　图 1-5 绘制矩形云线　　图 1-6 绘制多边形云线

另外，利用已有的图形也可以制作出云线，如圆形、多边形等。在命令行中输入 REVCLOUD 命令，按 Enter 键后根据提示输入命令 O，再根据提示选择操作对象，如图 1-7 所示，按 Enter 键确定即可完成修订云线的绘制，如图 1-8 所示。

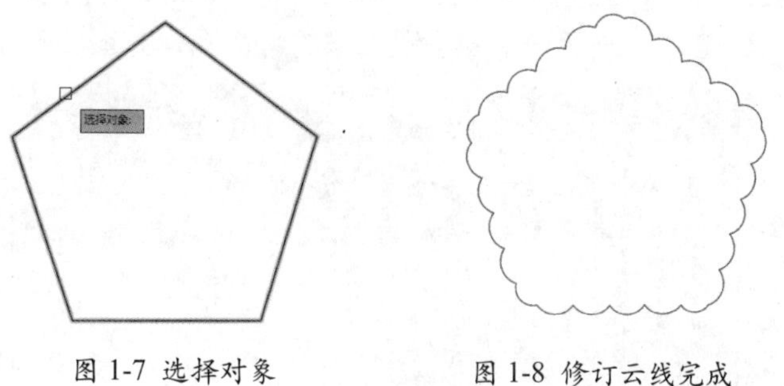

图 1-7 选择对象　　图 1-8 修订云线完成

命令行提示如下：

```
命令: _revcloud
最小弧长: 0.5    最大弧长: 0.5    样式: 普通    类型: 矩形
指定第一个角点或 [弧长(A)/对象(O)/矩形(R)/多边形(P)/徒手画(F)/样式(S)/修改(M)] <对象>: _R
指定第一个角点或 [弧长(A)/对象(O)/矩形(R)/多边形(P)/徒手画(F)/样式(S)/修改(M)] <对象>: o
选择对象:
反转方向 [是(Y)/否(N)] <否>: N
修订云线完成。
```

2. 智能标注

全新革命性的 dim 命令，带菊花的标注命令。这个命令非常古老，以前是个命令组，有许多子命令，但 R14 版本以后这个命令几乎就废弃了。AutoCAD 2016 重新设计了它，目前可以理解为智能标注，几乎一个命令就能完成日常的标注，非常实用。它可以根据用户选择的对象类别自动创建适当的尺寸，让用户更加轻松、准确地根据绘图情境计算出尺寸。

3. 捕捉“几何中心”

这一版本中的对象捕捉功能新增加了“几何中心”选项，如图 1-9 所示。启用该选项后，在绘图过程中，用户可以轻松捕捉到如圆、椭圆、多边形等封闭图形的几何中心点，如图 1-10 所示。

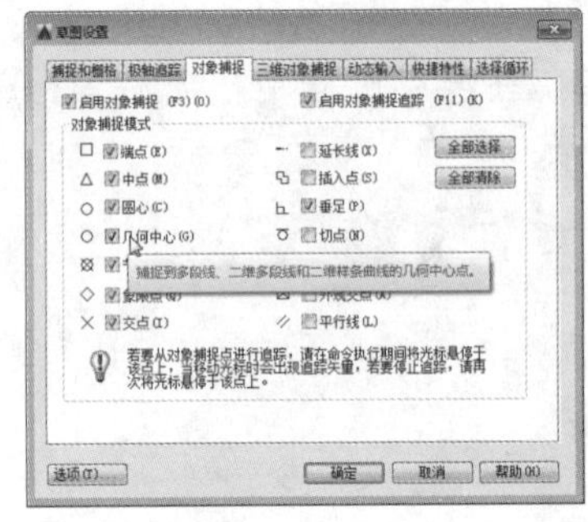

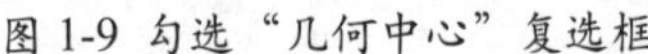
图 1-9 勾选“几何中心”复选框

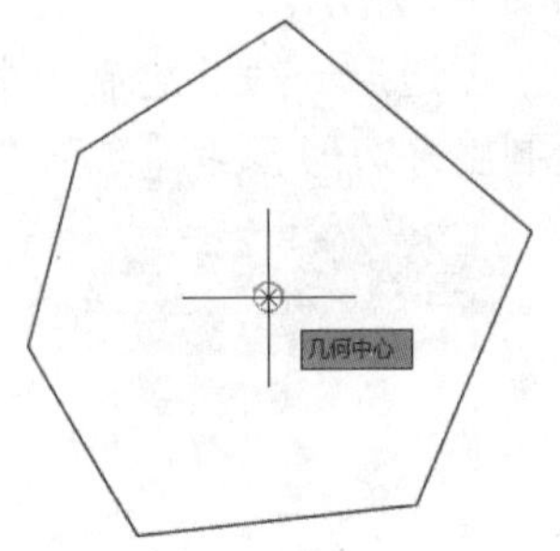

图 1-10 捕捉几何中心

4. 更多 PDF 打印选项

新版本的 AutoCAD 中对 PDF 文件输出质量进行了大幅度提升，在大幅缩减文件大小的同时确保了视觉保真度。同时，PDF 文件支持完全检索，获取的信息包含所有的超链接，并能被更快地粘贴到图纸中。

1.1.3 AutoCAD 2016 工作界面

AutoCAD 2016 的工作界面主要由标题栏、菜单栏、功能区、文件选项卡、绘图区、十字光标、命令行、状态栏等组成。在此打开了一个卧室双人床的平面图，如图 1-11 所示。

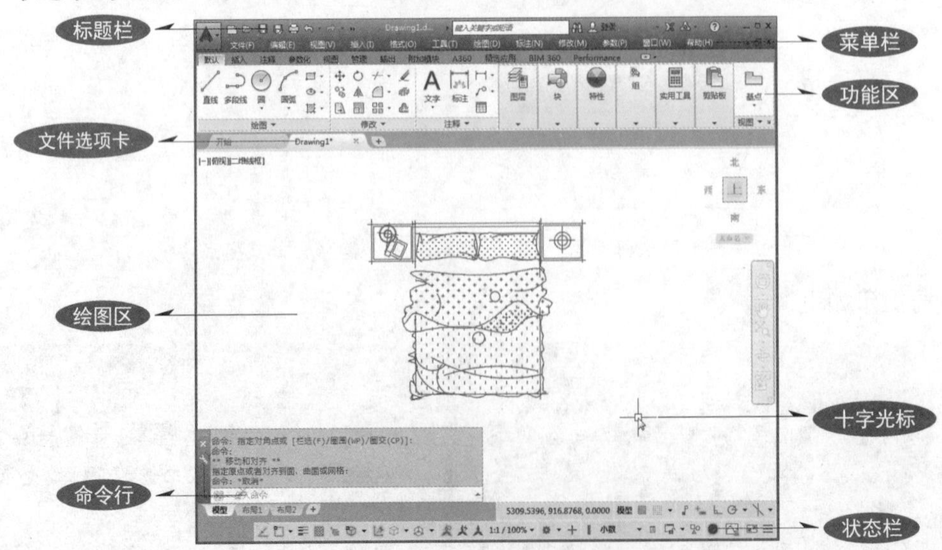

图 1-11 AutoCAD 2016 工作界面

知识拓展

首次启动 AutoCAD 2016 应用程序，默认的工作界面为黑色，为了便于显示，书中对工作界面的颜色做了调整，具体操作将在后面小节中介绍。

1. “菜单浏览器”按钮

“菜单浏览器”按钮是由新建、打开、保存、另存为、输出、发布、打印、图形实用工具以及关闭命令组成。其主要为了方便用户使用，节省时间。

“菜单浏览器”按钮位于工作界面的左上方，单击该按钮，弹出 AutoCAD 菜单。功能便一览无余，选择相应的命令，便会执行相应的操作。

2. 标题栏

标题栏位于工作界面的最上方，它由快速访问工具栏、当前图形标题、搜索栏、Autodesk Online 服务以及窗口控制按钮组成。按 Alt+空格组合键或者右击鼠标，将弹出窗口控制菜单，从中可以执行窗口的还原、移动、大小、最小化、最大化、关闭操作。也可以通过右上角的按钮最大化、最小化、关闭文件。

3. 菜单栏

菜单栏包括文件、编辑、视图、插入、格式、工具、绘图、标注、修改、参数、窗口、帮助等 12 个主菜单，如图 1-12 所示。

图 1-12 菜单栏

在默认情况下，菜单栏为隐藏状态，若要显示菜单栏，可以在快速访问工具栏单击下拉按钮，在弹出的快捷菜单中选择“显示菜单栏”命令，则可以显示菜单栏。

知识拓展

AutoCAD 2016 为用户提供了“菜单栏”功能，所有的菜单命令可以通过“菜单栏”执行，默认设置下，“菜单栏”是隐藏的，当变量 MENUBAR 的值为 1 时，显示菜单栏；为 0 时，隐藏菜单栏。

4. 功能区

在 AutoCAD 中，功能区在菜单栏的下方，其中包含功能区选项卡和功能区按钮。功能区按钮主要是代替命令的简便工具，利用功能区按钮可以完成绘图中的大量操作，如图 1-13 所示。

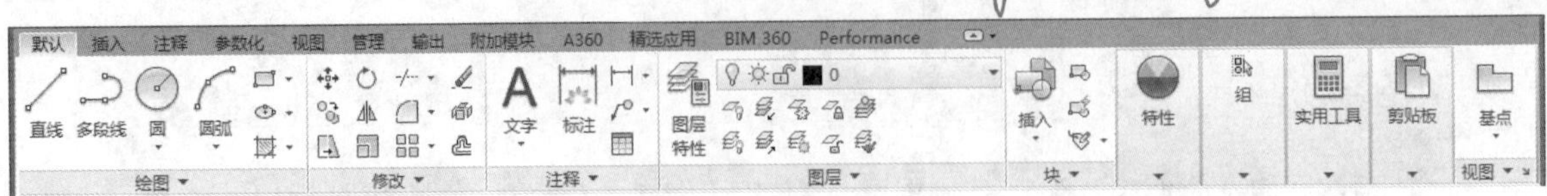

图 1-13 功能区

绘图技巧

功能区按钮和快捷键的使用非常重要，不仅省略了烦琐的操作步骤，缩短绘图时间，提高效率，给用户带来便捷的体验，也实现了用户由新手到高手的蜕变！

5. 文件选项卡

文件选项卡位于功能区下方，默认新建选项卡会以 Drawing1 的形式显示。再次新建图形文件时，会以 Drawing2 显示，该选项卡有利于用户查看需要的文件，如图 1-14 所示。

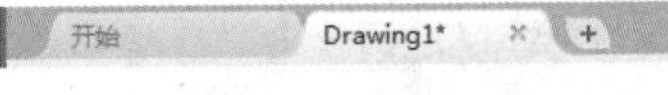

图 1-14 文件选项卡

6. 绘图区

绘图区位于用户界面的正中央，即被工具栏和命令行所包围的整个区域，此区域是用户的工作区域，图形的设计与修改工作就是在此区域内进行操作的。绘图区是一个无限大的电子屏幕，无论尺寸多大或多小的图形，都可以在绘图区中绘制和灵活显示。

绘图窗口包含有坐标系、十字光标和导航盘等，一个图形文件对应一个绘图区，所有的绘图结果都将反映在这个区域。用户可根据需要利用“缩放”命令来控制图形的大小显示，也可以关闭周围的各个工具栏，以增加绘图空间，或者是在全屏模式下显示绘图窗口。

7. 命令行

命令行是用来显示通过键盘输入的命令、参数以及 AutoCAD 的反馈信息。用户在菜单和功能区执行的命令同样也会在命令行中显示，如图 1-15 所示。一般情况下，命令行位于绘图区的下方，用户可以通过使用鼠标拖动命令行，使其处于浮动状态，也可以随意更改命令行的大小。

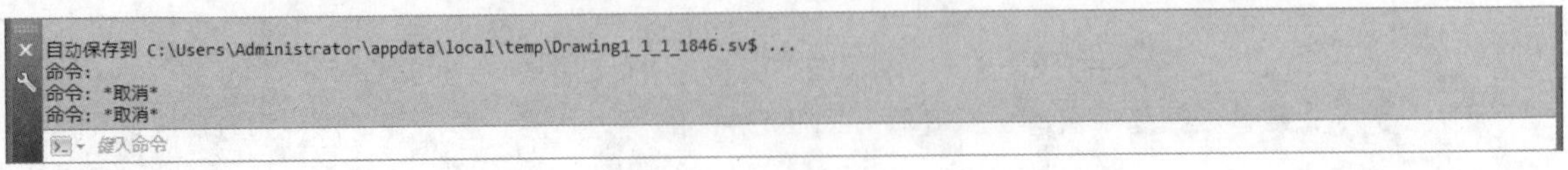

```
自动保存到 C:\Users\Administrator\appdata\local\temp\Drawing1_1_1_1846.sv$ ...
命令:
命令: *取消*
命令: *取消*
键入命令
```

图 1-15 命令行

知识拓展

命令行也可以作为文本窗口的形式显示命令。文本窗口是记录 AutoCAD 历史命令的窗口，按 F2 键可以打开文本窗口，该窗口中显示的信息和命令行显示的信息完全一致，便于快速访问和复制完整的历史记录。

8. 状态栏

状态栏用于显示当前的绘图状态。在状态栏的最左侧有“模型”和“布局”两个绘图模式，单击鼠标左键可以进行模式的切换。状态栏主要用于显示光标的坐标轴、控制绘图的辅助功能按钮、控制图形状态的功能按钮等，如图 1-16 所示。

图 1-16 状态栏

1.2 图形文件的操作与管理

图形文件的基本操作是绘制图形过程中必须掌握的知识要点。图形文件的操作包括创建新图形文件、打开图形文件、保存图形文件、关闭图形文件等。

1.2.1 新建图形文件

在创建一个新的图形文件时，用户可以利用已有的样板创建，也可以创建一个无样板的图形文件，无论哪种方式，操作方法基本相同。用户可以通过以下方法创建新的图形文件。

新建图形文件的常用方法有以下几种。

- 单击“菜单浏览器”按钮，执行“新建”→“图形”命令。
- 执行“文件”→“新建”命令，或按 Ctrl+N 组合键。
- 单击快速访问工具栏的“新建”按钮。
- 在文件选项卡右侧单击“新图形”按钮。
- 在命令行中输入 NEW 命令并按 Enter 键。

执行以上任意一种方法后，系统将打开“选择样板”对话框，从文件列表中选择需要的样板，单击“打开”按钮即可创建新的图形文件，如图 1-17 所示。

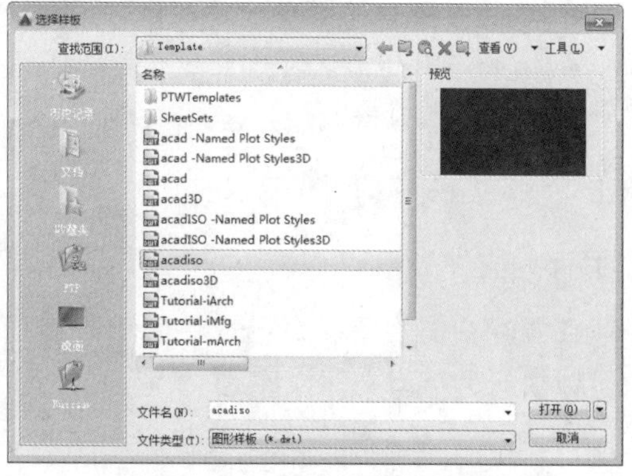

图 1-17 “选择样板”对话框

1.2.2 打开图形文件

打开图形文件的常用方法有以下几种。

- 单击“菜单浏览器”按钮，在弹出的菜单中执行“打开”→“图形”命令。
- 执行“文件”→“打开”命令，或按 Ctrl+O 组合键。
- 在命令行输入 OPEN 命令并按 Enter 键。
- 双击 AutoCAD 图形文件。

打开“选择文件”对话框，在其中选择需要打开的文件，在对话框右侧的预览区中就可以预先查看所选择的图像，然后单击“打开”按钮，即可打开图形，如图 1-18 所示。

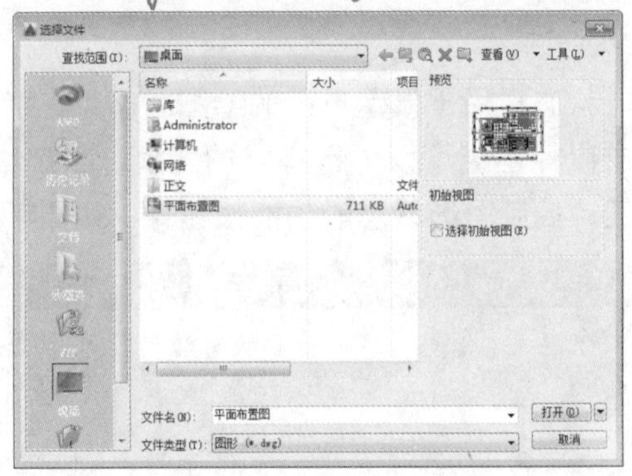

图 1-18 “选择文件”对话框

1.2.3 保存图形文件

绘制或编辑完图形后，要对文件进行保存操作，避免因失误导致没有保存文件。用户可以直接保存文件，也可以进行另存为文件。

1. 保存新建文件

用户可以通过以下方法保存文件。

- 单击“菜单浏览器”按钮，在弹出的菜单中执行“保存”→“图形”命令。
- 执行“文件”→“保存”命令，或按 Ctrl+S 组合键。
- 单击快速访问工具栏的“保存”按钮。
- 在命令行中输入 SAVE 命令并按 Enter 键。

图 1-19 “图形另存为”对话框

执行以上任意一种操作后，将打开“图形另存为”对话框，如图 1-19 所示。命名图形文件后，单击“保存”按钮即可保存文件。

2. 另存为文件

如果用户需要重新命名文件名称或者更改保存路径的话，就需要另存为文件。通过以下方法可以执行另存为文件操作。

- 单击“菜单浏览器”按钮，在弹出的菜单中执行“另存为”→“图形”命令。
- 执行“文件”→“另存为”命令。
- 单击快速访问工具栏的“另存为”按钮。

知识拓展

为了便于在 AutoCAD 早期版本中能够打开 AutoCAD 2016 的图形文件，在保存图形文件时，可以设置为较早的格式类型。在“图形另存为”对话框中，单击“文件类型”下拉按钮，在打开的下拉列表中显示了 14 种类型的保存方式，选择其中一种较早的文件类型后单击“保存”按钮即可。

1.3 绘图环境的设置

通常用户都是在系统默认的工作环境下进行绘图操作的。绘制图形时用户可以根据自己的喜好设置绘图环境，如更改绘图区的背景颜色、设置绘图界限、设置绘图单位与比例等。

1.3.1 更改绘图界限

绘图界限是指在绘图区中设定的有效区域。在实际绘图过程中，如果没有设定绘图界限，那么系统对作图范围将不做限制，会在打印和输出过程中增加难度。用户通过以下方法可以执行设置绘图边界的操作。

- 执行“格式”→“图形界限”命令。
- 在命令行中输入 LIMITS 命令并按 Enter 键。

命令行提示如下：

```
命令: LIMITS
重新设置模型空间界限:
指定左下角点或 [开(ON)/关(OFF)] <0.0000,0.0000>: on                (输入on，按Enter键)
命令:
LIMITS
重新设置模型空间界限:
指定左下角点或 [开(ON)/关(OFF)] <0.0000,0.0000>:                   指定图形界限第一点坐标值
指定右上角点 <420.0000,297.0000>:                                  指定图形界限对角点坐标值
```

1.3.2 设置绘图单位

在绘图之前，首先应对绘图单位进行设定，以保证图形的准确性。其中，绘图单位包括长度单位、角度单位、缩放单位、光源单位以及方向控制等。

在菜单栏中执行“格式”→“单位”命令，或在命令行中输入 UNITS 并按 Enter 键，即可打开“图形单位”对话框，从中便可对绘图单位进行设置，如图 1-20 所示。

1. “长度”选项组

在“类型”下拉列表框中可以设置长度单位，在“精度”下拉列表框中可以对长度单位的精度进行设置。

2. “角度”选项组

在“类型”下拉列表框中可以设置角度单位，在“精度”下拉列表框中可以对角度单位的精度进行设置。勾选“顺时针”复选框后，图像以顺时针方向旋转；若不勾选，图像则以逆时针方向旋转。

3. “插入时的缩放单位”选项组

缩放单位是用于插入图形后的测量单位，在默认情况下是“毫米”，一般不做改变，用户也可以在其下拉列表框中设置缩放单位。

4. “光源”选项组

光源单位是指光源强度的单位，其中包括“国际”“美国”“常规”选项。

5. “方向”按钮

“方向”按钮在“图形单位”对话框的下方，单击“方向”按钮即可打开“方向控制”对话框，如图 1-21 所示。默认测量角度是“东”，用户也可以设置测量角度的起始位置。

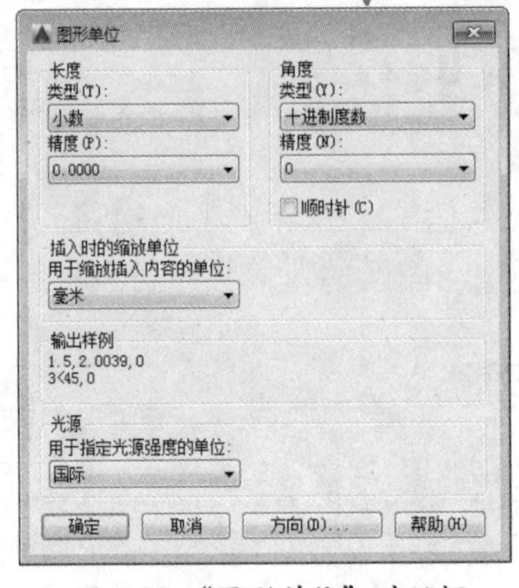

图 1-20 “图形单位”对话框

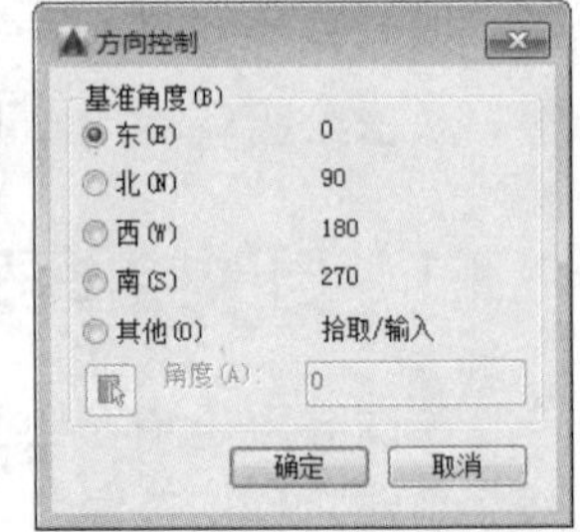

图 1-21 “方向控制”对话框

1.3.3 设置显示工具

设置显示工具也是设计中一个非常重要的因素，用户可以通过“选项”对话框更改自动捕捉标记的大小、靶框的大小、拾取框的大小、十字光标的大小等。

1. 更改自动捕捉标记大小

打开“选项”对话框，选择“绘图”选项卡，在“自动捕捉标记大小”选项组中，单击鼠标左键拖动滑块到满意位置，单击“确定”按钮即可，如图 1-22 所示。

2. 更改外部参照显示

更改外部参照显示用来控制所有 DWG 外部参照的淡入度。在“选项”对话框中打开“显示”选项卡，在“淡入度控制”选项组中输入淡入度数值，或直接拖动滑块即可修改外部参照的淡入度，如图 1-23 所示。

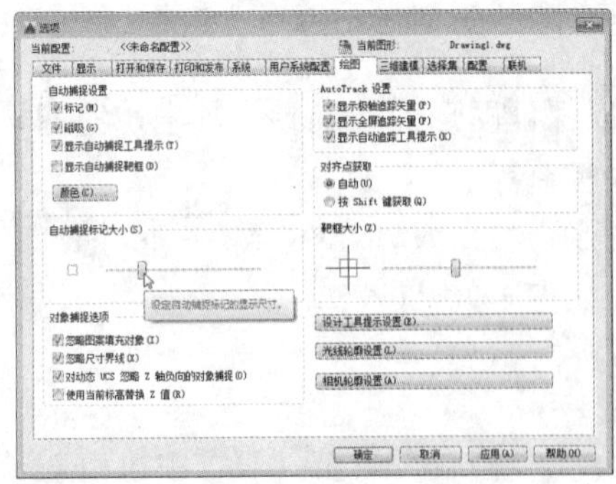
图 1-22 更改自动捕捉标记大小

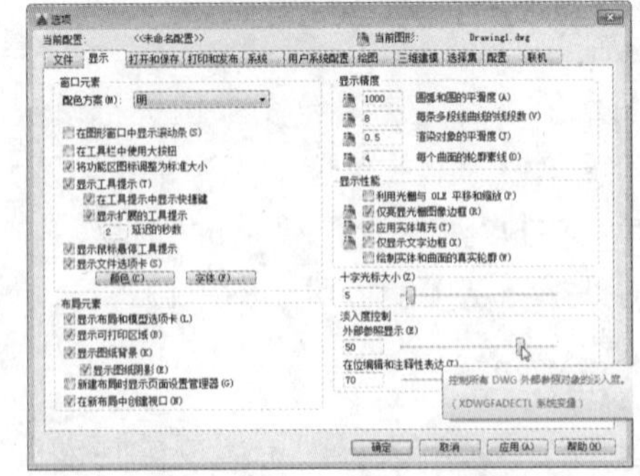
图 1-23 设置淡入度

3. 更改靶框的大小

靶框也就是在绘制图形时十字光标的中心位置。在“绘图”选项卡“靶心大小”选项组中拖动滑块可以设置大小，靶心大小会随着滑块的拖动来更改，在左侧可以预览。设置完成后，单击“确定”按钮完成操作，如图 1-24、图 1-25 所示为靶框大小的设置。

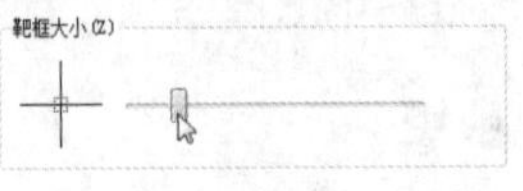

图 1-24 设置较小靶框

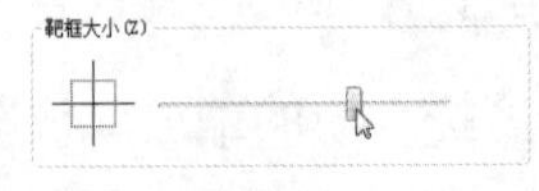

图 1-25 设置较大靶框

4. 更改拾取框的大小

十字光标在未绘制图形时的中心位置为拾取框，可以设置拾取框的大小以便于快速地拾取物体。在“选项”对话框的“选择集”选项卡中可以设置拾取框大小。在“拾取框大小”选项组中拖动滑块，直到满意的位置后单击“确定”按钮。

5. 更改十字光标的大小

十字光标的有效值范围是 1% ～ 100%，它的尺寸可延伸到屏幕的边缘，当数值在 100% 时可以辅助绘图。用户可以在“显示”选项卡“十字光标大小”选项组中，输入数值进行设置，还可以拖动滑块设置十字光标的大小，如图 1-26、图 1-27 所示为十字光标的大小调整效果。

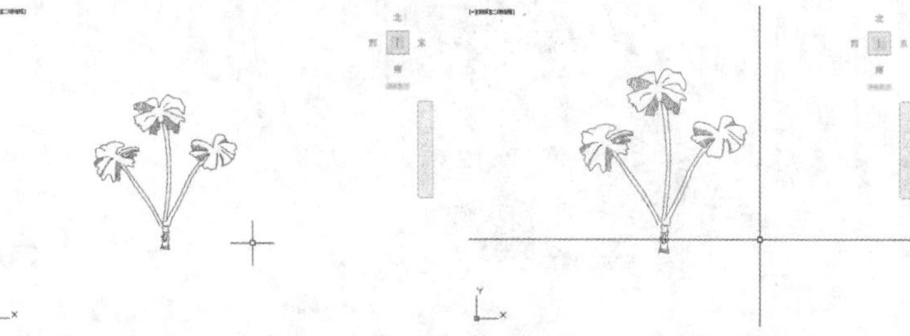

图 1-26 设置较小十字光标　　图 1-27 设置较大十字光标

绘图技巧

用户在使用 AutoCAD 的过程中偶尔会发现光标不见了，这是怎么回事？其实这是个小问题，只需在菜单栏中选择“工具”选项，并在其下拉菜单中选择“选项”命令，打开“选项”对话框，在“显示”选项卡中，除了设置光标大小之外，还可能是光标的颜色与图层颜色重合，单击“颜色”按钮，弹出“图形窗口颜色”对话框，在“界面元素”列表框选择“十字光标”选项，然后更改颜色，单击“应用并关闭”按钮，即可显示光标。

实战——更改动态提示的显示

在 AutoCAD 的显示设置中，除了靶框、拾取框、十字光标的大小等，还可以设置动态提示的颜色。下面介绍具体操作方法。

Step 01 启动 AutoCAD 2016 应用程序，随意执行一个绘图命令，观察动态提示框的颜色显示，如图 1-28 所示。

Step 02 按 Esc 键取消该命令，在命令行中输入 OP 命令，打开“选项”对话框，在“显示”选项卡中单击“颜色”按钮，如图 1-29 所示。

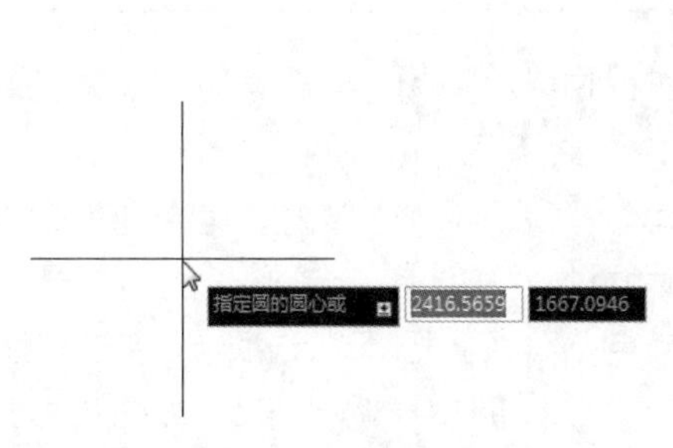

图 1-28 观察动态提示框

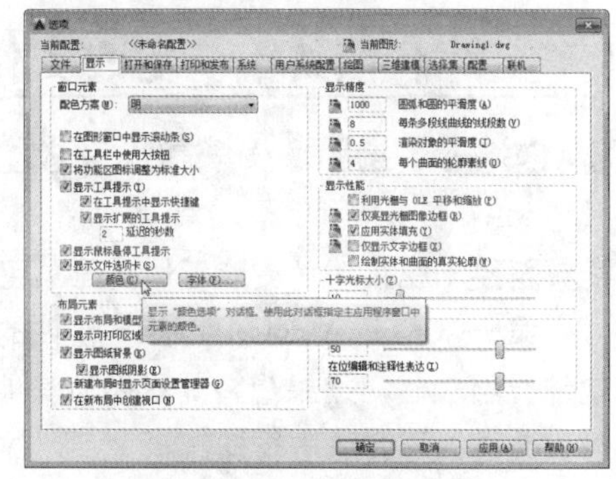

图 1-29 单击“颜色”按钮

Step 03 打开“图形窗口颜色”对话框，在“界面元素”列表框中选择“设计工具提示轮廓”选项，再在右侧的“颜色”列表框中选择红色，如图 1-30 所示。

Step 04 选择后可以在预览区中看到提示框的轮廓颜色变为红色，再在“界面元素”列表框中选择“设计工具提示背景”选项，在“颜色”列表框中选择青色，如图 1-31 所示。

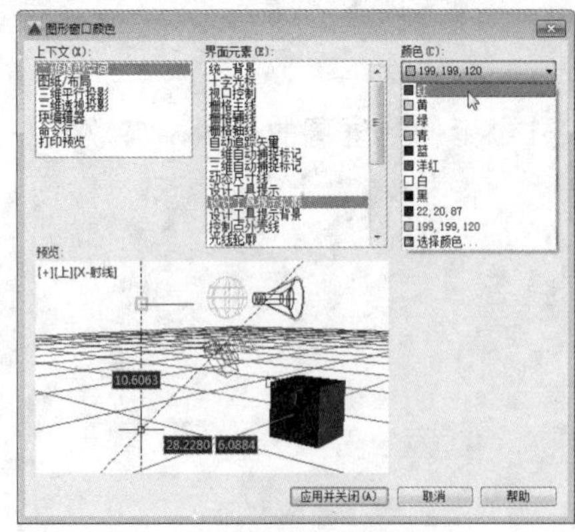

图 1-30 选择红色

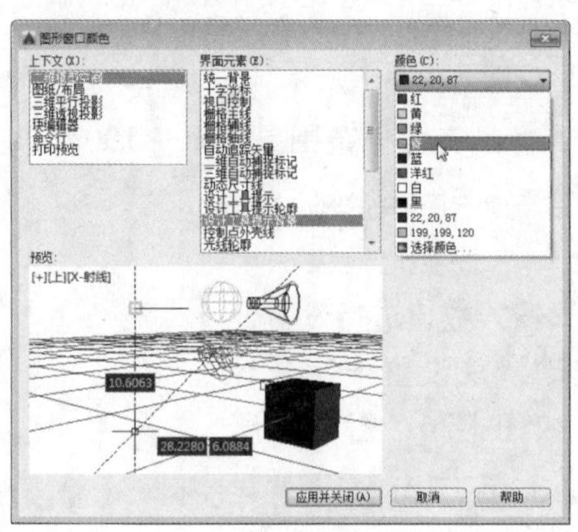

图 1-31 选择青色

Step 05 选择后可以在预览区中看到提示框的背景颜色变为青色，单击“应用并关闭”按钮，如图 1-32 所示。

Step 06 在绘图区中任意执行一个绘图命令，观察动态提示框的显示颜色，如图 1-33 所示。

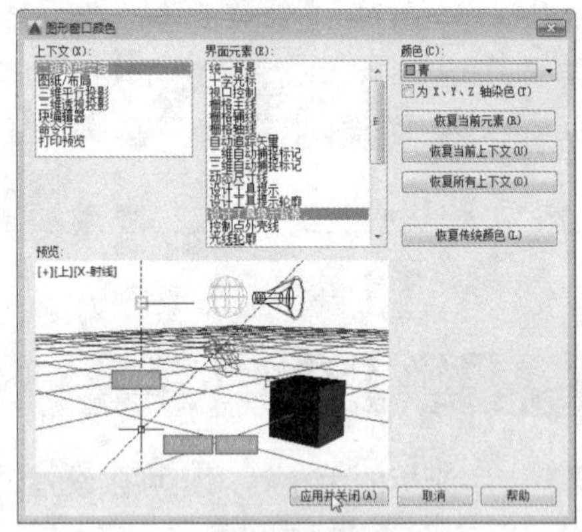

图 1-32 关闭对话框

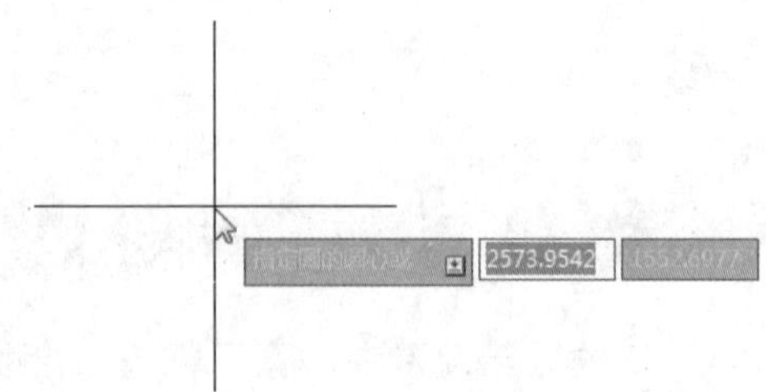

图 1-33 动态提示框显示效果

综合演练——更改工作界面颜色

实例路径： 实例 /01/ 综合演练 / 更改工作界面颜色 .dwg

视频路径： 视频 /01/ 更改工作界面颜色 .avi

第一次打开 AutoCAD 2016 软件的时候，软件界面较暗，如果想将其更换为其他颜色，可以通过以下方法进行操作。

Step 01 启动 AutoCAD 2016 应用程序，观察工作界面，如图 1-34 所示。

Step 02 单击“菜单浏览器”按钮，在打开的菜单中选择“选项”命令，打开“选项”对话框，切换到“显示”选项卡，单击“配色方案”下拉按钮，选择“明”选项，如图 1-35 所示。

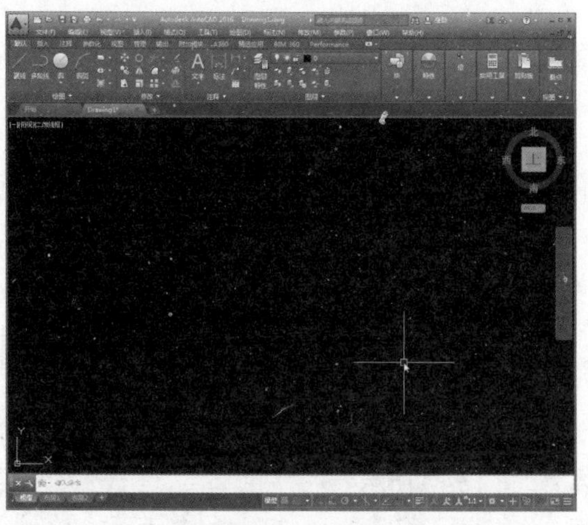

图 1-34 初始工作界面

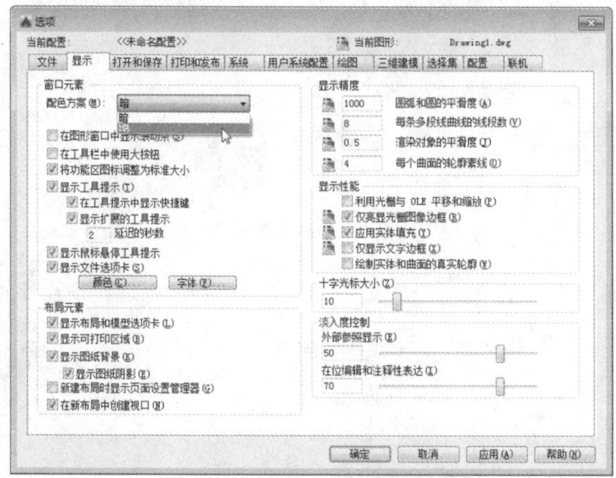

图 1-35 选择配色方案

Step 03 再单击“颜色”按钮，如图 1-36 所示。

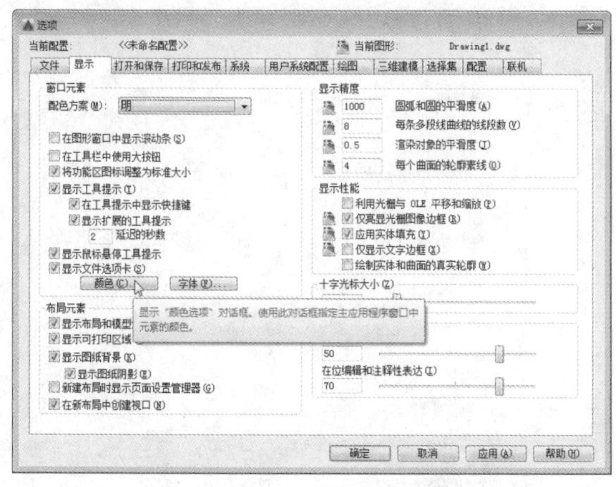

图 1-36 单击“颜色”按钮

Step 04 打开“图形窗口颜色”对话框，从中设置统一背景的颜色为白色，如图 1-37 所示。

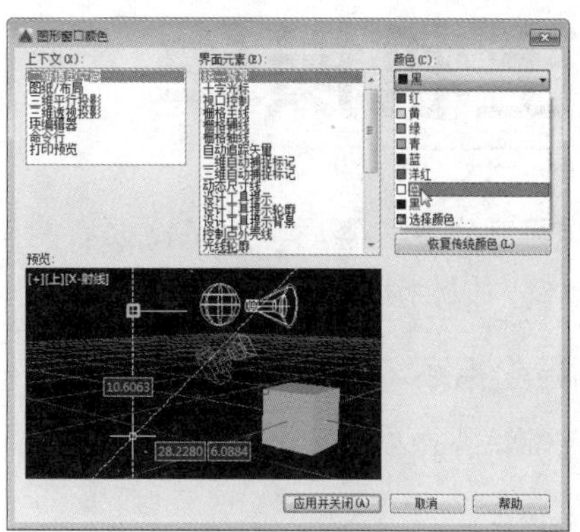

图 1-37 选择颜色

Step 05 选择后在预览区可以看到预览效果，如图 1-38 所示。

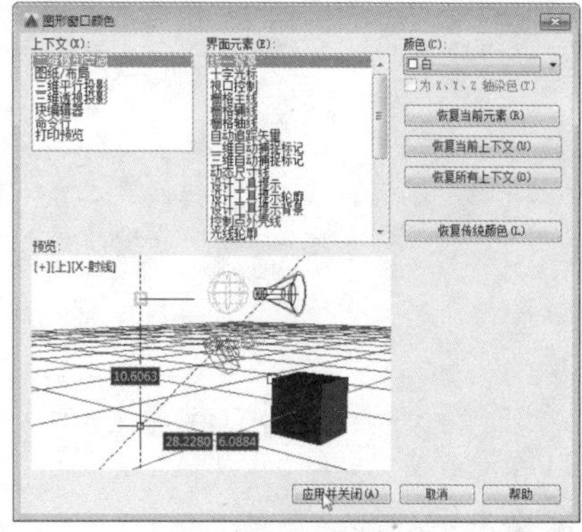

图 1-38 预览效果

Step 06 单击“应用并关闭”按钮，返回“选项”对话框再单击“确定”按钮，即可更改工作界面及绘图区的颜色，如图 1-39 所示为更改后的效果。

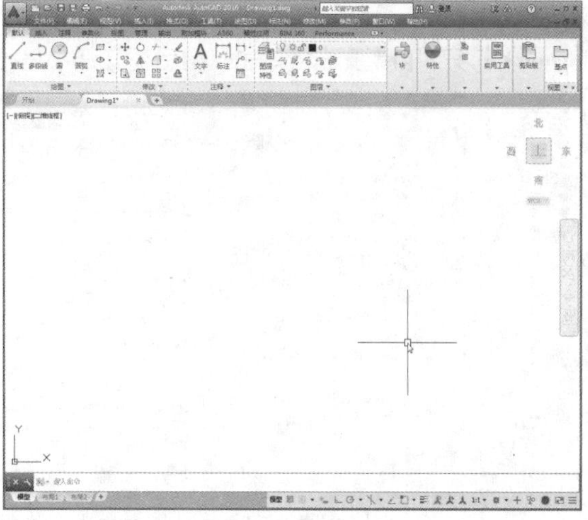

图 1-39 设置效果

上机操作

学习完本章内容后，为了让读者能够更好地掌握本章所学知识，本节列举几个针对本章的拓展案例，以供读者练习。

1. 创建坐标系

本例将介绍坐标系的创建方法。

操作提示：

Step 01 执行“工具”→“新建 UCS”→“原点”命令，如图 1-40 所示。

Step 02 在状态栏中打开“对象捕捉”后，捕捉线段端点，作为坐标系的原点，如图 1-41 所示。

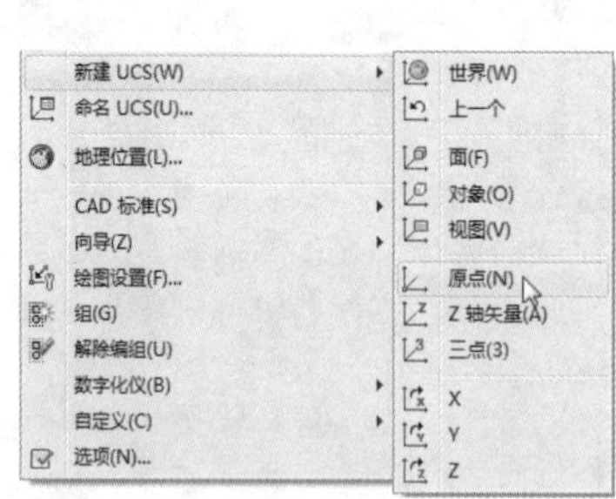

图 1-40 选择“原点”命令

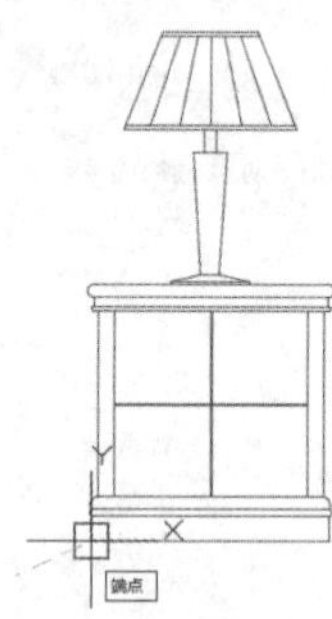

图 1-41 新建 UCS 坐标系

2. 自定义右键功能

本例将利用“选项”对话框中相关功能，来对右键进行自定义操作。

操作提示：

Step 01 打开“选项”对话框，从中打开“用户系统配置”选项卡，并单击“自定义右键单击”按钮，如图 1-42 所示。

Step 02 打开“自定义右键单击”对话框，从中进行相应的设置，如图 1-43 所示。

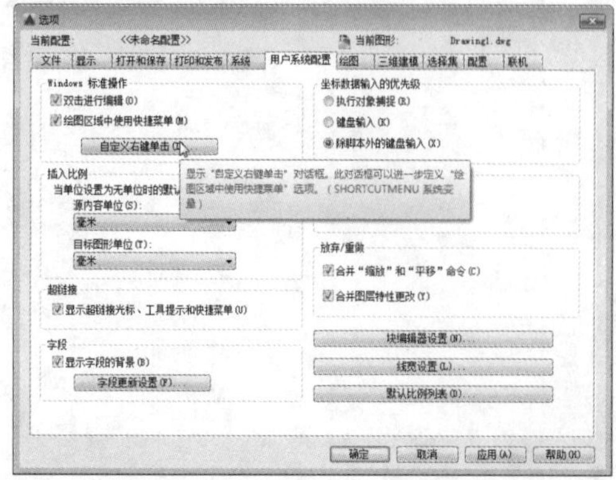

图 1-42 单击“自定义右键单击”按钮

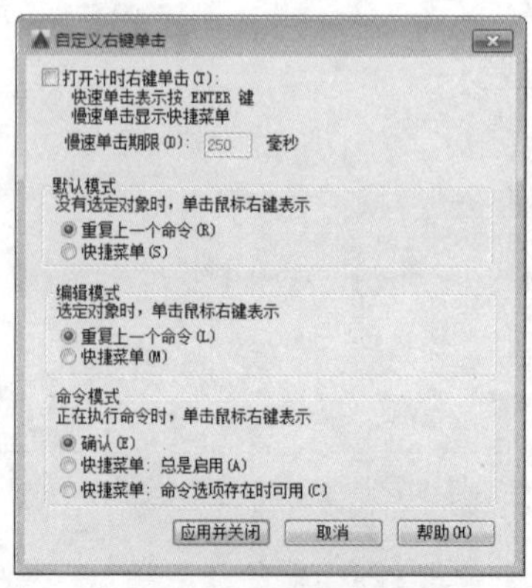

图 1-43 设置右键功能

第 2 章

辅助功能的使用

本章向读者介绍如何利用 AutoCAD 软件的辅助功能进行绘图操作，其中包括栅格显示、夹点设置、距离查询等操作。通过对本章内容的学习，可以为以后章节的学习打下基础。

知识要点

- ▲ 绘图辅助功能
- ▲ 使用动态输入
- ▲ 夹点捕捉
- ▲ 查询功能的使用

2.1 设置绘图辅助功能

在 AutoCAD 中，为了保证绘图的准确性，用户可以利用状态栏中的栅格显示、捕捉模式、极轴追踪、对象捕捉、正交模式、全屏显示、模式显示更改等辅助工具来精确绘图。

2.1.1 栅格显示

栅格显示即指在屏幕上按指定行间距和列间距排列显示的栅格点，就像在屏幕上铺了一张坐标纸，利用栅格可以对齐对象并直观显示对象之间的距离。因此，可方便用户绘制图形。在输出图纸的时候是不打印栅格的。

1. 显示栅格

栅格是一种可见的位置参考图标，它起到坐标纸的作用。在 AutoCAD 中，用户可以使用以下方式显示和隐藏栅格。

- 在状态栏中单击“显示图形栅格”按钮。
- 按 Ctrl+G 组合键或按 F7 键。

如图 2-1 所示为显示栅格的效果；如图 2-2 所示为隐藏栅格的效果。

图 2-1 显示栅格

图 2-2 隐藏栅格

2. 设置显示样式

在默认情况下，栅格是以矩形显示的，但是当视觉样式设置为“二维线框”时，可以将其更改为传统的点栅格样式。在“草图设置”对话框中，可以对栅格的显示样式进行更改。

用户可以通过以下方式打开“草图设置”对话框。

- 执行“工具”→“绘图工具”命令。
- 在状态栏中单击“捕捉设置”按钮▦，在弹出的列表中选择“捕捉设置”选项。
- 在命令行中输入 DS 命令并按 Enter 键。

打开“草图设置”对话框后，勾选“启用栅格”复选框，如图 2-3 所示。然后在“栅格样式”选项组中勾选“二维模型空间”复选框，如图 2-4 所示。设置完成后单击“确定”按钮即可。

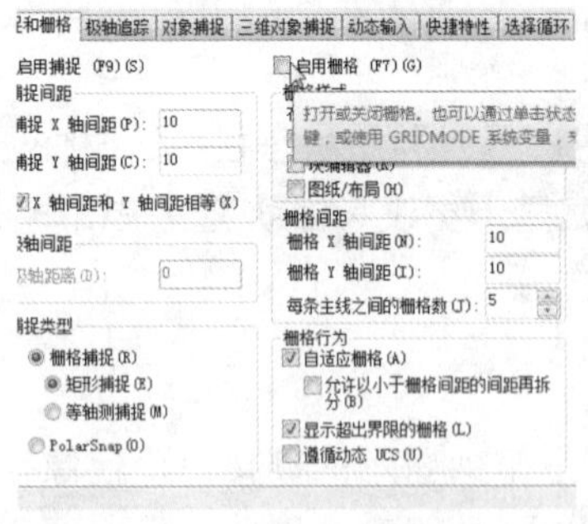
图 2-3 “草图设置”对话框

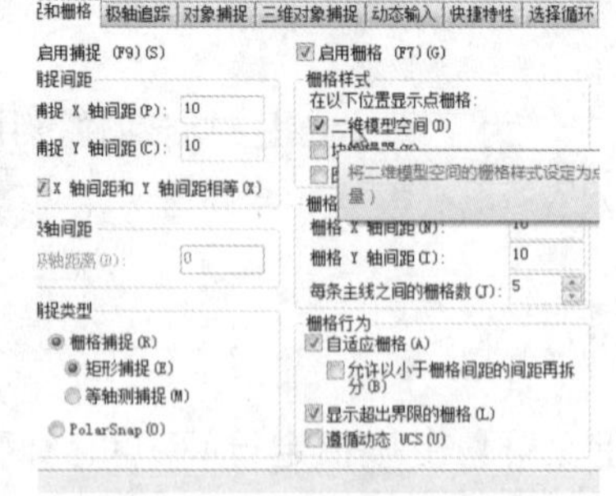
图 2-4 设置栅格显示样式

2.1.2 捕捉模式

捕捉功能可以使光标在经过图形时，显示已经设置的特殊点位置。捕捉类型分为栅格捕捉和极轴捕捉，栅格捕捉只捕捉栅格上的点，而极轴捕捉是捕捉极轴上的点。

若需要使用捕捉功能，用户可以通过以下方式启用捕捉模式。

- 在状态栏中单击“捕捉设置”按钮。
- 打开“草图设置”对话框后勾选“启用对象捕捉”复选框。
- 按 F9 键进行切换。

知识拓展

栅格捕捉包括矩形捕捉和等轴测捕捉，矩形捕捉主要是在平面图上进行绘制，是常用的捕捉模式。等轴测捕捉是在绘制轴侧图时使用。等轴测捕捉可以帮助用户创建二维图形的立体效果。通过设置可以轻松地沿任意等轴测平面对齐对象。

2.1.3 极轴追踪

在绘制图形时，如果遇到倾斜的线段，需要输入极坐标，这样就很麻烦。许多图纸中的角度都是固定角度，为了避免输入坐标这一问题，就需要使用极轴追踪的功能。在极轴追踪功能中可以设置其类型和极轴角测量等。

若需要使用极轴追踪功能，用户可以通过以下方式启用追踪模式。

- 在状态栏中单击“极轴追踪”按钮。
- 打开“草图设置”对话框后勾选“启用极轴追踪”复选框。
- 按 F10 键进行切换。

极轴追踪包括极轴角设置、对象捕捉追踪设置、极轴角测量等。用户在“极轴追踪”选项卡中可以设置这些功能，各选项组的作用介绍如下。

1. 极轴角设置

“极轴角设置”选项组包含“增量角”和“附加角”选项。用户可以在“增量角”下拉列表框中选择具体角度，如图 2-5 所示。也可以在“增量角”文本框内输入任意数值，如图 2-6 所示。

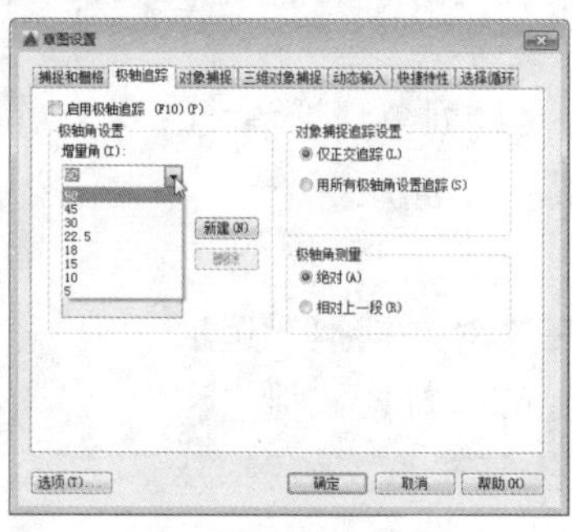

图 2-5 选择角度

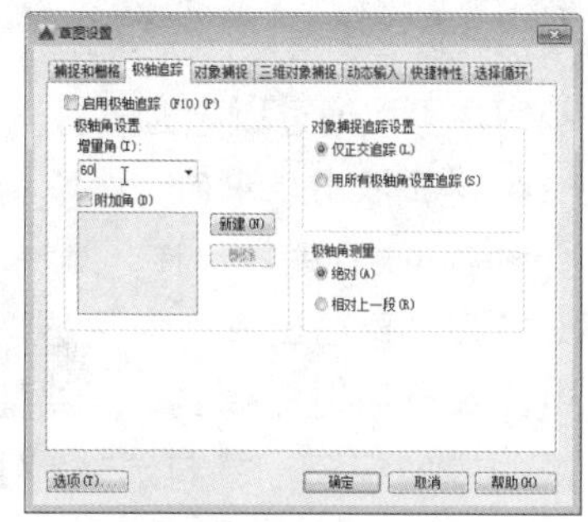

图 2-6 输入数值

附加角是对象极轴追踪使用列表中的任意一种附加角度。它起到辅助的作用，当绘制角度的时候，如果设置附加角的角度，系统就会有相应提示。“附加角”复选框同样受 POLARMODE 系统变量控制。

勾选“附加角”复选框，单击“新建”按钮，并在“附加角”列表框中输入数值，按 Enter 键即可创建附加角。选中附加角度值，然后单击“删除”按钮，可以删除附加角。

2. 对象捕捉追踪设置

对象捕捉追踪是指当系统自动捕捉到图形中的一个特征点后，以该点为基点，沿设置的极轴追踪另一点，并在追踪方向上显示一条虚线延长线，用户可以在该延长线上定位点。在使用对象捕捉追踪时，必须打开对象捕捉，并捕捉一个点作为追踪参照点。对象捕捉追踪包括“仅正交追踪”和“用所有极轴角设置追踪”两种类型。

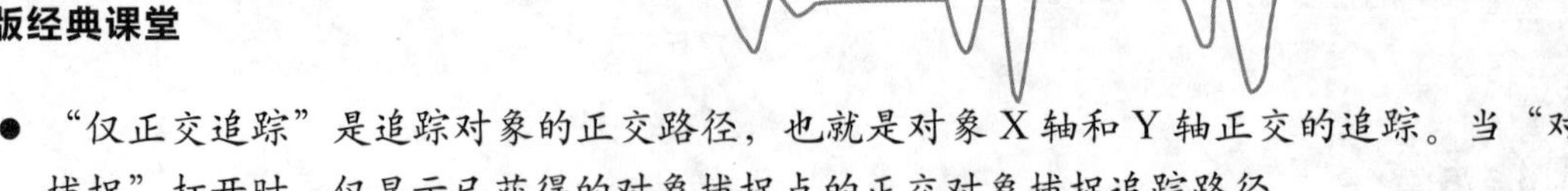

- "仅正交追踪"是追踪对象的正交路径，也就是对象X轴和Y轴正交的追踪。当"对象捕捉"打开时，仅显示已获得的对象捕捉点的正交对象捕捉追踪路径。
- "用所有极轴角设置追踪"是指光标从获取的对象捕捉点起沿极轴对齐角度进行追踪。该选项对所有的极轴角都将进行追踪。

3．极轴角测量

"极轴角测量"选项组中包括"绝对"和"相对上一段"两个选项。"绝对"是根据当前用户坐标系UCS确定极轴追踪角度；"相对上一段"是根据上一段绘制线段确定极轴追踪角度。

2.1.4 对象捕捉

在绘图中需要确定一些特殊点，只凭肉眼是很难准确定位到点的，在AutoCAD中使用对象捕捉功能就可以快速、准确地捕捉图纸中所需位置。对象捕捉是以现有的图形对象的点或位置来确定捕捉点的位置。

对象捕捉分为自动捕捉和临时捕捉两种。临时捕捉主要通过"对象捕捉"工具栏实现。执行"工具"→"工具栏"→AutoCAD→"对象捕捉"命令，打开"对象捕捉"工具栏，如图2-7所示。

图2-7 "对象捕捉"工具栏

在执行自动捕捉操作前，需要设置对象的捕捉点。当光标经过这些特殊点的时候，就会自动捕捉这些点。

用户可以通过以下方式打开和关闭对象捕捉模式。

- 单击状态栏中的"对象捕捉"按钮。
- 按F3键进行切换。

打开"草图设置"对话框，在"对象捕捉"选项卡中设置自动捕捉模式。需要捕捉哪些对象捕捉点和相应的辅助标记，就勾选其前面的复选框，如图2-8所示。

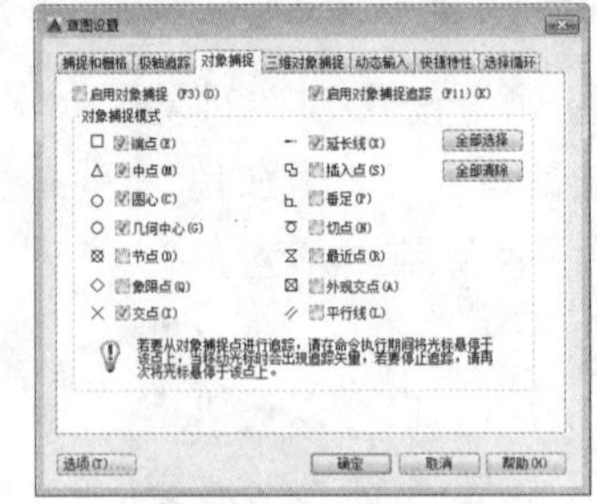

图2-8 设置对象捕捉

下面对各捕捉点的含义进行介绍。

- 端点：直线、圆弧、样条曲线、多段线、面域或三维对象的最近端点或角。
- 中点：直线、圆弧和多段线的中点。
- 圆心：圆弧、圆和椭圆的圆心。
- 几何中心：捕捉到几何面的中心点。
- 节点：捕捉到点对象、标注定一点或标注文件原点。
- 象限点：圆弧、圆和椭圆上0°、90°、180°和270°处的点。
- 交点：实体对象交界处的点。延伸交点不能用作执行对象捕捉模式。
- 延长线：用作捕捉直线延伸线上的点。当光标移动到对象的端点时，将显示沿对象的轨迹延伸出来的虚拟点。
- 插入点：文本、属性和符号的插入点。

- 垂足：圆弧、圆、椭圆、直线和多段线等的垂足。
- 切点：圆弧、圆、椭圆上的切点。该点和另一点的连线与捕捉对象相切。
- 最近点：离靶心最近的点。
- 外观交点：三维空间中不相交但在当前视图中可能相交的两个对象的视觉交点。
- 平行线：通过已知点且与已知直线平行的直线的位置。

知识拓展

捕捉和对象捕捉的区别：捕捉可以使用户直接使用鼠标准确地定位目标点。对象捕捉是用来精准地捕捉图形的交点、圆点等进行辅助绘图。

实战——绘制地砖图形

下面通过绘制地砖图形，来介绍极轴追踪及对象捕捉功能的操作方法。

Step 01 右击状态栏中的“极轴追踪”图标，选择“正在追踪设置”选项，打开相应的对话框，将增量角设置为 60°，单击“确定”按钮，如图 2-9 所示。

Step 02 执行“绘图”→“直线”命令，指定任意一起点，向上移动光标，此时会显示一条绿色延长线，在命令行中输入 300，如图 2-10 所示。

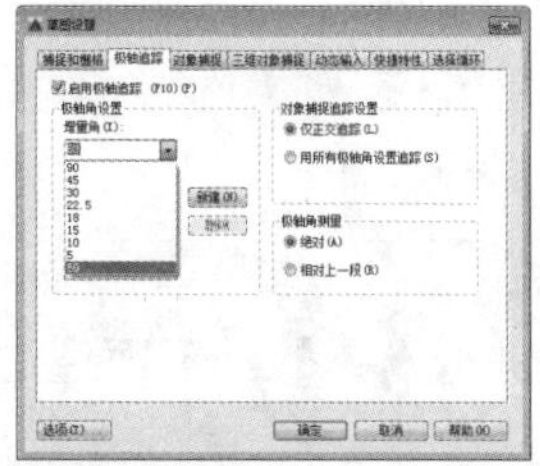

图 2-9 极轴追踪设置

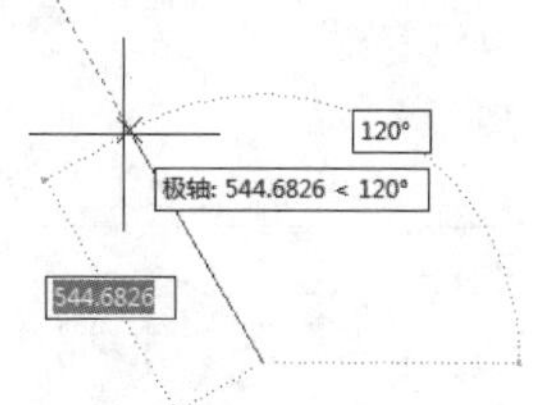

图 2-10 绘制直线

Step 03 按 Enter 键，移动光标，系统将自动锁定 60° 方向，并以绿色延长线显示，在命令行中输入 300，按 Enter 键，如图 2-11 所示。

Step 04 继续执行当前操作，绘制出边长为 300mm 的正六边形，如图 2-12 所示。

Step 05 按 F3 键，开启对象捕捉模式，执行“绘图”→“直线”命令，捕捉六边形中心点以及角点绘制直线，如图 2-13 所示。

Step 06 执行“图案填充”命令，对正六边形进行图案填充，完成地砖的绘制，如图 2-14 所示。

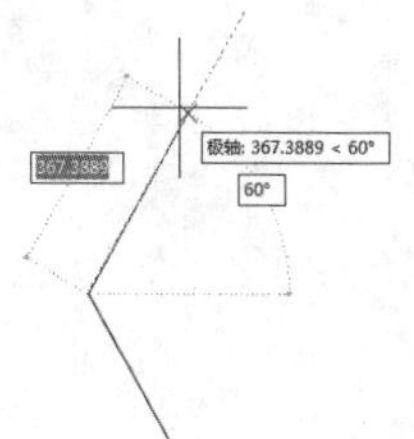

图 2-11 移动光标

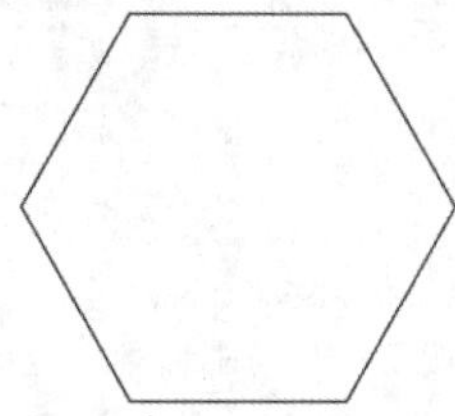

图 2-12 绘制出正六边形

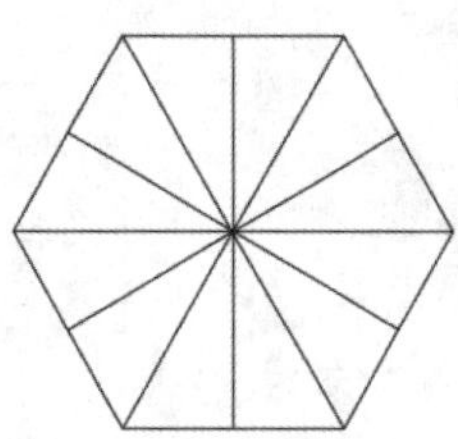

图 2-13 绘制直线

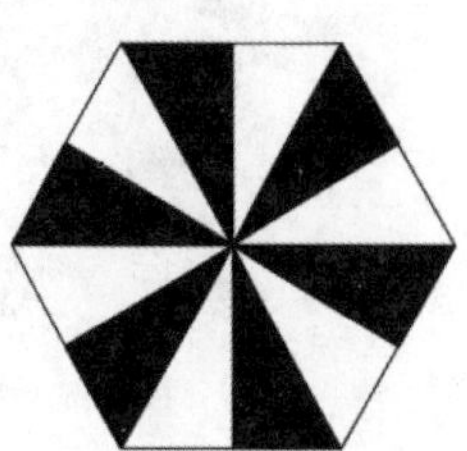

图 2-14 图案填充

2.1.5 正交模式

正交模式可以保证绘制的直线完全成水平和垂直状态。用户可以通过以下方式打开正交模式。

- 单击状态栏中的“正交模式”按钮。
- 按 F8 键进行切换。

绘图技巧

在 AutoCAD 中提供了全屏显示这一项功能，利用该功能可以将图形尽可能地放大显示，并且只使用命令行，不受任何因素的干扰。

用户可以通过以下方式将绘图区全屏显示。

- 单击状态栏的“全屏显示”按钮。
- 执行“视图”→“全屏显示”命令，或按 Ctrl+0 组合键。

2.2 夹点捕捉

在没有进行任何编辑命令时，当光标选中图形，就会显示出其夹点；而将光标移动至夹点上时，被选中的夹点会以红色显示。

2.2.1 设置夹点

在 AutoCAD 软件中，夹点是可以根据用户习惯进行设置的。下面通过实际操作来向用户介绍夹点的设置。

Step 01 单击“菜单浏览器”按钮，在打开的下拉菜单中选择“选项”命令，如图 2-15 所示。

Step 02 打开“选项”对话框，切换到“选择集”选项卡，如图 2-16 所示。

图 2-15 选择“选项”命令

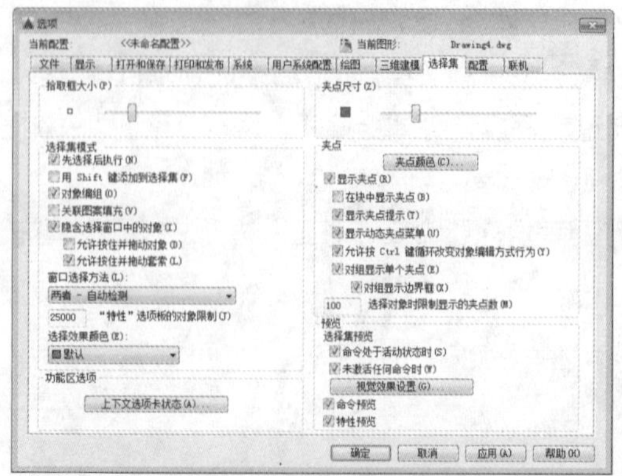

图 2-16 “选择集”选项卡

Step 03 在“夹点尺寸”选项组中，拖动滑块即可调整夹点大小，如图 2-17 所示。

Step 04 单击“夹点颜色”按钮，打开“夹点颜色”对话框，设置夹点在各种状态时的颜色即可，如图 2-18 所示。

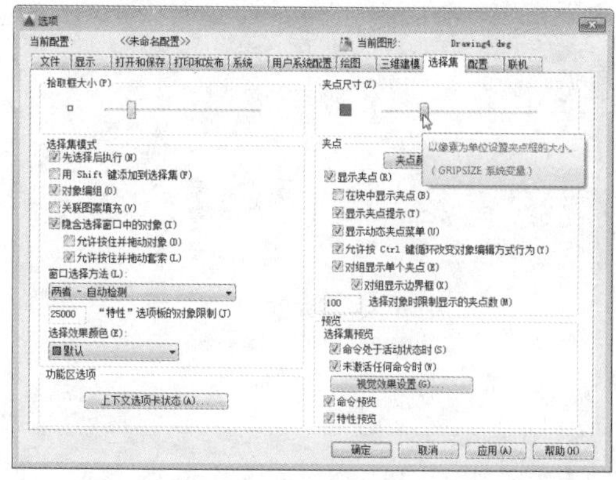

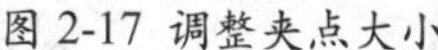
图 2-17 调整夹点大小

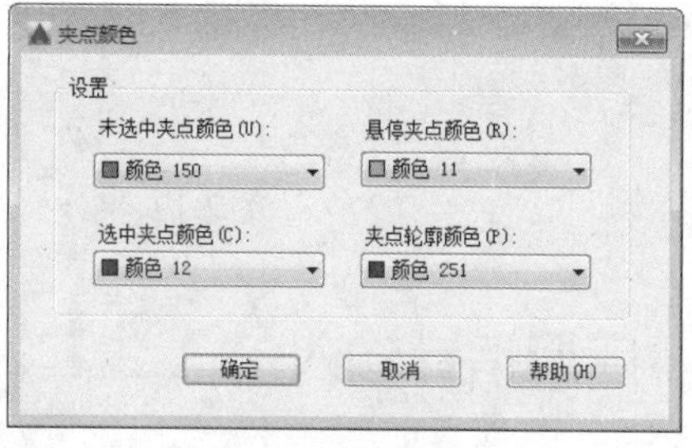

图 2-18 设置颜色

在设置夹点大小时，夹点不必设置过大，因为过大的夹点，在选择图形时会妨碍操作，从而降低了绘图速度。通常在作图时，夹点参数保持默认大小即可。

2.2.2 编辑夹点

单击图形某一夹点，然后再单击鼠标右键，在弹出的快捷菜单中选择相应的命令，即可对夹点进行操作。

在快捷菜单中的各命令说明如下。

- 拉伸：对于圆环、椭圆和弧线等实体，若启动的夹点位于圆周上，则拉伸功能等效于对半径进行按一定比例缩放。
- 拉长：选中线段，并选中线段的端点，移动光标，即可将选中的图像进行拉长。
- 移动：该功能与移动命令的操作方法相同，它可以将选中的图形进行移动。
- 镜像：用于镜像图形，可进行以指定基点及第二点连线镜像、复制镜像等编辑操作。
- 旋转：旋转的默认选项将所选择的夹点作为旋转的基准点并旋转物体。
- 缩放：缩放的默认选项，可将夹点所在形体以指定夹点为参考基点等比例缩放。
- 基点：该选项用于先设置一个参考点，然后夹点所在形体以该点为基础。
- 复制：可缩放并复制生成新的物体。
- 参照：通过指定参考长度和新长度的方法来指定缩放的比例因子。

用户可以使用多个夹点作为操作的基准点，在选择多个夹点时，选定夹点间对象的形状将保持原样，而按住 Shift 键，则会同时选择多个所需的夹点。

2.3 使用动态输入

使用动态输入功能可以在光标处显示坐标值和命令等信息，而不必在命令行中进行输入。

在 AutoCAD 中有两种动态输入方法：指针输入和标注输入。用户通过单击状态栏中的“动态输入”按钮，即可打开或关闭该功能，如图 2-19、图 2-20 所示。

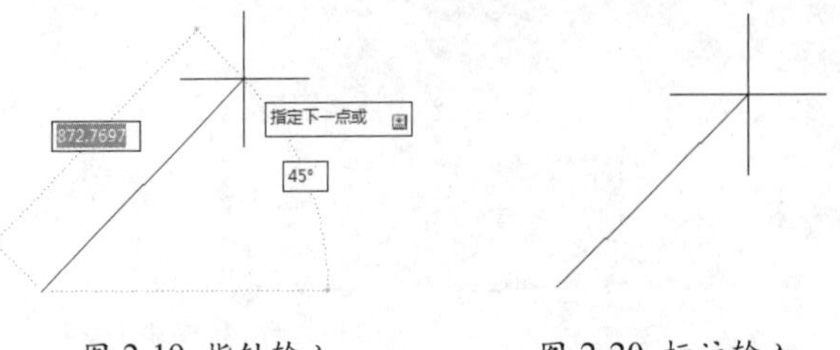

图 2-19 指针输入　　　　图 2-20 标注输入

2.3.1 启用指针输入

打开“草图设置”对话框的“动态输入”选项卡，勾选“启用指针输入”复选框，即可启用指针输入功能。而在“指针输入”选项区中单击“设置”按钮，在打开的“指针输入设置”对话框中，便可根据需要设置指针的格式和可见性，如图 2-21、图 2-22 所示。

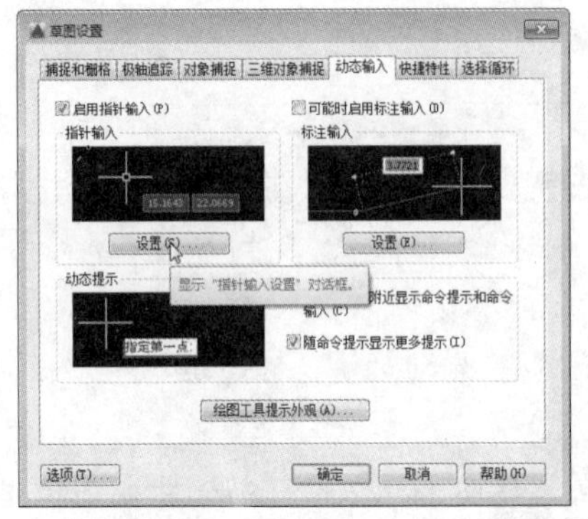

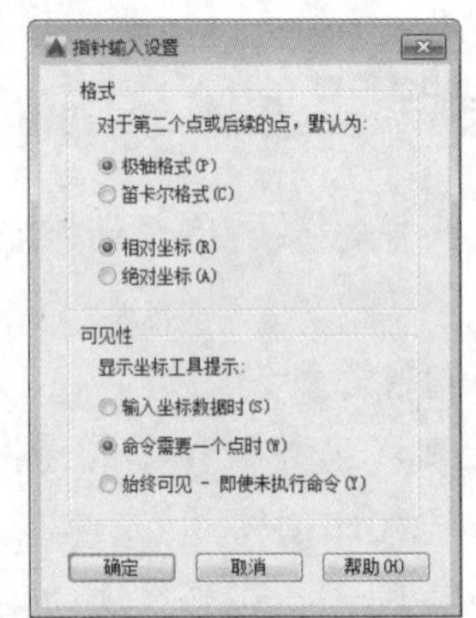

图 2-21 勾选“启用指针输入”复选框　　　　图 2-22 指针输入设置

2.3.2 启用标注输入

打开“草图设置”对话框的“动态输入”选项卡，勾选“可能时启用标注输入”复选框，即可启用标注输入功能。在“标注输入”选项区中单击“设置”按钮，在打开的“标注输入的设置”对话框中，可以设置标注的可见性，如图 2-23、图 2-24 所示。

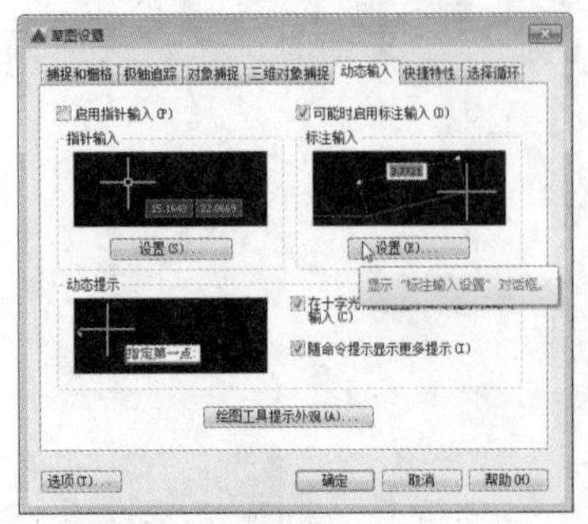

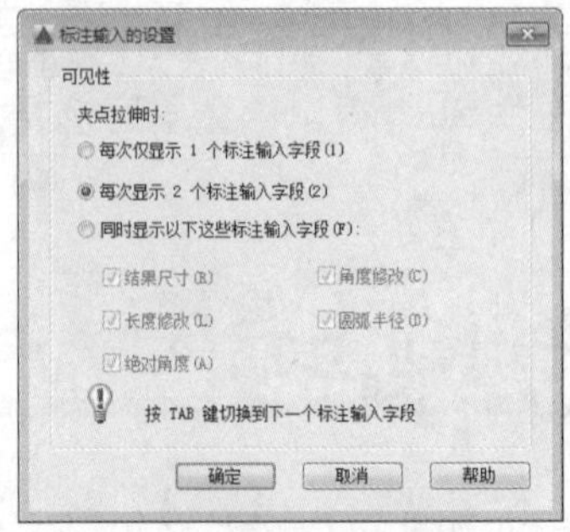

图 2-23 勾选“可能时启用标注输入”复选框　　　　图 2-24 标注输入设置

2.3.3 显示动态提示

在“草图设置”对话框的“动态输入”选项卡中，勾选“动态提示”选项区中的“在十字光标附近显示命令提示和命令输入”复选框，则可在光标附近显示命令提示。单击“绘图工具提示外观”按钮，在打开的“工具提示外观”对话框中，可以设置工具栏提示的颜色、大小、透明度及应用范围，如图 2-25、图 2-26 所示。

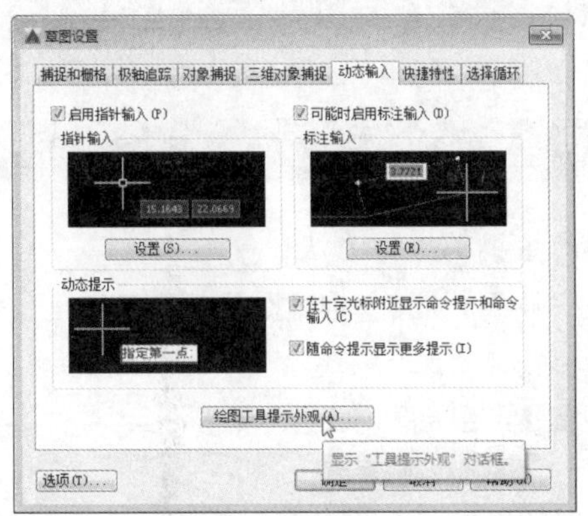

图 2-25 设置动态提示

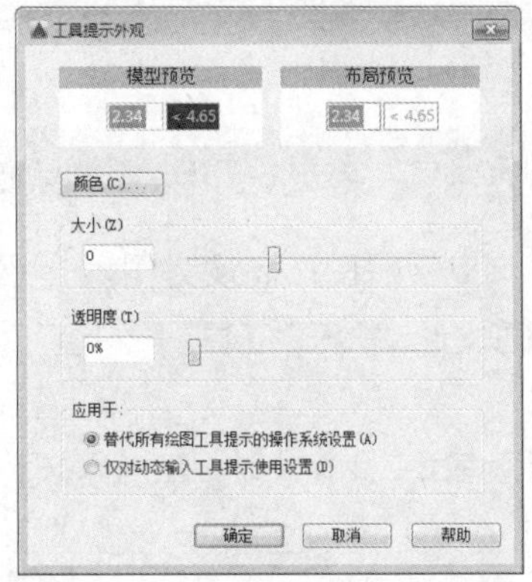

图 2-26 “工具提示外观”对话框

绘图技巧

动态输入，也是一种命令调用方式，可以直接在绘图区的动态提示中输入命令，从而替代在命令行中输入命令，使用户更专注于绘图区的操作。

2.4 查询功能的使用

灵活地利用查询功能，可以快速、准确地获取图形的数据信息。它包括距离查询、半径查询、角度查询、面积 / 周长查询、面域 / 质量查询等。用户可以通过以下方式调用“查询”命令。

- 执行“工具”→“查询”命令的子命令。
- 执行“工具”→“工具栏”→ AutoCAD →“查询”命令，在“查询”工具栏中选择相应命令。

2.4.1 距离查询

距离查询是指查询两点之间的距离。在命令行中输入 MEASUREGEOM 命令并按 Enter 键，根据命令行的提示指定点即可查询两点之间的距离。

在创建图形时，系统不仅会在屏幕上显示该图形，同时还建立了关于该图形的一组数据，其中包括了对象的层、颜色、线型等信息，还包括了对象的 X、Y、Z 坐标值等属性。

命令行提示如下：

```
命令：_MEASUREGEOM
输入选项 [距离(D)/半径(R)/角度(A)/面积(AR)/体积(V)] <距离>: _distance
指定第一点：
指定第二个点或 [多个点(M)]:
距离 = 850.0000，XY 平面中的倾角 = 270，  与 XY 平面的夹角 = 0
X 增量 = 0.0000，   Y 增量 = -850.0000，    Z 增量 = 0.0000
```

实战——查询电视机图形高度

下面以查询电视机图形高度为例，介绍距离查询的操作方法。

Step 01 打开图形文件，执行“工具”→“查询”→“距离”命令，根据提示指定查询第一点，如图 2-27 所示。

Step 02 再指定查询第二点，此时，在光标右下角可显示距离值，如图 2-28 所示。

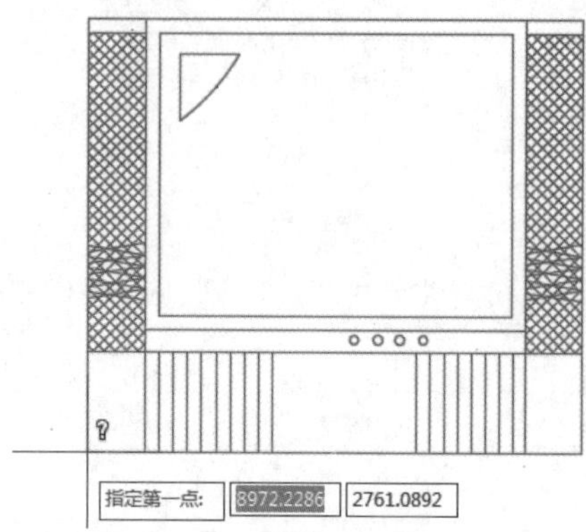

图 2-27 指定第一点

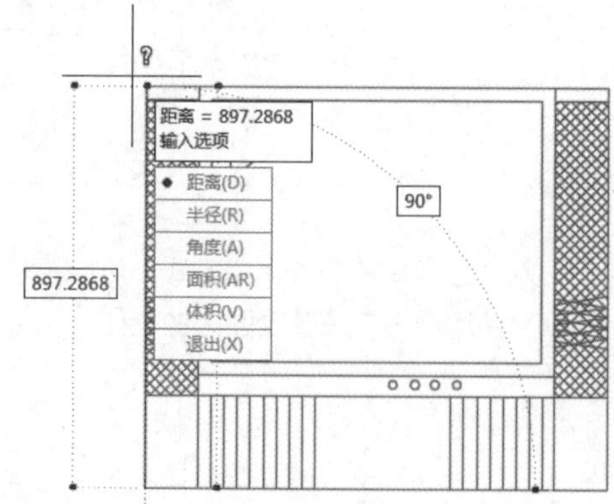

图 2-28 查询距离

2.4.2 半径查询

在绘制图形时，使用该命令可以查询圆弧、圆和椭圆的半径。

用户可以通过以下方式调用半径查询命令。

- 执行“工具”→“查询”→“半径”命令。
- 在命令行中输入 MEASUREGEOM 命令并按 Enter 键。

命令行提示如下：

```
命令：_MEASUREGEOM
输入选项 [距离(D)/半径(R)/角度(A)/面积(AR)/体积(V)] <距离>: _radius
选择圆弧或圆：
半径 = 113.0000
直径 = 226.0000
输入选项 [距离(D)/半径(R)/角度(A)/面积(AR)/体积(V)/退出(X)] <半径>: *取消*
```

实战——查询电风扇图形半径

下面以查询电风扇图形半径为例，介绍半径查询的操作方法。

Step 01 打开素材文件，执行“工具”→“查询”→“半径”命令，根据提示选择圆，如图 2-29 所示。

Step 02 此时系统会自动测量并显示圆或圆弧的半径和直径，如图 2-30 所示。

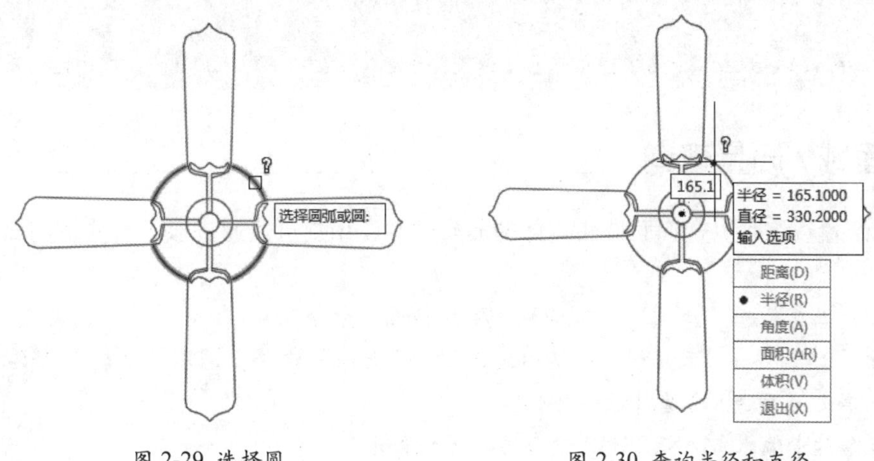

图 2-29 选择圆　　　　图 2-30 查询半径和直径

2.4.3 角度查询

角度查询是指查询圆、圆弧、直线或顶点的角度。角度查询包括两种类型：查询两点虚线在 XY 平面内的夹角和查询两点虚线与 XY 平面的夹角。

在命令行中输入 MEASUREGEOM 命令，按照提示选择“角度”选项。然后选择图形对象，此时查询的内容将显示在命令行中。

命令行提示如下：

```
命令：_MEASUREGEOM
输入选项 [距离(D)/半径(R)/角度(A)/面积(AR)/体积(V)] <距离>：_angle
选择圆弧、圆、直线或 <指定顶点>：
选择第二条直线：
角度 = 148°
输入选项 [距离(D)/半径(R)/角度(A)/面积(AR)/体积(V)/退出(X)] <角度>：*取消*
```

2.4.4 面积 / 周长查询

在 AutoCAD 中，使用面积命令可以查询多边形区域，或由指定对象围成区域的面积和周长。对于一些本身是封闭的图形可以直接选择对象查询，对于由直线、圆弧等组成的封闭图形，就需要将图形的点连接起来，形成封闭路径后进行查询。

在命令行中输入 MEASUREGEOM 命令，按照提示输入 AREA 命令，指定图形的顶点。查询后按 Esc 键取消。命令行提示如下：

```
命令: _MEASUREGEOM
输入选项 [距离(D)/半径(R)/角度(A)/面积(AR)/体积(V)] <距离>: _area
指定第一个角点或 [对象(O)/增加面积(A)/减少面积(S)/退出(X)] <对象(O)>:
指定下一个点或 [圆弧(A)/长度(L)/放弃(U)]:
指定下一个点或 [圆弧(A)/长度(L)/放弃(U)]:
指定下一个点或 [圆弧(A)/长度(L)/放弃(U)/总计(T)] <总计>:
指定下一个点或 [圆弧(A)/长度(L)/放弃(U)/总计(T)] <总计>:
区域 = 562500.0000, 周长 = 3000.0000
输入选项 [距离(D)/半径(R)/角度(A)/面积(AR)/体积(V)/退出(X)] <面积>: *取消*
```

2.4.5 面域 / 质量查询

面域和质量查询可以查询面域和实体的质量特性。用户可以通过以下方式调用面域 / 质量查询命令。

- 执行“工具”→“查询”→“面域 / 质量特性”命令。
- 执行“工具”→“工具栏”→ AutoCAD →“查询”命令，调用“查询”工具栏，在工具栏中单击“面域 / 质量特性”按钮。
- 在命令行中输入 MASSPROP 命令并按 Enter 键。

知识拓展

除了以上几种查询的方法，AutoCAD 还可以对创建图形的时间进行查询。只需要在命令行中输入 TIME 命令，并按 Enter 键，即可打开 AutoCAD 文本窗口，在该窗口中将生成一个报告，显示当前日期和时间、创建图形的日期和时间、上一次更新日期和时间等。

综合演练——查询居室的使用面积

实例路径：实例 /02/ 综合演练 / 查询居室的使用面积 .dwg

视频路径：视频 /02/ 查询居室的使用面积 .avi

本章主要介绍了在绘图中的辅助功能操作。下面利用前面所学习的知识，查询三居室室内面积。查询三居室室内面积的具体操作步骤如下。

Step 01 打开素材文件，观察图形布局，如图 2-31 所示。

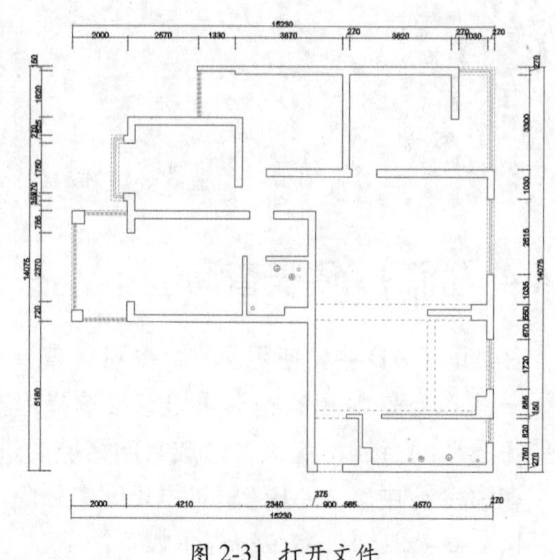

图 2-31 打开文件

Step 02 从状态栏中单击“对象捕捉”右侧的展开按钮，在打开的快捷菜单中选择“对象捕捉设置”命令，打开“草图设置”对话框，切换到“对象捕捉”选项卡，勾选“启用对象捕捉”复选框和“启用对象捕捉追踪”复选框，并设置对象捕捉模式，如图 2-32 所示。

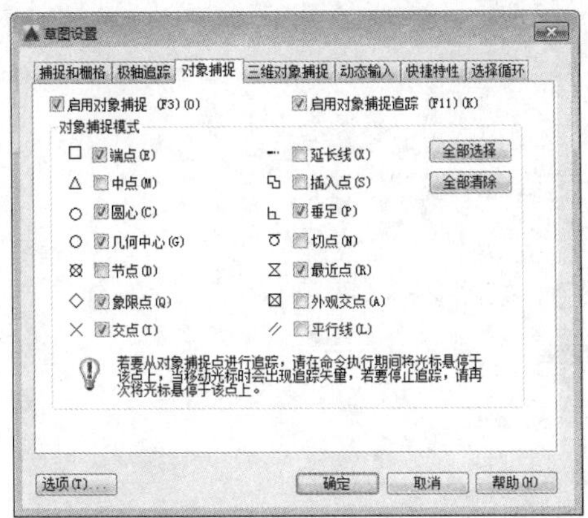

图 2-32 “对象捕捉”选项卡

Step 03 设置完毕后，单击“确定”按钮关闭该对话框。向上滑动鼠标中键放大视口图形，以方便捕捉操作，执行“工具”→“查询”→“面积”命令，根据提示指定第一个点，如图 2-33 所示。

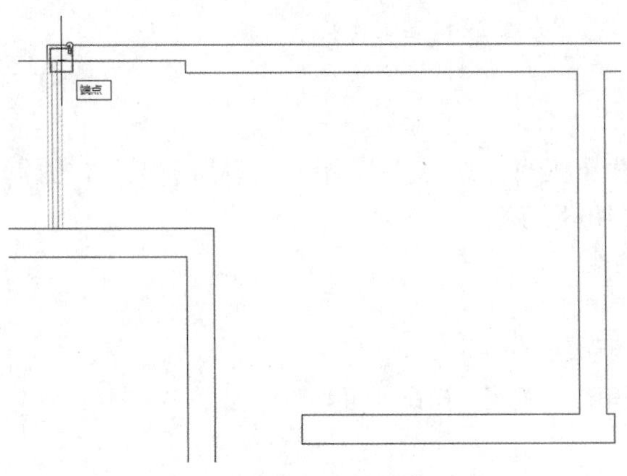

图 2-33 指定开始点

Step 04 在绘图区中利用自动捕捉功能沿顺时针方向依次指定查询面积的第二个点、第三个点、……，如图 2-34 所示。

Step 05 捕捉到终点与原点重合，按 Enter 键完成查询操作，此时系统自动显示查询出的区域面积及周长，如图 2-35 所示。

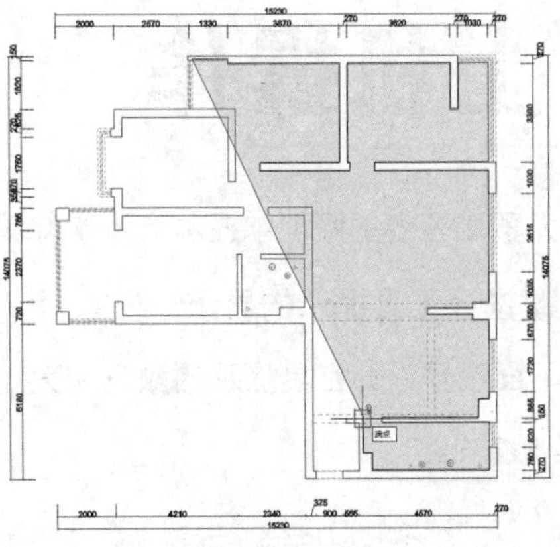

图 2-34 依次指定其余点

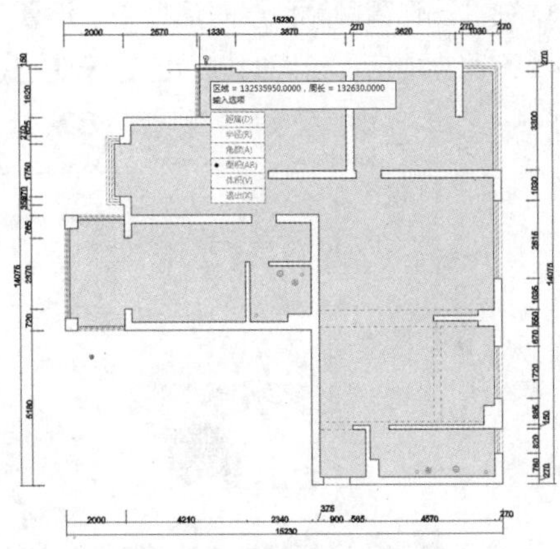

图 2-35 完成查询操作

Step 06 标注居室套内面积，完成本次操作，如图 2-36 所示。

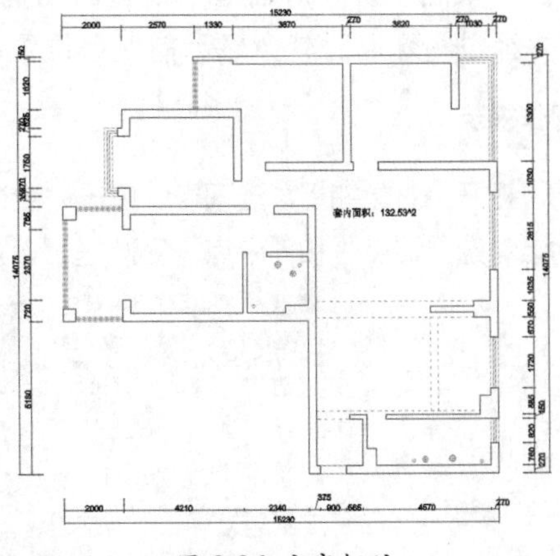

图 2-36 文字标注

文字标注知识会在后面的章节中进行详细介绍，这里不多作解释。

上机操作

为了让读者更好地掌握本章所学知识，在此列举几个针对本章的拓展案例，以供读者练习。

1. 更改设计工具提示的显示

下面设置设计工具提示的颜色和大小。

操作提示：

Step 01 在“选项”对话框“绘图”选项卡中，单击“设计工具提示设置”按钮。

Step 02 打开“工具提示外观”对话框，单击“颜色”按钮。

Step 03 在“图形窗口颜色”对话框中，设置工具提示的颜色，如图 2-37 所示。

Step 04 设置完成后，绘图时提示的显示信息如图 2-38 所示。

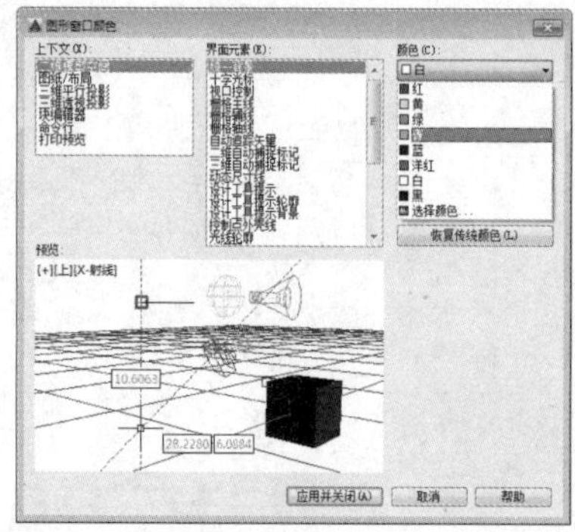

图 2-37 “图形窗口颜色”对话框

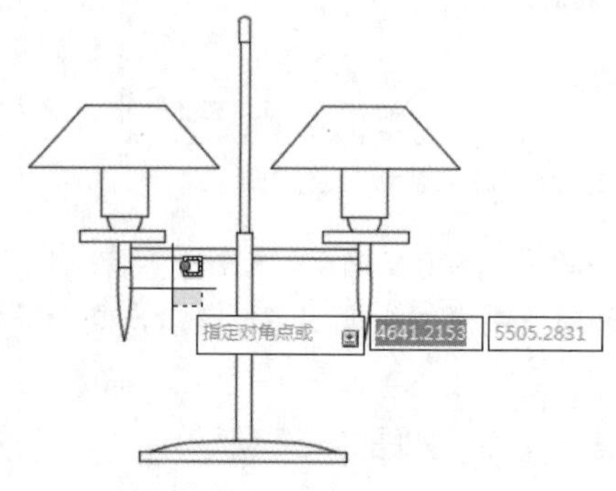

图 2-38 显示效果

2. 设置对象捕捉

在“草图设置”对话框中设置自动捕捉标记为象限点，如图 2-39 所示。设置完成后，绘制图形并经过特殊点时就会显示捕捉点位置，如图 2-40 所示。

操作提示：

Step 01 打开“对象捕捉”选项卡，单击“全部清除”按钮。

Step 02 勾选“端点”和“中点”复选框，设置完成后单击“确定”按钮即可。

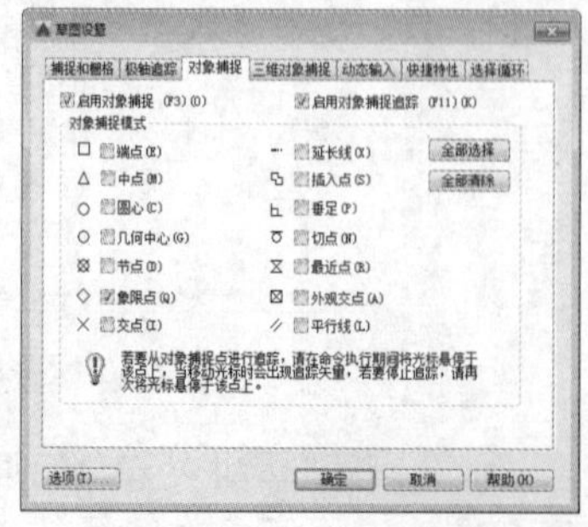

图 2-39 设置对象捕捉

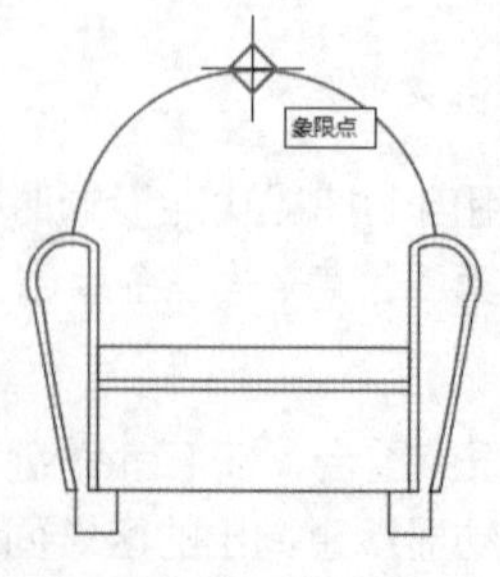

图 2-40 捕捉中点

第 3 章

图层设置与管理

图层是 AutoCAD 中很重要的一个组成部分，如果没有图层功能，在绘制一些复杂的图纸时会相当不便。在 AutoCAD 中，图层相当于绘图中使用的重叠图纸，一个完整的 AutoCAD 图形通常由一个或多个图层组成，AutoCAD 将线型、线宽、颜色等作为对象的基本特征，图层就通过这些特征来管理图形。本章将介绍图层功能的相关知识点。通过对本章内容的学习之后，读者不仅可以熟悉图层的作用，还能够熟练应用图层特性管理器。

知识要点

- ▲ 图层的创建与设置
- ▲ 图层的管理
- ▲ 图层管理工具的应用

3.1 图层的操作

图层是用来控制图形对象线型、线宽、颜色等属性的工具，常被运用在一些复杂的图纸中。合理地使用“图层”命令，可有效地提高绘图效率。

3.1.1 创建新图层

在绘制图形时，可以根据需要创建图层，将不同的图形对象放置在不同的图层上，从而有效地管理图层。在默认情况下，新建文件只包含一个图层 0，用户可以按照以下方法打开“图层特性管理器”面板，从中创建更多的图层。

- 在“默认”选项卡中单击“图层特性”按钮。
- 执行“格式”→“图层”命令。
- 在命令行输入 LAYER 命令并按 Enter 键。

在“图层特性管理器”面板中单击“新建图层”按钮，即可创建新图层，系统默认命名为“图层 1”，如图 3-1 所示。

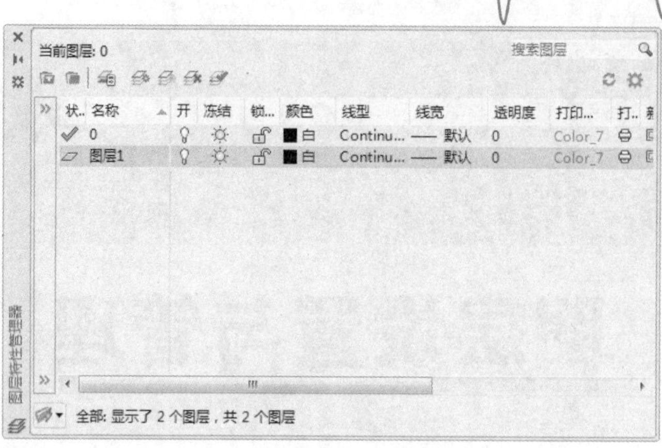

图 3-1 新建图层

3.1.2 设置图层

当图层创建好之后，通常需要对创建好的图层进行适当的设置。例如：设置图层的名称、颜色、线型等。

1. 颜色的设置

在“图层特性管理器”面板中，单击“颜色”图标■白，打开“选择颜色”对话框，其中包含3个颜色选项卡，即索引颜色、真彩色、配色系统。用户可以在这3个选项卡中选择需要的颜色，如图 3-2 所示，也可以在底部“颜色”文本框中输入颜色名称或编号，如图 3-3 所示。

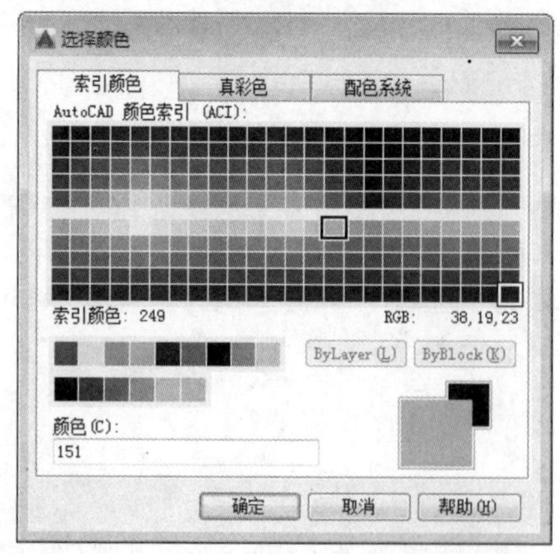

图 3-2 颜色选项卡

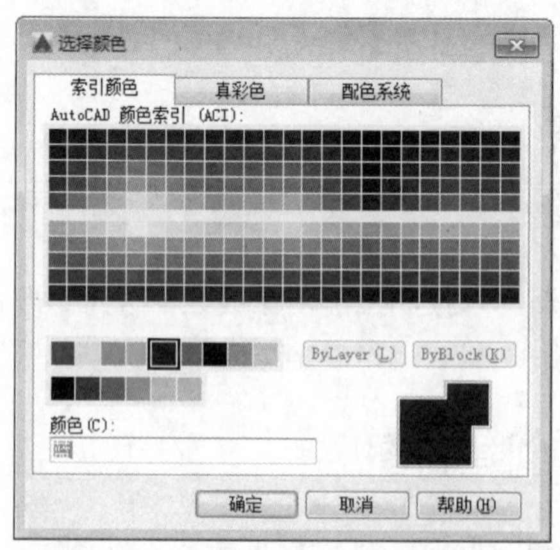

图 3-3 输入数字

2. 线型的设置

线型分为实线、虚线、点画线等，在建筑绘图中，轴线是以虚线的形式表现，墙体则以实线的形式表现。用户可以通过以下方式设置线型。

Step 01 在“图层特性管理器”面板中单击“线型”图标 Continuous，打开“选择线型”对话框，单击“加载”按钮，如图 3-4 所示。

Step 02 打开“加载或重载线型”对话框，选择需要的线型，单击“确定”按钮，如图 3-5 所示。

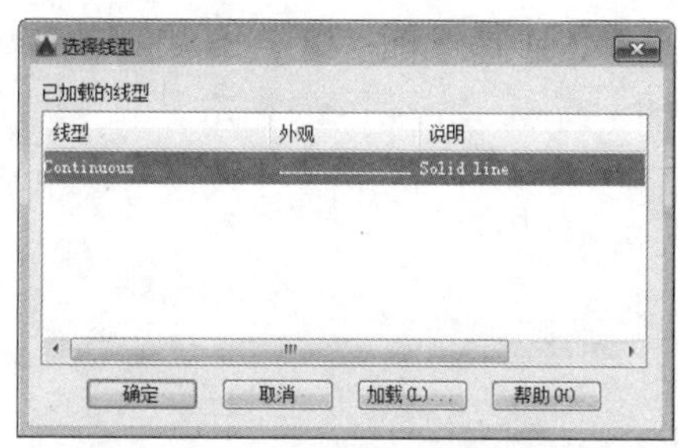
图 3-4 “选择线型”对话框

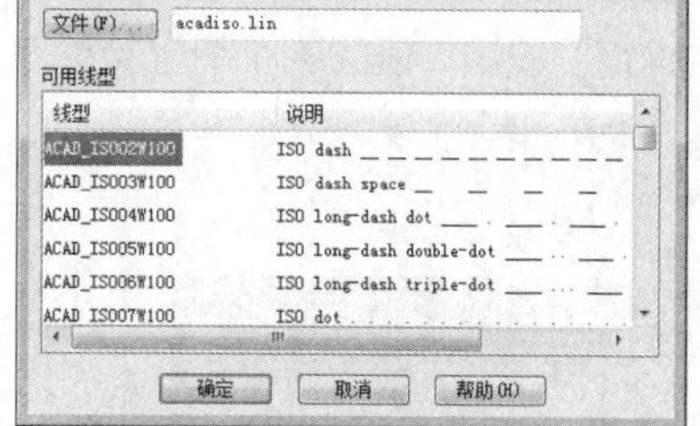
图 3-5 “加载或重载线型”对话框

Step 03 返回到“选择线型”对话框，在对话框中选择添加过的线型，单击“确定”按钮。随后在“图层特性管理器”面板中就会显示加载后的线型。

绘图技巧

设置好线型后，其线型比例默认为 1，图形较大时所绘制的线条看起来无变化。用户可以选中该线条，在命令行中输入 CH，按 Enter 键，打开“特性”面板，选择“线型比例”选项，设置比例值即可。

3. 线宽的设置

为了显示图形的作用，往往会把重要的图形用粗线宽表示，辅助的图形用细线宽表示。所以线宽的设置也是必要的。

在“图层特性管理器”面板中单击“线宽”图标 —— 默认，打开“线宽”对话框，选择合适的线宽，单击“确定”按钮，如图 3-6 所示。返回“图层特性管理器”面板后，选项栏就会显示修改过的线宽。

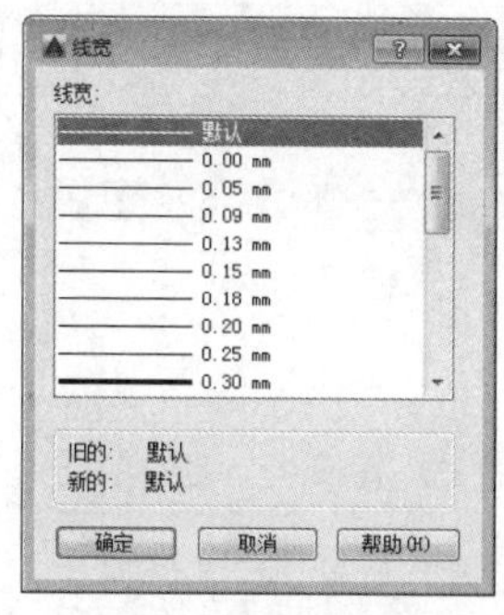
图 3-6 “线宽”对话框

实战——创建室内施工图常用图层

下面通过创建室内施工图常用图层，来介绍图层的创建与设置。

Step 01 启动 AutoCAD，执行“格式”→“图层”命令，打开“图层特性管理器”面板，如图 3-7 所示。

Step 02 输入名称为“中心线”，如图 3-8 所示。

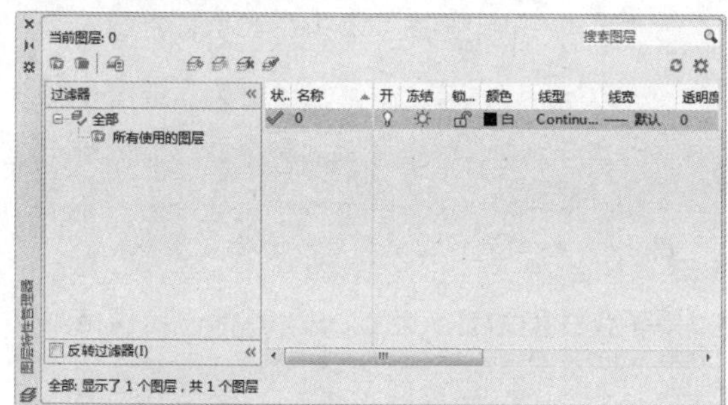
图 3-7 打开“图层特性管理器”面板

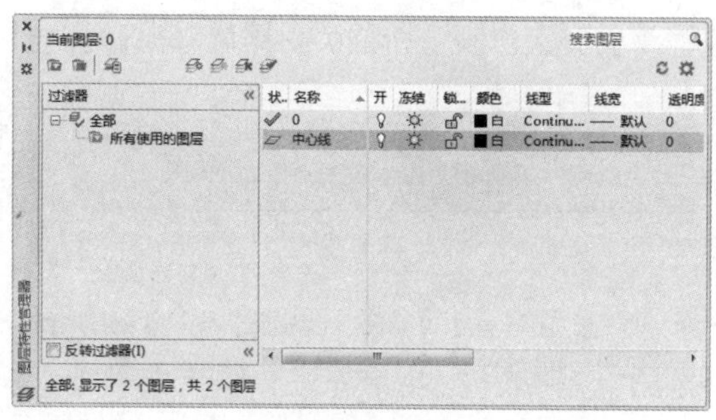
图 3-8 新建图层

Step 03 单击“颜色”图标按钮，在打开的“选择颜色”对话框中，选择红色，如图 3-9 所示。

Step 04 单击“确定”按钮，返回到“图层特性管理器”面板，如图 3-10 所示。

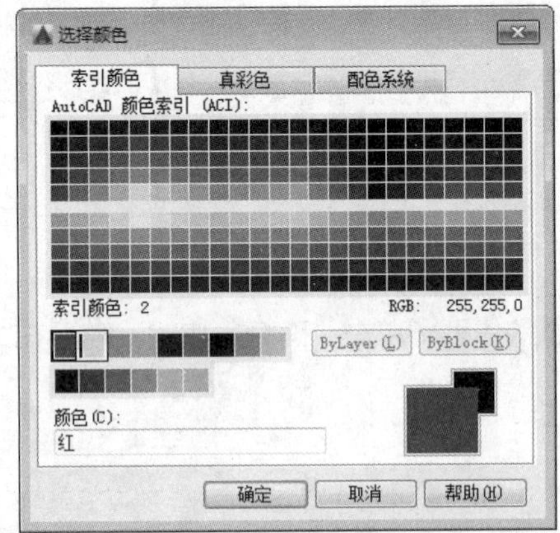

图 3-9 选择颜色

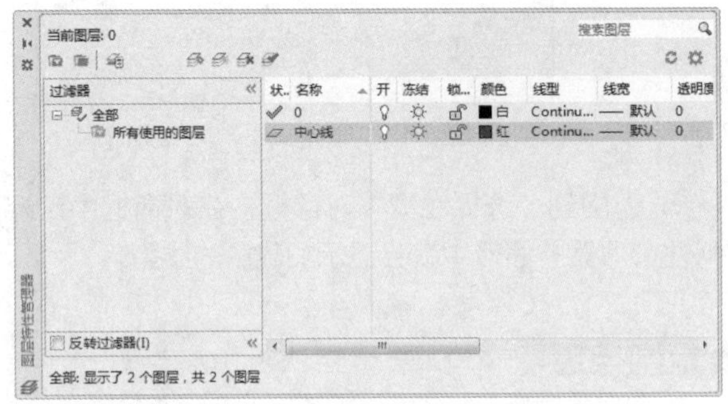

图 3-10 返回到“图层特性管理器”面板

Step 05 单击“线型”按钮，打开“选择线型”对话框，如图 3-11 所示。

Step 06 单击“加载”按钮，打开“加载或重载线型”对话框，并选择合适的线型，如图 3-12 所示。

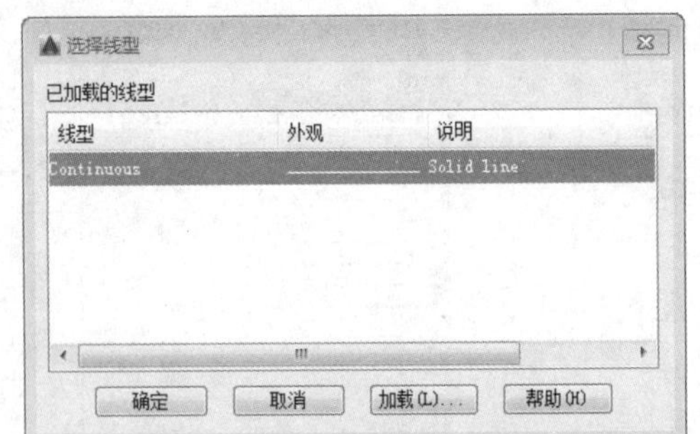

图 3-11 “选择线型”对话框

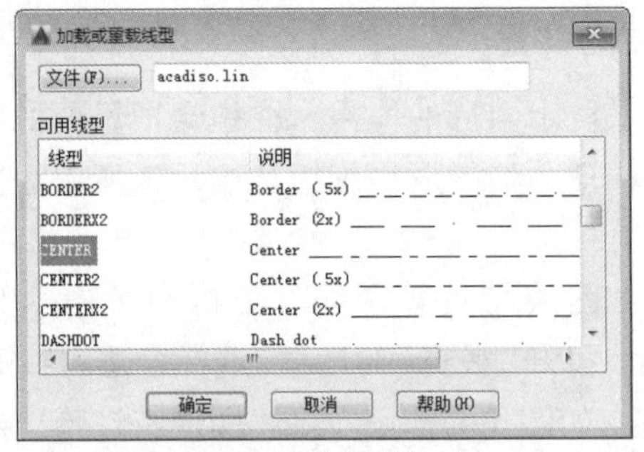

图 3-12 选择线型

Step 07 单击“确定”按钮，返回“选择线型”对话框，选择需要的线型，如图 3-13 所示。

Step 08 单击“确定”按钮，返回“图层特性管理器”面板，如图 3-14 所示。

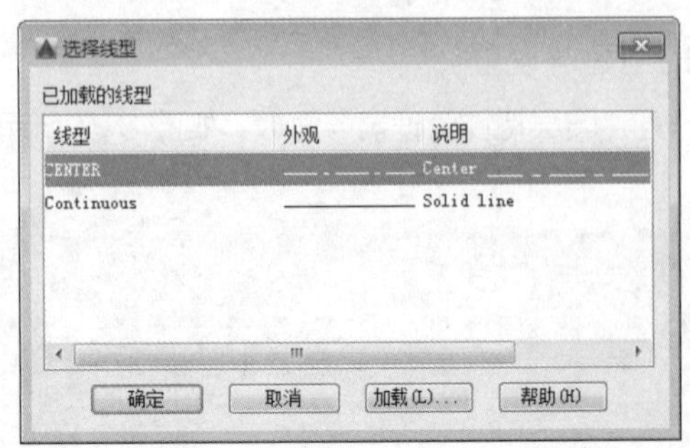

图 3-13 确定线型

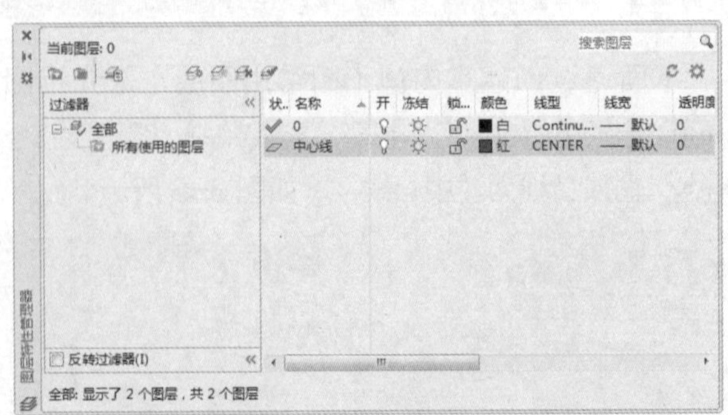

图 3-14 返回到“图层特性管理器”面板

Step 09 继续执行当前命令，设置名称为“轮廓线”，颜色为黑色，线型为 Continuous，其他设置保持默认，如图 3-15 所示。

Step 10 继续执行当前命令，新建其余图层，至此，完成室内施工图常用图层的创建，如图 3-16 所示。

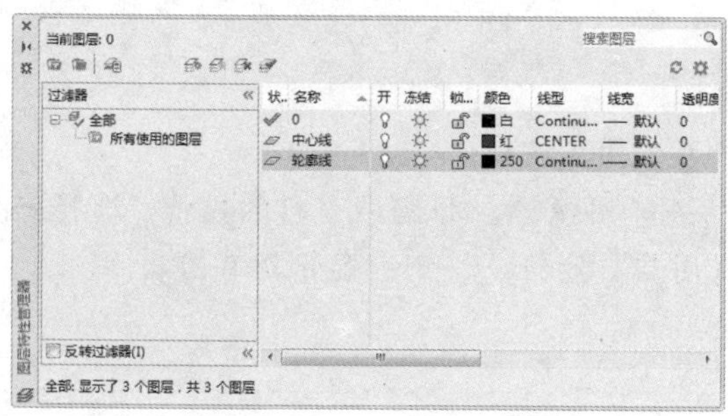

图 3-15 创建“轮廓线”图层

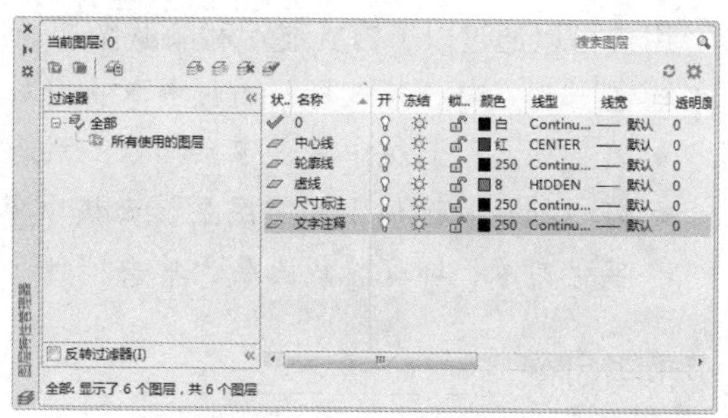

图 3-16 创建其余图层

3.2 管理图层

在“图层特性管理器”面板中，除了可以创建图层，修改颜色、线型和线宽外，还可以管理图层，如置为当前图层、图层的显示与隐藏、图层的锁定及解锁、合并图层、图层匹配、隔离图层、创建并输出图层等。下面详细介绍图层的管理操作。

3.2.1 置为当前图层

在新建文件后，系统会在“图层特性管理器”面板中将图层 0 设置为默认图层，若用户需要使用其他图层，就需要将其置为当前层。

用户可以通过以下方式将图层置为当前层。

- 双击图层名称，当图层状态显示箭头时，则置为当前图层。
- 单击图层，在面板的上方单击“置为当前”按钮。
- 选择图层，单击鼠标右键并在弹出的快捷菜单中选择“置为当前”命令。
- 在“图层”面板中单击下拉按钮，然后单击图层名。

3.2.2 图层的显示与隐藏

编辑图形时，由于图层比较多，选择也要浪费一些时间，在这种情况下，用户可以隐藏不需要的图层，从而显示需要使用的图层。

在执行选择和隐藏操作时，需要将图形以不同的图层区分开。当按钮变成图标时，图层处于关闭状态，在该图层的图形将被隐藏；当图标按钮变成，图层处于打开状态。该图层的图形则显示，如图 3-17 所示部分图层是关闭状态，其他的则是打开状态。

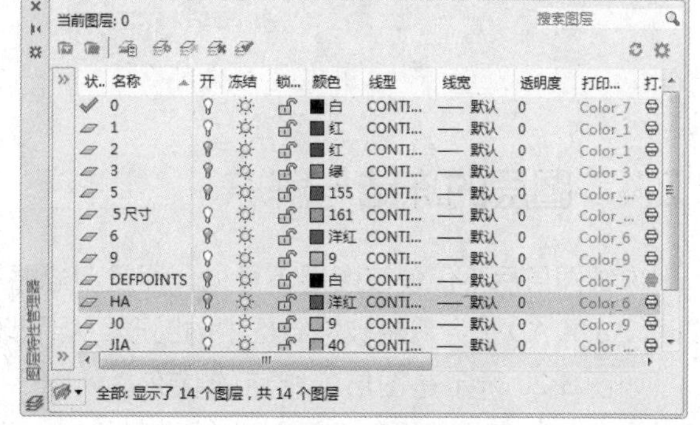

图 3-17 关闭图层

用户可以通过以下方式显示和隐藏图层。

- 在“图层特性管理器”面板中单击图层按钮。
- 在“图层”面板中单击下拉按钮，然后单击开关图层按钮。
- 在“默认”选项卡的“图层”面板中单击“关”按钮，根据命令行的提示，选择一个实体对象，即可隐藏图层，单击“打开所有图层”按钮，则可显示所有图层。

知识拓展

若图层被设置为当前图层，则不能直接对该图层进行打开或关闭操作。用户需要根据命令行提示进行操作才可。

3.2.3 图层的锁定与解锁

当图标变成时，表示图层处于解锁状态；当图标变为时，表示图层已被锁定。锁定相应图层后，用户不可以修改位于该图层上的图形对象。

用户可以通过以下方式锁定和解锁图层。

- 在“图层特性管理器”面板中单击按钮。
- 在“图层”面板中单击下拉按钮，然后单击按钮。
- 在“默认”选项卡的“图层”面板中单击“锁定”按钮，根据命令行提示，选择一个图形对象，即可锁定图层，单击“解锁”按钮，则可解锁图层。如图 3-18、图 3-19 所示为电脑的锁定和解锁效果。

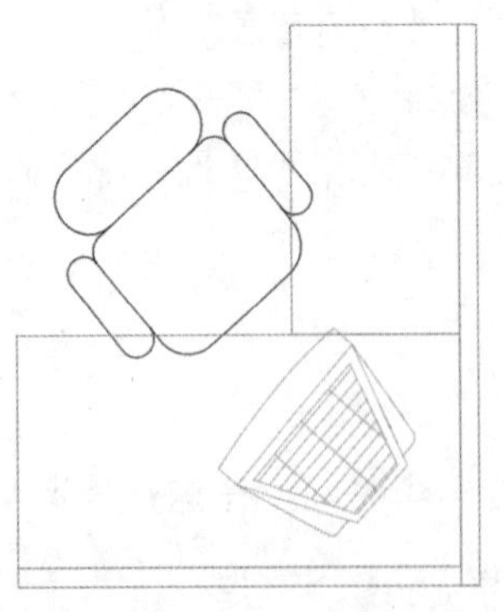

图 3-18 锁定图层

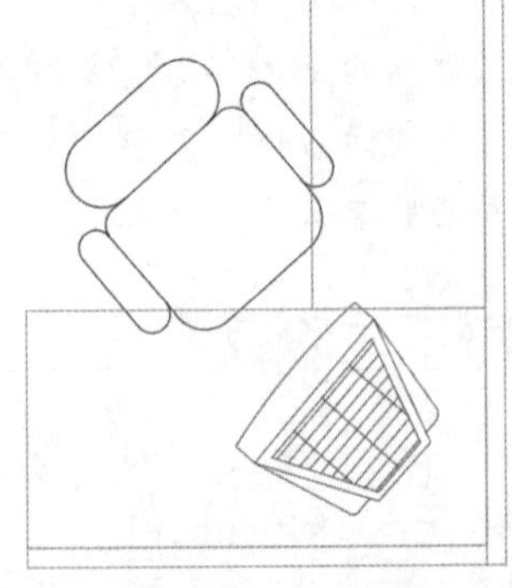

图 3-19 解锁图层

3.2.4 图层的冻结与解冻

冻结图层后不仅使该图层不可见，而且会忽略层中的所有图形，另外，在对复杂的图做重新生成时，AutoCAD 也会忽略被冻结层中的图形，从而节约时间。冻结后就不能在该层上绘制和修改图形。

如图 3-20 所示是图层冻结前的状态；如图 3-21 所示是冻结部分图层后的状态。可以明显地看到沙发、餐桌、椅子等图形被冻结隐藏起来，鼠标无法捕捉到被冻结的图层。

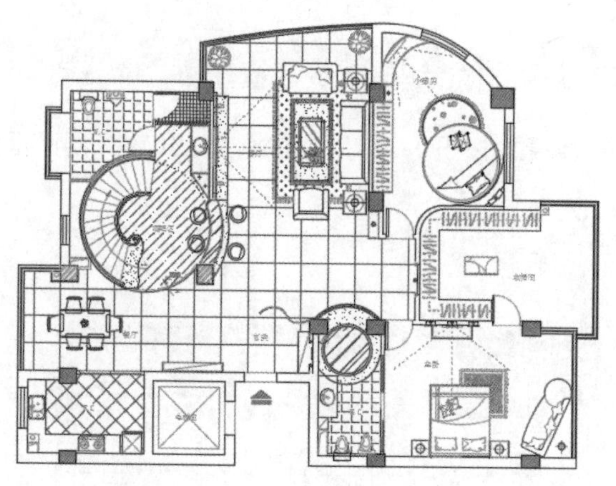

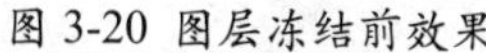

图 3-20 图层冻结前效果

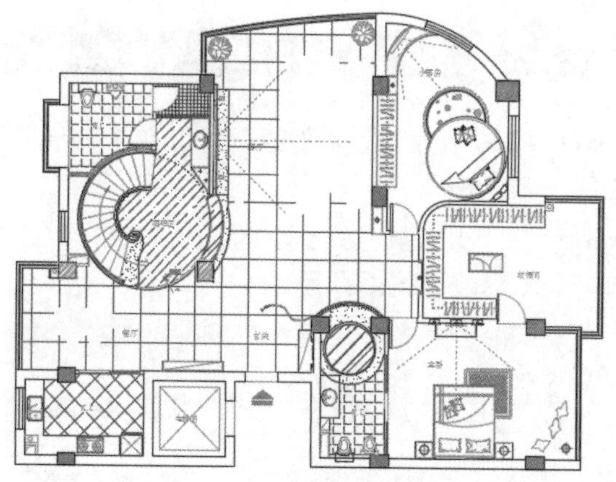

图 3-21 图层冻结后效果

3.2.5 隔离图层

隔离图层用于将选定对象的图层之外所有图层都锁定。

如图 3-22 所示是隔离前的图层；如图 3-23 所示是隔离后的图层。可以明显地看到，隔离后没有被选定的图层被隐藏起来了，鼠标无法捕捉到被隔离的图层。

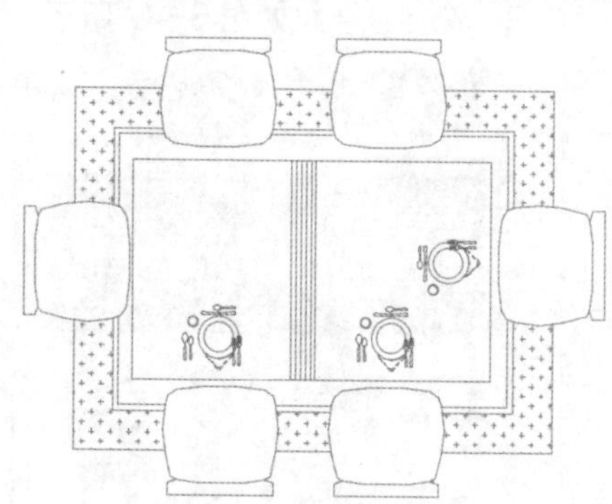

图 3-22 图层隔离前效果

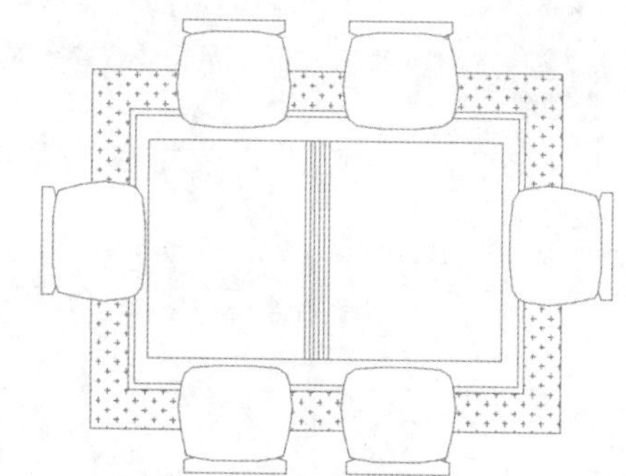

图 3-23 图层隔离后效果

3.3 管理图层工具

“图层特性管理器”面板中为用户提供了专门用于管理图层的工具，其中包括“新建特性过滤器”“图层状态管理器”等。下面具体介绍这些管理图层的工具的使用方法。

3.3.1 新建特性过滤器

在绘制复杂的图纸时，会创建许多图层样式，看上去非常杂乱，用户可以通过新建特性过滤器对图层进行批量处理，按照需求过滤出想要的图层。

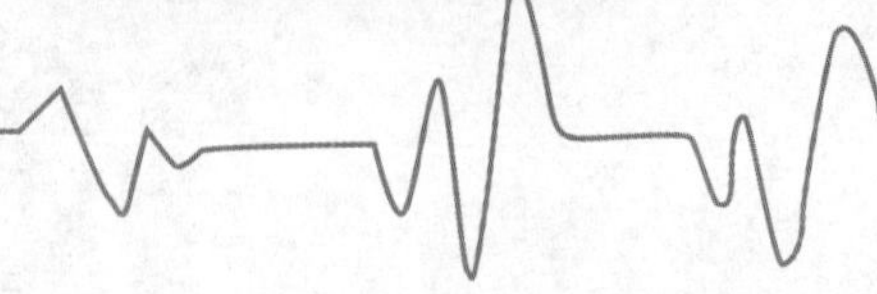

实战——新建特性过滤器

Step 01 打开“图层特性管理器”面板，单击“新建特性过滤器”按钮，弹出“图层过滤器特性”对话框，如图 3-24 所示。

Step 02 在“过滤器定义”选区内单击“冻结”的下方空白处。会出现下三角按钮，单击该按钮，选择“冻结”图标，如图 3-25 所示。

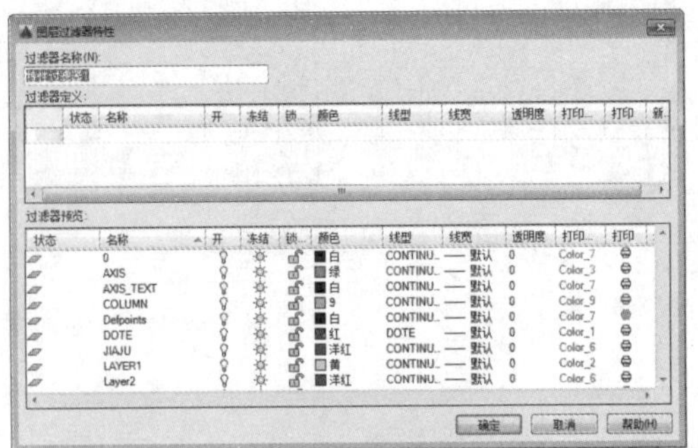

图 3-24 新建图层特性过滤器

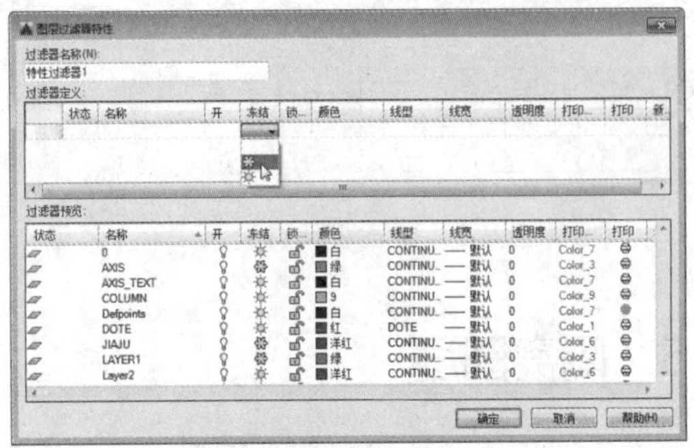

图 3-25 设置冻结状态

Step 03 过滤后的结果如图 3-26 所示。

Step 04 再单击“颜色”下方的按钮，打开“选择颜色”对话框，选择红色，如图 3-27 所示。

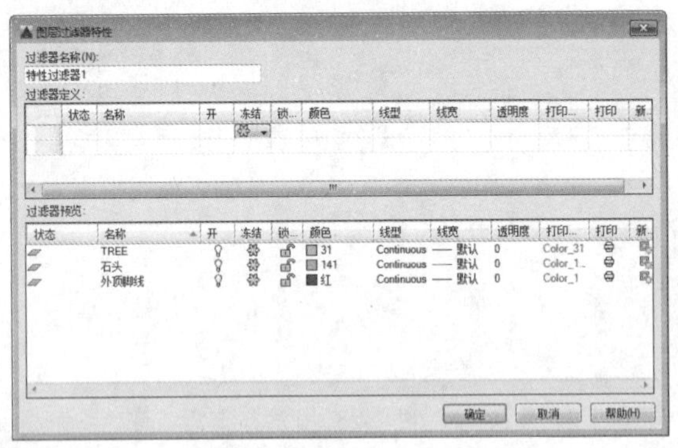

图 3-26 过滤结果

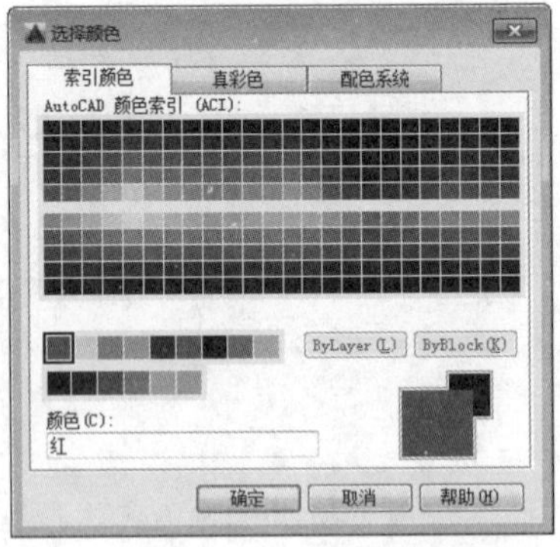

图 3-27 选择红色

Step 05 单击“确定”按钮完成筛选，如图 3-28 所示。

Step 06 继续单击“确定”按钮，返回到“图层特性管理器”面板，可看到被筛选出的图层，如图 3-29 所示。

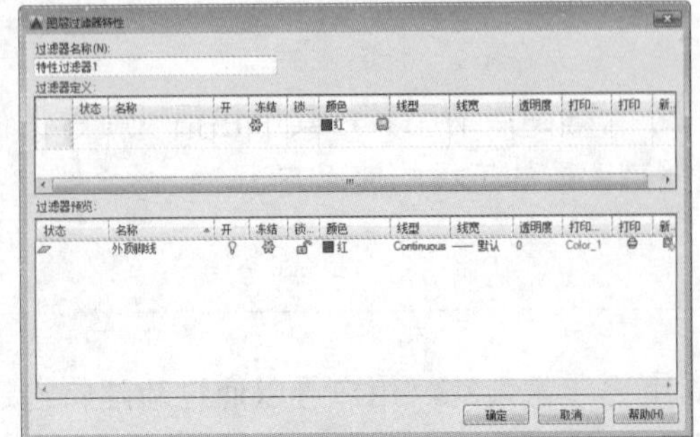

图 3-28 过滤结果

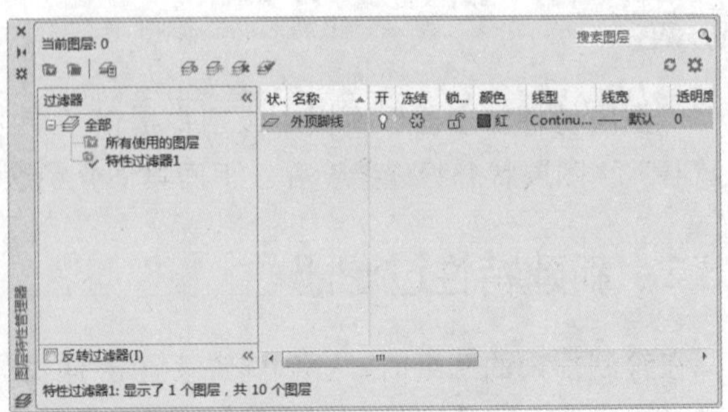

图 3-29 过滤的图层

Step 07 在“图层特性管理器”面板左下角单击“展开或收拢图层过滤器树”按钮，勾选“反转过滤器”复选框，如图 3-30 所示。

Step 08 在“图层特性管理器”面板中将显示右侧未过滤的图层，如图 3-31 所示。

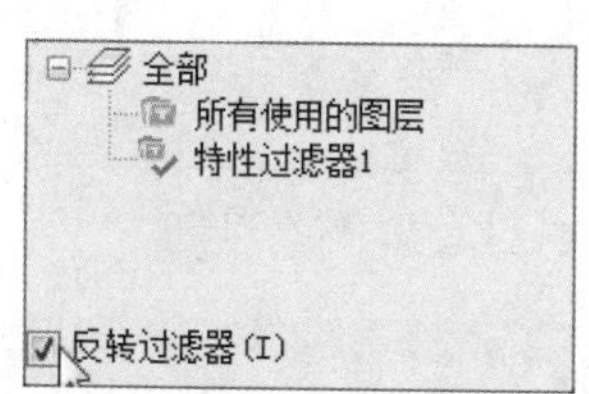

图 3-30 查看过滤器列表

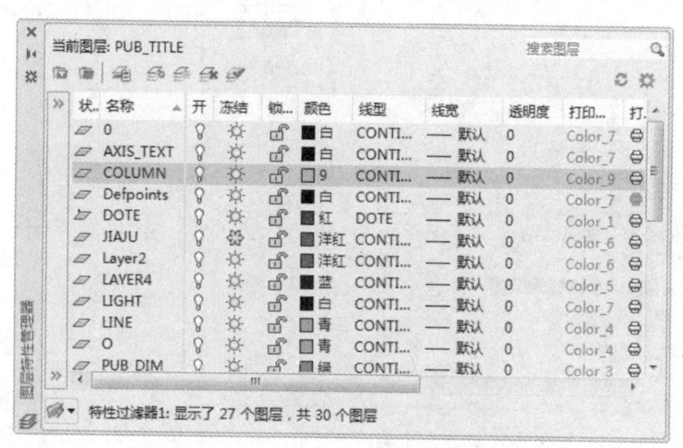

图 3-31 查看未过滤的图层

3.3.2 图层状态管理器

图层状态管理器可以将图层文件建立成模板的形式，输出保存，然后将保存的图层输入到其他图纸中，从而实现了图纸的统一管理。

综合演练——图层的输入与导出

实例路径： 实例 /03/ 综合演练 / 图层的输入与导出 .dwg
视频路径： 视频 /03/ 图层的输入与导出 .avi

本章主要介绍了如何创建和管理图层。通过对本章的学习，用户对图层的设置与管理有了更进一步的了解。下面通过 2 个实例——图层的输出及后期的调用过程进行介绍。

1. 输出图层

Step 01 单击按钮打开“图层状态管理器”对话框，然后单击“新建”按钮，新建图层，如图 3-32 所示。

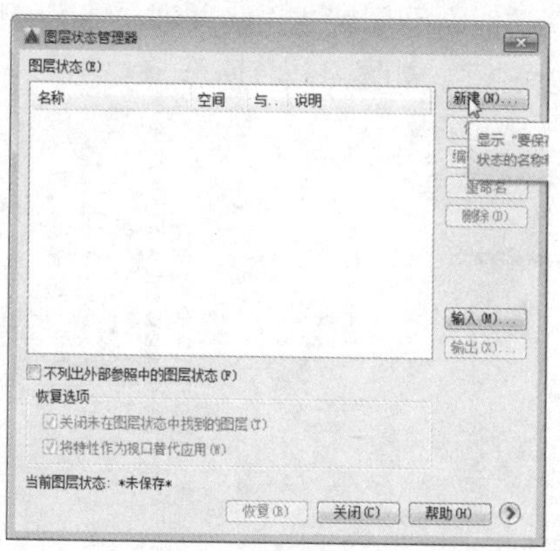

图 3-32 新建图层

Step 02 弹出“要保存的新图层状态”对话框，对其命名并单击“确定”按钮进行保存，如图 3-33 所示。

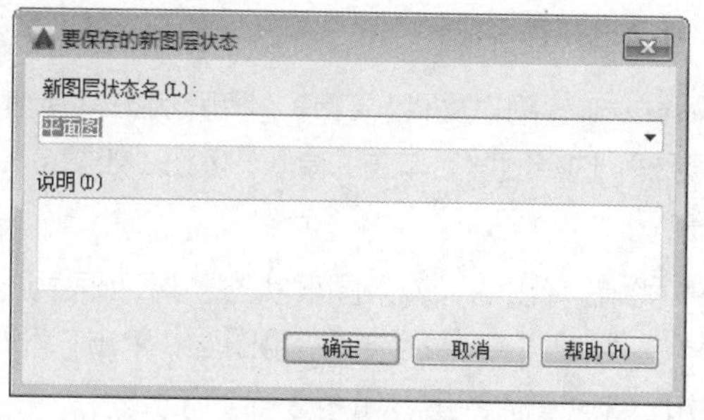

图 3-33 命名图层

Step 03 选中图层并单击“输出”按钮，如图 3-34 所示。

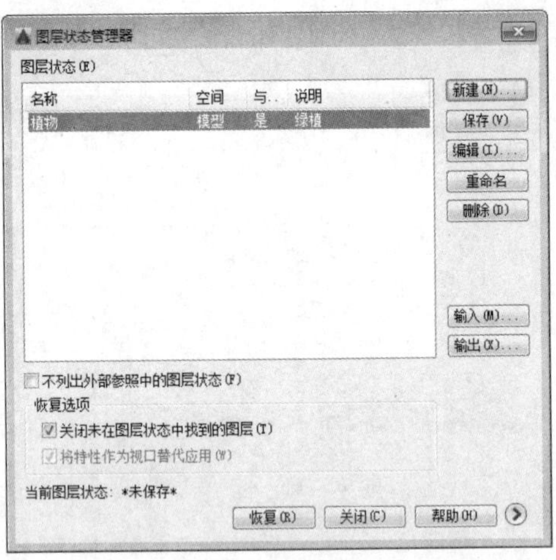

图 3-34 输出图层

Step 04 在弹出的“输出图层状态”对话框中选择路径，然后命名文件并单击“保存”按钮，如图 3-35 所示。关闭“图层状态管理器”对话框，完成输出操作。

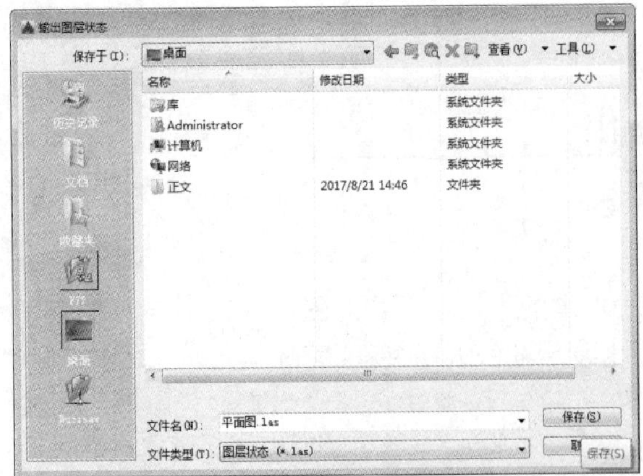

图 3-35 “输出图层状态”对话框

2. 导入图层

Step 01 新建图形文件，打开“图层状态管理器”对话框，选择图层后单击“输入”按钮，如图 3-36 所示。

Step 02 在弹出的“输入图层状态”对话框中选择好“文件类型”，然后选择所需图层，单击“打开”按钮，完成输入图层，如图 3-37 所示。

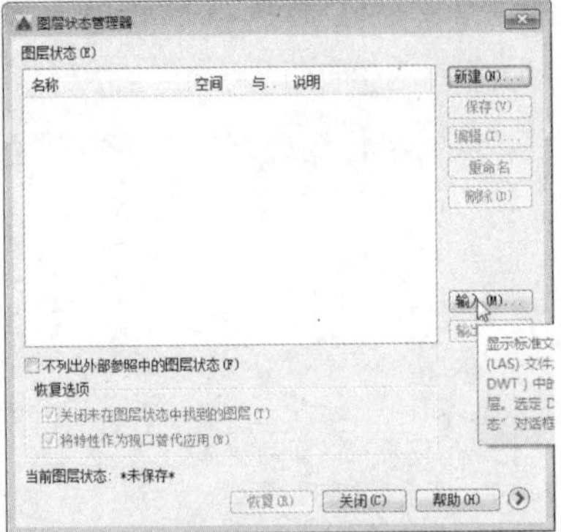

图 3-36 输入图层

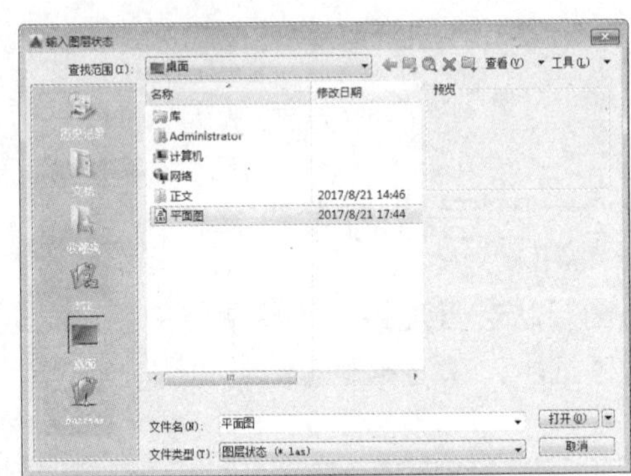

图 3-37 单击“打开”按钮

Step 03 弹出图层状态对话框并显示成功输入状态，然后单击“恢复状态”按钮，恢复状态，如图 3-38 所示。

图 3-38 图层状态

Step 04 这时，图层就成功输入到“图层特性管理器”面板中了，如图 3-39 所示。

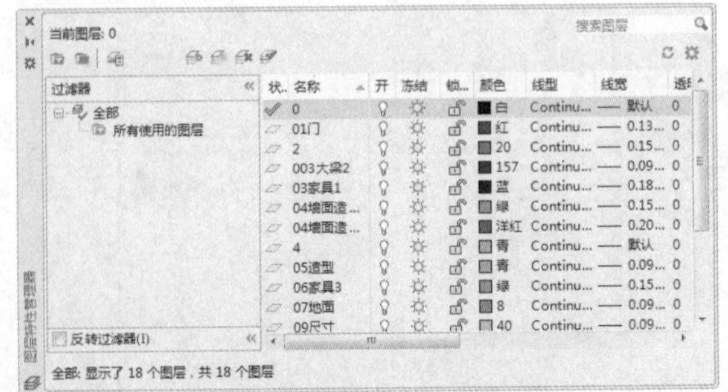

图 3-39 输入图层后的效果

上机操作

为了让读者更好地掌握图层管理的相关知识，在此列举几个针对本章的拓展案例，以供读者练习。

1. 合并图层

合并当前图纸中的墙体图层。

操作提示：

Step 01 在打开的“图层特性管理器”面板中选择相应图层，如图 3-40 所示。

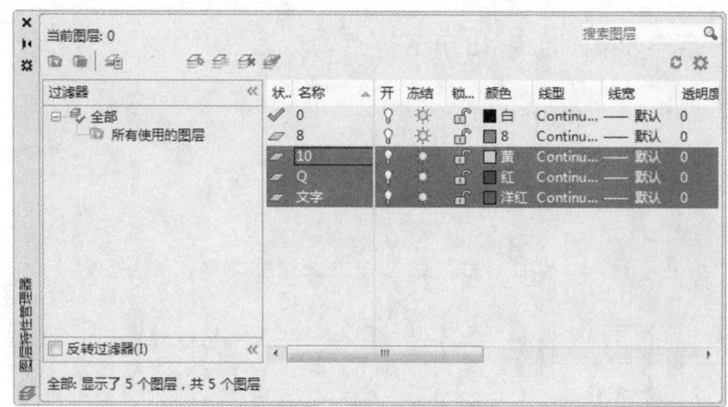

图 3-40 创建并选择图层

Step 02 单击鼠标右键并在弹出的快捷菜单中选择“将选定图层合并到”命令，打开“合并到图层”对话框，选择目标图层后单击“确定”按钮，如图 3-41 所示。

图 3-41 “合并到图层”对话框

2. 设置餐桌内边框

修改当前图纸中内边框的颜色、线宽。

操作提示：

Step 01 在“图层特性管理器”面板中选择“内边框”图层，打开“选择颜色”对话框，从中进行设置，如图 3-42 所示。

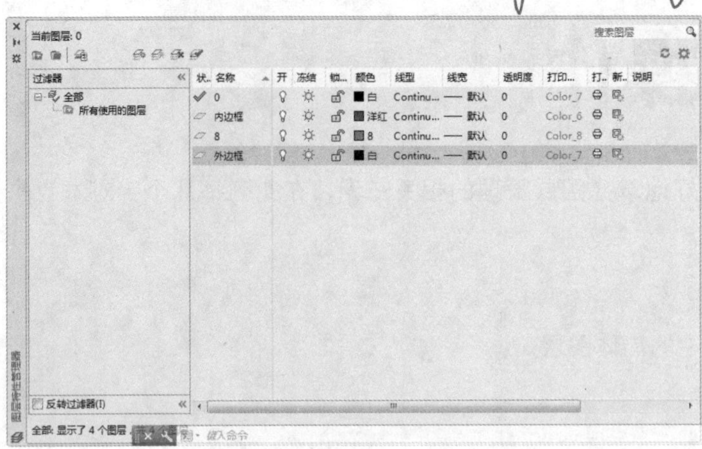

图 3-42 “图层特性管理器”面板

Step 02 设置餐桌内边框后的效果如图 3-43 所示。

图 3-43 设置颜色

第 4 章

绘制二维图形

本章向用户介绍如何利用 AutoCAD 软件来创建一些简单二维图形的相关知识点，其中包括点、线、曲线、正多边形等操作命令。通过本章的学习，用户能够掌握一些基本的绘图要领，同时为后面章节的学习打下基础。

知识要点

- ▲ 点的绘制
- ▲ 线的绘制
- ▲ 矩形和多边形的绘制
- ▲ 圆和圆弧的绘制

4.1 绘制点

在 AutoCAD 中，点是构成图形的基础，任何图形都是由无数个点组成的，点可以作为捕捉和移动对象的节点或参照点。用户可以使用多种方法创建点，在创建点之前，需要设置点的显示样式。下面向用户介绍关于点设置的操作方法。

4.1.1 设置点样式

在默认情况下，点在 AutoCAD 中是以圆点的形式显示的，用户也可以设置点的显示类型。执行“格式”→“点样式”命令，打开“点样式”对话框，即可从中选择相应的点样式，如图 4-1 所示。

同时，点的大小也可以自定义，若选中“相对于屏幕设置大小”单选按钮，则点大小是以百分数的形式实现。若选中“按绝对单位设置大小”单选按钮，则点大小是以实际单位的形式实现。

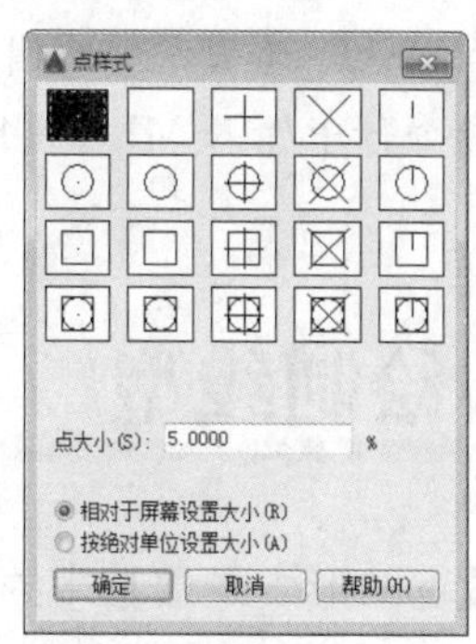

图 4-1 “点样式”对话框

4.1.2 点的绘制

点是组成图形的最基本对象。下面介绍单点或多点的绘制方法。

- 执行“绘图”→“点”→“单点(或多点)”命令，如图4-2所示。
- 在“默认”选项卡“绘图”面板中，单击“多点”按钮，如图4-3所示。
- 在命令行中输入POINT命令并按Enter键。

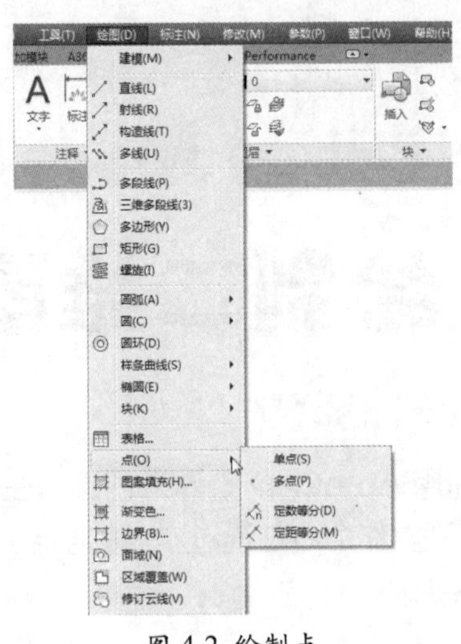
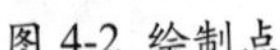

图4-2 绘制点

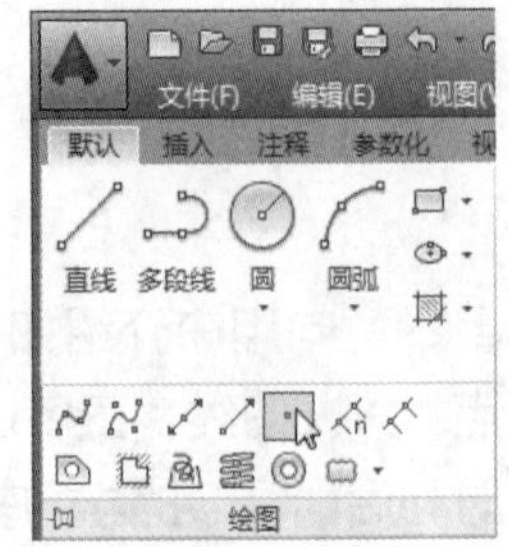

图4-3 绘制多点

4.1.3 定数等分

定数等分可以将图形按照固定的数值和相同的距离进行平均等分，在图形对象上按照平均分出的点进行绘制，作为绘制的参考点。

用户可以通过以下方式绘制定数等分点。

- 执行“绘图”→“点”→“定数等分”命令。
- 在“默认”选项卡“绘图”面板中，单击“定数等分”按钮。
- 在命令行中输入DIVIDE命令并按Enter键。

4.1.4 定距等分

定距等分是从某一端点按照指定的距离划分的点。被等分的对象在不可以被整除的情况下，等分对象的最后一段要比之前的距离短。

用户可以通过以下方式绘制定距等分点。

- 执行“绘图”→“点”→“定距等分”命令。
- 在“默认”选项卡“绘图”面板中，单击“定距等分”按钮。
- 在命令行中输入MEASURE命令并按Enter键。

4.2 绘制线型

直线段在图形中是最基本的图形对象，许多复杂的图形都是由直线段组成的，根据用途不同可分为直线、射线、多线等。下面对常见的几种线型进行介绍。

4.2.1 绘制直线

直线是各种绘图中最简单、最常用的一类图形对象。它既可以作为一条线段，又可以作为一系列相连的线段。绘制直线的方法非常简单，在绘图区内指定直线的起点和终点即可绘制一条直线。

用户可以通过以下方式调用“直线”命令。

- 执行“绘图”→“直线”命令。
- 在“默认”选项卡“绘图”面板中单击“直线”按钮⁄。
- 在命令行中输入 LINE 命令并按 Enter 键。

实战——绘制等边三角形

下面以绘制等边三角形为例，结合极轴追踪功能介绍直线的绘制方法。

Step 01 打开“草图设置”对话框，在“极轴追踪”选项卡中勾选“启用极轴追踪”复选框，设置增量角为 60°，如图 4-4 所示。

Step 02 在绘图区中单击“直线”按钮⁄。根据提示选择一点作为直线的起点，向上移动鼠标指针，移动到 60° 的位置时，界面中会出现一条辅助追踪线，如图 4-5 所示。

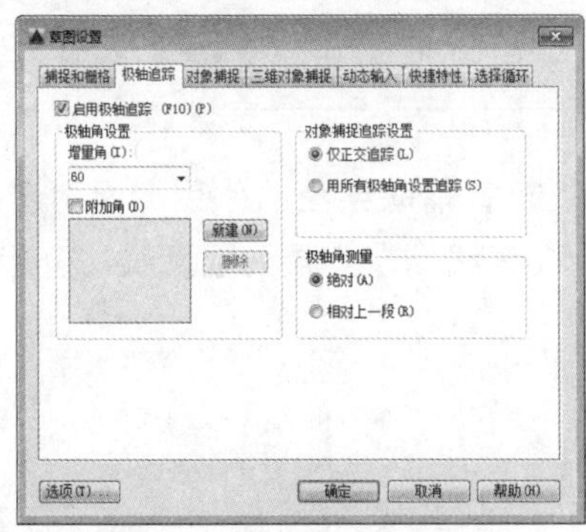

图 4-4 启用极轴追踪

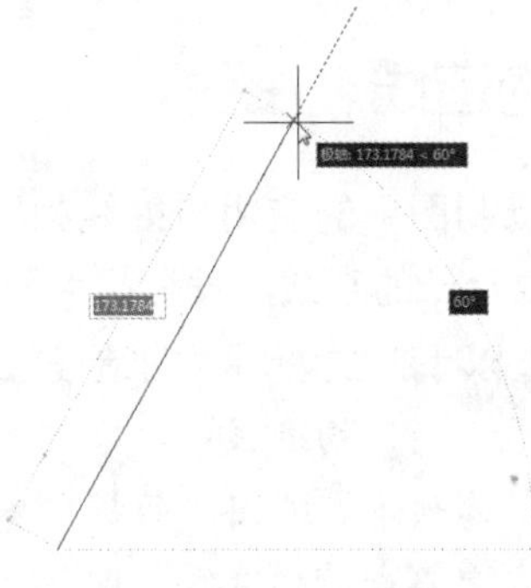

图 4-5 移动鼠标指针

Step 03 输入 200 的数值后按 Enter 键即可绘制一条长 200mm 的斜线，向右下方移动鼠标指针，又会出现一条辅助追踪线，如图 4-6 所示。

Step 04 按照前面的绘制方法，即可完成等边三角形的绘制，如图 4-7 所示。

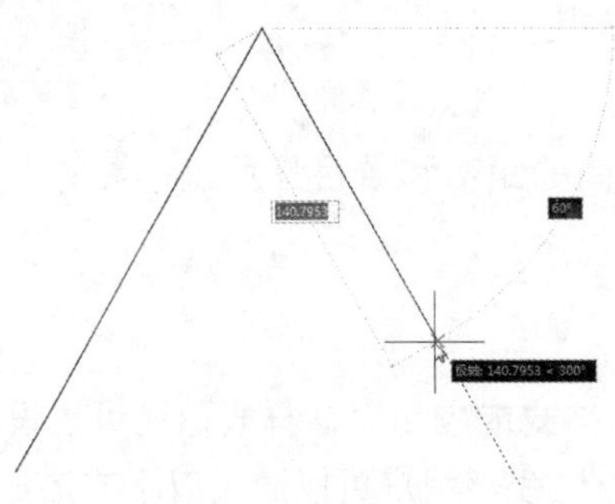

图 4-6 绘制直线

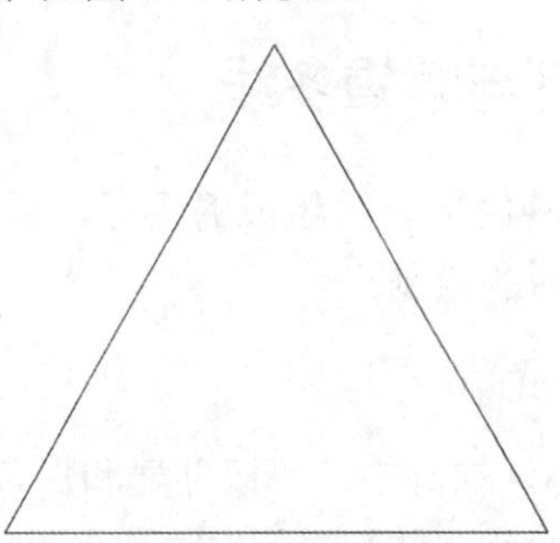

图 4-7 完成等边三角形的绘制

4.2.2 绘制射线

射线是从一端点出发向某一方向一直延伸的直线。执行"射线"命令后，在绘图区中指定起点，再指定射线的通过点即可绘制一条射线。

用户可以通过以下方式调用"射线"命令。

- 执行"绘图"→"射线"命令。
- 在"默认"选项卡"绘图"面板中单击下三角按钮 绘图▼，在弹出的列表中单击"射线"按钮。
- 在命令行中输入 RAY 命令并按 Enter 键。

执行"射线"命令后，在绘图区中单击即可绘制射线，用户可重复进行绘制，如图 4-8 所示。

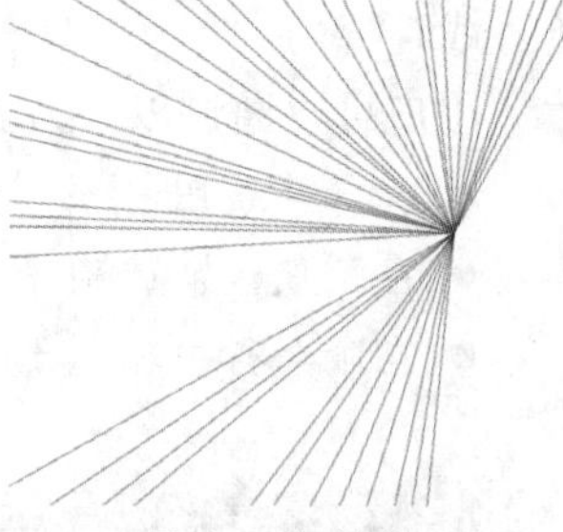
图 4-8 绘制射线

知识拓展

射线可以指定多个通过点，绘制以同一起点为端点的多条射线，绘制完多条射线后，按 Esc 键或 Enter 键即可完成操作。

4.2.3 绘制构造线

构造线在建筑制图中的应用与射线相同，都是起着辅助绘图的作用，而两者的区别在于，构造线是两端无限延长的直线，没有起点和终点；而射线则是一端无限延长，有起点无终点。

用户可以通过以下方式调用"构造线"命令。

- 执行"绘图"→"构造线"命令。
- 在"默认"选项卡"绘图"面板中单击下三角按钮 绘图▼，在弹出的列表中单击"构造线"按钮。
- 在命令行中输入 XLINE 命令并按 Enter 键。

执行"构造线"命令后，在绘图区中单击即可绘制构造线，如图 4-9 所示。

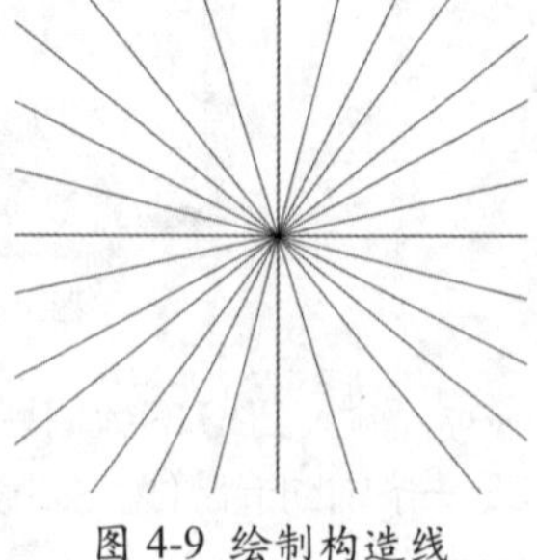
图 4-9 绘制构造线

4.2.4 绘制与编辑多线

多线是一种由平行线组成的图形，平行线之间的距离和数目是可以设置的。多线多用于墙线和窗户等图形的绘制。

1. 设置多线样式

在 AutoCAD 软件中，可以创建和保存多线的样式或应用默认样式，还可以设置多线中每个元素的偏移和颜色，并能显示或隐藏多线转折处的边线。用户可以通过以下方法进行设置。

Step 01 执行"格式"→"多线样式"命令，打开"多线样式"对话框，如图 4-10 所示。

Step 02 单击“新建”按钮，打开“创建新的多线样式”对话框，在其中输入新样式名，如图 4-11 所示。

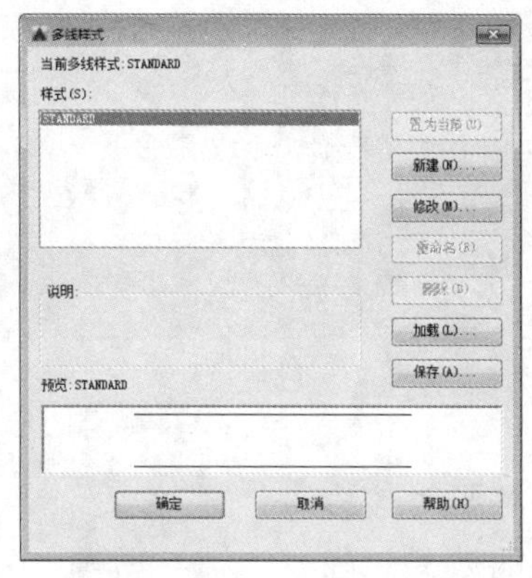

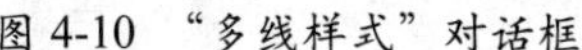

图 4-10 “多线样式”对话框　　　图 4-11 输入新样式名

Step 03 单击“继续”按钮，打开“新建多线样式”对话框，勾选“起点”和“端点”的封口类型为“直线”，设置“图元”的偏移距离及颜色，如图 4-12 所示。

Step 04 设置完毕后单击“确定”按钮关闭该对话框，返回到“多线样式”对话框，在下方预览区可看到设置后的多线样式，单击“置为当前”按钮即可完成多线样式的设置，如图 4-13 所示。

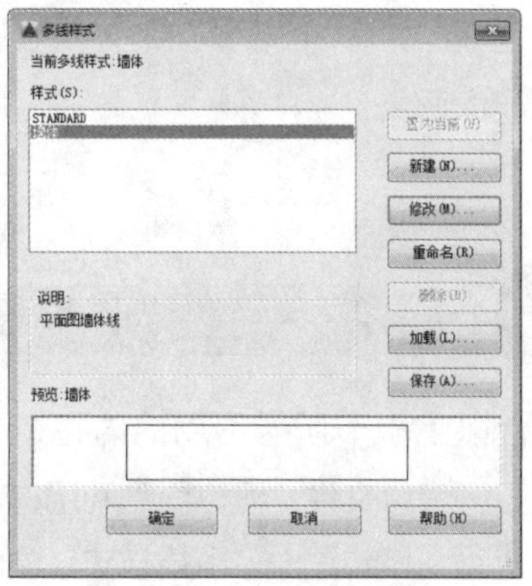

图 4-12 新建多线样式　　　图 4-13 置为当前

2. 绘制多线

设置完多线样式后，就可以开始绘制多线。用户可以通过以下方式调用“多线”命令。

- 执行“绘图”→“多线”命令。
- 在命令行中输入 MLINE 命令并按 Enter 键。

知识拓展

在默认情况下，绘制多线的操作和绘制直线相似，若想更改当前多线的对齐方式、显示比例及样式等属性，可以在命令行中进行选择操作。

命令行提示如下：

```
命令：MLINE
当前设置：对正 = 无，比例 = 20.00，样式 = STANDARD
```

```
指定起点或 [对正(J)/比例(S)/样式(ST)]: j
输入对正类型 [上(T)/无(Z)/下(B)] <无>: z
当前设置: 对正 = 无, 比例 = 20.00, 样式 = STANDARD
指定起点或 [对正(J)/比例(S)/样式(ST)]: s
输入多线比例 <20.00>: 240
当前设置: 对正 = 无, 比例 = 240.00, 样式 = STANDARD
```

3. 编辑多线

多线绘制完毕后，通常都会需要对该多线进行修改编辑，才能达到预期的效果。在AutoCAD中，用户可以利用多线编辑工具对多线进行设置，如图4-14所示。在“多线编辑工具”对话框中，可以编辑多线接口处的类型。用户可以通过以下方式打开该对话框。

- 执行“修改”→“对象”→“多线”命令。
- 在命令行中输入MLEDIT命令并按Enter键。

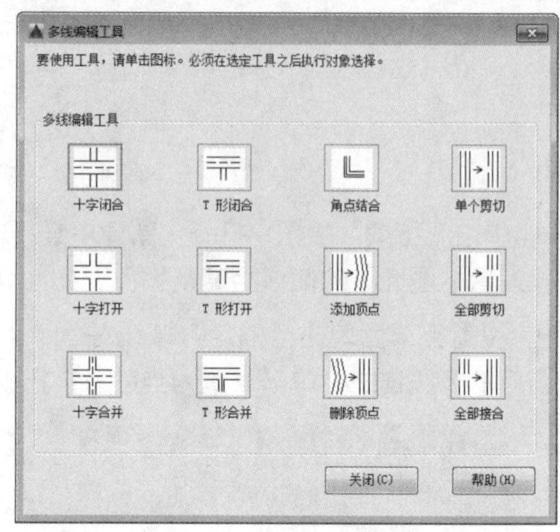

图 4-14 多线编辑工具

实战——绘制墙体

结合以上小节所学习到的内容，下面以绘制两居室墙体为例，介绍绘制和编辑多线的方法。

Step 01 打开素材文件，可以看到利用构造线绘制的轴线，如图4-15所示。

Step 02 执行“格式”→“多线样式”命令，打开“多线样式”对话框，如图4-16所示。

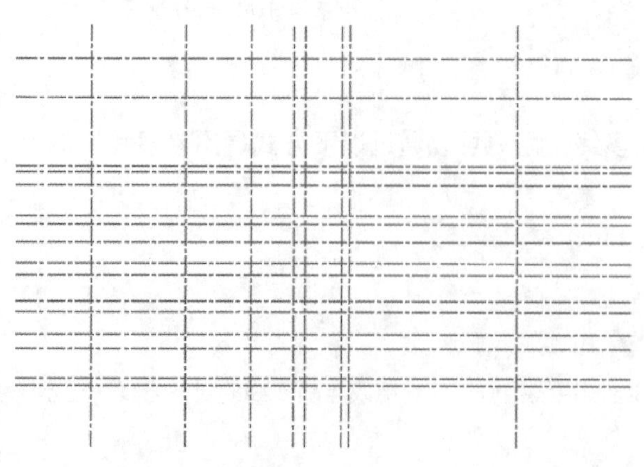

图 4-15 轴线

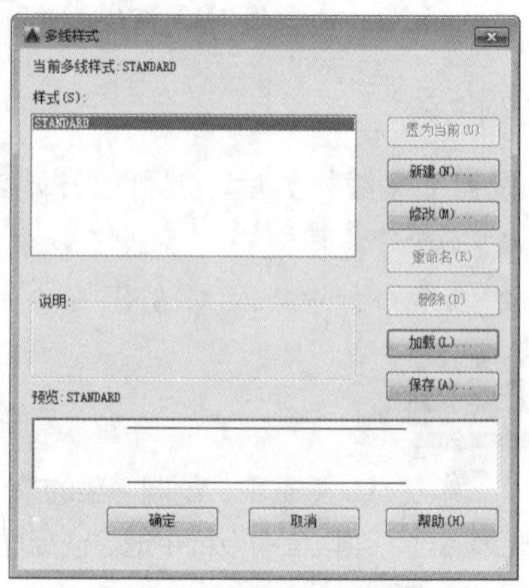

图 4-16 “多线样式”对话框

Step 03 单击“修改”按钮，打开“修改多线样式”对话框，设置“起点”和“端点”的封口类型为“直线”，如图4-17所示。

Step 04 设置完成后单击“确定”按钮，返回到“多线样式”对话框并将其关闭，如图4-18所示。

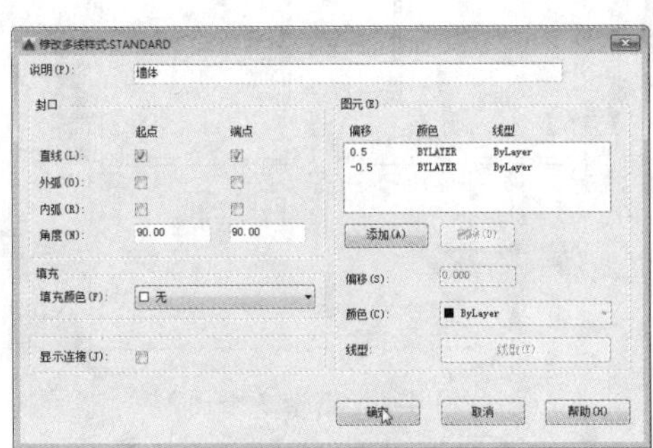

图 4-17 设置多线样式

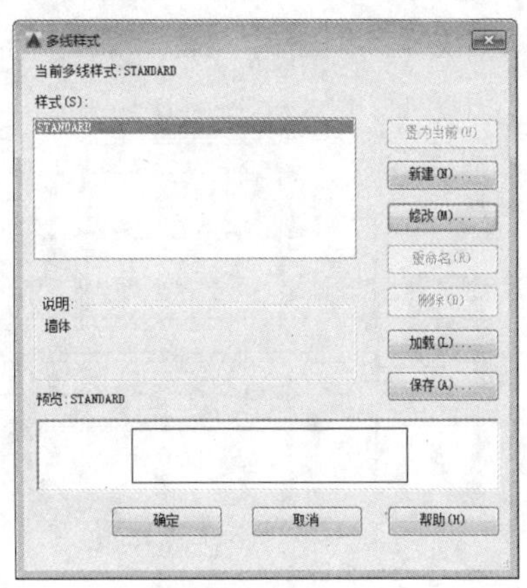

图 4-18 完成设置

Step 05 执行“绘图”→“多线”命令，根据命令行提示设置“对正”为“无”，比例为 240，捕捉轴线进行多线的绘制，如图 4-19 所示。

Step 06 继续执行“多线”命令，设置比例为 120，绘制内墙图形，如图 4-20 所示。

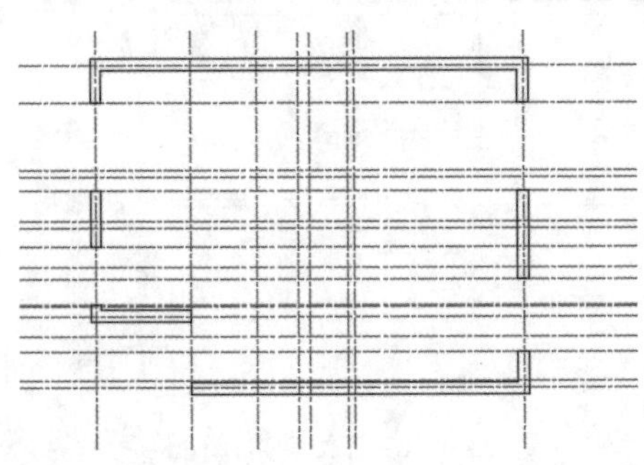

图 4-19 绘制墙线

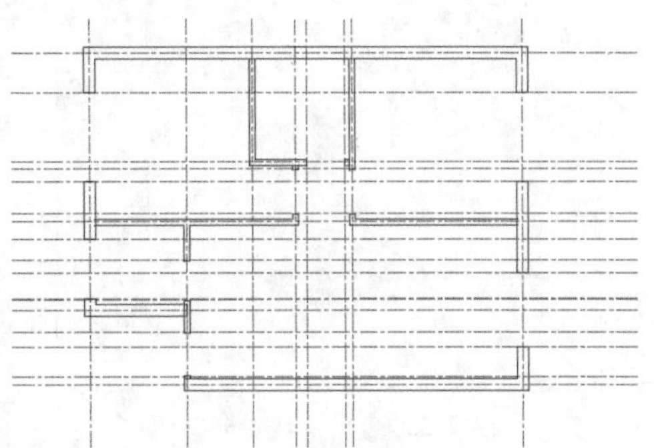

图 4-20 绘制内墙体

Step 07 打开“修改多线样式”对话框，设置“图元”参数及“封口”参数，如图 4-21 所示。

Step 08 返回到“多线样式”对话框，可以看到设置后的多线样式，如图 4-22 所示。

图 4-21 设置多线参数

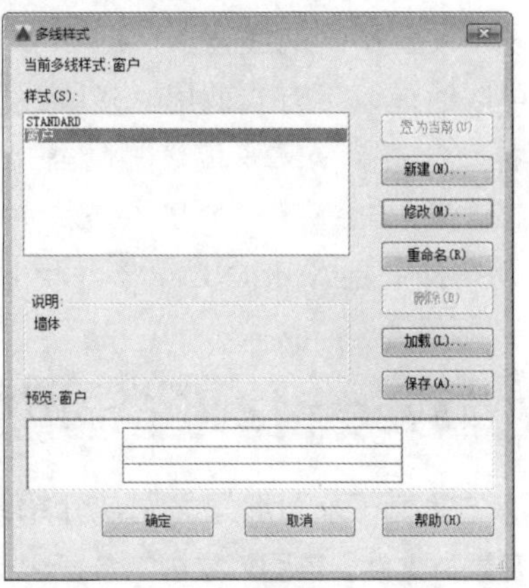

图 4-22 预览多线

Step 09 执行“绘图”→“多线”命令，设置比例为 1，捕捉绘制窗户图形，如图 4-23 所示。

Step 10 删除轴线等多余图形，如图 4-24 所示。

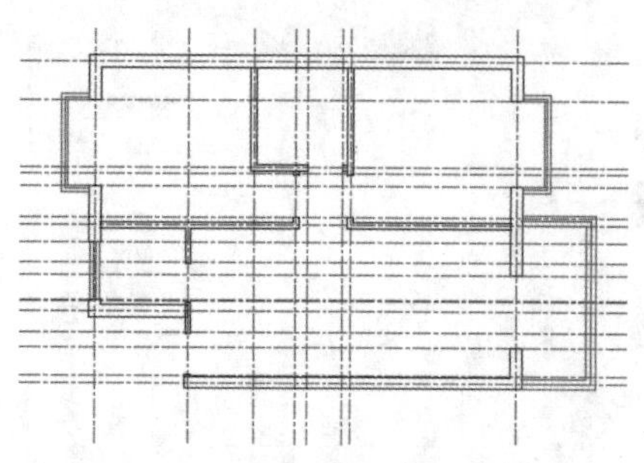

图 4-23 绘制窗户图形

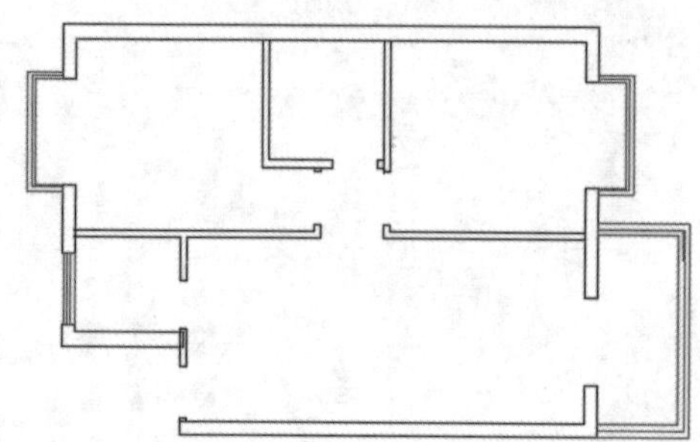

图 4-24 删除多余图形

Step 11 双击多线，打开多线编辑工具，选择合适的工具“T 形合并”，如图 4-25 所示。

Step 12 编辑视图中的多线，完成户型图的绘制，如图 4-26 所示。

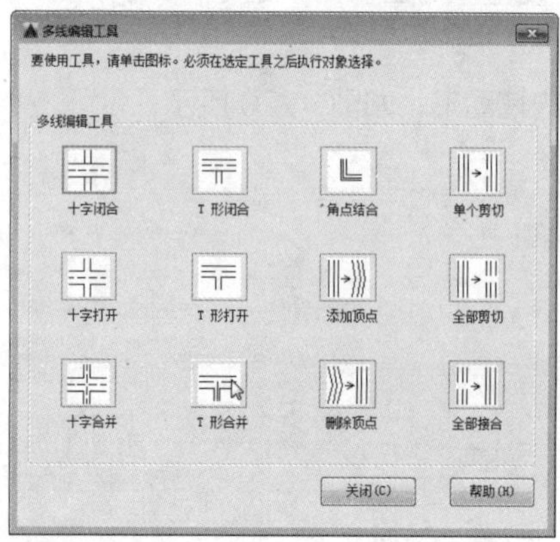

图 4-25 选择多线编辑工具

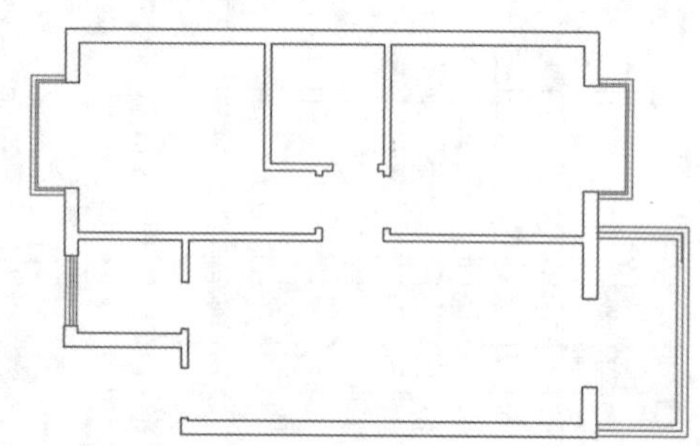

图 4-26 完成绘制

4.2.5 绘制与编辑多段线

多段线是由相连的直线或弧线组合而成的，多段线具有多样性，它可以设置宽度，也可以在一条线段中设置不同的线宽。

用户可以通过以下方式调用“多段线”命令。

- 执行“绘图”→“多段线”命令。
- 在“默认”选项卡“绘图”面板中单击“多段线”按钮。
- 在命令行中输入 PLINE 命令并按 Enter 键。

实战——绘制花朵图形

下面以“绘制花朵图形”为例，介绍绘制多段线的方法。

Step 01 打开素材文件，该图形是由三条直线交叉组成的图形，如图 4-27 所示。

Step 02 执行“绘图”→“多段线”命令，单击捕捉交叉点作为多段线起点，如图 4-28 所示。

Step 03 根据动态提示输入 W 后按 Enter 键，默认起点宽度为 0，如图 4-29 所示。

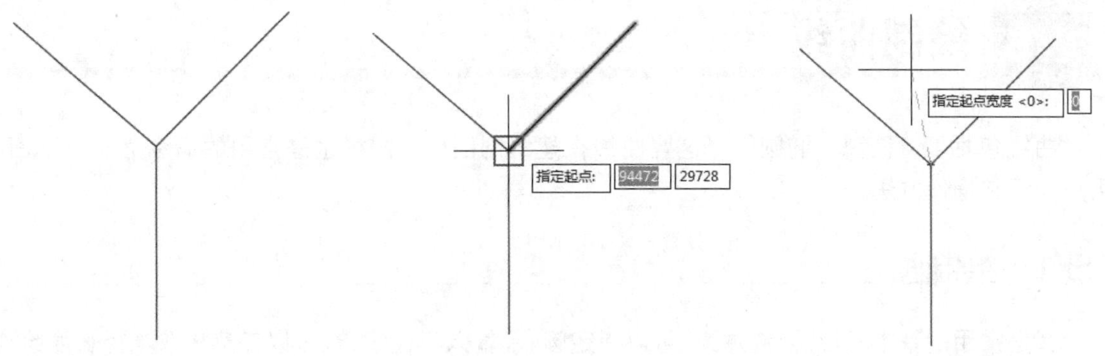

图 4-27 绘制直线　　图 4-28 捕捉多段线起点　　图 4-29 默认起点宽度

Step 04 按 Enter 键后根据提示再输入端点宽度为 5mm，如图 4-30 所示。

Step 05 继续按 Enter 键，再根据提示输入命令 a，如图 4-31 所示。

Step 06 移动鼠标，指定圆弧的端点，可以看到绘制出的多段线呈弧形显示，如图 4-32 所示。

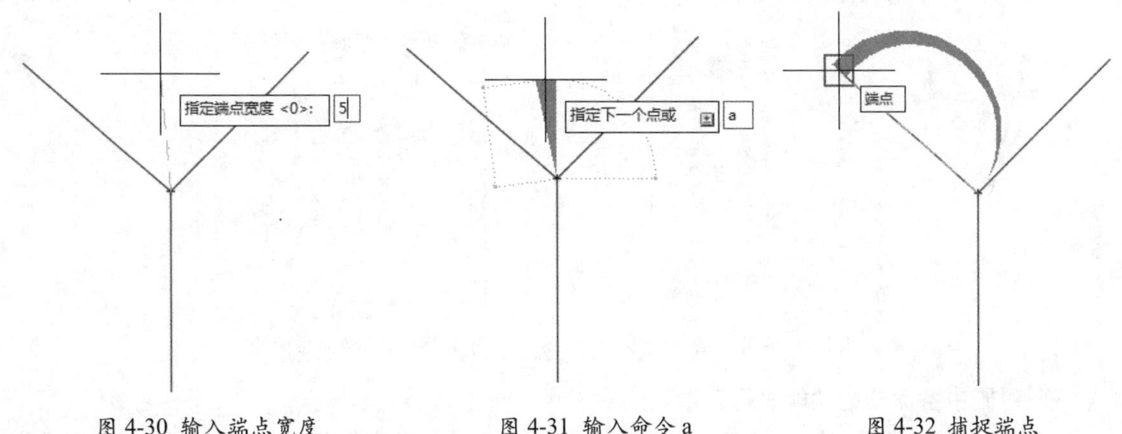

图 4-30 输入端点宽度　　图 4-31 输入命令 a　　图 4-32 捕捉端点

Step 07 继续输入命令 a，设置起点宽度为 5mm，端点宽度为 0，继续绘制弧形，如图 4-33 所示。

Step 08 按两次 Enter 键，完成多段线的绘制，如图 4-34 所示。

Step 09 利用夹点调整多段线的形状，如图 4-35 所示。

Step 10 利用同样的方法再绘制其他两个图形，删除直线，完成花朵图形的绘制，如图 4-36 所示。

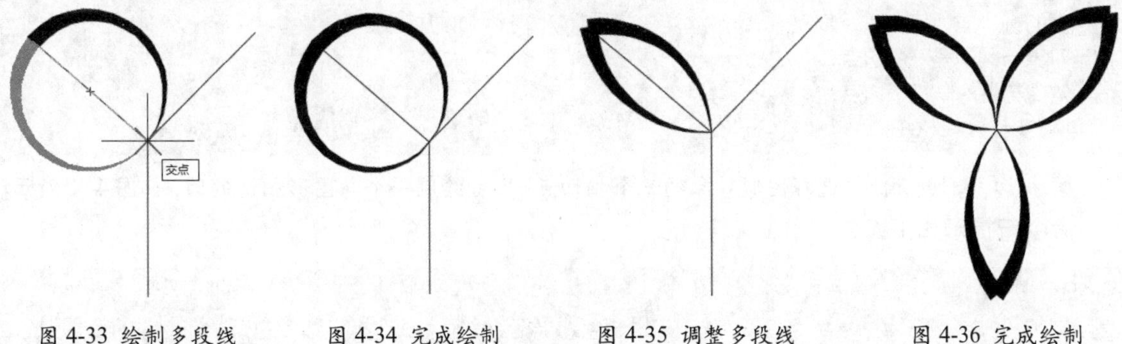

图 4-33 绘制多段线　　图 4-34 完成绘制　　图 4-35 调整多段线　　图 4-36 完成绘制

4.3 绘制曲线

曲线包括圆、圆弧、椭圆等，这些曲线在建筑制图中，同样也是常用的命令之一。下面向用户介绍其操作方法。

4.3.1 绘制圆

圆是常用的基本图形，要创建圆，可以指定圆心，输入半径值，也可以任意拉取半径长度绘制。用户可以通过以下方式调用“圆”命令。

- 执行“绘图”→“圆”命令的子命令，如图 4-37 所示。
- 在“默认”选项卡“绘图”面板中单击“圆”按钮，如果要选择绘制圆的方式，单击下三角按钮选择方式即可，如图 4-38 所示。
- 在命令行中输入 C 并按 Enter 键。

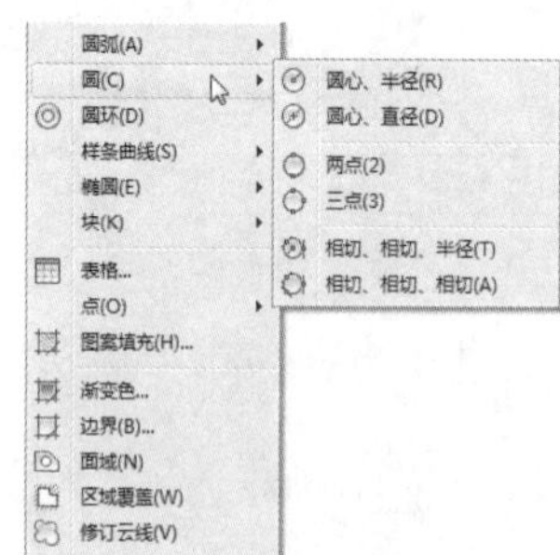

图 4-37 调用“圆”命令

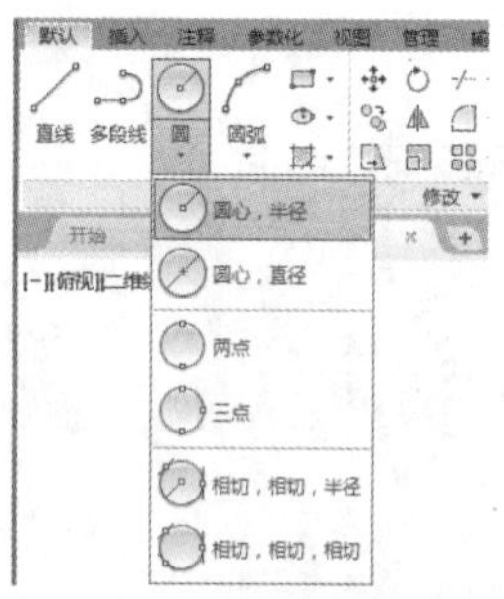

图 4-38 圆的功能区命令

下面对圆中各命令的功能进行介绍。

- 圆心、半径/直径：圆心、半径方式是先确定圆心，然后输入半径或者直径，即可完成绘制操作。
- 两点/三点：在绘图区中随意指定两点或三点或者捕捉图形的点即可绘制圆。
- 相切、相切、半径：选择图形对象的两个相切点，再输入半径值即可绘制圆，如图 4-39 所示。命令行提示如下：

```
命令: _circle
指定圆的圆心或 [三点(3P)/两点(2P)/切点、切点、半径(T)]: _ttr
指定对象与圆的第一个切点:
指定对象与圆的第二个切点:
指定圆的半径 <150.0000>:100
```

- 相切、相切、相切：选择图形对象的三个相切点，即可绘制一个与图形相切的圆，如图 4-40 所示。命令行提示如下：

```
命令: _circle
指定圆的圆心或 [三点(3P)/两点(2P)/切点、切点、半径(T)]: _3p 指定圆上的第一个点: _tan 到
指定圆上的第二个点: _tan 到
指定圆上的第三个点: _tan 到
```

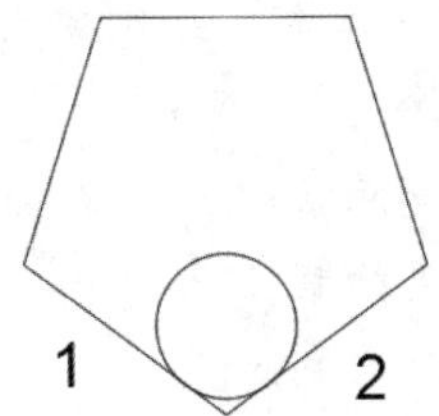

图 4-39 “相切，相切，半径”

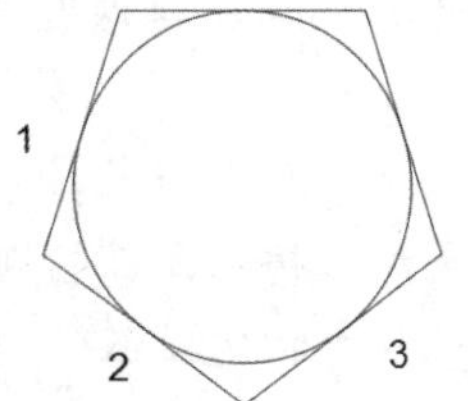

图 4-40 “相切，相切，相切”

4.3.2 绘制圆弧

绘制圆弧的方法有很多种，在默认情况下，绘制圆弧需要三点：圆弧的起点、圆弧上的点和圆弧的端点。

用户可以通过以下方式调用“圆弧”命令。

- 执行“绘图”→“圆弧”命令的子命令，如图 4-41 所示。
- 在“默认”选项卡“绘图”面板中单击“圆弧”按钮，如果要选择绘制圆弧的方式，可以单击下三角按钮，在弹出的列表中选择相应选项，如图 4-42 所示。
- 在命令行中输入 ARC 命令并按 Enter 键。

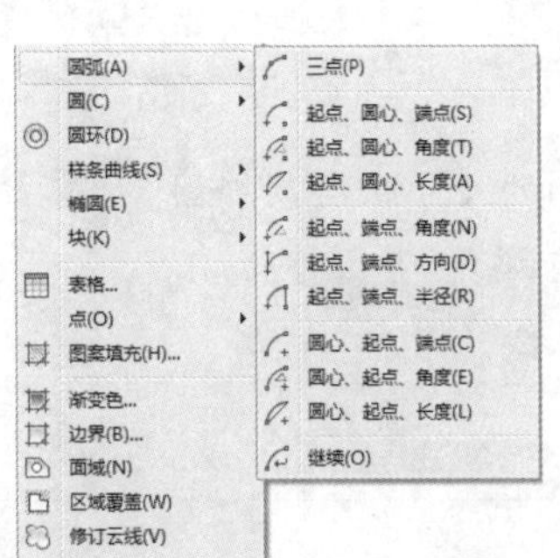

图 4-41 圆弧的菜单栏命令

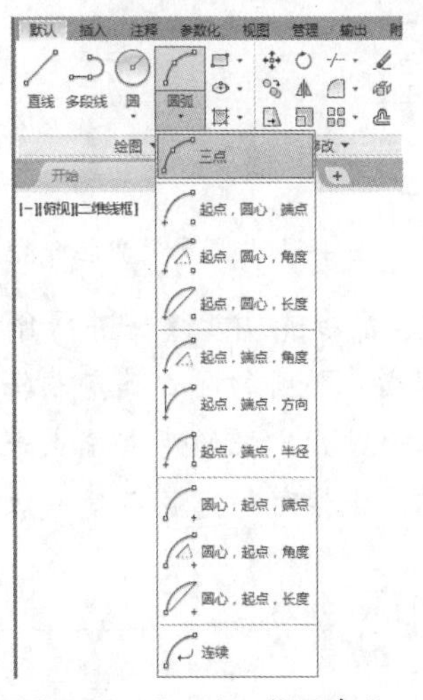

图 4-42 圆弧的功能区命令

下面对圆弧中各命令的功能逐一进行介绍。

- 三点：通过指定圆弧的起点、圆弧上的点和圆弧的端点绘制。
- 起点、圆心、端点：指定圆弧的起点、圆心和端点绘制。
- 起点、圆心、角度：指定圆弧的起点、圆心和角度绘制。
- 起点、圆心、长度：所指定的弦长不可以超过起点到圆心距离的 2 倍。
- 起点、端点、角度：指定圆弧的起点、端点和角度绘制。
- 起点、端点、方向：指定圆弧的起点、端点和方向绘制。首先指定起点和端点，这时鼠标指定方向，圆弧会根据指定的方向进行绘制。指定方向后单击鼠标左键，即可完成圆弧的绘制。

- 起点、端点、半径：指定圆弧的起点、端点和半径绘制，绘制完成的圆弧的半径是指定的半径长度。
- 圆心、起点、端点：首先指定圆心再指定起点和端点绘制。
- 圆心、起点、角度：指定圆弧的圆心、起点和角度绘制。
- 圆心、起点、长度：指定圆弧的圆心、起点和长度绘制。
- 连续：与最后绘制的对象相切。

4.3.3 绘制椭圆

椭圆是由一条较长的轴和一条较短的轴定义而成。用户可以通过以下方式调用“椭圆”命令。

- 执行“绘图”→“椭圆”命令的子命令，如图 4-43 所示。
- 在“默认”选项卡“绘图”面板中单击“椭圆”按钮，如果要选择绘制椭圆的方式，可以单击下三角按钮，在弹出的列表中选择相应选项，如图 4-44 所示。
- 在命令行中输入 ELLIPSE 命令并按 Enter 键。

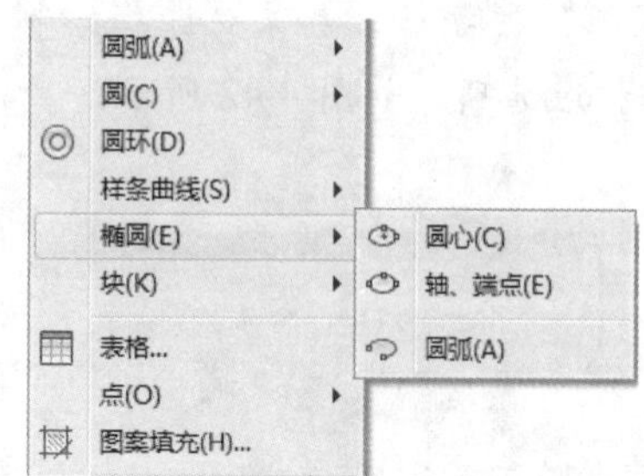

图 4-43 椭圆的菜单栏命令

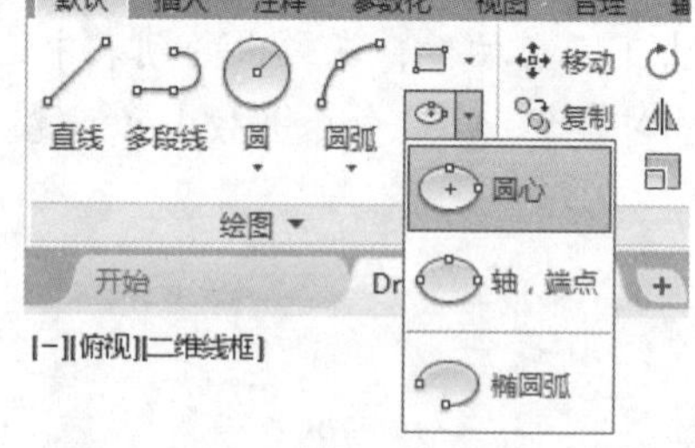

图 4-44 椭圆的功能区命令

下面对圆弧中各命令的功能逐一进行介绍。

- 圆心：通过指定椭圆的圆心确定长轴和短轴的尺寸来绘制椭圆。
- 轴、端点：通过指定轴的两个端点来绘制椭圆。
- 圆弧：在椭圆上按照一定的角度截取一段弧线。

4.3.4 绘制圆环

圆环是由两个同心圆组成的组合图形。在绘制圆环时，应首先指定圆环的内径、外径，然后再指定圆环的中心点即可完成圆环的绘制，如图 4-45 所示。

用户可以通过以下方式调用“圆环”命令。

- 执行“绘图”→“圆环”命令。
- 在“默认”选项卡“绘图”面板中单击“圆环”按钮◎。
- 在命令行中输入 DONUT 命令并按 Enter 键。

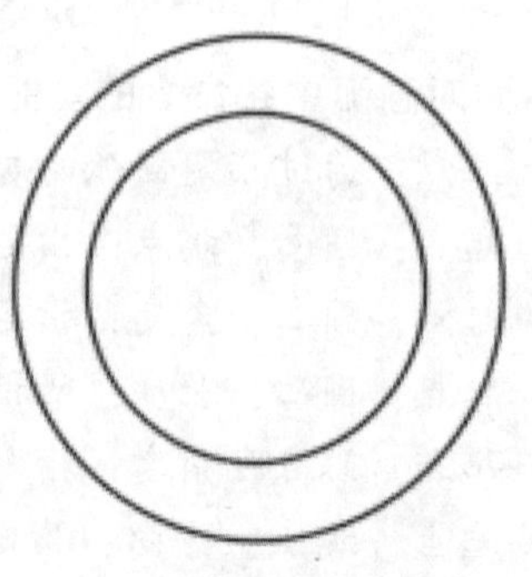

图 4-45 圆环图形

命令行提示如下：

```
命令:
DONUT
指定圆环的内径 <228.0181>: 100
指定圆环的外径 <1.0000>: 120
指定圆环的中心点或 <退出>:
指定圆环的中心点或 <退出>: *取消*
```

知识拓展

绘制完一个圆环后，可以继续指定中心点的位置，来绘制相同大小的多个圆环，然后按 Esc 键退出操作。

4.3.5 绘制样条曲线

样条曲线是经过或接近影响曲线形状的一系列点的平滑曲线。用户可以通过以下方式调用样条曲线命令。

- 在“默认”选项卡“绘图”面板中单击“样条曲线拟合”按钮或“样条曲线控制点”按钮。
- 在命令行中输入 SPLINE 命令并按 Enter 键。

绘制样条曲线分为样条曲线拟合和样条曲线控制点两种方式。如图 4-46 所示为拟合绘制的曲线，如图 4-47 所示为控制点绘制的曲线。

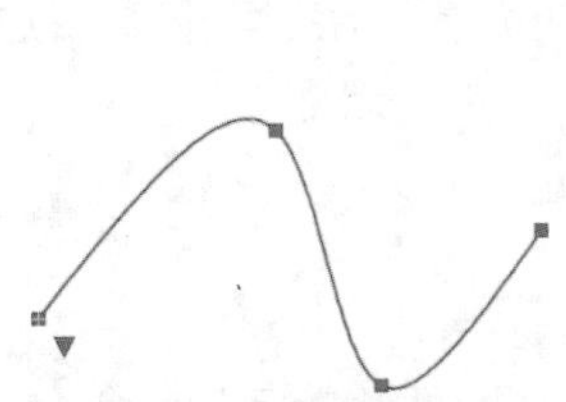

图 4-46 样条曲线拟合

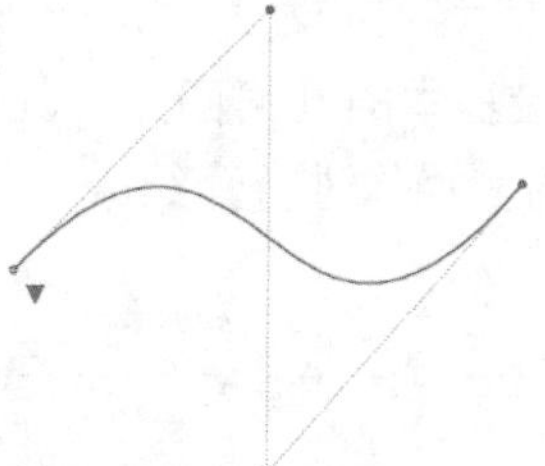

图 4-47 样条曲线控制点

知识拓展

选中样条曲线，在出现的夹点中可编辑样条曲线。

单击夹点中三角符号可进行类型切换，如图 4-48 所示。

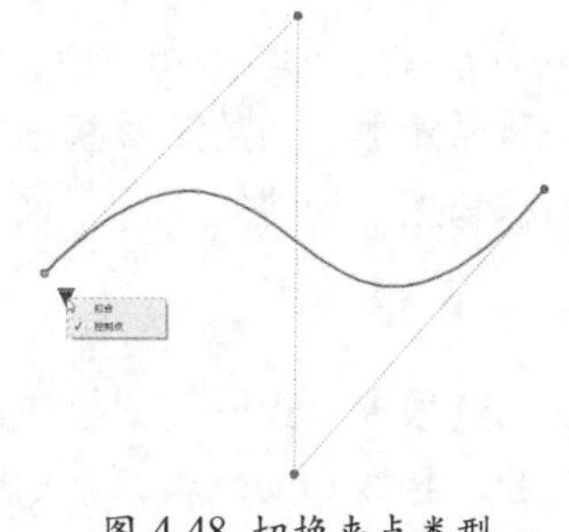

图 4-48 切换夹点类型

4.3.6 绘制修订云线

修订云线是由圆弧组成，用于圈阅标记图形的某个部分，可以使用亮色提醒用户改正错误，在 AutoCAD 2016 中，修订云线分为矩形修订云线、多边形修订云线以及徒手画 3 种绘图方式。

用户可以通过以下方式调用“修订云线”命令。

- 执行“绘图”→“修订云线”命令。
- 在“默认”选项卡“绘图”面板中单击“修订云线”按钮，如果要选择绘制修订云线的方式，可以单击下三角按钮，在弹出的列表中选择相应选项，如图 4-49 所示。
- 在命令行中输入 REVCLOUD 命令并按 Enter 键。

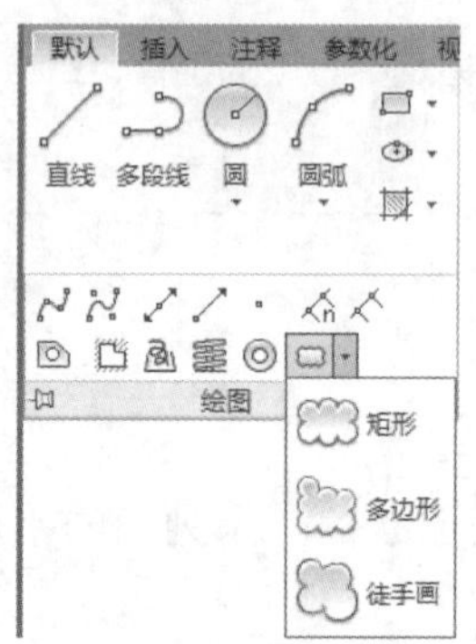

图 4-49 修订云线的功能区命令

4.4 绘制矩形和多边形

矩形和多边形是最基本的几何图形，其中，多边形包括三角形、四边形、五边形和其他多边形等。下面就分别对其操作进行介绍。

4.4.1 绘制矩形

矩形是最常用的几何图形。用户可以通过以下方式调用“矩形”命令。

- 执行“绘图”→“矩形”命令。
- 在“默认”选项卡“绘图”面板中单击“矩形”按钮。
- 在命令行中输入 RECTANG 命令并按 Enter 键。

矩形分为普通矩形、倒角矩形和圆角矩形，用户可以随意指定矩形的两个对角点创建矩形，也可以指定面积和尺寸创建矩形。下面对其绘制方法进行介绍。

1. 普通矩形

在“默认”选项卡“绘图”面板中单击“矩形”按钮。在任意位置指定第一个角点，再根据提示输入 D，并按 Enter 键，输入矩形的长度和宽度分别为 600mm 和 400mm 后按 Enter 键，然后单击鼠标左键，即可绘制一个长为 600mm、宽为 400mm 的矩形，如图 4-50 所示。

2. 倒角矩形

执行“绘图”→“矩形”命令，根据命令行提示输入 C，输入倒角距离为 80mm，再输入长度和宽度分别为 600mm 和 400mm，单击鼠标左键即可绘制倒角矩形，如图 4-51 所示。

命令行提示如下：

```
命令: _rectang
当前矩形模式:  倒角=80.0000 x 60.0000
指定第一个角点或 [倒角(C)/标高(E)/圆角(F)/厚度(T)/宽度(W)]: c
指定矩形的第一个倒角距离 <80.0000>: 80
指定矩形的第二个倒角距离 <60.0000>: 80
指定第一个角点或 [倒角(C)/标高(E)/圆角(F)/厚度(T)/宽度(W)]:
指定另一个角点或 [面积(A)/尺寸(D)/旋转(R)]: d
指定矩形的长度 <10.0000>: 600
指定矩形的宽度 <10.0000>: 400
指定另一个角点或 [面积(A)/尺寸(D)/旋转(R)]:
```

3. 圆角矩形

在命令行中输入 RECTANG 命令并按 Enter 键。根据提示输入 F，设置半径为 100mm，然后指定两个对角点即可完成绘制圆角矩形的操作，如图 4-52 所示。

图 4-50 普通矩形

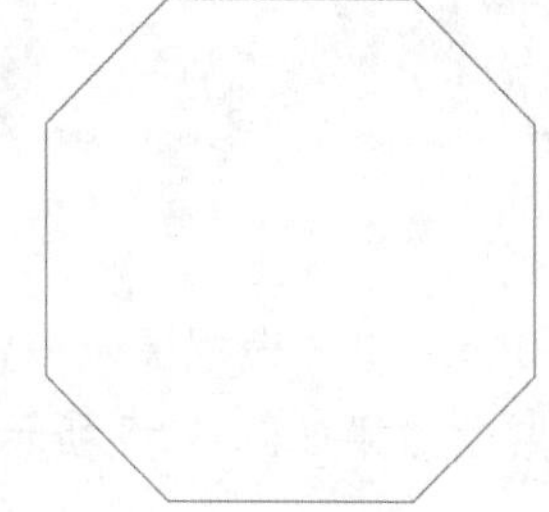
图 4-51 倒角矩形

图 4-52 圆角矩形

命令行提示如下：

```
命令: _rectang
指定第一个角点或 [倒角(C)/标高(E)/圆角(F)/厚度(T)/宽度(W)]: f
指定矩形的圆角半径 <0.0000>: 100
指定第一个角点或 [倒角(C)/标高(E)/圆角(F)/厚度(T)/宽度(W)]:
指定另一个角点或 [面积(A)/尺寸(D)/旋转(R)]:
```

绘图技巧

用户也可以设置矩形的宽度，执行“绘图”→“矩形”命令。根据提示输入 W，再输入线宽的数值，指定两个对角点即可绘制一个有宽度的矩形，如图 4-53 所示。

图 4-53 带有宽度的圆角矩形

4.4.2 绘制多边形

多边形是指三条或三条以上的线段组成的闭合图形。在默认情况下，多边形的边数为 4。用户可以通过以下方式调用“多边形”命令。

- 执行“绘图”→“多边形”命令。
- 在“默认”选项卡“绘图”面板中单击“矩形”下三角按钮，在弹出的列表中单击“多边形”按钮。
- 在命令行中输入 POLYGON 命令并按 Enter 键。

绘制多边形时分为内接圆和外切圆两种方式，内接圆就是多边形在一个虚构的圆内。外切圆就是多边形在一个虚构的圆外。下面对其相关内容进行介绍。

1. 内接于圆

在命令行中输入 POLYGON 并按 Enter 键，根据提示设置多边形的边数，选择“内接于圆”选项，再指定多边形的半径。设置完成后效果如图 4-54 所示。

命令行提示如下：

```
命令：POLYGON
输入侧面数 <7>：5
指定正多边形的中心点或 [边(E)]：
输入选项 [内接于圆(I)/外切于圆(C)] <I>：i
指定圆的半径：80
```

2. 外切于圆

在命令行中输入 POLYGON 并按 Enter 键，根据提示设置多边形的边数，选择“外切于圆”选项，再指定多边形的半径。设置完成后效果如图 4-55 所示。

命令行提示如下：

```
命令：POLYGON
输入侧面数 <7>：5
指定正多边形的中心点或 [边(E)]：
输入选项 [内接于圆(I)/外切于圆(C)] <I>：c
指定圆的半径：80
```

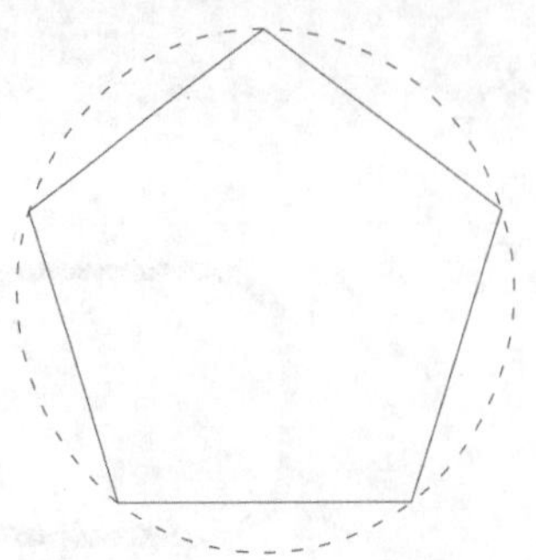

图 4-54 绘制内接于圆的五边形

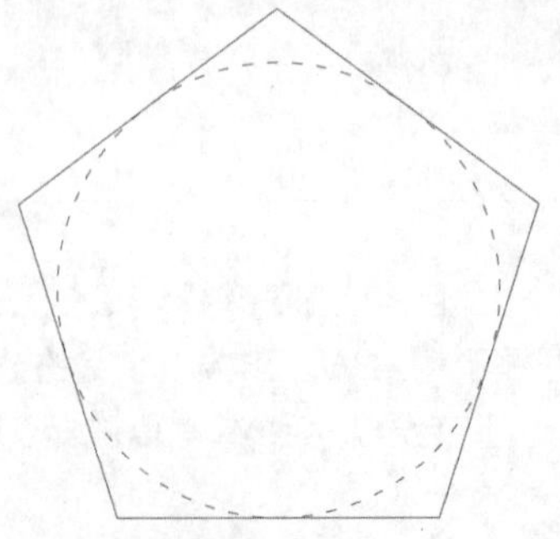

图 4-55 绘制外切于圆的五边形

综合演练——绘制圆形餐桌图形

实例路径： 实例 /04/ 综合演练 / 绘制圆形餐桌图形 .dwg

视频路径： 视频 /04/ 绘制圆形餐桌图形 .avi

在学习了本章知识内容后，接下来通过具体案例练习来巩固所学的知识，以做到学以致用。本例的圆形餐桌图形主要利用了矩形、圆、偏移等命令进行绘制。下面具体介绍绘制方法。

Step 01 执行“圆”命令，绘制半径为 500mm 和 550mm 的同心圆，如图 4-56 所示。

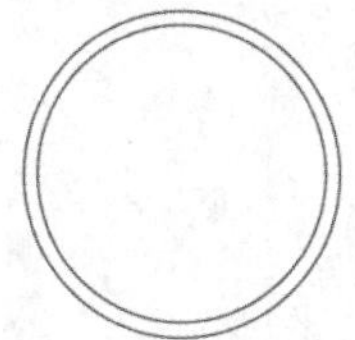

图 4-56 绘制同心圆

Step 02 依次执行“矩形”“圆”命令，绘制长 500mm、宽 250mm 的矩形和半径为 250mm 的圆形，如图 4-57 所示。

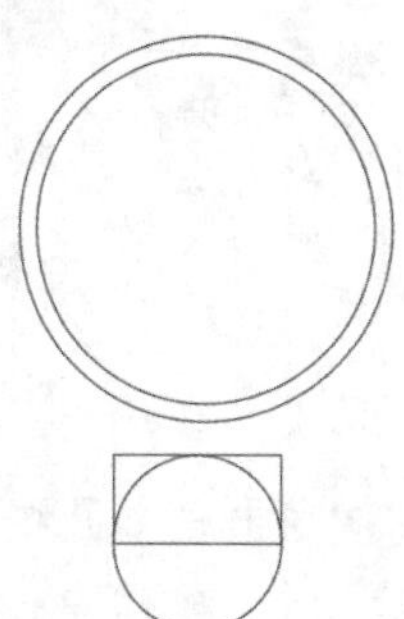

图 4-57 绘制图形

Step 03 执行“修改”→“修剪”命令，根据命令行的提示修剪掉多余的线段，如图 4-58 所示。

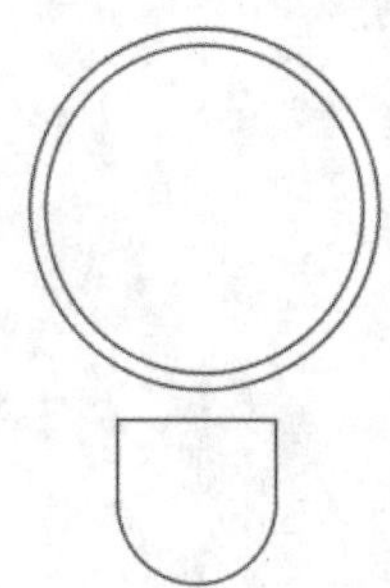

图 4-58 修剪线段

Step 04 执行“偏移”命令，将线段向内偏移 50mm，如图 4-59 所示。

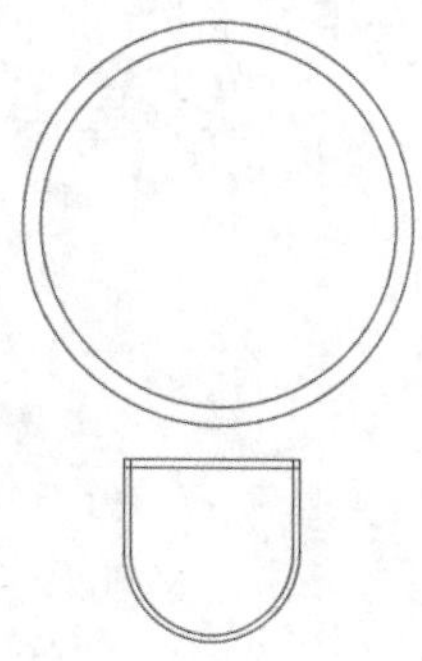

图 4-59 偏移线段

Step 05 执行“修剪”命令，修剪掉多余的线段，如图 4-60 所示。

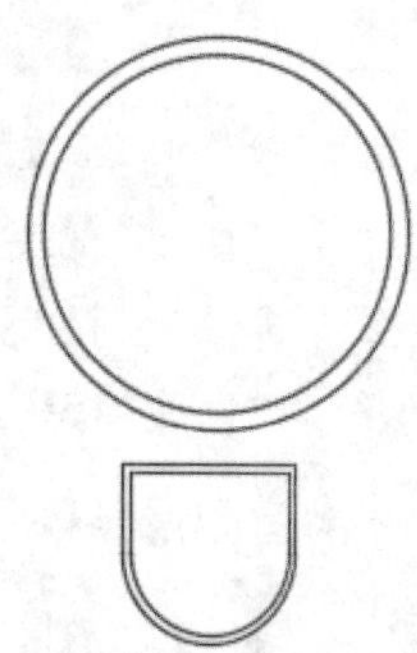

图 4-60 修剪线段

Step 06 执行“环形阵列”命令，以圆心为阵列中心，设置项目数为 6，介于 60，其余设置保持默认，对椅子图形进行环形阵列操作，如图 4-61 所示。

图 4-61 环形阵列

上机操作

为了让读者更好地掌握二维图形的绘制操作，在此列举几个针对本章的拓展案例，以供读者练习。

1. 绘制立面床头柜图形

利用“直线”“矩形”等命令绘制如图 4-62 所示的床头柜。

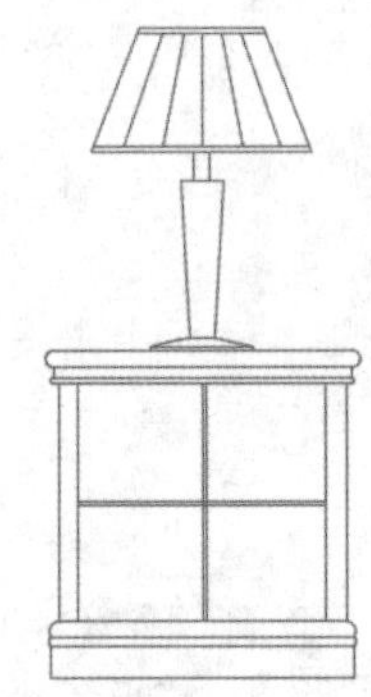

图 4-62 绘制立面床头柜

操作提示：

Step 01 利用“矩形”“直线”命令绘制电视柜的柜底。

Step 02 利用“直线”命令绘制台灯支架。

Step 03 利用“矩形”“直线”等命令绘制灯罩等。

2. 绘制健身器材平面图形

利用“矩形”“直线”“圆弧”等命令绘制如图 4-63 所示的健身器材平面图。

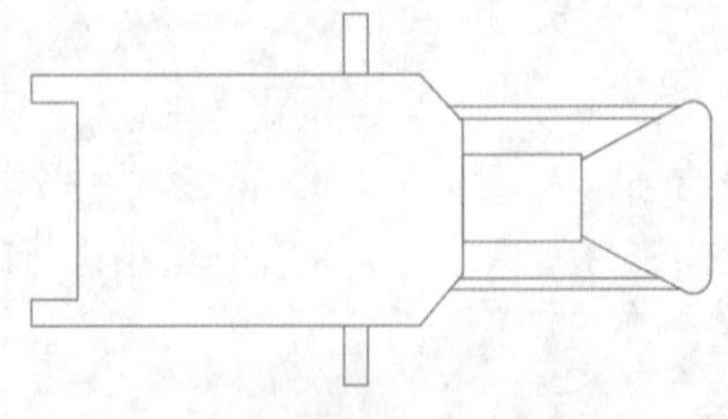

图 4-63 绘制健身器材平面图

操作提示：

Step 01 利用“矩形”“直线”等命令绘制健身器材轮廓。

Step 02 利用“圆角”命令对健身器材执行圆角操作。

Step 03 利用“偏移”“修剪”等绘图命令绘制支架。

Step 04 利用“矩形”“直线”等绘图命令绘制配件。

第 5 章

编辑二维图形

上一章已介绍了基本二维图形的绘制，本章将介绍如何对绘制的二维图形进行编辑和修改。其中涉及的知识点，包括图形的编辑、复杂图形的编辑和图案填充。通过对本章内容的学习，用户可熟悉并掌握编辑二维图形的一系列操作。

知识要点

▲ 编辑图形

▲ 编辑复杂图形

▲ 图案填充

5.1 编辑图形

二维图形绘制完毕后，通常都需对图形进行一系列编辑才能达到理想的效果。本节将向读者介绍一些常用的图形编辑工具的使用方法。

5.1.1 移动图形

移动图形对象可以将图形对象从当前位置移动到新的位置，用户可以通过以下方式进行移动操作：

- 执行“修改”→“移动”命令。
- 在“默认”选项卡“修改”面板中单击“移动”按钮✥。
- 在命令行输入 MOVE 命令并按 Enter 键。

移动图形后，命令行提示如下：

```
命令: _move
选择对象: 找到 1 个
选择对象:
指定基点或 [位移(D)] <位移>:
指定第二个点或 <使用第一个点作为位移>:
```

还有一种方法就是利用中心夹点移动图形。选择图形后，单击图形中心夹点，根据命令行提示输入命令 C，按 Enter 键确定后即可指定新图形的中心点，命令行提示如下：

```
命令：指定对角点或 [栏选(F)/圈围(WP)/圈交(CP)]:
命令:
** 拉伸 **
指定拉伸点或 [基点(B)/复制(C)/放弃(U)/退出(X)]: c
** 拉伸 (多重) **
指定拉伸点或 [基点(B)/复制(C)/放弃(U)/退出(X)]:
```

知识拓展

通过选择并移动夹点，可以将对象拉伸或移动到新的位置。对于某些夹点，移动时只能移动对象而不能拉伸，如文字、块、直线中点、圆心、椭圆中心点、圆弧圆心和点对象。

5.1.2 复制图形

在绘制过程中，经常会出现一些相同的图形，如果将图形一个个进行重复绘制，工作效率显然会很低。AutoCAD 提供了“复制”命令，可以将任意复杂的图形复制到视图中任意位置。用户可以通过以下方式进行复制操作。

- 执行“修改”→“复制”命令。
- 在“默认”选项卡“修改”面板中单击“复制”按钮。
- 在命令行输入 COPY 命令并按 Enter 键。

命令行提示如下：

```
命令: _copy
选择对象: 找到 1 个
选择对象:
当前设置:  复制模式 = 多个
指定基点或 [位移(D)/模式(O)] <位移>:
指定第二个点或 [阵列(A)] <使用第一个点作为位移>:
指定第二个点或 [阵列(A)/退出(E)/放弃(U)] <退出>:
```

5.1.3 旋转图形

旋转图形是指将图形按照指定的角度进行旋转，用户可以通过以下方式旋转图形。

- 执行“修改”→“旋转”命令。
- 在“默认”选项卡“修改”面板中单击“旋转”按钮。
- 在命令行输入 ROTATE 命令并按 Enter 键。

命令行提示如下：

```
命令: _rotate
UCS 当前的正角方向:  ANGDIR=逆时针  ANGBASE=0
选择对象: 找到 1 个
选择对象:
指定基点:
指定旋转角度, 或 [复制(C)/参照(R)] <0>:
```

实战——旋转酒瓶图形

下面以旋转酒瓶为例，介绍旋转的操作方法。

Step 01 打开图形文件，如图 5-1 所示。

Step 02 执行“修改”→“旋转”命令，选择酒瓶图形，如图 5-2 所示。

图 5-1 打开图形

图 5-2 选择图形

Step 03 按 Enter 键确定，再指定一点为基点，移动鼠标即可调整图形旋转角度，如图 5-3 所示。

Step 04 鼠标移动到合适的位置单击确定，即可完成图形的旋转操作，如图 5-4 所示。

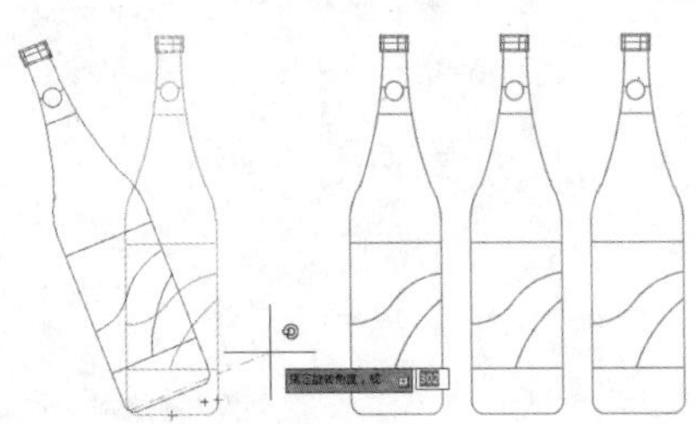

图 5-3 设置旋转角度

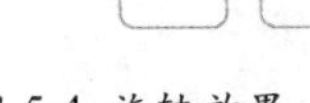

图 5-4 旋转效果

5.1.4 镜像图形

对称图形是很常见的，在绘制好图形后，若使用“镜像”命令，即可得到一个相同并相反的图形，用户可以利用以下方法调用“镜像”命令。

- 执行“修改”→“镜像”命令。
- 在“默认”选项卡“修改”面板中，单击“镜像”按钮。
- 在命令行输入 MIRROR 命令并按 Enter 键。

命令行提示如下：

```
命令: _mirror
选择对象: 找到 1 个
选择对象:
指定镜像线的第一点:
指定镜像线的第二点:
要删除源对象吗? [是(Y)/否(N)] <否>:
```

实战——镜像复制办公桌椅

下面以绘制办公桌椅为例，介绍镜像图形的方法。

Step 01 打开已有的办公桌椅图形文件，如图 5-5 所示。

Step 02 执行“修改”→“镜像”命令，选择图形，如图 5-6 所示。

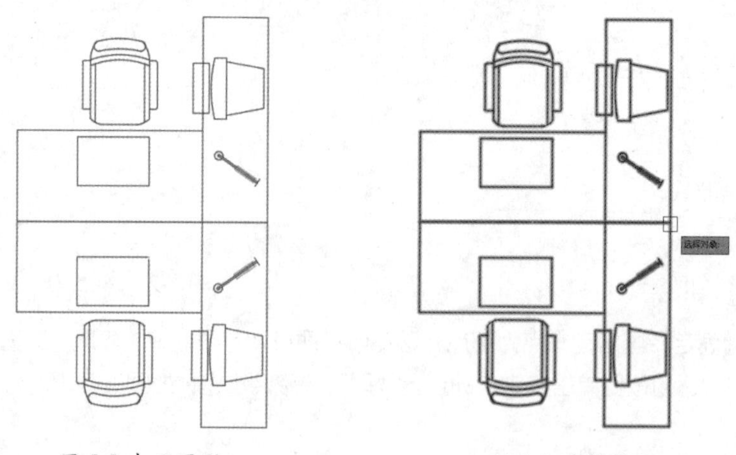

图 5-5 打开图形　　图 5-6 选择图形

Step 03 按 Enter 键后根据命令行提示指定镜像线的第一点，如图 5-7 所示。

Step 04 再指定镜像线的第二点，可以看到镜像预览效果，如图 5-8 所示。

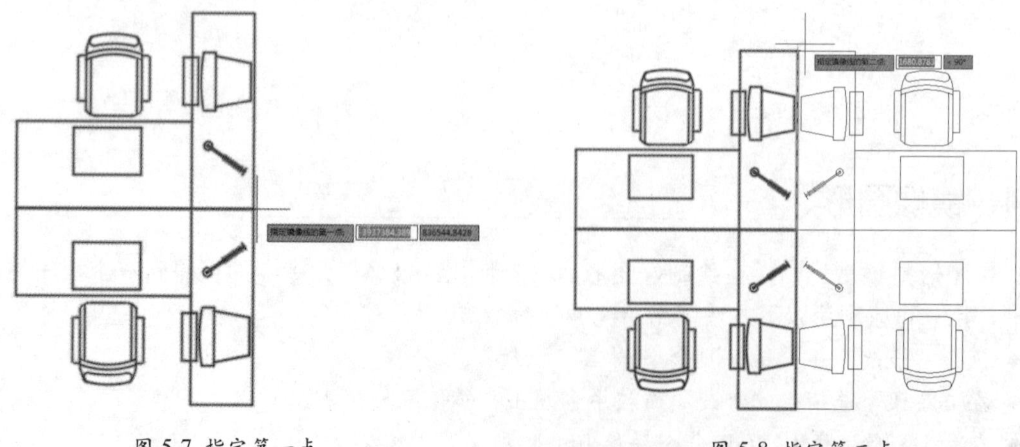

图 5-7 指定第一点　　图 5-8 指定第二点

Step 05 选择镜像第二点后，动态提示会显示“要删除源对象吗？”，如图 5-9 所示。

Step 06 直接按 Enter 键确定即可完成镜像图形的操作，效果如图 5-10 所示。

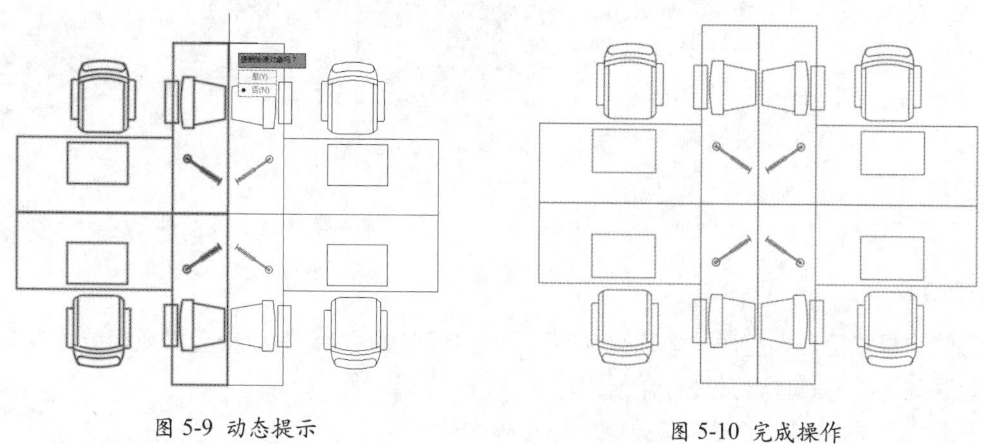

图 5-9 动态提示　　图 5-10 完成操作

5.1.5 偏移图形

偏移图形是按照一定的偏移值将图形进行复制和位移，偏移后的图形和原图形的形状相同。用户可以通过以下方式调用“偏移”命令。

- 执行“修改”→“偏移”命令。
- 在“默认”选项卡“修改”面板中单击“偏移”按钮。
- 在命令行输入 OFFSET 命令并按 Enter 键。

偏移图形后，命令行提示如下：

```
命令: _offset
当前设置: 删除源=否　图层=源　OFFSETGAPTYPE=0
指定偏移距离或 [通过(T)/删除(E)/图层(L)] <20.0000>: 150
选择要偏移的对象，或 [退出(E)/放弃(U)] <退出>:
指定要偏移的那一侧上的点，或 [退出(E)/多个(M)/放弃(U)] <退出>:
```

绘图技巧

在进行“偏移”操作时，需要先输入偏移值，再选择偏移对象。而且“偏移”命令只能偏移直线、斜线或多段线，而不能偏移图形。

5.1.6 阵列图形

阵列图形是一种有规则的复制图形命令，当绘制的图形需要按照有规则地分布时，就可以使用阵列图形命令来解决，阵列图形包括矩形阵列、环形阵列和路径阵列 3 种。

用户可以通过以下方式调用“阵列”命令。

- 执行“修改”→“阵列”命令的子命令，如图 5-11 所示。
- 在“默认”选项卡“修改”面板中，单击“阵列”的下拉菜单按钮选择阵列方式，如图 5-12 所示。
- 在命令行输入 AR 快捷命令并按 Enter 键。

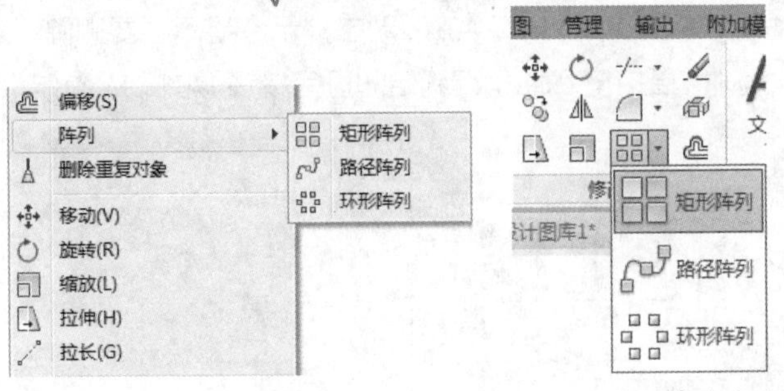

图 5-11 菜单栏命令　　图 5-12 功能区命令按钮

1. 矩形阵列

矩形阵列是指图形呈矩形结构阵列，执行“矩形阵列”命令后，命令行会出现相应的设置选项，下面将对这些选项的具体含义进行介绍。

- 关联：指定阵列中的对象是关联的还是独立的。
- 基点：指定需要阵列基点和夹点的位置。
- 计数：指定行数和列数，并可以动态观察变化。
- 间距：指定行间距和列间距，在移动光标时可以动态观察结果。
- 列数：编辑列数和列间距。“列数”用于指定阵列中图形的列数，“列间距”用于指定每列之间的距离。
- 行数：指定阵列中的行数、行间距和行之间的增量标高。“行数”用于指定阵列中图形的行数，“行间距”指定各行之间的距离，“总计”用于指定起点和端点行数之间的总距离，“增量标高”用于设置每个后续行的增大或减少。
- 层数：指定阵列图形的层数和层间距，“层数”用于指定阵列中的层数，“层间距”用于 Z 坐标值中指定每个对象等效位置之间的差值。“总计”在 Z 坐标值中指定第一个和最后一个层中对象等效位置之间的总差值。
- 退出：退出阵列操作。

2. 环形阵列

环形阵列是指图形呈环形结构阵列。环形阵列需要指定有关参数，在执行“环形阵列”命令后，命令行会显示关于环形阵列的选项，下面对这些选项的含义进行介绍。

- 中心点：指定环形阵列的围绕点。
- 旋转轴：指定由两个点定义的自定义旋转轴。
- 项目：指定阵列图形的数值。
- 项目间角度：阵列图形对象和表达式指定项目之间的角度。
- 填充角度：指定阵列中第一个和最后一个图形之间的角度。
- 旋转项目：控制是否旋转图形本身。
- 退出：退出“环形阵列”命令。

3. 路径阵列

路径阵列是图形根据指定的路径进行阵列，路径可以是曲线、弧线、折线等线段。执行“路

径阵列”命令后，命令行会显示关于路径阵列的相关选项。下面具体介绍各选项的含义。

- 路径曲线：指定用于阵列的路径对象。
- 方法：指定阵列的方法，包括定数等分和定距等分两种。
- 切向：指定阵列的图形如何相对于路径的起始方向对齐。
- 项目：指定图形数和图形对象之间的距离。“沿路径项目数”用于指定阵列图形数，“沿路径项目之间的距离”用于指定阵列图形之间的距离。
- 对齐项目：控制阵列图形是否与路径对齐。
- Z 方向：控制图形是否保持原始 Z 方向或沿三维路径自然倾斜。

实战——绘制餐桌

下面将以绘制餐桌为例，介绍环形阵列的方法。

Step 01 打开素材文件，如图 5-13 所示。

Step 02 执行“修改”→“阵列”→“环形阵列”命令，选择椅子图形，如图 5-14 所示。

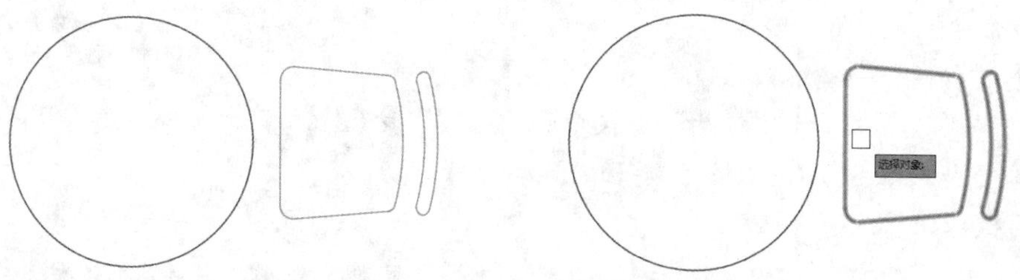

图 5-13 打开素材图形　　　　图 5-14 选择阵列对象

Step 03 按 Enter 键后，根据命令行提示指定餐桌圆心为环形阵列的中心点，如图 5-15 所示。

Step 04 指定中心点后，在“阵列创建”选项卡中设置项目数为 6。按 Enter 键确定，即可完成环形阵列的操作，如图 5-16 所示。

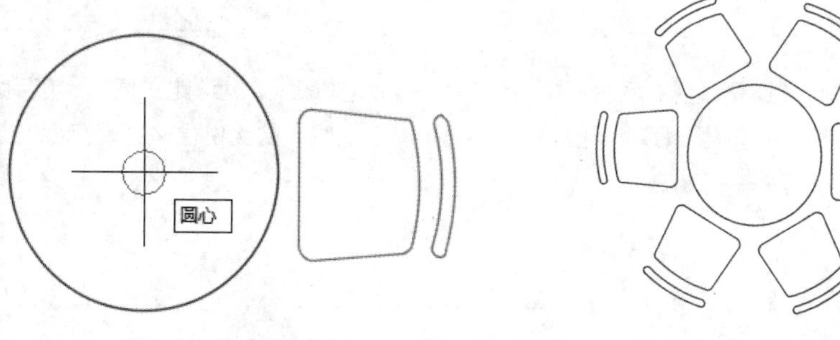

图 5-15 指定阵列中心　　　　图 5-16 环形阵列效果

5.1.7 拉伸图形

拉伸图形就是通过窗选或者多边形框选的方式拉伸对象，某些对象类型（例如圆、椭圆和块）无法进行拉伸操作。用户可以通过以下方式调用“拉伸”命令。

- 执行“修改”→“拉伸”命令。
- 在“默认”选项卡“修改”面板中单击“拉伸”按钮。
- 在命令行输入 STRETCH 命令并按 Enter 键。

拉伸图形后，命令行提示如下：

```
命令：_stretch
以交叉窗口或交叉多边形选择要拉伸的对象...
选择对象：指定对角点：找到 1 个
选择对象：
指定基点或 [位移(D)] <位移>:
指定第二个点或 <使用第一个点作为位移>:
```

5.1.8 缩放图形

在绘图过程中常常会遇到图形比例不合适的情况，这时就可以利用缩放工具。缩放图形对象可以将图形对象相对于基点进行缩放，同时也可以进行多次复制。用户可以通过以下方式调用“缩放”命令。

- 执行“修改”→“缩放”命令。
- 单击“默认”选项卡“修改”面板中的“缩放”按钮。
- 在命令行输入 SCALE 命令并按 Enter 键。

命令行提示如下：

```
命令：SCALE
选择对象：指定对角点：找到 1 个
选择对象：
指定基点：
指定比例因子或 [复制(C)/参照(R)]: 1.5
```

知识拓展

当确定了缩放的比例值后，系统将相对于基点进行缩放操作，默认比例值为 1。若比例值大于 1，该图形会放大显示；若比例值大于 0，小于 1，则会缩小图形。输入的比例值必须是自然数。

5.1.9 延伸图形

“延伸”命令是将指定的线段图形延伸到指定的边界。用户可以通过以下方式调用“延伸”命令。

- 执行“修改”→“延伸”命令。
- 在“默认”选项卡“修改”面板中单击“延伸”按钮。
- 在命令行输入 EXTEND 命令并按 Enter 键。

5.1.10 倒角和圆角

倒角和圆角可以修饰图形，对于两条相邻的边界多出的线段，倒角和圆角都可以进行修剪。倒角是对图形的相邻的两条边进行修饰，圆角则是根据指定圆弧半径来进行倒角，如图5-17和图5-18所示分别为倒角和圆角操作后的效果。

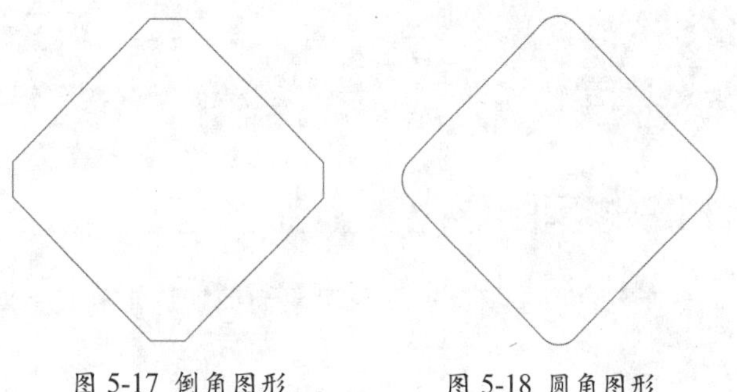

图 5-17 倒角图形　　图 5-18 圆角图形

1. 倒角

执行“倒角”命令可以将绘制的图形进行倒角，既可以修剪多余的线段，还可以设置图形中两条边的倒角距离和角度。

用户可以通过以下方式调用“倒角”命令。

- 执行“修改”→“倒角”命令。
- 在“默认”选项卡“修改”面板中单击“倒角”按钮。
- 在命令行输入 CHA 命令并按 Enter 键。

执行“倒角”命令后，命令行提示如下：

```
命令：_chamfer
(“修剪”模式) 当前倒角距离 1 = 0.0000，距离 2 = 0.0000
选择第一条直线或 [放弃(U)/多段线(P)/距离(D)/角度(A)/修剪(T)/方式(E)/多个(M)]:
```

下面具体介绍命令行中各选项的含义。

- 放弃：取消“倒角”命令。
- 多段线：根据设置的倒角大小对多段线进行倒角。
- 距离：设置倒角尺寸距离。
- 角度：根据第一个倒角尺寸和角度设置倒角尺寸。
- 修剪：修剪多余的线段。
- 方式：设置倒角的方法。
- 多个：可对多个对象进行倒角。

2. 圆角

圆角是指通过指定的圆弧半径大小，可以将多边形的边界棱角部分光滑连接起来。圆角是倒角的一部分表现形式。

用户可以通过以下方式调用“圆角”命令。

- 执行“修改”→“圆角”命令。
- 在“默认”选项卡“修改”面板中单击“圆角”按钮。
- 在命令行输入 F 命令并按 Enter 键。

执行“圆角”命令后，命令行提示如下：

```
命令： _fillet
当前设置： 模式 = 修剪，半径 = 0.0000
选择第一个对象或 [放弃(U)/多段线(P)/半径(R)/修剪(T)/多个(M)]:
```

5.1.11 修剪图形

“修剪”命令是将某一图形对象为剪切边修剪其他对象。用户可以通过以下方式调用“修剪”命令。

- 执行“修改”→“修剪”命令。
- 在“默认”选项卡中，单击“修改”面板的下拉菜单按钮，在弹出的列表中单击“修剪”按钮-/--。
- 在命令行输入 TRIM 命令并按 Enter 键。

执行“修剪”命令后，命令行提示如下：

```
命令： _trim
当前设置:投影=UCS，边=无
选择剪切边...
选择对象或 <全部选择>:  找到 1 个
选择对象:
选择要修剪的对象，或按住 Shift 键选择要延伸的对象，或
[栏选(F)/窗交(C)/投影(P)/边(E)/删除(R)/放弃(U)]:
选择要修剪的对象，或按住 Shift 键选择要延伸的对象，或
[栏选(F)/窗交(C)/投影(P)/边(E)/删除(R)/放弃(U)]:
```

知识拓展

用户在命令行输入 TR 命令时，按两次 Enter 键，选中所需要删除的线段，即可完成修剪操作。

5.1.12 打断图形

很多复杂的图形都需要进行打断操作，用户可以通过以下方式调用“打断”命令。

- 执行“修改”→“打断”命令。
- 在“默认”选项卡中，单击“修改”面板的下拉按钮，在弹出的列表中单击“打断”按钮□。
- 在命令行输入 BREAK 命令并按 Enter 键。

执行“打断”命令后，命令行提示如下：

```
命令： _break
选择对象:
指定第二个打断点 或 [第一点(F)]:
```

5.1.13 分解图形

对于矩形、多段线、图块等由多个对象组成的组合图形对象，如果需要对其中的图形进行编辑时，就需要将该组合图形先分解。用户可以通过以下方式调用“分解”命令。

- 执行“修改”→“分解”命令。
- 在“默认”选项卡中，单击“修改”面板的下拉按钮，在弹出的列表中单击“分解”按钮。
- 在命令行输入 EXPLODE 命令并按 Enter 键。

执行分解命令后，命令行提示如下：

```
命令: _explode
选择对象:找到一个
选择对象:
```

5.1.14 删除图形

删除图形对象操作是图形编辑操作中最基本的操作。用户可以通过以下方式调用“删除”命令。

- 执行“修改”→“删除”命令。
- 在“默认”选项卡“修改”面板中，单击“删除”按钮。
- 在命令行输入 ERASE 命令并按 Enter 键。
- 在键盘上按 Delete 键。

5.2 编辑复杂图形

使用多段线和样条曲线都能够根据用户的需求，绘制出一些复杂的图形来。通常这些图形不能一次性绘制出来，往往都需要对其进行二次编辑，才能达到理想的效果。本小节将向用户介绍如何对多段线以及样条曲线进行编辑操作。

5.2.1 编辑多段线

对绘制好的多段线进行编辑，可以通过以下方式进行操作。

- 执行“修改”→“对象”→“多段线”命令。
- 在“默认”选项卡“修改”面板中单击下拉按钮 修改 ▾，在弹出的列表中单击“编辑多段线”按钮。
- 在命令行输入 PEDIT 命令，并按 Enter 键。

执行编辑多段线命令后，命令行提示如下：

```
命令：_pedit
选择多段线或 [多条(M)]:
输入选项 [打开(O)/合并(J)/宽度(W)/编辑顶点(E)/拟合(F)/样条曲线(S)/非曲线化(D)/线型生成(L)/反转(R)/放弃(U)]:
```

下面将对命令行中编辑多段线选项的含义进行介绍。

- 打开：将合并的多段线进行打开操作，若选择的样条曲线不是封闭的图形，则是“闭合”选项。
- 合并：将两条或几条线段合并成一条多段线。
- 宽度：设置多段线的宽度。
- 编辑顶点：用于提供一组子选项，用户能够编辑顶点和与顶点相邻的线段。
- 样条曲线：将多段线转换为样条曲线。
- 非曲线化：将样条曲线转换为多段线。
- 反转：改变多段线的方向。
- 放弃：取消上一次的编辑操作。

5.2.2 编辑样条曲线

样条曲线是经过或接近影响曲线形状的一系列点的平滑曲线。创建样条曲线后，可以增加、删除样条曲线上的移动点，还可以打开或者闭合路径。用户可以通过以下方式调用编辑样条曲线命令。

- 执行“修改”→“对象”→“样条曲线”命令。
- 在“默认”选项卡“修改”面板中单击下三角按钮修改▼，在弹出的列表中单击“样条曲线”按钮。
- 在命令行输入 SPLINEDIT 命令并按 Enter 键。

执行编辑样条曲线命令，选择样条曲线后，会出现如图 5-19 所示的快捷菜单。下面具体介绍菜单中各选项的含义。

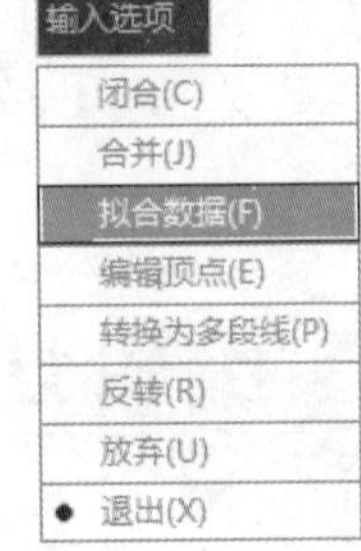

图 5-19 快捷菜单

- 闭合：将未闭合的图形进行闭合操作。如果选中的样条曲线为闭合，则“闭合”选项变为“打开”。
- 合并：将在线段上的两条或几条样条线合并成一条样条线。
- 拟合数据：对样条曲线的拟合点、起点以及端点进行拟合编辑。
- 编辑顶点：编辑顶点操作，其中，“提升阶数”是控制样条曲线的阶数，阶数越高，控制点越高，根据提示，可输入需要的阶数。“权值”是改变控制点的权重。
- 转换为多段线：将样条曲线转换为多段线。
- 反转：改变样条曲线的方向。
- 放弃：取消上一次的编辑操作。
- 退出：退出编辑样条曲线。

知识拓展

创建样条曲线后，可对当前曲线进行编辑，选择该曲线，将光标移至线条控制点上，系统会自动打开快捷菜单，用户可根据需要，选择相关命令进行编辑操作。

5.3 图形图案的填充

为了使绘制的图形更加丰富多彩，用户需要对封闭的图形进行图案填充。比如绘制顶棚布置图和地板材质图时都需要对图形进行图案填充。下面将对相关知识进行详细介绍。

5.3.1 图案填充

图案填充是一种使用图形图案对指定的图形区域进行填充的操作。用户可以通过以下方式调用“图案填充”命令。

- 执行“绘图”→“图案填充”命令。
- 在“默认”选项卡“绘图”面板中单击“图案填充”按钮。
- 在命令行输入 H 命令并按 Enter 键。

要进行图案填充前，首先需要进行设置，用户既可以通过“图案填充创建”选项卡进行设置，如图 5-20 所示；又可以在“图案填充和渐变色”对话框中进行设置。

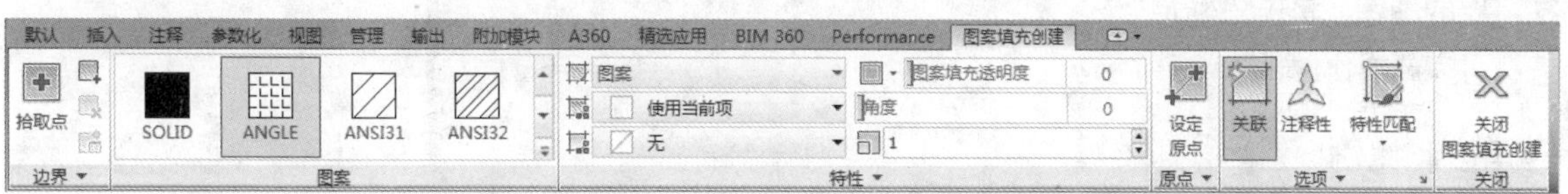

图 5-20 “图案填充创建”选项卡

用户可以使用以下方式打开“图案填充和渐变色”对话框，如图 5-21 所示。

- 执行“绘图”→“图案填充”命令，打开“图案填充创建”选项卡。在“选项”面板中单击“图案填充设置”按钮。
- 在命令行输入 H 命令，按 Enter 键，再输入 T。

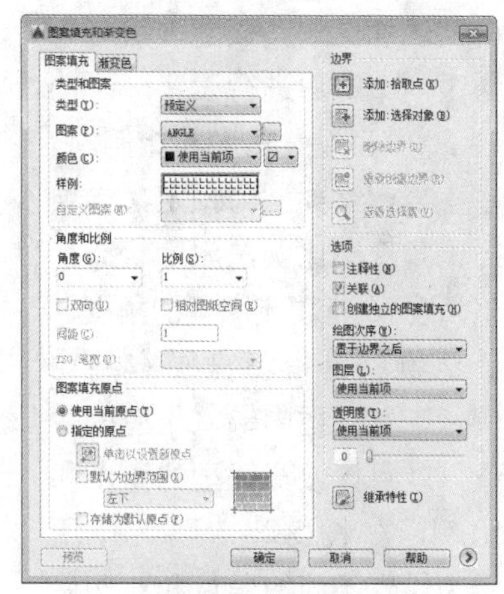

图 5-21 “图案填充和渐变色”对话框

1. 类型

类型中包括 3 个选项，若选择“预定义”选项时，则可以使用系统的填充图案；若选择“用户定义”选项，则需要定义有一组平行线或者相互垂直的两组平行线组成的图案；若选择“自定义”时，则可以使用事先自定义好的图案。

2. 图案

单击“图案”下拉列表，即可选择图案名称，如图5-22所示。用户也可以单击“图案”右侧的⬚按钮，在“填充图案选项板”对话框预览填充图案，如图5-23所示。

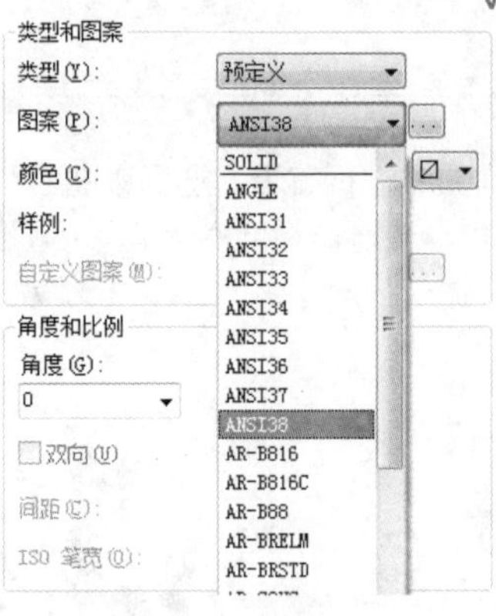

图 5-22 选择名称

图 5-23 预览图案

3. 颜色

在“类型和图案”选项组“颜色”下拉列表中可指定颜色，如图5-24所示。若列表中没有需要的颜色，可以选择“选择颜色”选项，打开“选择颜色”对话框，选择颜色，如图5-25所示。

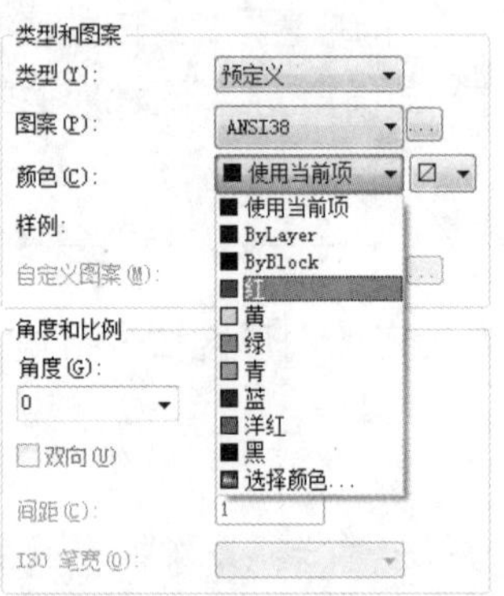

图 5-24 设置颜色

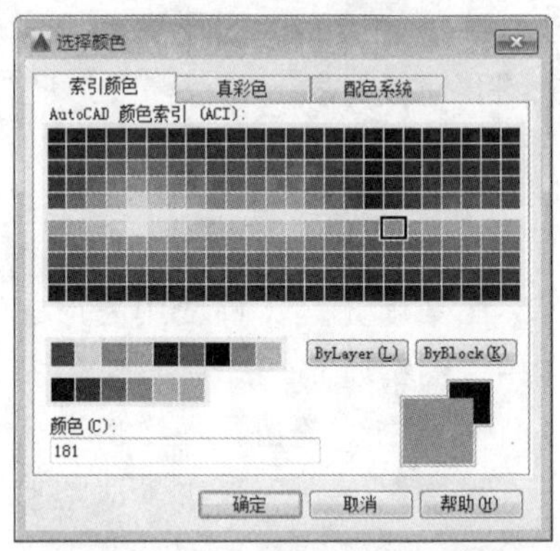

图 5-25 “选择颜色”对话框

4. 样例

在“样例”中同样可以设置填充图案。单击“样例”的选项框，如图5-26所示，弹出“填充图案选项板”对话框，从中选择需要的图案，单击“确定”按钮即可完成操作，如图5-27所示。

图 5-26 样例选项框

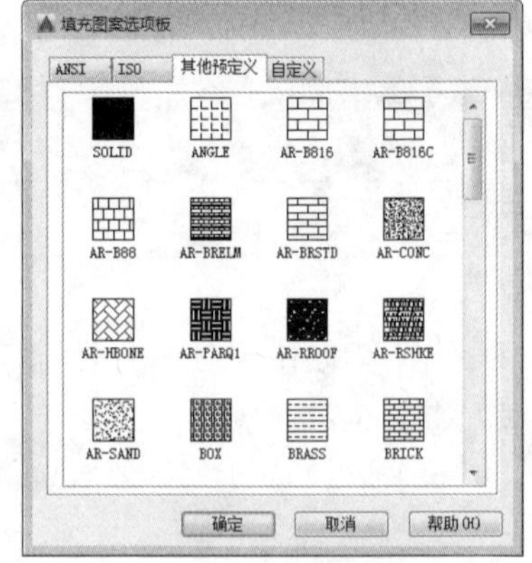

图 5-27 选择图案

5. 角度和比例

角度和比例用于设置图案的角度和比例，该选项组可以通过两个方面进行设置。

（1）设置角度和比例。

当图案类型为预定义选项时，角度和比例是激活状态，“角度”是指填充图案的角度，“比例”是指填充图案的比例。在选项框中输入相应的数值，就可以设置线型的角度和比例，如图5-28、图5-29所示为设置不同的角度和比例后的效果。

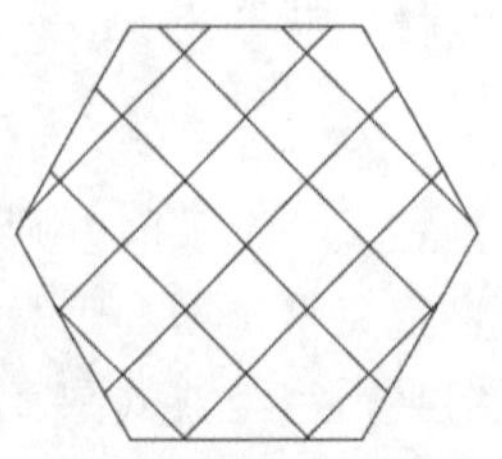

图 5-28 比例为 1、角度为 0

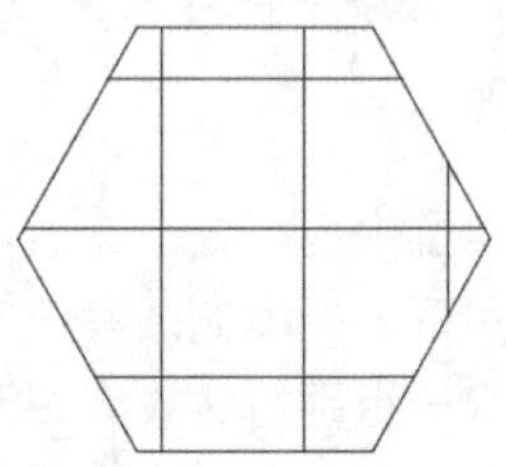

图 5-29 比例为 10、角度为 45

（2）设置角度和间距。

当图案类型为用户定义选项时，“角度”和“间距”列表框处于激活状态，用户可以设置角度和间距，如图 5-30 所示。

当勾选“双向”复选框时，平行的填充图案就会更改为互相垂直的两组平行线填充图案。图 5-31、图 5-32 所示为勾选“双向”前后的效果。

图 5-30 角度和间距

图 5-31 设置间距为 100

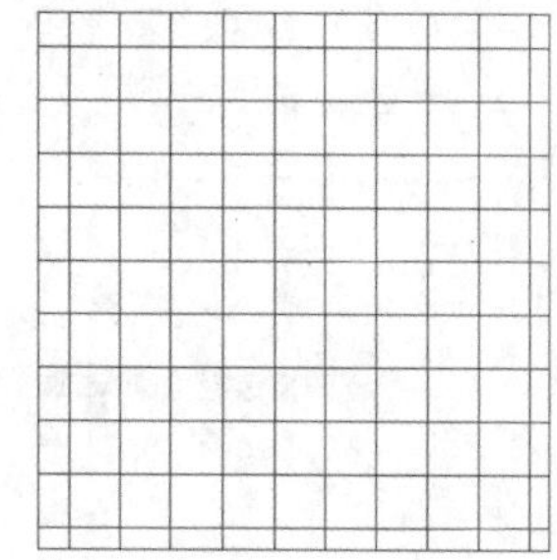

图 5-32 设置间距为 100 并勾选“双向”

6. 图案填充原点

许多图案填充需要对齐填充边界上的某一点。在“图案填充原点”选项组中就可以设置图案填充原点的位置。设置原点位置包括“使用当前原点”和“指定的原点”两个选项，如图 5-33 所示。

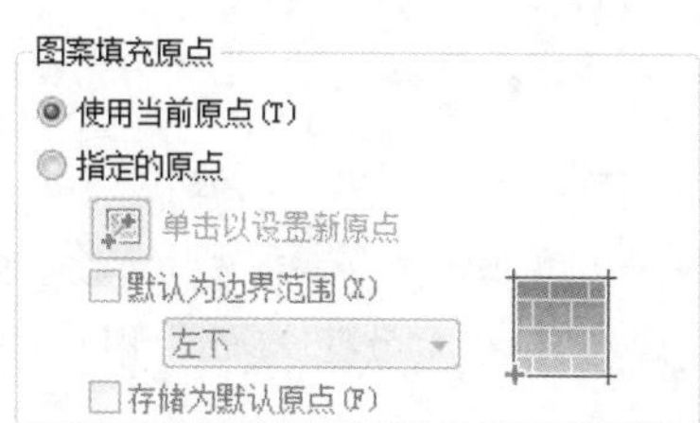

图 5-33 “图案填充原点”选项组

（1）使用当前原点。

选择该选项，可以使用当前 UCS 的原点（0，0）作为图案填充的原点。

（2）指定的原点。

选择该选项，可以自定义原点位置，通过指定一点位置作为图案填充的原点。

- “单击以设置新原点”按钮：可以在绘图区指定一点作为图案填充的原点。
- “默认为边界范围”：可以以填充边界的左上角、右上角、左下角、右下角和圆心作为原点。
- “存储为默认原点”：可以将指定的原点存储为默认的填充图案原点。

绘图技巧

在“图案填充创建”选项卡下，单击“特性”面板中的“图案填充比例”按钮，可设置图案填充的显示比例，通过“图案填充角度”可设置图形的填充角度。

7. 边界

该选项组主要用于选择填充图案的边界，也可以进行删除边界、重新创建边界等操作。

- 添加：拾取点：将拾取点任意放置在填充区域上，就会预览填充效果，如图 5-34 所示，单击鼠标左键，即可完成图案填充。
- 添加：选择对象：根据选择的边界填充图形，随着选择的边界增加，填充的图案面积也会增加，如图 5-35 所示；若选择的边界不是封闭状态，则会显示错误提示信息，如图 5-36 所示。
- 删除边界：在利用拾取点或者选择对象定义边界后，单击“删除边界”按钮，可以取消系统自动选取或用户选取的边界，形成新的填充区域。

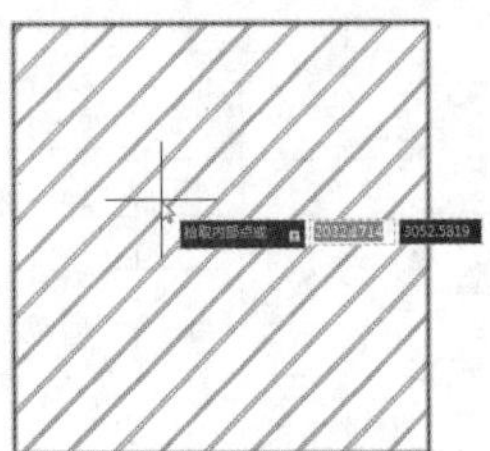

图 5-34 预览填充图案

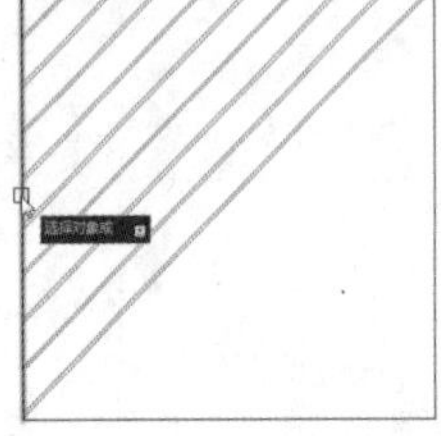

图 5-35 选择边界效果

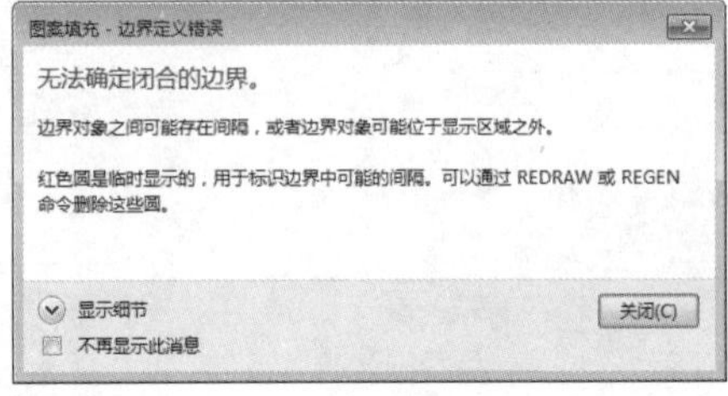

图 5-36 错误提示信息

8. 选项

该选项组用于设置图案填充的一些附属功能，其中包括注释性、关联、创建独立的图案填充、绘图次序和继承特性等功能，如图 5-37 所示。

下面将对常用选项的含义进行介绍。

- 注释性：将图案填充为注释性。此特性会自动完成缩放注释过程，从而使注释能够以正确的大小在图纸上打印或显示。
- 关联：在未勾选“注释性”复选框时，关联处于激活状态，关联图案填充随边界的更改自动更新，而非关联的图案填充则不会随边界的更改而自动更新。
- 创建独立的图案填充：创建独立的图案填充，它不随边界的修改而修改图案填充。
- 绘图次序：该选项用于指定图案填充的绘图次序。
- 继承特性：将现有图案填充的特性应用到其他图案填充上。

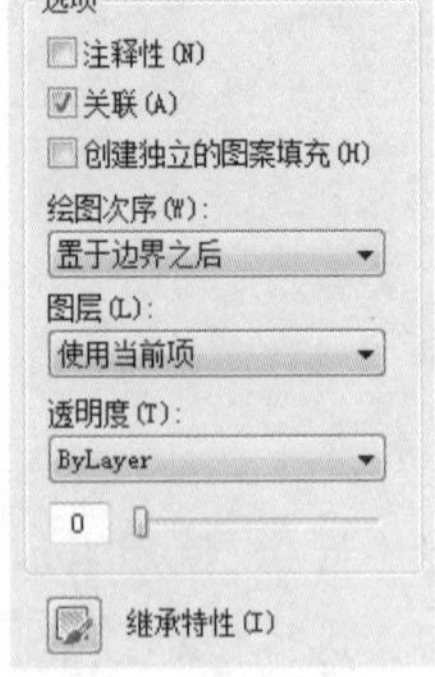

图 5-37 “选项”选项组

9. 孤岛

孤岛是指定义好的填充区域内的封闭区域。在“图案填充和渐变色”对话框的右下角单击“更多选项”按钮，即可打开更多选项界面，如图 5-38 所示。

下面将对“孤岛”选项区中各选项的含义进行介绍。

- 孤岛显示样式：“普通”是指从外部向内部填充，如果遇到内部孤岛，就断开填充，直到遇到另一个孤岛后，再进行填充，如图 5-39 所示。“外部”是指遇到孤岛后断开填充图案，不再继续向里填充，如图 5-40 所示。“忽略”是指系统忽略孤岛对象，所有内部结构都将被填充图案覆盖，如图 5-41 所示。

- 边界保留：勾选“保留边界”复选框，将保留填充的边界。
- 边界集：用来定义填充边界的对象集。默认情况下，系统根据当前视口确定填充边界。
- 允许的间隙：在公差中设置允许的间隙大小，默认值为 0，这时对象是完整封闭的区域。
- 继承选项：指用户在使用继承特性填充图案时是否继承图案填充原点。

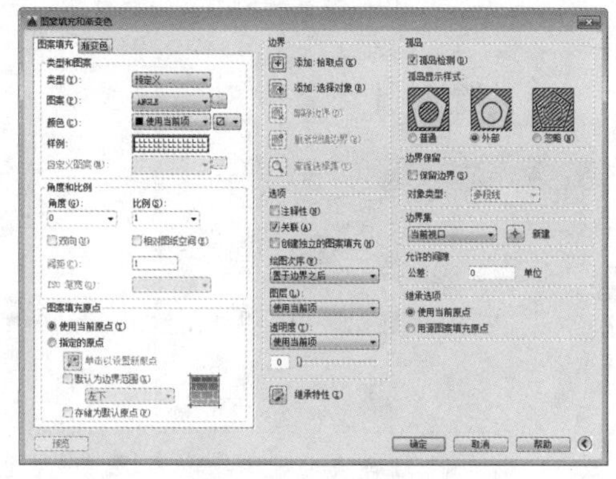

图 5-38 更多选项界面

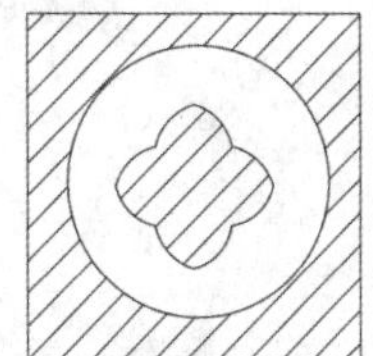

图 5-39 “普通”填充效果

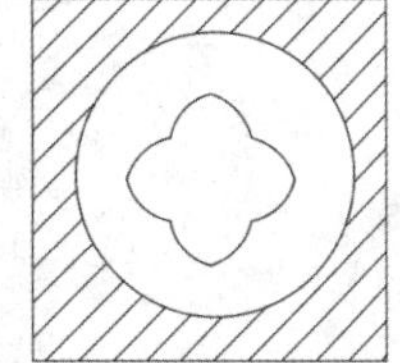

图 5-40 “外部”填充效果

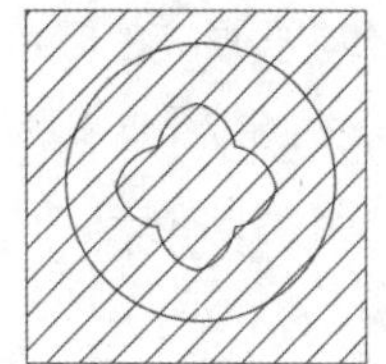

图 5-41 “忽略”填充效果

实战——地拼图块图案填充

下面以绘制地拼图块为例，来介绍图案填充的操作方法。

Step 01 打开图形文件，如图 5-42 所示。

Step 02 执行“绘图”→“填充图案”命令，根据提示输入 T 并按 Enter 键，打开“图案填充和渐变色”对话框，如图 5-43 所示。

图 5-42 打开文件

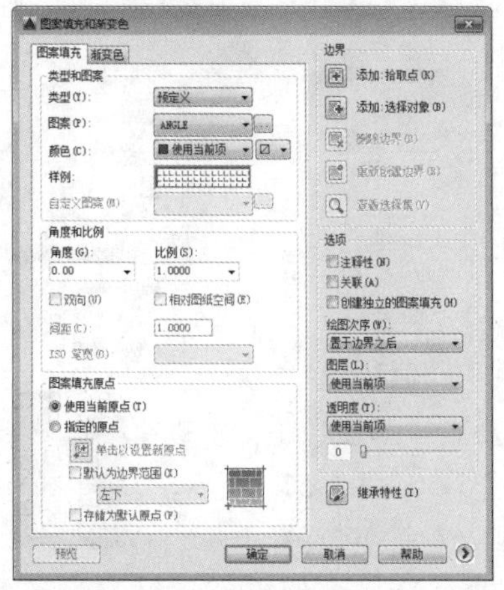

图 5-43 “图案填充和渐变色”对话框

Step 03 单击“样例”选项框，在弹出的“填充图案选项板”对话框中选择合适的图案，图 5-44 所示。

Step 04 单击“颜色”下拉按钮，从打开的下拉列表中选择“选择颜色”选项，如图 5-45 所示。

Step 05 设置“比例”为 0.5，如图 5-46 所示。

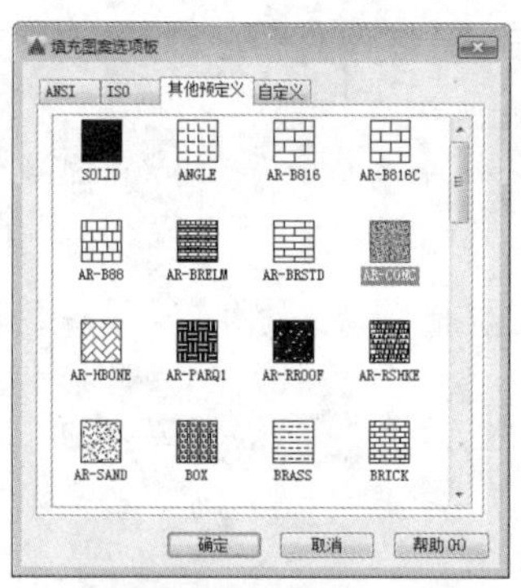
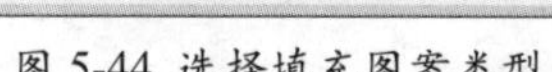
图 5-44 选择填充图案类型

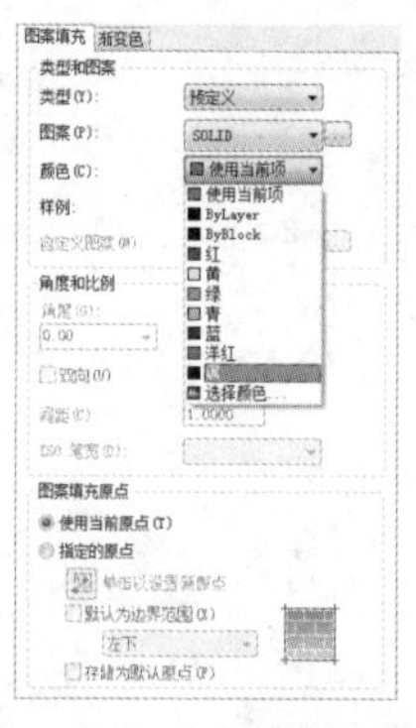
图 5-45 选择“选择颜色”选项

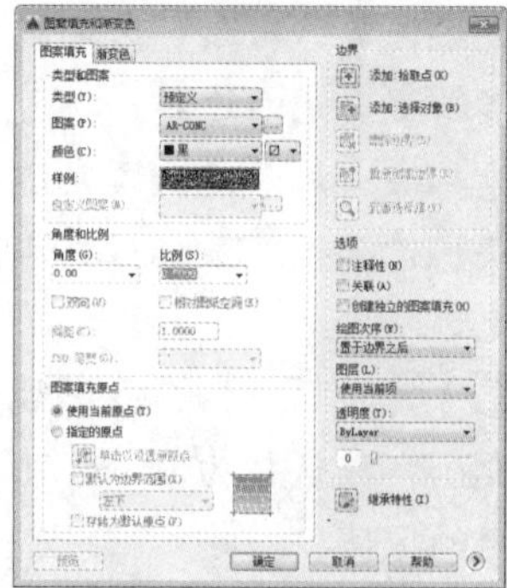
图 5-46 设置比例

Step 06 单击“添加：拾取点”按钮，返回绘图区选择需要填充的闭合区域，此时就会预览到填充后的效果，如图 5-47 所示。

Step 07 按照相同的方法，设置填充图案名为 ANS137，比例为 10；图案名为 GRAVEL，比例为 10。实体色图案名为 SOLID，比例为 1，如图 5-48 所示。

图 5-47 选择填充区域

图 5-48 完成填充操作

5.3.2 渐变色填充

渐变色填充是使用渐变颜色对指定的图形区域进行填充的操作，可创建单色或者双色渐变色。要进行渐变色填充前，首先需要进行设置，用户既可以通过“图案填充创建”选项卡进行设置，如图 5-49 所示，又可以在“图案填充和渐变色”对话框中进行设置。

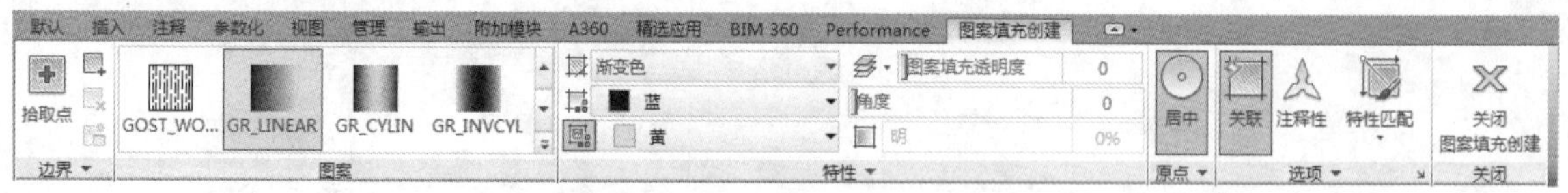

图 5-49 “图案填充创建”选项卡

在命令行输入 H 命令，按 Enter 键，再输入 T，打开“图案填充和渐变色”对话框，切换到“渐变色”选项卡，如图 5-50、图 5-51 所示分别为单色渐变色的设置面板和双色渐变色的设置面板。下面将对“渐变色”选项卡中各选项的含义进行介绍。

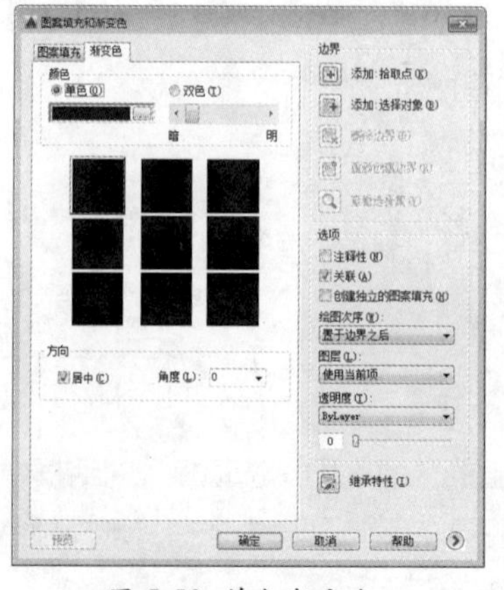
图 5-50 单色渐变色

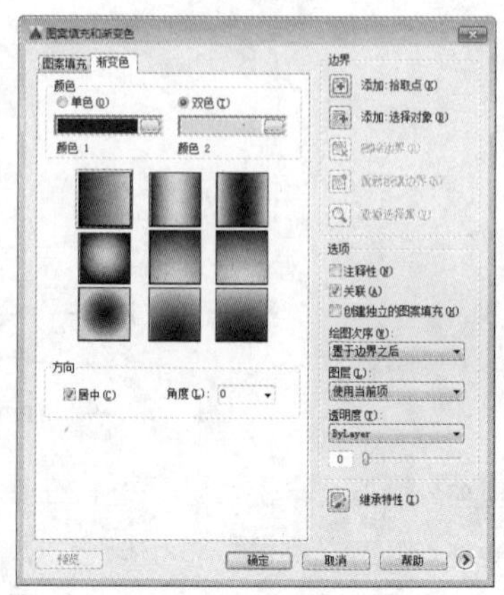
图 5-51 双色渐变色

- 单色 / 双色：两个单选按钮用于确定是以一种颜色填充还是以两种颜色填充。
- 明暗滑块：拖动滑块可调整单色渐变色搭配颜色的显示。
- 图像按钮：9 个图像按钮用于确定渐变色的显示方式。
- 居中：指定对称的渐变配置。
- 角度：渐变色填充时的旋转角度。

综合演练——绘制燃气灶图形

实例路径：实例 /05/ 综合演练 / 绘制燃气灶图形 .dwg

视频路径：视频 /05/ 绘制燃气灶图形 .avi

为了更好地掌握本章所学习的知识，下面将介绍燃气灶图形的绘制操作。使用的知识包括“偏移”“镜像”“复制”“阵列”以及“修剪”等编辑命令。

Step 01 执行“绘图”→“矩形”命令，绘制长为750mm、宽为440mm的矩形作为燃气灶的外轮廓，如图5-52所示。

Step 02 执行“修改”→“圆角”命令，圆角半径设为15mm，并向内偏移10mm，如图5-53所示。

图 5-52 绘制矩形

图 5-53 偏移图形

Step 03 执行“绘图”→“圆”命令，绘制半径为95mm的大圆，并向内偏移得到不同值的小圆，如图5-54所示。

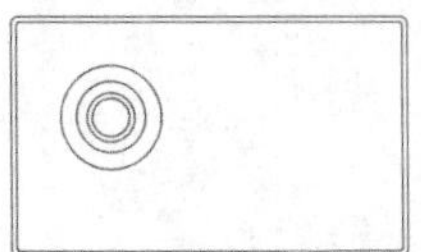

图 5-54 绘制同心圆

Step 04 执行“绘图”→“矩形”命令，绘制出长为40mm、宽为5mm的矩形作为支架，如图5-55所示。

Step 05 执行“修改”→“阵列”→“环形阵列”命令，项目数设置为4，将矩形支架进行环形阵列，如图5-56所示。

Step 06 执行“修改”→“修剪”命令，对灶架进行剪切并作镜像复制，如图5-57所示。

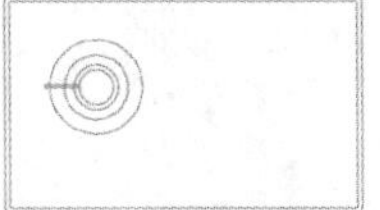

图 5-55 绘制矩形

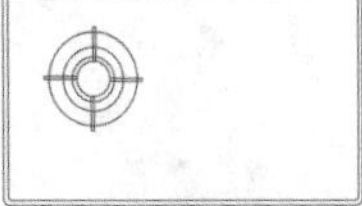

图 5-56 阵列图形

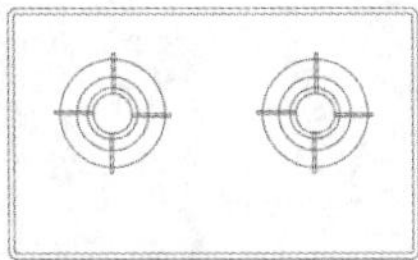

图 5-57 镜像图形

Step 07 执行“圆”“直线”命令，绘制半径为25mm的圆形旋钮，并将直线偏移10mm，如图5-58所示。

Step 08 执行“修改”→“修剪”命令，对多余的线段进行修剪，如图5-59所示。

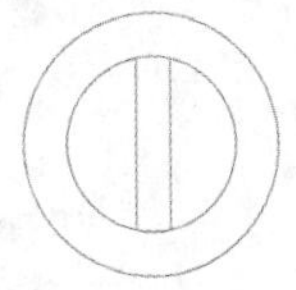

图 5-58 绘制图形

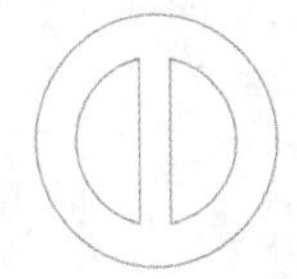

图 5-59 修剪图形

Step 09 执行“修改”→“圆角”命令，对旋钮添加圆角，圆角半径设为1，如图5-60所示。

Step 10 执行“修改”→“镜像”命令，对旋钮进行镜像复制，即可完成燃气灶的绘制，如图5-61所示。

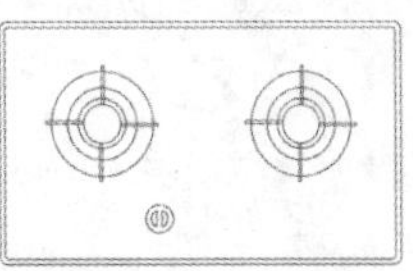

图 5-60 圆角操作

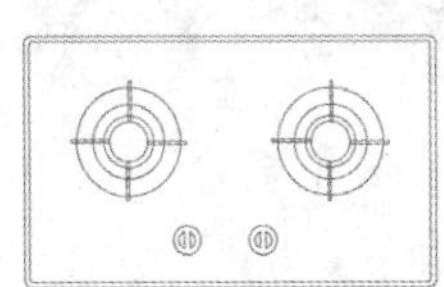

图 5-61 镜像图形

上机操作

为了让读者更好地掌握编辑图形的知识，在此列举几个针对本章的拓展案例，以供读者练习。

1. 绘制并编辑窗帘

利用“直线”“圆弧”“镜像”等命令绘制如图 5-62 所示的窗帘图形。

图 5-62 绘制窗帘

操作提示：

Step 01 利用“直线”“圆弧”等命令绘制窗帘轮廓。

Step 02 对绘制好的窗帘执行“镜像”操作即可。

2. 绘制洗脸盆

利用“圆角”“矩形”“圆”“偏移”“镜像”等命令绘制如图 5-63 所示的洗脸盆图形。

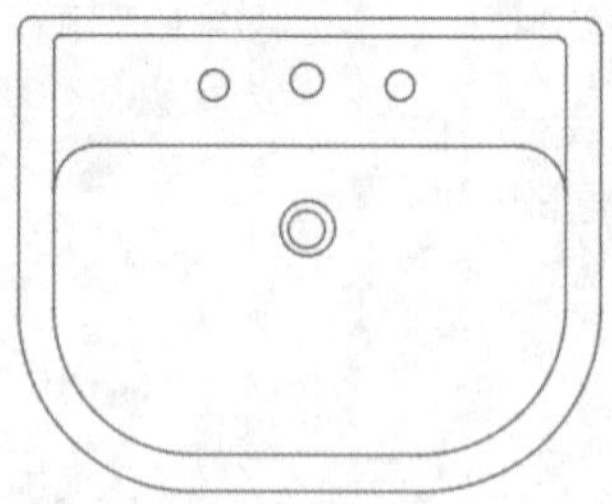

图 5-63 绘制洗脸盆

操作提示：

Step 01 利用“矩形”“圆角”绘制洗脸盆边框和内部轮廓。

Step 02 利用“圆”等命令绘制洗脸盆面板并对其进行简单装饰。

第 6 章

图块、外部参照及设计中心

在使用 AutoCAD 绘制图形时，创建图块是绘制相同图形的有效方法。用户可以将经常使用的图形定义为图块，根据需要为块创建属性，指定名称等信息，在需要时直接插入图块，从而提高绘图效率，并节省了大量内存空间。

知识要点

- ▲ 图块的应用
- ▲ 编辑及管理图块
- ▲ 外部参照的使用
- ▲ 设计中心的应用
- ▲ 动态图块的设置

6.1 图块的应用

图块是由一个或多个图形对象形成的对象集合，常用于绘制复杂、重复的图形。一旦对象组合成块，就可以根据绘制需要，将这组对象插入到图中任意指定位置，同时可在插入过程中对其进行缩放和旋转。这样可以避免重复绘制图形，节省绘图时间，提高工作效率。

6.1.1 创建图块

除了可调用现有的图块之外，也可根据需要创建图块。创建块就是将已有的图形对象定义为图块。图块分为内部图块和外部图块两种，内部块是跟随定义的文件一起保存的，存储在图形文件内部，只可以在当前文件中使用，其他文件不能调用。

用户可以通过以下方式创建块。

- 执行“绘图”→“块”→“创建”命令。
- 在“插入”选项卡“块定义”面板中单击“创建”按钮。
- 在命令行输入 B 命令并按 Enter 键。

执行以上任意一种方法均可以打开“块定义”对话框，如图 6-1 所示。

图 6-1 “块定义”对话框

其中，“块定义”对话框中各选项的含义介绍如下。

- 名称：用于设置块的名称。
- 基点：指定块的插入基点。用户可以输入坐标值定义基点，也可以单击“拾取点”定义插入基点。
- 对象：指定新块中的对象和设置创建块之后如何处理对象。
- 方式：指定插入后的图块是否具有注释性、是否按统一比例缩放和是否允许被分解。
- 在块编辑器中打开：当创建块后，打开块编辑器可以编辑块。
- 说明：指定图块的文字说明。

实战——创建书籍图块

下面将以创建书籍图块为例，介绍创建块的方法。

Step 01 执行“绘图”→“块”→“创建”命令，打开“块定义”对话框。在“对象”选项组中单击“选择对象”按钮，如图 6-2 所示。

Step 02 返回绘图区，选择书籍图形，如图 6-3 所示。

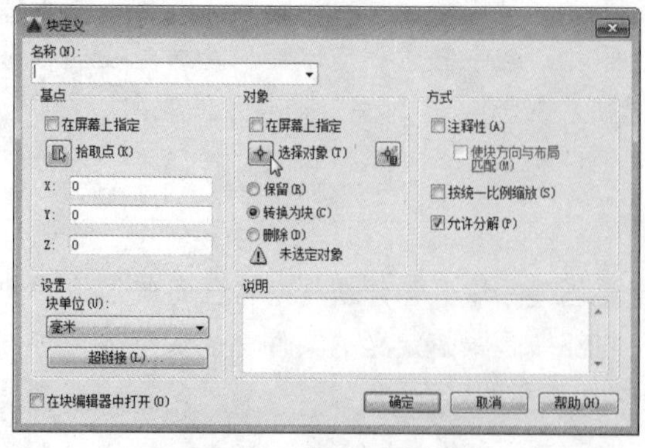

图 6-2 单击“选择对象”按钮

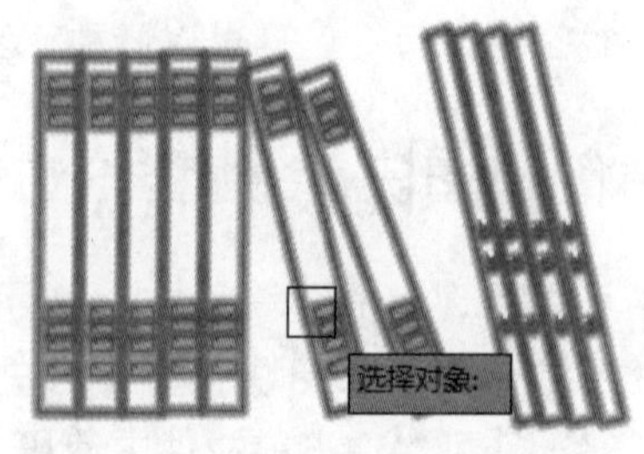

图 6-3 选择图形

Step 03 按 Enter 键返回“块定义”对话框，此时，选择的图形就会在“名称”列表框后显示出来。在“基点”选项组中单击“拾取点”按钮，如图 6-4 所示。

Step 04 返回绘图区指定一点作为基点，如图 6-5 所示。

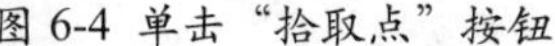
图 6-4 单击“拾取点”按钮

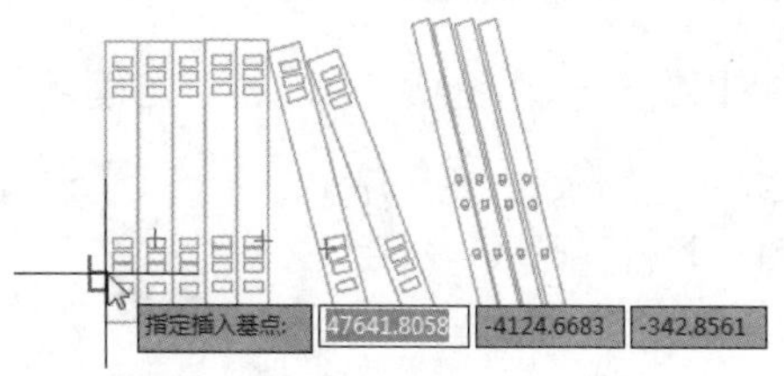

图 6-5 指定基点

Step 05 返回“块定义”对话框，在“名称”列表框中输入名称为“书籍”完成块命名，如图 6-6 所示。

Step 06 单击“确定”按钮即可完成块的创建，在绘图区选择图形，即可预览图块的夹点显示状态，如图 6-7 所示。

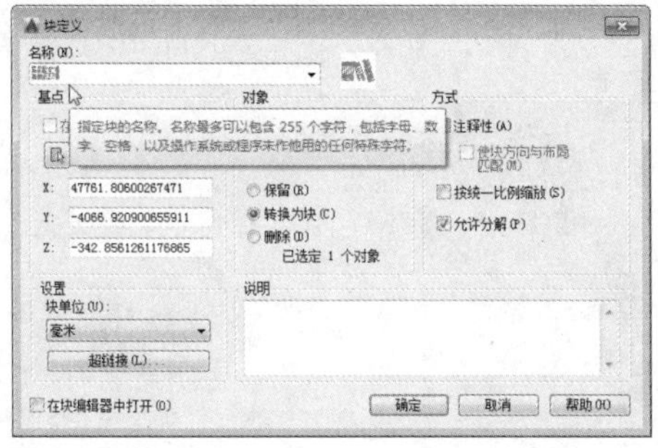

图 6-6 输入名称

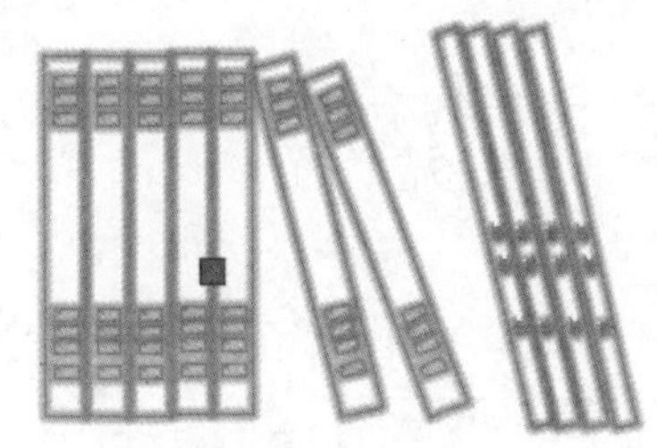

图 6-7 完成块的创建

6.1.2 存储图块

存储块是指将图形存储到本地磁盘中，用户可以根据需要将块插入到其他图形文件中。用户可以通过以下方式创建外部块。

- 在“默认”选项卡“块定义”面板中单击“写块”按钮。
- 在命令行输入 W 命令并按 Enter 键。

执行以上任意一种方法即可打开“写块”对话框，如图 6-8 所示。其中各选项的含义介绍如下。

- 块：将创建好的块保存至本地磁盘。
- 整个图形：将全部图形保存为块。
- 对象：指定需要的图形保存为磁盘的块对象。用户可以使用基点指定块的基点位置，使用“对象”选项组设置块和插入后如何处理对象。
- 目标：设置块的保存路径。
- 插入单位：设置插入后图块的单位。

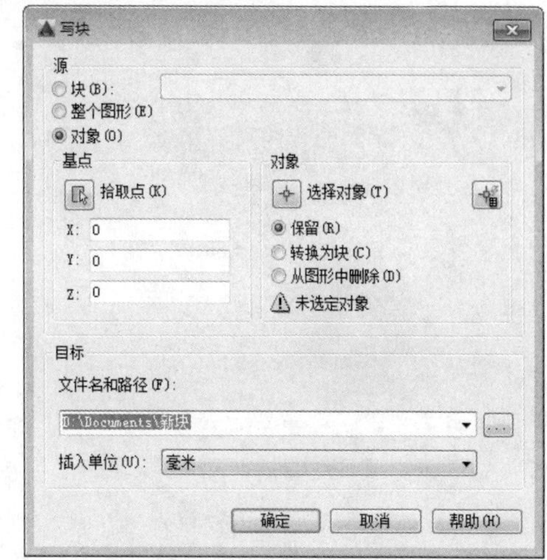

图 6-8 “写块”对话框

实战——存储盆栽图块

下面将以存储盆栽图块为例，介绍创建存储图块的方法。

Step 01 在命令行输入 W 命令并按 Enter 键，打开“写块”对话框，在“对象”选项组中单击“选择对象”按钮，如图 6-9 所示。

Step 02 返回绘图区选择图形对象，如图 6-10 所示。

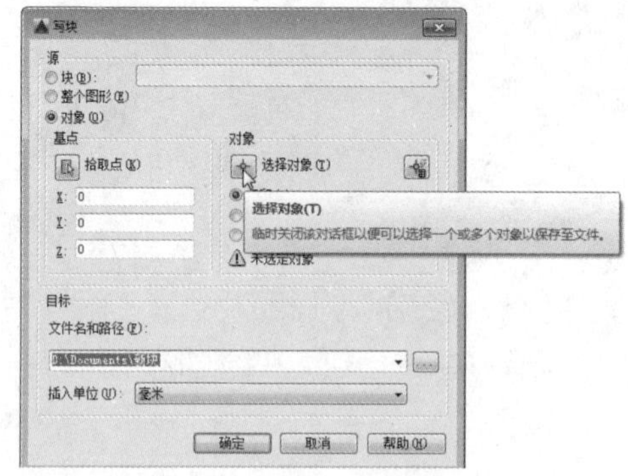

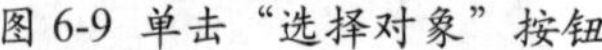
图 6-9 单击“选择对象”按钮

图 6-10 选择图形对象

Step 03 按 Enter 键后返回对话框，再单击“拾取点”按钮，如图 6-11 所示。

Step 04 返回绘图区指定图形的插入基点，如图 6-12 所示。

图 6-11 单击“拾取点”按钮

图 6-12 指定插入基点

Step 05 设置“插入单位”为毫米，单击“文件名和路径”下拉列表框右侧的按钮，如图 6-13 所示。

Step 06 输入图块名称，设置存储路径，单击“保存”按钮完成设置，如图 6-14 所示。

图 6-13 单击右侧按钮

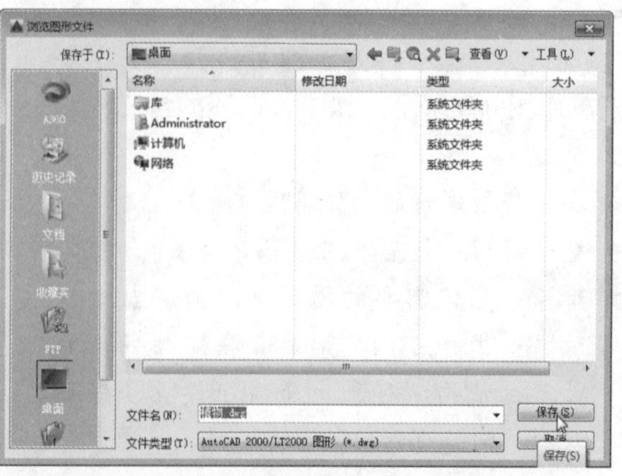

图 6-14 设置图块名称和保存路径

Step 07 返回到“写块”对话框，单击“确定”按钮即可完成存储图块的操作。

6.1.3 插入图块

当图形被定义为块之后，就可以使用“块”命令将图块插入到当前图形中。用户可以通过以下方式调用插入块命令。

- 执行“插入”→“块”命令。
- 在“插入”选项卡“块”面板中单击“插入”按钮。
- 在命令行输入 I 命令并按 Enter 键。

执行以上任意一种方法即可打开“插入”对话框，如图 6-15 所示。

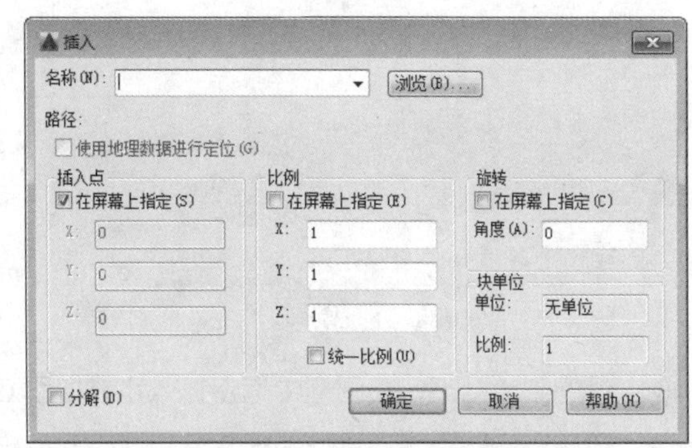

图 6-15 “插入”对话框

其中，各选项的含义介绍如下。

- 名称：用于选择插入块或图形的名称。
- 插入点：用于设置插入块的位置。
- 比例：用于设置块的比例。“统一比例”复选框用于确定插入块在 X、Y、Z 这 3 个方向的插入块比例是否相同。若勾选该复选框，就只需要在 X 文本框中输入比例值。
- 旋转：用于设置插入图块的旋转度数。
- 块单位：用于设置插入块的单位。
- 分解：用于将插入的图块分解成组成块的各基本对象。

实战——插入植物图块

下面将以插入植物为例，介绍插入块的操作方法。

Step 01 打开图形文件，如图 6-16 所示。

Step 02 执行“插入”→“块”命令，打开“插入”对话框，单击“名称”下拉列表框后的“浏览”按钮，如图 6-17 所示。

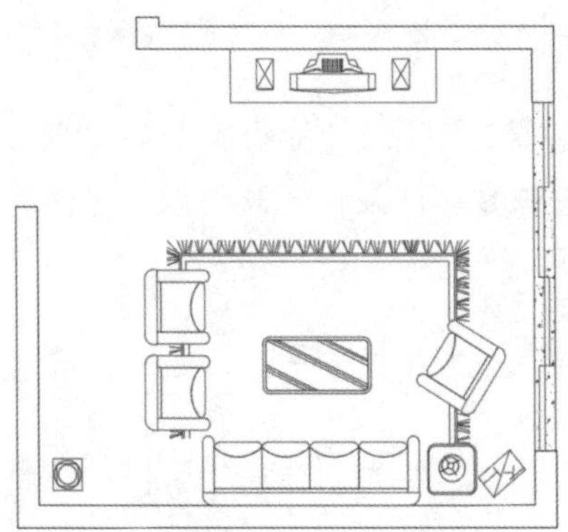

图 6-16 打开图形

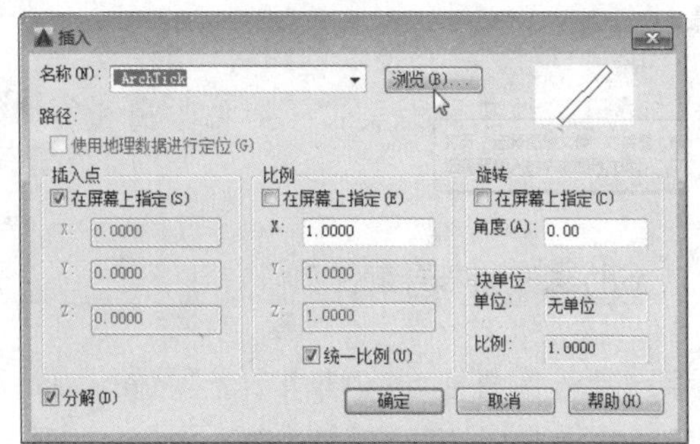

图 6-17 “插入”对话框

Step 03 打开“选择图形文件”对话框，打开外部块存储的位置，选择需要插入的块，单击“打开”按钮，如图 6-18 所示。

Step 04 返回“插入”对话框，单击“确定”按钮关闭对话框，如图 6-19 所示。

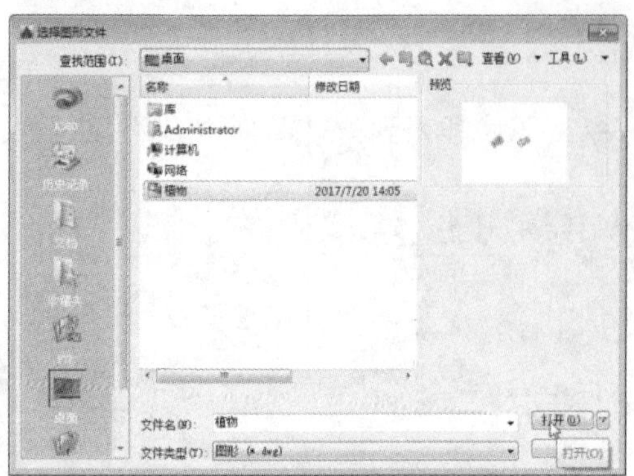

图 6-18 选择块

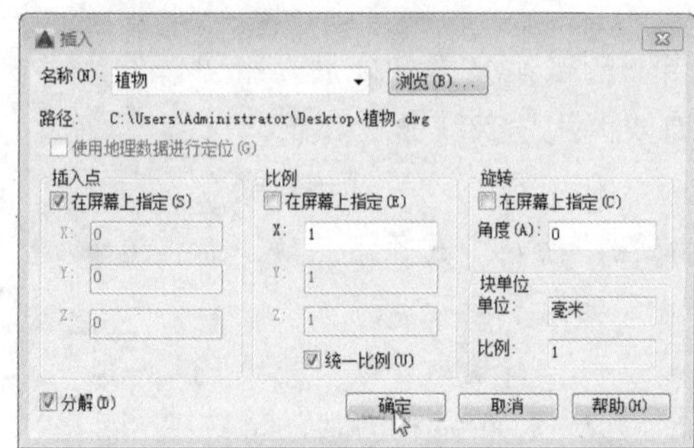

图 6-19 单击“确定”按钮

Step 05 返回到绘图区，在画框中指定插入点，如图 6-20 所示。

Step 06 完成操作后再插入其他图块，效果如图 6-21 所示。

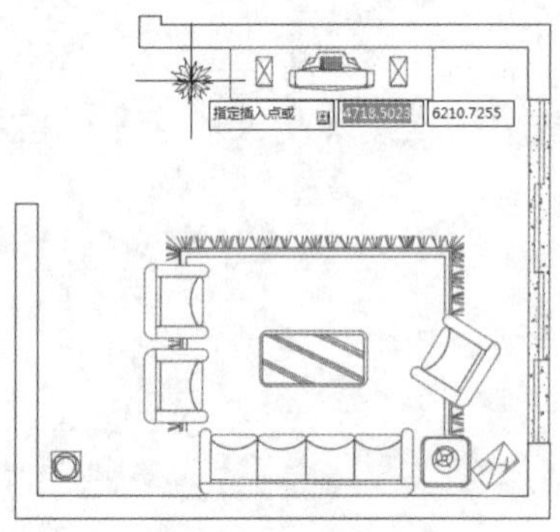

图 6-20 指定插入点

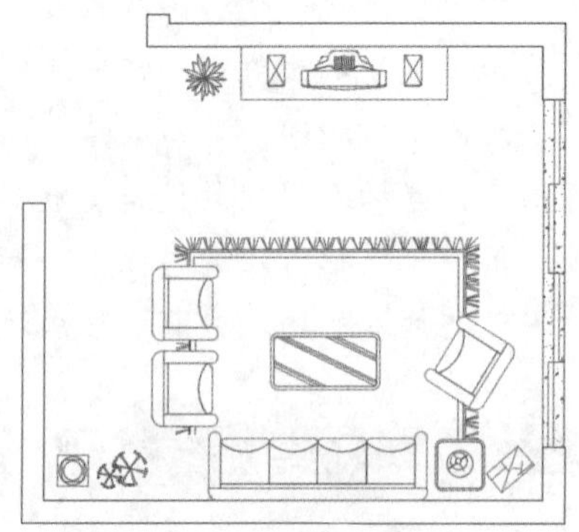

图 6-21 插入块的效果

6.2 图块属性的编辑

在 AutoCAD 中除了可以创建普通的块，还可以创建带有附加信息的块，这些信息被称为属性。用户利用属性来跟踪类似于零件数量和价格等信息的数据，属性值既可以是可变的，又可以是不可变的。

6.2.1 创建与附着属性

文字对象等属性包含在块中，若要进行编辑和管理块，就要先创建块的属性，使属性和图形一起定义在块中，才能在后期进行编辑和管理。

用户可以通过以下方式创建与附着属性。

- 执行“绘图”→“块”→“定义属性”命令。
- 在“插入”选项卡“块定义”面板中单击“定义属性”按钮。
- 在命令行输入 ATTDEF 命令并按 Enter 键。

执行以上任意一种方法均可以打开“属性定义”对话框，如图 6-22 所示。

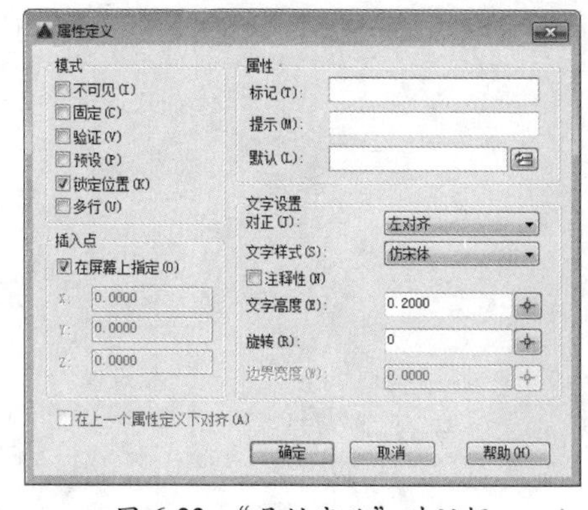

图 6-22 “属性定义”对话框

其中，“属性定义”对话框中各选项的含义介绍如下。

- 不可见：用于确定插入块后是否显示其属性值。
- 固定：用于设置属性是否为固定值，为固定值时插入块后该属性值不再发生变化。
- 验证：用于验证所输入阻抗的属性值是否正确。
- 预设：用于确定是否将属性值直接预置成它的默认值。
- 标记：用于输入属性的标记。
- 提示：用于输入插入块时系统显示的提示信息。
- 默认：用于输入属性的默认值。
- 在屏幕上指定：在绘图区中指定一点作为插入点。
- X/Y/Z：在数值框中输入插入点的坐标。
- 对正：用于设置文字的对齐方式。
- 文字样式：用于选择文字的样式。
- 文字高度：用于输入文字的高度值。
- 旋转：用于输入文字旋转角度值。

实战——创建与附着属性

下面将介绍创建与附着属性定义的方法。

Step 01 执行“矩形”命令，任意绘制一个矩形，如图 6-23 所示。

Step 02 执行“绘图”→“块”→“定义属性”命令，打开“属性定义”对话框，设置各项参数，如图 6-24 所示。

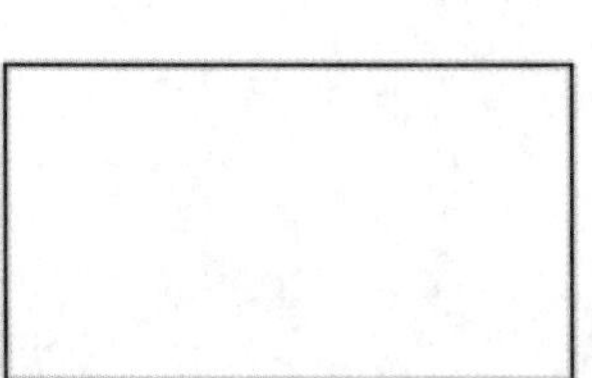

图 6-23 绘制矩形图形

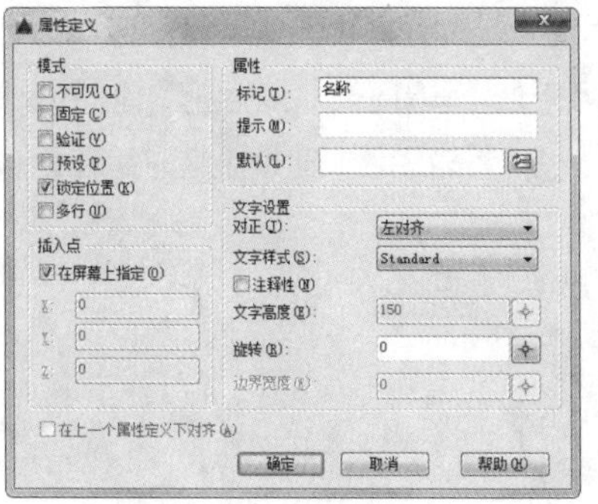

图 6-24 设置参数

Step 03 单击“确定”按钮返回绘图区，指定基点，如图 6-25 所示。

Step 04 设置完成后，在“插入”选项卡“块定义”面板中，单击“写块”按钮，打开“写块”对话框，如图 6-26 所示。

Step 05 单击“选择对象”按钮，在绘图区中选择图形，如图 6-27 所示。

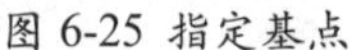

图 6-25 指定基点

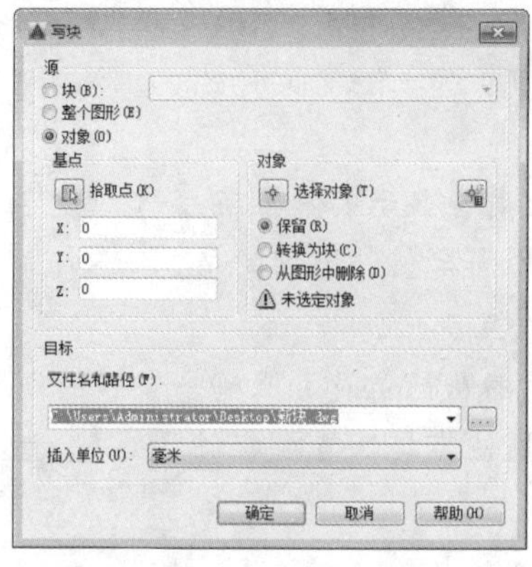

图 6-26 “写块”对话框

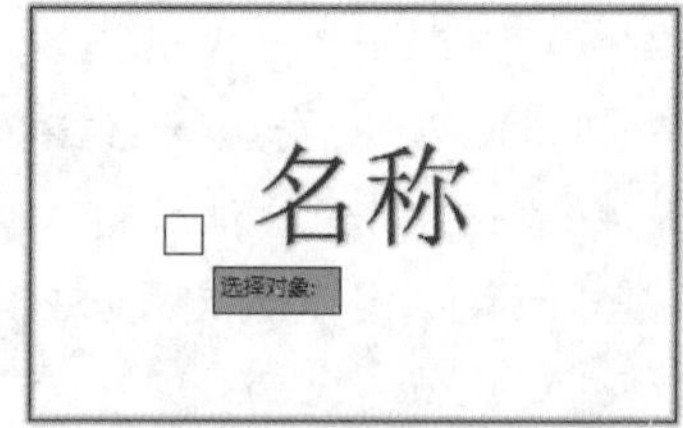

图 6-27 选择图形对象

Step 06 按Enter键返回到“写块”对话框，单击“拾取点”按钮，在绘图区中指定插入基点，如图6-28 所示。

Step 07 返回到“写块”对话框，设置目标的文件名和路径，单击“确定”按钮即可，如图 6-29 所示。

Step 08 执行“插入”→“块”命令，打开“插入”对话框，单击“浏览”按钮，打开存储的图块，如图 6-30 所示。

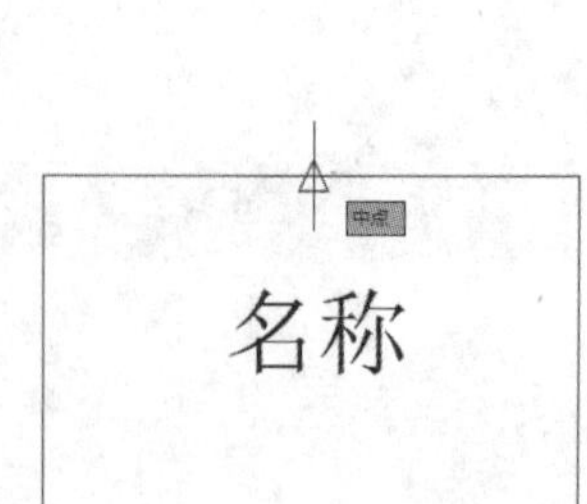

图 6-28 指定插入点

图 6-29 设置文件名和路径

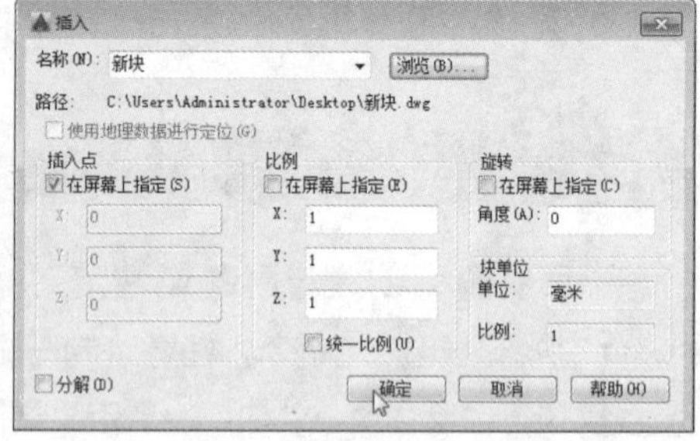

图 6-30 打开存储图块

Step 09 单击“确定”按钮将块插入到绘图区中，如图 6-31 所示。

Step 10 此时将弹出“编辑属性”对话框，在“编辑属性”对话框中输入文字，如图 6-32 所示。

Step 11 单击“确定”按钮完成设置，这时绘图区就会显示设置后的文本，如图 6-33 所示。

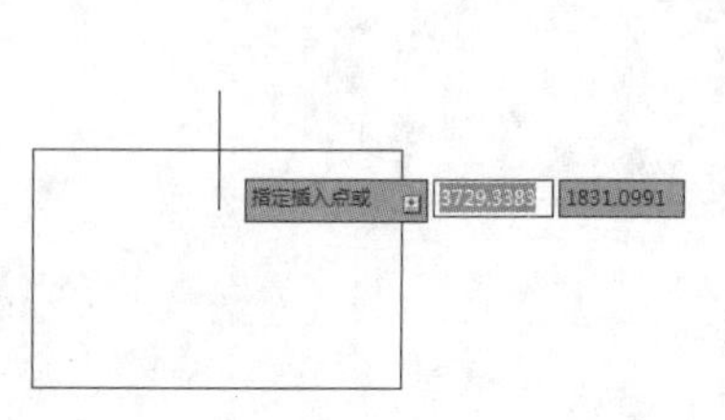

图 6-31 插入块

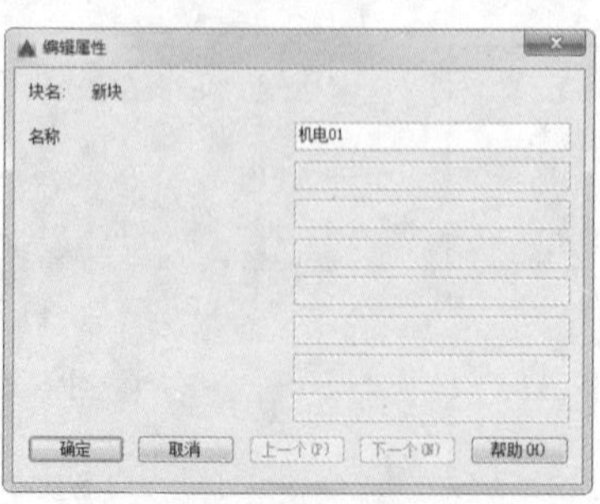

图 6-32 输入文字

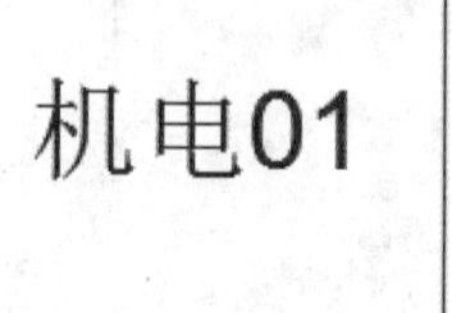

图 6-33 最后效果

6.2.2 编辑块的属性

定义块属性后，插入块时，如果不需要属性完全一致的块，就需要对块进行编辑操作。在“增强属性编辑器”对话框中可以对图块进行编辑。用户可以通过以下方式打开“增强属性编辑器”对话框。

- 执行“修改”→“对象”→“属性”→“单个”命令，根据提示选择块。
- 在命令行输入 EATTEDIT 命令并按 Enter 键，根据提示选择块。

执行以上任意一种方法即可打开“增强属性编辑器”对话框，如图 6-34 所示。

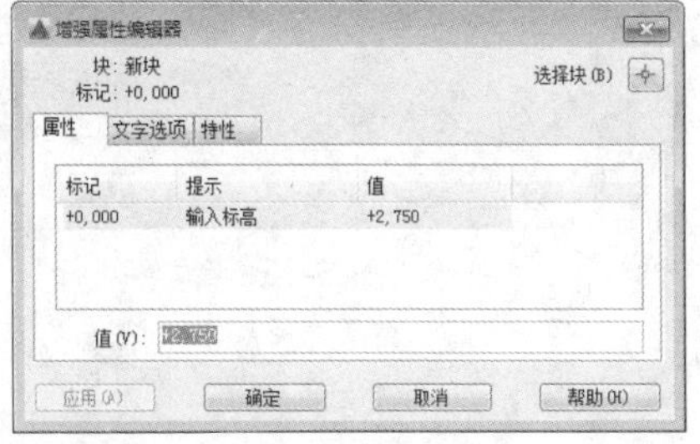

图 6-34 “增强属性编辑器”对话框

下面将对“增强属性编辑器”对话框中各选项卡的含义进行介绍。

- 属性：显示块的标识、提示和值。选择属性，对话框下方的值文本框将会出现属性值，可以在该文本框中进行设置。
- 文字选项：该选项卡用来修改文字格式。其中包括文字样式、对正、高度、旋转、宽度因子、倾斜角度、反向和倒置等选项。
- 特性：在其中可以设置图层、线型、颜色、线宽和打印样式等选项。

绘图技巧

双击创建好的属性图块，同样可以打开“增强属性编辑器”对话框。

6.2.3 块属性管理器

在“插入”选项卡“块定义”面板中单击“管理属性”按钮，即可打开“块属性管理器”对话框，如图 6-35 所示。从中即可编辑定义好的属性图块。

下面将对“块属性管理器”对话框中各选项的含义进行介绍。

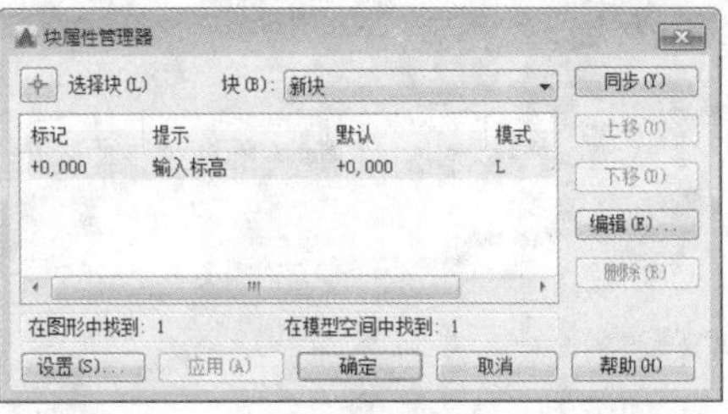

图 6-35 “块属性管理器”对话框

- 块：列出当前图形中定义属性后的图块。
- 属性列表：显示当前选择图块的属性特性。
- 同步：更新具有当前定义的属性特性的选定块的全部实例。
- 上移和下移：在提示序列的早期阶段移动选定的属性标签。
- 编辑：单击“编辑”按钮，可以打开“编辑属性”对话框。在该对话框中可以修改定义图块的属性，如图 6-36 所示。
- 删除：从块定义中删除选定的属性。
- 设置：单击“设置”按钮，可以打开“块属性设置”对话框，如图 6-37 所示。从中可以设置属性信息的列出方式。

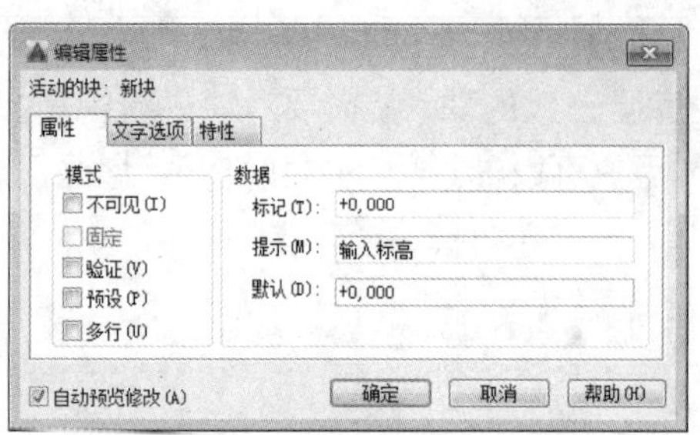
图 6-36 “编辑属性”对话框

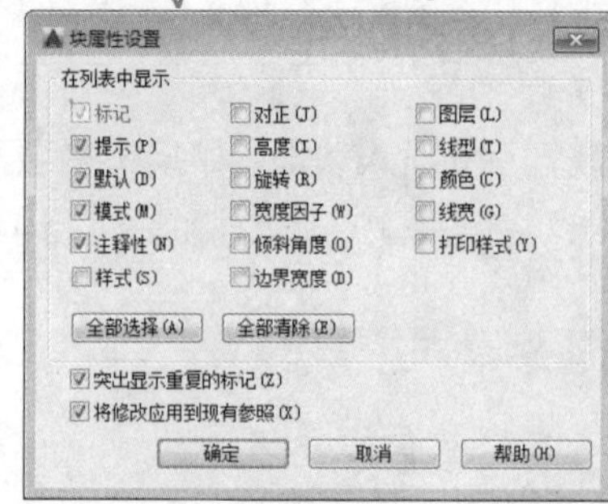
图 6-37 “块属性设置”对话框

6.3 外部参照的使用

在实际绘图中，如果需要按照某个图进行绘制，就可以使用外部参照，外部参照可以作为图形的一部分。外部参照和块有很多相似的部分，但也有所区别，作为外部参照的图形会随着原图形的修改而更新。

6.3.1 附着外部参照

若需要使用外部参照图形，首先需要附着外部参照，在“插入”选项卡的“参照”面板中单击“附着”按钮，即可打开“选择参照文件”对话框，如图 6-38 所示，从中选择文件后，将打开“附着外部参照”对话框，如图 6-39 所示。单击“确定”按钮即可将图形文件以外部参照的方式插入到当前图形中。

图 6-38 “选择参照文件”对话框

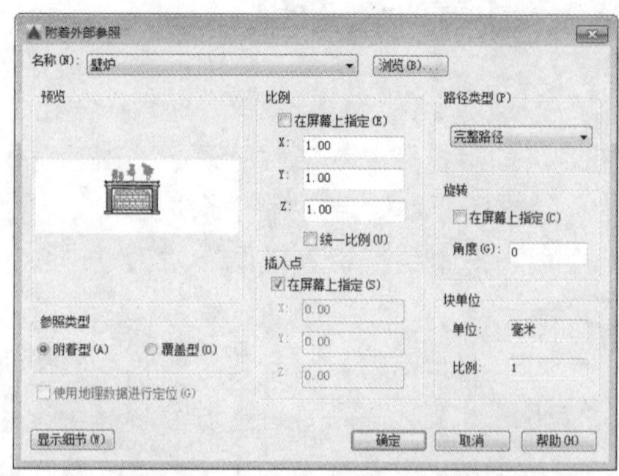
图 6-39 “附着外部参照”对话框

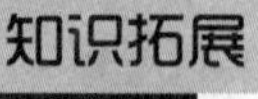
知识拓展

在命令行输入 XATTACH 命令也可以打开“选择参照文件”对话框。

6.3.2 管理外部参照

附着参照后可以在“外部参照”面板中编辑和管理外部参照。用户可以通过以下方式打开“外部参照”面板。

- 执行“插入”→“外部参照”命令。
- 在“插入”选项卡“参照”面板中单击“外部参照”按钮。
- 在命令行输入 XREF 命令并按 Enter 键。

执行以上任意一种方法即可打开“外部参照”面板，如图 6-40 所示。其中各选项的含义介绍如下。

- 附着：单击“附着”按钮，即可添加不同格式的外部参照文件。
- 文件参照：显示当前图形中各种外部参照的文件的名称。
- 详细信息：显示外部参照文件的详细信息。
- 列表图：单击该按钮，设置图形以列表的形式显示。
- 树状图：单击该按钮，设置图形以树的形式显示。

图 6-40 “外部参照”面板

1. 删除外部参照

要从图形中完全删除外部参照，就需要将其拆散，用户使用“拆离”选项，即可删除外部参照和所有相关的信息。

2. 更新外部参照

如果外部参照的原始图块进行了修改，则会在状态栏中自动弹出提示框，提醒用户外部参照文件已经被修改，询问用户是否重新加载外部参照，若单击“重载”超链接，则会重新加载外部参照；若单击“关闭”按钮，则会忽略提示信息。

知识拓展

在“文件参照”列表框中，在外部文件上单击鼠标右键，即可打开快捷菜单，用户可以根据快捷菜单的选项编辑外部文件。

6.3.3 剪裁外部文件

用户可以对外部文件进行裁剪，通过以下方式可以调用“剪裁”命令。

- 执行“修改”→“外部参照”→“剪裁”命令。
- 在“插入”选项卡“参照”面板中单击“剪裁”按钮。
- 在命令行输入 CLIP 命令并按 Enter 键。

6.3.4 编辑外部参照

块和外部参照都被视为参照，用户可以使用在位参照编辑命令来修改当前图形中的外部参照，也可以重新定义当前图形中的块定义。

用户可以通过以下方式打开“参照编辑”对话框。

- 执行“工具”→“外部参照和块在位编辑”→“在位编辑参照”命令。
- 在“插入”选项卡“参照”面板中，单击“参照”下拉菜单按钮，在弹出的列表中单击“编辑参照”按钮。
- 在命令行输入 REFEDIT 命令并按 Enter 键。
- 双击需要编辑的外部参照图形。

知识拓展

“参照编辑”对话框中各选项的含义介绍如下。

- 自动选择所有嵌套的对象：控制嵌套对象是否包含在参照编辑任务中。
- 提示选择嵌套的对象：控制是否在参照编辑中逐个选择嵌套对象。
- 创建唯一图层、样式和块名：控制在参照编辑中提取的图层、样式和块名是否是唯一可修改的。
- 锁定不在工作集中的对象：锁定所有不在工作集中的对象，避免在操作过程中意外编辑和选择宿主图形中的对象。

6.4 设计中心的应用

在 AutoCAD“设计中心”面板中，用户可以浏览、查找、预览和管理 AutoCAD 图形。它可以将原图形中的任何内容拖动到当前图形中，还可以对图形进行修改，使用起来非常方便。那么下面向用户介绍如何打开“设计中心”面板以及插入设计中心内容。

6.4.1 “设计中心”面板

AutoCAD 设计中心向用户提供了一个高效且直观的工具，用户可以通过以下方式打开“设计中心”面板。

- 执行“工具”→“选项板”→“设计中心”命令。
- 在“视图”选项卡的“选项板”面板中单击“设计中心”按钮。
- 在命令行输入 ADCENTER 命令并按 Enter 键。
- 按 Ctrl+R 快捷键。

执行以上任意一种方法即可打开“设计中心”面板，如图 6-41 所示。

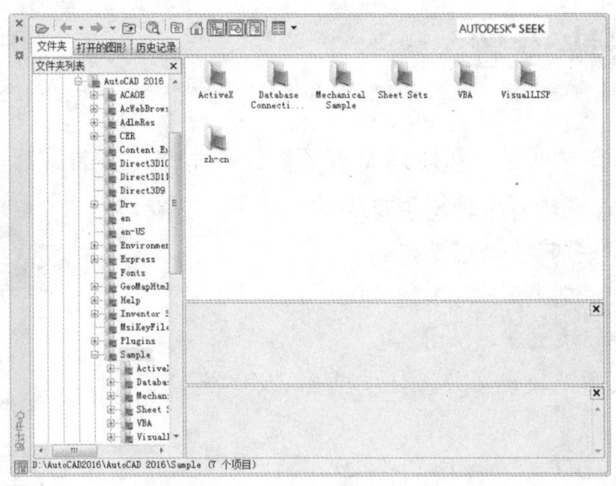

图 6-41 “设计中心”面板

从面板中可以看出设计中心是由工具栏和选项卡组成。工具栏包括加载、上一级、搜索、主页、树状图切换、预览、说明、视图和内容窗口等工具；选项卡包括文件夹、打开的图形和历史记录。

1. 工具栏

工具栏是控制内容区中信息的显示和搜索。下面具体介绍各选项的含义。

- 加载：单击“加载”按钮，显示加载对话框，可以浏览本地和网络驱动器的 Web 的文件，然后选择文件加载到内容区域。
- 上一级：返回显示上一个文件夹和上一个文件夹中的内容和内容源。
- 搜索：对指定位置和文件名进行搜索。
- 主页：返回到默认文件夹，单击树状图按钮，在文件上单击鼠标右键即可设置默认文件夹。
- 树状图切换：显示和隐藏树状图更改内容窗口的大小显示。
- 预览：显示或隐藏内容区域选定项目的预览。
- 说明：显示和隐藏内容区域窗格中选定项目的文字说明。
- 视图：更改内容窗口中文件的排列方式。
- 内容窗口：显示选定文件夹中的文件。

2. 选项卡

设计中心选项卡是由文件夹、打开的图形和历史记录组成。

- 文件夹：可浏览本地磁盘或局域网中所有的文件、图形和内容。
- 打开的图形：显示软件已经打开的图形。
- 历史记录：显示最近编辑过的图形名称及目录。

6.4.2 “设计中心”面板的应用

通过“设计中心”面板可以方便地插入图块、引用图像和外部参照。也可以在图形之间进行复制图层、图块、线型、文字样式、标注样式和用户定义等内容。

6.5 动态图块设置

动态图块是带有可变量的块，和块相比多了参数和动作，从而具有灵活性和智能性。通过参数和动作的配合，动态图块可以轻松实现移动、缩放、拉伸、翻转、阵列和查询等各种各样的动态功能。

用户可以通过以下方式对块进行编辑。

- 执行“工具”→“块编辑器”命令。
- 在“插入”选项卡“块定义”面板中单击“块编辑器”按钮。
- 在命令行输入 BEDIT 命令并按 Enter 键。

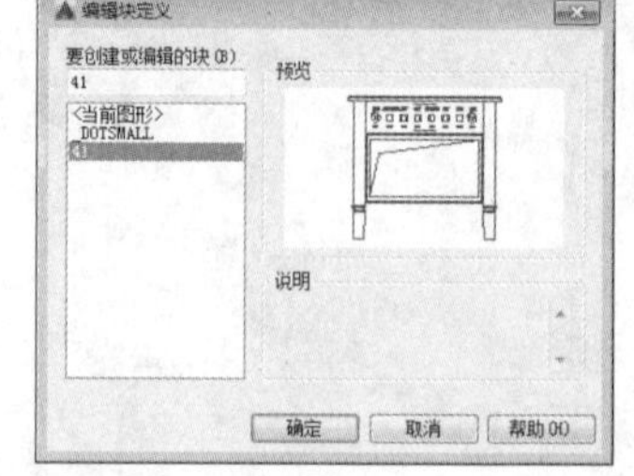

图 6-42 “编辑块定义”对话框

执行以上任意一种方法均可以打开“编辑块定义”对话框，如图 6-42 所示。

6.5.1 使用参数

向动态块添加参数，可以定义块的自定义特性，指定几何图形在块中的位置、距离和角度。执行“插入”→“ 块定义”→“块编辑器”命令，打开“编辑块定义”对话框，选择所需定义的块选项后，单击“确定”按钮，即可打开“块编写选项板 - 所有选项板”面板。

下面将对该面板“参数”选项卡中的相关参数进行说明，如图 6-43 所示。

- 点：在图块中指定一处作为点，外观类似于坐标标注。
- 线性：显示两个目标之间的距离。
- 极轴：显示两个目标之间的距离和角度。可以使用夹点和“特性”面板来共同更改距离值和角度值。
- XY：显示指定夹点 X 距离和 Y 距离。
- 旋转：在图块中指定旋转点，定义旋转参数和旋转角度。
- 对齐：定义 X 位置、Y 位置和角度，对齐参数对应于整个块。该选项不需要设置动作。
- 翻转：用于翻转对象。翻转参数显示为投影线。
- 可见性：设置对象在图块中的可见性。该选项不需要设置动作，在图形中单击夹点即可显示参照中所有可见性状态的列表。
- 查寻：添加查寻参数，与查寻动作相关联并创建查询表，利用查询表查寻指定动态块的定义特性和值。
- 基点：指定动态块的基点。

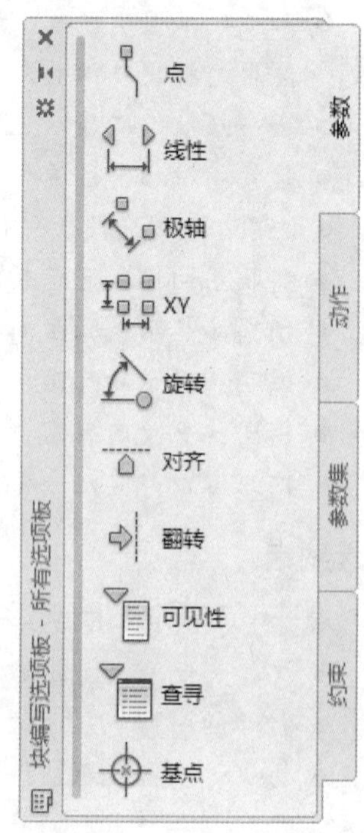

图 6-43 “参数”选项卡

6.5.2 使用动作

添加参数后，在“动作”选项卡添加动作，才可以完成整个操作。“动作”选项卡由移动、缩放、拉伸、极轴拉伸、旋转、翻转、阵列、查寻、块特性表等选项组成，如图 6-44 所示。下面具体介绍选项卡中各选项的含义。

- 移动：移动动态块，在点、线性、极轴、XY 等参数选项下可以设置该动作。
- 缩放：使图块进行缩放操作。在线性、极轴、XY 等参数选项下可以设置该动作。
- 拉伸：使对象在指定的位置移动和拉伸指定的距离，在点、线性、极轴、XY 等参数选项下可以设置该动作。
- 极轴拉伸：当通过“特性”面板更改关联的极轴参数上的关键点时，该动作将使对象旋转、移动和拉伸指定的距离。在极轴参数选项下可以设置该动作。
- 旋转：使图块进行旋转操作。在旋转参数选项下可以设置该动作。
- 翻转：使图块进行翻转操作。在翻转参数选项下可以设置该动作。
- 阵列：使图块按照指定的基点和间距进行阵列。在线性、极轴、XY 等参数选项下可以设置该动作。
- 查寻：添加并与查寻参数相关联后，将创建一个查询表，可以使用查询表指定动态的自定义特性和值。

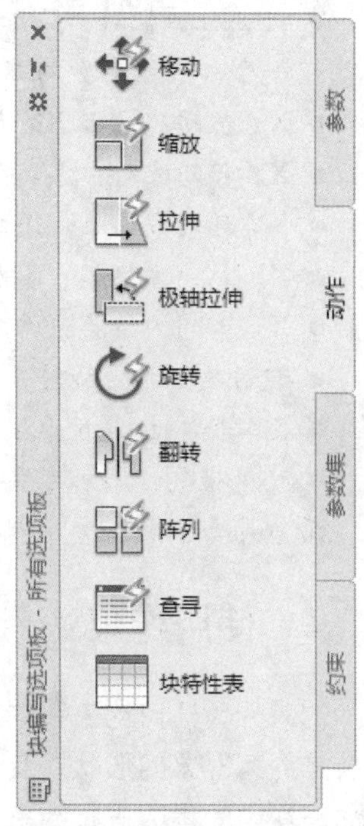

图 6-44 “动作”选项卡

6.5.3 使用参数集

单击“参数集”标签，即可打开“参数集”选项卡，如图 6-45 所示，参数集是参数和动作的结合，在“参数集”选项卡中可以向动态块定义添加参数和动作，操作方法与添加参数和动作相同，参数集中包含的动作将自动添加到块定义中，并与添加的参数相关联。

- 点移动：添加点参数再设置移动动作。
- 线性移动：添加线性参数再设置移动动作。
- 线性拉伸：添加线性参数再设置拉伸动作。
- 线性阵列：添加线性参数再设置阵列动作。
- 线性移动配对：添加线性动作，此时系统会自动添加两个移动动作，一个与准基点相关联，一个与线性参数的端点相关联。
- 线性拉伸配对：添加两个夹点的线性参数再设置拉伸动作。
- 极轴移动：添加极轴参数再设置移动动作。
- 极轴拉伸：添加极轴参数再设置拉伸动作。
- 环形阵列：添加极轴参数再设置阵列动作。

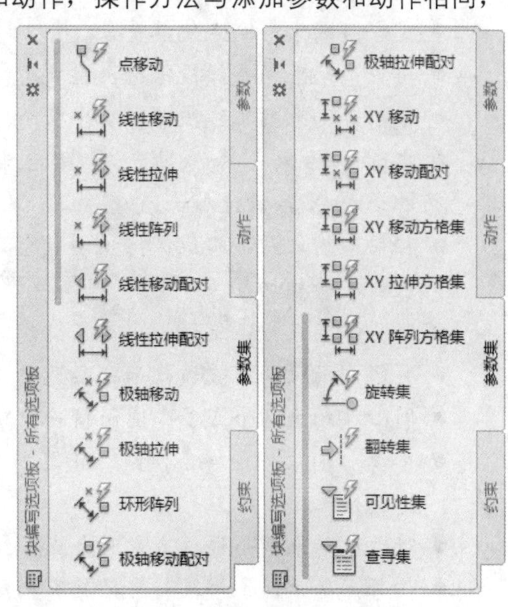

图 6-45 “参数集”选项卡

- 极轴移动配对：添加极轴参数，系统会自动添加两个移动动作，一个与准基点相关联，一个与线性参数的端点相关联。
- 极轴拉伸配对：添加极轴参数，系统会自动添加两个拉伸动作，一个与准基点相关联，一个与线性参数的端点相关联。
- XY 移动：添加 XY 参数再设置移动动作。
- XY 移动配对：添加带有两个夹点的 XY 参数再设置移动动作。
- XY 移动方格集：添加带有四个夹点的 XY 参数再设置移动动作。
- XY 拉伸方格集：添加带有四个夹点的 XY 参数和与每个夹点相关联的拉伸动作。
- XY 阵列方格集：添加 XY 参数，系统会自动添加与该 XY 参数相关联的阵列动作。
- 旋转集：指定旋转基点设置半径和角度，再设置旋转动作。
- 翻转集：指定投影线的基点和端点，再设置翻转动作。
- 可见性集：添加可见性参数，该选项不需要设置动作。
- 查寻集：添加查寻参数再设置查询动作。

6.5.4 使用约束

约束分为几何约束和约束参数，几何约束主要是约束对象的形状以及位置，约束参数是将动态块中的参数进行约束。只有约束参数才可以编辑动态块的特性。约束后的参数包含参数信息，可以显示或编辑参数值，如图 6-46、图 6-47 所示。下面具体介绍选项卡中各选项的含义。

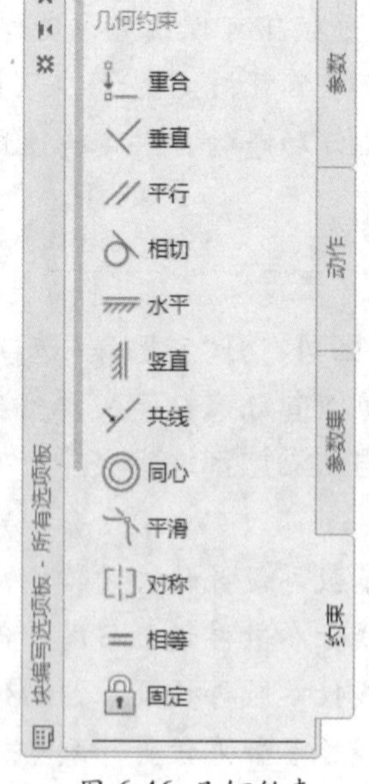

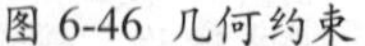

图 6-46 几何约束

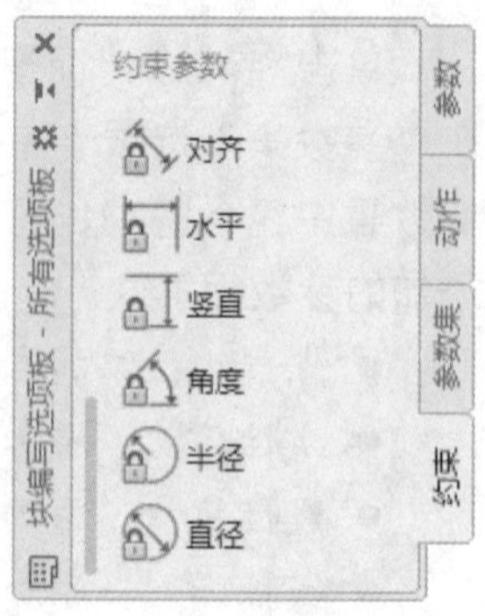

图 6-47 约束参数

（1）几何约束。

- 重合：约束两个点使其重合。
- 垂直：约束两条线段保持垂直状态。
- 平行：约束两条线段保持水平状态。
- 水平：约束一条线或一个点与当前 UCS 的 X 轴保持水平。
- 相切：约束两条曲线保持相切或与其延长线保持相切。
- 竖直：约束一条直线或一对点，使其与当前 UCS 的 Y 轴平行。
- 共线：约束两条直线位于一条无限长的直线上。
- 同心：约束两个或多个圆保持一个中心点。
- 平滑：约束一条样条曲线，使其与其他样条曲线、直线、圆弧或多段线彼此相连并保持连续性。
- 对称：约束两条线段或者两个点保持对称。
- 相等：约束两条线段和半径具有相同的属性值。
- 固定：约束一个点或一个线段在一个固定的位置上。

（2）约束参数。

- 对齐：约束一条直线的长度或两条直线之间、一个对象上的一点与一条直线之间以及不同对象上两点之间的距离。
- 水平：约束一条直线或不同对象上两点之间在 X 轴反向上的距离。
- 竖直：约束一条直线或不同对象上两点之间在 Y 轴反向上的距离。
- 角度：约束两条直线和多段线的圆弧夹角的角度值。
- 半径：约束图块的半径值。
- 直径：约束图块的直径值。

综合演练——动态块在平面图中的使用

实例路径：实例 /06/ 综合演练 / 动态块在平面图中的使用 .dwg

视频路径：视频 /06/ 动态块在平面图中的使用 .avi

学习了本章知识后，接下来结合本章知识以及以往学习过的知识来绘制一个餐桌的动态块。

Step 01 打开图形文件，可以看到图中缺少餐桌图形，如图 6-48 所示。

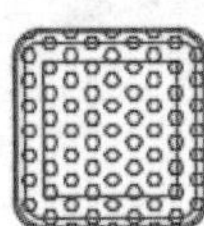

图 6-48 打开平面图

Step 02 执行“直线”“偏移”“修剪”命令，绘制出餐桌图形，如图 6-49 所示。

图 6-49 绘制餐桌图形

Step 03 执行“绘图”→“块”→“创建”命令，打开“块定义”对话框，在“对象”选项组中单击“选择对象”按钮，如图 6-50 所示。

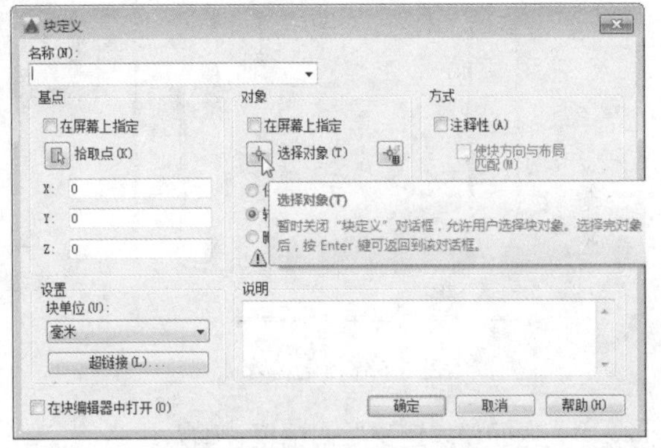

图 6-50 单击“选择对象”按钮

Step 04 在绘图区中选择要创建成块的餐桌图形，如图 6-51 所示。

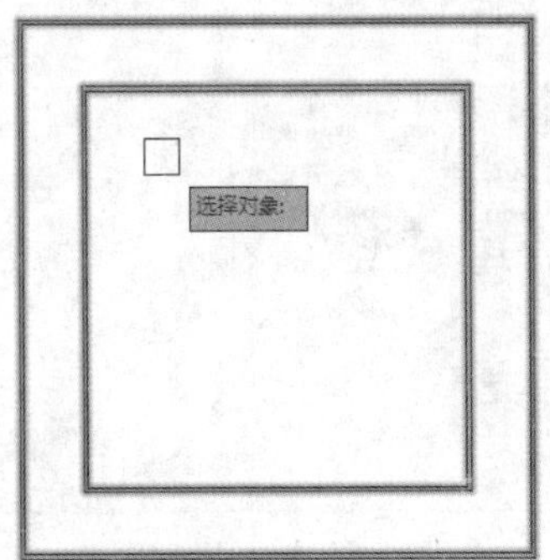

图 6-51 选择图形

Step 05 按 Enter 键返回“块定义”对话框，单击“拾取点”按钮，如图 6-52 所示。

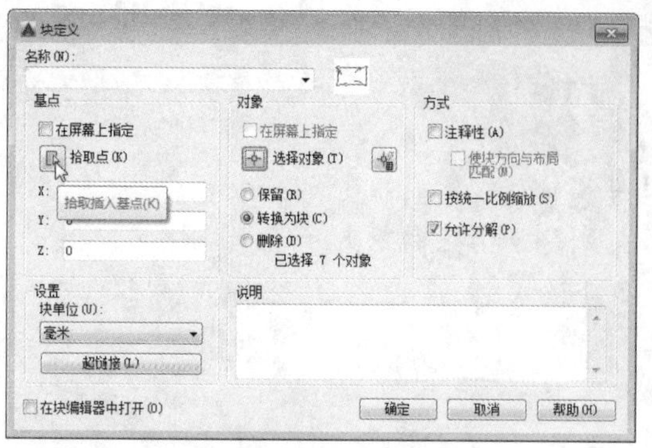

图 6-52 单击“拾取点”按钮

Step 06 在绘图区中指定插入基点，如图 6-53 所示。

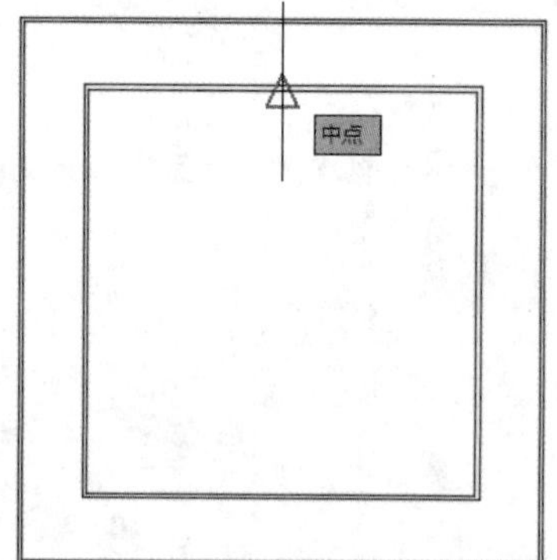

图 6-53 指定插入点

Step 07 返回“块定义”对话框，输入块名称，单击“确定”按钮，完成块的创建，如图 6-54 所示。

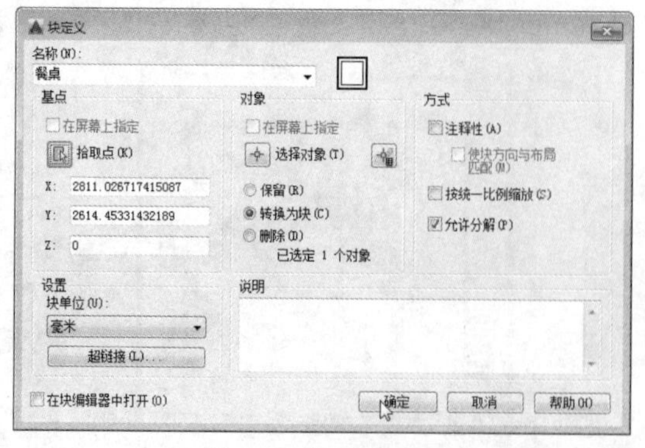

图 6-54 输入块名称

Step 08 执行“工具”→“块编辑器”命令，打开“编辑块定义”对话框，从块列表中选择门图块，如图 6-55 所示。

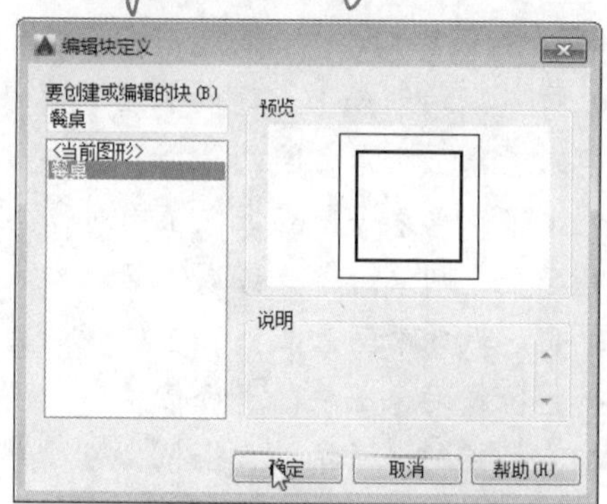

图 6-55 “编辑块定义”对话框

Step 09 单击“确定”按钮，即可进入图块编辑页面，如图 6-56 所示。

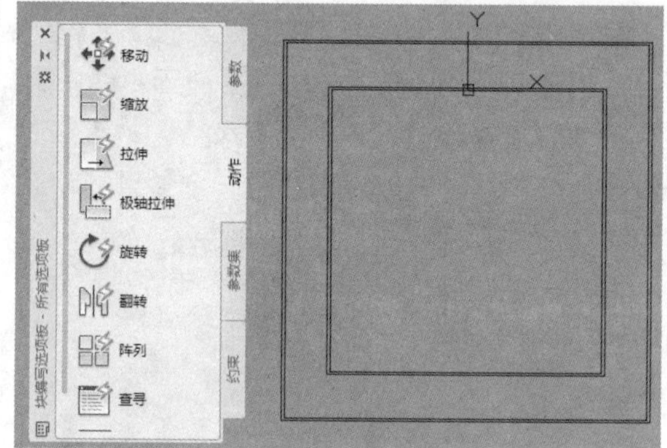

图 6-56 编辑状态

Step 10 在“参数”选项卡中单击“线性”按钮，在绘图区捕捉餐桌边的两个端点，为图块添加线性参数，如图 6-57 所示。

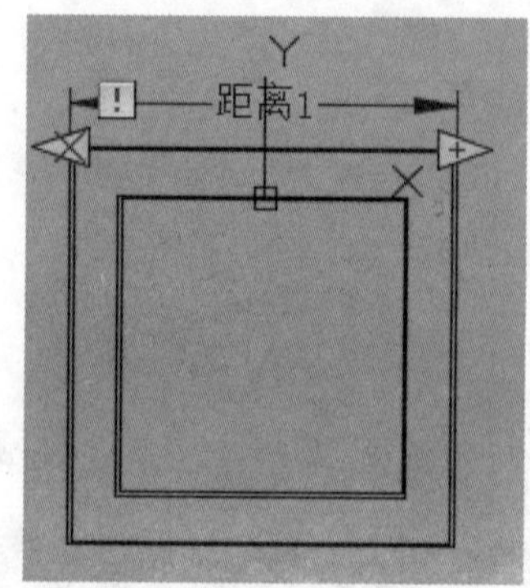

图 6-57 添加线性参数 1

Step 11 继续创建线性参数 2，如图 6-58 所示。

Step 12 在“动作”选项卡中单击“拉伸”按钮，选择拉伸参数，如图 6-59 所示。

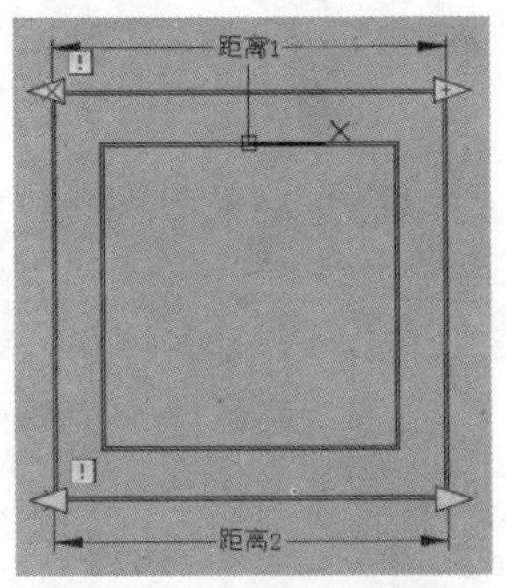

图 6-58 添加线性参数 2

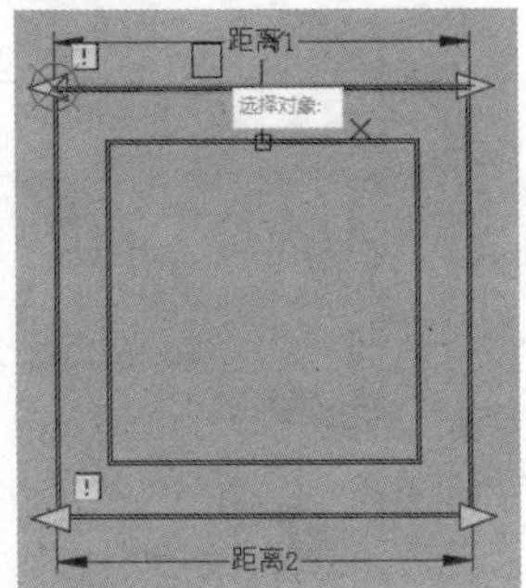

图 6-59 添加拉伸参数

Step 13 再根据提示选择餐桌图形，按 Enter 键，即可完成拉伸动作的创建，如图 6-60 所示。

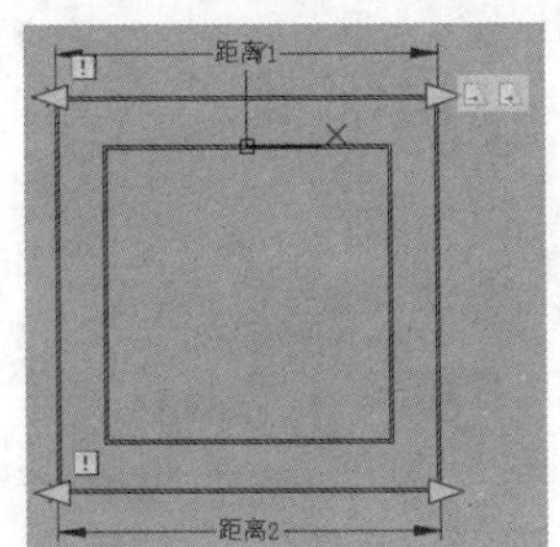

图 6-60 完成拉伸

Step 14 在“块编辑器”选项卡的“关闭”面板中单击“关闭块编辑器”，在弹出的“块 - 未保存更改”对话框中选择“将更改保存到餐桌”选项即可，如图 6-61 所示。

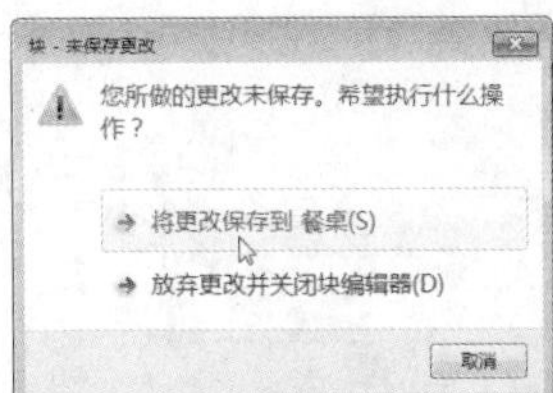

图 6-61 指定参数点

Step 15 设置完成后，单击图块，在图块上会出现两个箭头和一个原点，箭头为缩放动作的操作图标，如图 6-62 所示。

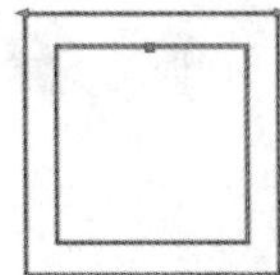

图 6-62 选择餐桌图形

Step 16 将创建图块移动到两张椅子的合适位置，如图 6-63 所示。

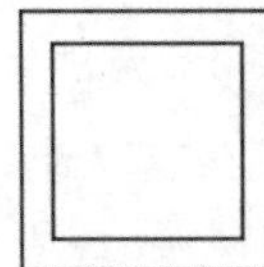
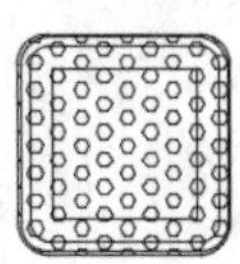

图 6-63 添加移动动作

Step 17 选择餐桌图块，将光标移动到箭头上，箭头变成红色，如图 6-64 所示。

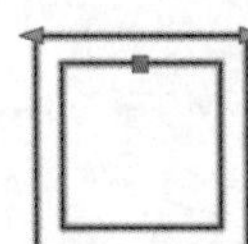
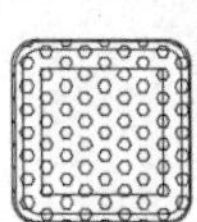

图 6-64 指定光标

Step 18 单击移动鼠标左键，然后按 Enter 键，即可拉伸餐桌的大小，如图 6-65 所示。

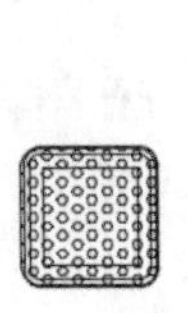
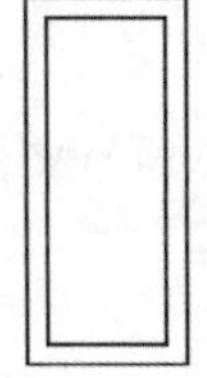

图 6-65 拉伸餐桌

Step 19 对椅子进行复制操作，如图 6-66 所示。

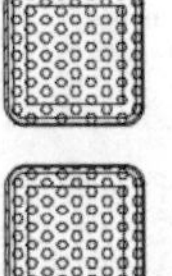
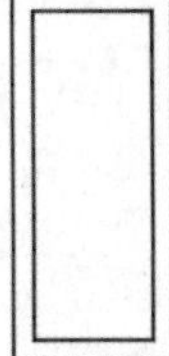

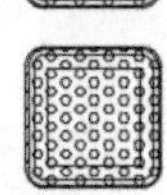

图 6-66 绘制完成

上机操作

为了让读者更好地掌握本章所学的知识，在此列举几个针对本章的拓展案例，以供练习。

1. 绘制卧室立面图

利用本章所学的知识，如图 6-67 所示，在已有的图形基础上继续添加图块，完成该立面图的绘制。

操作提示：

Step 01 打开图形文件，执行“插入”→“块”命令。

Step 02 打开“选择图形文件”对话框，依次选择并插入装饰画、壁灯图块。

Step 03 调整图块的位置与大小，完成立面图的绘制，如图 6-68 所示。

图 6-67 打开文件

图 6-68 插入图块效果

2. 绘制壁炉

利用“设计中心”面板完成壁炉的绘制。

操作提示：

Step 01 打开“壁炉”文件，如图 6-69 所示。执行“工具”→“选项板”→“设计中心”命令，打开“设计中心”面板。

Step 02 打开花瓶图块所处位置，并在图块上单击鼠标右键，选择“插入为块”选项。

Step 03 将图块插入至文件中，完成壁炉绘制，如图 6-70 所示。

图 6-69 打开文件

图 6-70 插入图块效果

第 7 章

文本与表格的应用

文字是图纸中很重要的图形元素，它在图纸中是不可缺少的一部分。在一个完整的图纸中，通常都需要靠一些文字注释来说明一些非图形信息。例如，填充材质的性质、设计图纸的设计人员、图纸比例等。还可以创建不同类型的表格，在其他软件中复制表格，以简化制图制作。

在 AutoCAD 中，通过文字和表格功能可以对图纸信息进行说明。本章将详细介绍这些功能，以方便用户操作。

知识要点

- ▲ 设置和管理文字样式
- ▲ 多行文本的应用
- ▲ 单行文本的应用
- ▲ 表格的使用和编辑

7.1 设置文字样式

文字注释是绘图的最后一步，在进行注释之前，用户不仅可以创建和设置文字样式，还可以管理文字样式，从而更加快捷地对图纸进行标注，得到统一和美观的效果。AutoCAD 图形中的所有文字都具有与之相关联的文字样式。默认情况下，系统提供的是 Standard 样式，用户根据绘图的要求可以修改或创建一种新的文字样式。

7.1.1 创建文字样式

在实际绘图中，用户可以根据要求设置文字样式和创建新的样式，设置文字样式，可以使文字标注看上去更加美观和统一。通常在创建文字注释和尺寸标注时，所使用的文字样式为当前的文字样式。文字样式包括选择字体文件、设置文字高度、设置宽度比例、设置文字显示等。用户可以通过以下方式打开“文字样式”对话框，如图 7-1 所示。

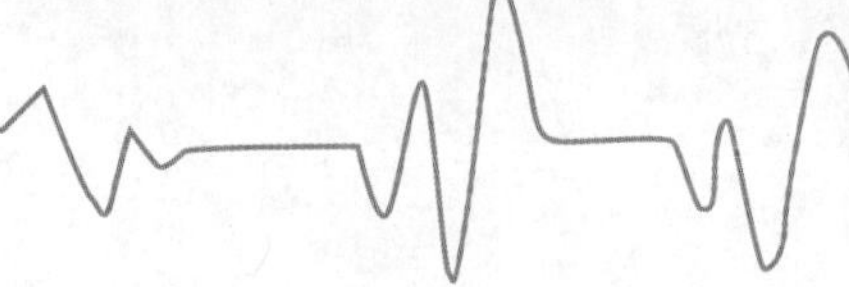

- 执行“格式”→“文字样式”命令。
- 在“默认”选项卡“注释”面板中，单击下三角按钮，在弹出的列表中单击“文字注释”按钮。
- 在“注释”选项卡“文字”面板中单击右下角箭头。
- 在命令行输入 ST 命令并按 Enter 键。

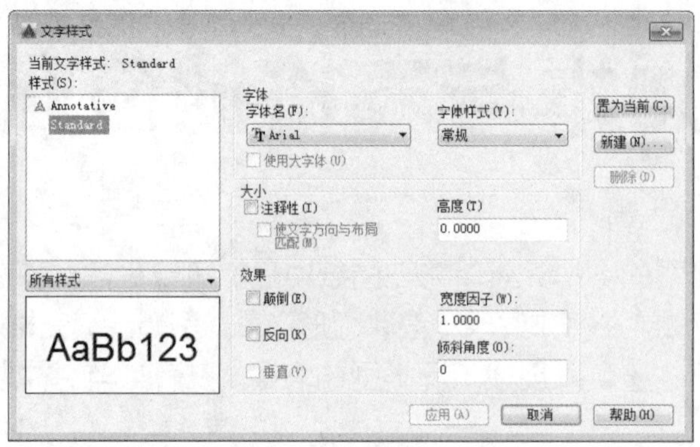

图 7-1 “文字样式”对话框

其中，“文字样式”对话框中各选项的含义介绍如下。

- 样式：显示已有的文字样式。单击“所有样式”列表框的下拉按钮，在弹出的列表中可以设置“样式”列表框是显示所有样式还是正在使用的样式。
- 字体：包含“字体名”和“字体样式”选项。“字体名”用于设置文字注释的字体。“字体样式”用于设置字体格式，例如斜体、粗体或者常规字体。
- 大小：包含“注释性”“使文字方向与布局匹配”和“高度”选项，其中注释性用于指定文字为注释性，高度用于设置字体的高度。
- 效果：修改字体的特性，如高度、宽度因子、倾斜角以及是否颠倒显示。
- 置为当前：将选定的样式置为当前。
- 新建：创建新的样式。
- 删除：单击“样式”列表框中的样式名，会激活“删除”按钮，单击该按钮即可删除样式。

7.1.2 修改文字样式

对于已创建的文字样式，如果不符合要求，还可以直接进行修改。在 AutoCAD 中，修改文字样式的方法与创建新文字样式的方法相同，都是在“文字样式”对话框中进行的。

7.1.3 管理文字样式

如果在绘制图形时，创建的文字样式太多，这时可以通过“重命名”和“删除”来管理文字样式。

执行“格式”→“文字样式”命令，打开“文字样式”对话框，在文字样式上单击鼠标右键，然后选择“重命名”命令，输入“平面注释”后按 Enter 键即可重命名，如图 7-2 所示，选中“平面注释”样式名，单击“置为当前”按钮，即可将其置为当前，如图 7-3 所示。

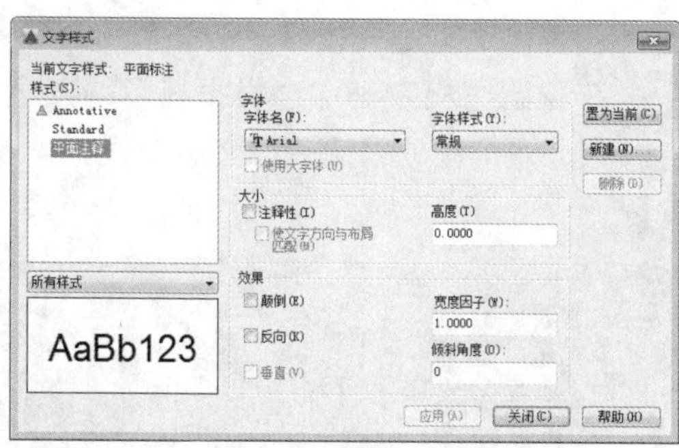

图 7-2 重命名文字样式

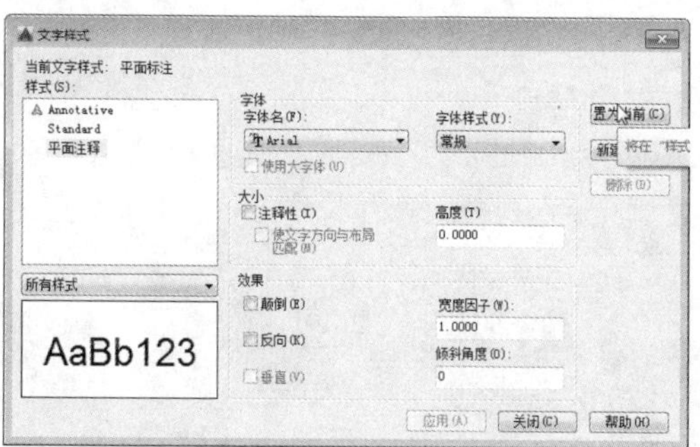

图 7-3 单击“置为当前”按钮

知识拓展

单击“平面注释”样式名，此时，“删除”按钮被激活，单击“删除”按钮，如图 7-4 所示。在对话框中单击“确定”按钮（如图 7-5 所示），文字样式将被删除，设置完成后单击“关闭”按钮，即可完成设置操作。

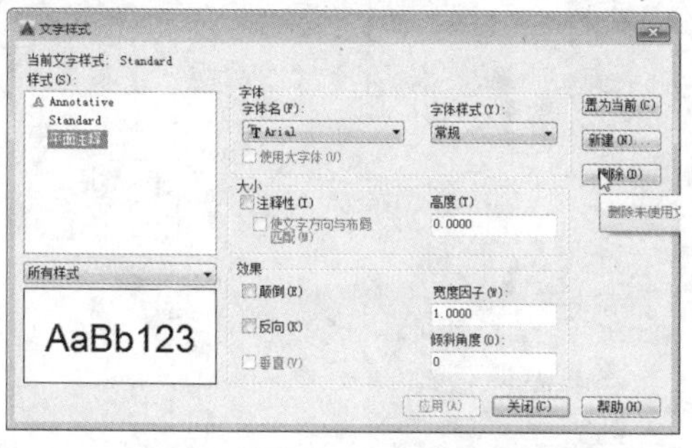

图 7-4 单击“删除”按钮

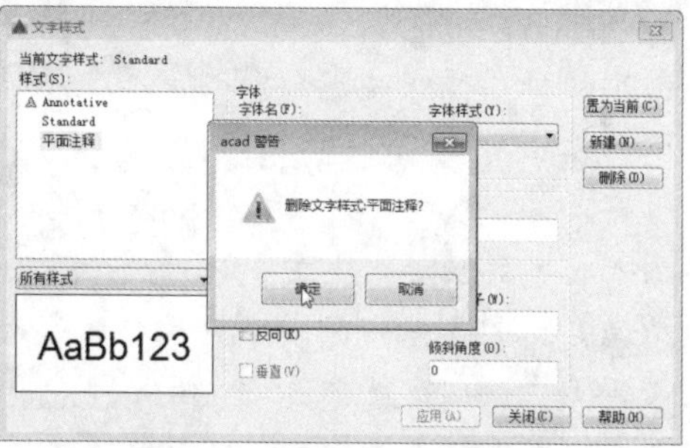

图 7-5 警告提示对话框

7.2 创建和编辑单行文本

单行文本主要用于创建简短的文本内容，按 Enter 键即可将单行文本分为两行，它的每一行都是一个文字对象，并可对每个文字对象进行单独的修改。

7.2.1 创建单行文本

用户可以通过以下方式调用“单行文字”命令。

- 执行“绘图”→“文字”→“单行文字”命令。
- 在“默认”选项卡“文字注释”面板中单击“单行文字”按钮A|。
- 在“注释”选项卡“文字”面板中单击下三角按钮，在弹出的列表中单击“单行文字”按钮A|。

- 在命令行输入 TEXT 命令并按 Enter 键。

执行“绘图”→“文字”→“单行文字”命令。在绘图区指定一点，根据提示输入高度为100，角度为 0，并输入文字，其后再单击绘图区空白处，即可完成创建单行文字操作。

设置后命令行提示如下：

```
命令: _text
当前文字样式: "Standard" 文字高度: 50.0000 注释性: 否 对正: 左
指定文字的起点 或 [对正(J)/样式(S)]:
指定高度 <50.0000>: 100
指定文字的旋转角度 <0>: 0
```

由命令行可知单行文字的设置是由“对正”和“样式”两个选项组成，下面具体介绍各选项的含义。

1. 对正

“对正”选项主要是对文本的排列方式和排列方向进行设置。根据提示输入 J 后，命令行提示如下：

```
输入选项 [左(L)/居中(C)/右(R)/对齐(A)/中间(M)/布满(F)/左上(TL)/中上(TC)/右上(TR)/左中(ML)/正中(MC)/右中(MR)/左下(BL)/中下(BC)/右下(BR)]:
```

- 居中：确定标注文本基线的中点，选择该选项后，输入后的文本均匀地分布在该中点的两侧。
- 对齐：指定基线的第一端点和第二端点，通过指定的距离，输入的文字只保留在该区域。输入文字的数量取决文字的大小。
- 中间：文字在基线的水平点和指定高度的垂直中点上对齐，中间对齐的文字不保持在基线上。“中间”选项和“正中”选项不同，“中间”选项使用的中点是所有文字包括下行文字在内的中点，而“正中”选项使用大写字母高度的中点。
- 布满：指定文字按照由两点定义的方向和一个高度值布满整个区域，输入的文字越多，文字之间的距离就越小。

2. 样式

用户可以选择需要使用的文字样式。执行“绘图”→“文字”→“单行文字”命令。根据提示输入 S 并按 Enter 键，然后再输入设置好的样式的名称，即可显示当前样式的信息，这时，单行文字的样式将发生更改。

设置后命令行提示如下：

```
命令: _text
当前文字样式: "Standard" 文字高度: 100.0000 注释性: 否 对正: 布满
指定文字基线的第一个端点 或 [对正(J)/样式(S)]: s
输入样式名或 [?] <Standard>: 文字注释
当前文字样式: "Standard" 文字高度: 180.0000 注释性: 否 对正: 布满
```

绘图技巧

若想将文字进行竖排版，则在输入文字前，将光标向下移动，来确定竖排方向即可。

在输入文字的过程中，可以随时改变文字的位置。如果在输入文字的过程中想改变后面输入的文字位置，可指定新位置，并输入文本内容。

实战——为钢琴平面图创建文本

下面以为钢琴平面图形加说明为例，介绍创建单行文本的方法。

Step 01 执行“格式”→“文字样式”命令，打开“文字样式”对话框，如图 7-6 所示。

Step 02 单击“新建”按钮，在弹出的“新建文字样式”提示框中输入样式名，这里输入“文字注释”，如图 7-7 所示。

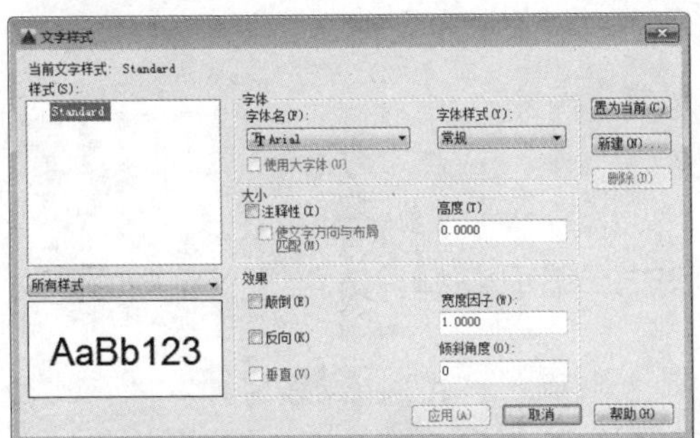

图 7-6 “文字样式”对话框

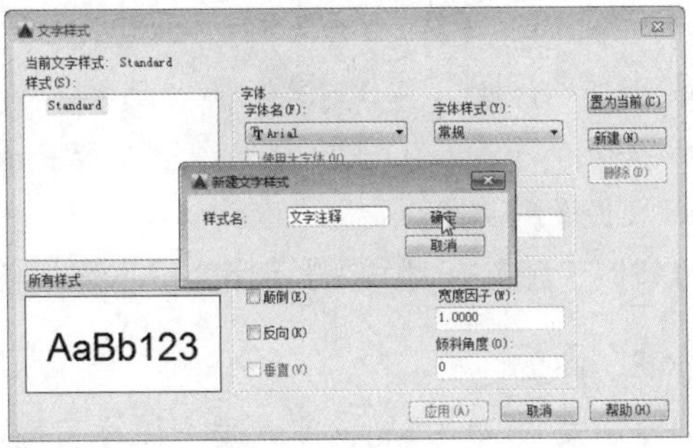

图 7-7 输入新样式名

Step 03 单击“确定”按钮后进入“文字注释”样式设置面板，设置“字体名”为宋体，字体“高度”为 50，如图 7-8 所示。

Step 04 设置完毕后单击“应用”按钮，再单击“置为当前”按钮，如图 7-9 所示。

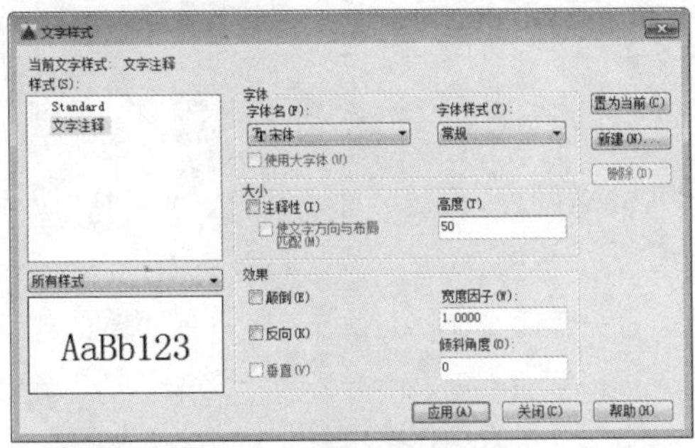

图 7-8 设置字体和高度

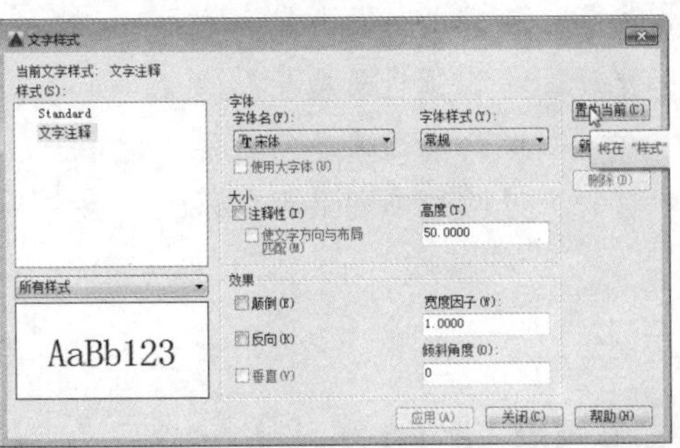

图 7-9 单击“置为当前”按钮

Step 05 执行“绘图”→“文字”→“单行文字”命令，在绘图区中指定文字的起点，如图 7-10 所示。

Step 06 单击确定起点后，根据提示输入文字旋转角度，这里为默认角度 0，如图 7-11 所示。

Step 07 按 Enter 键确定，输入文字即可完成单行文本的创建，如图 7-12 所示。

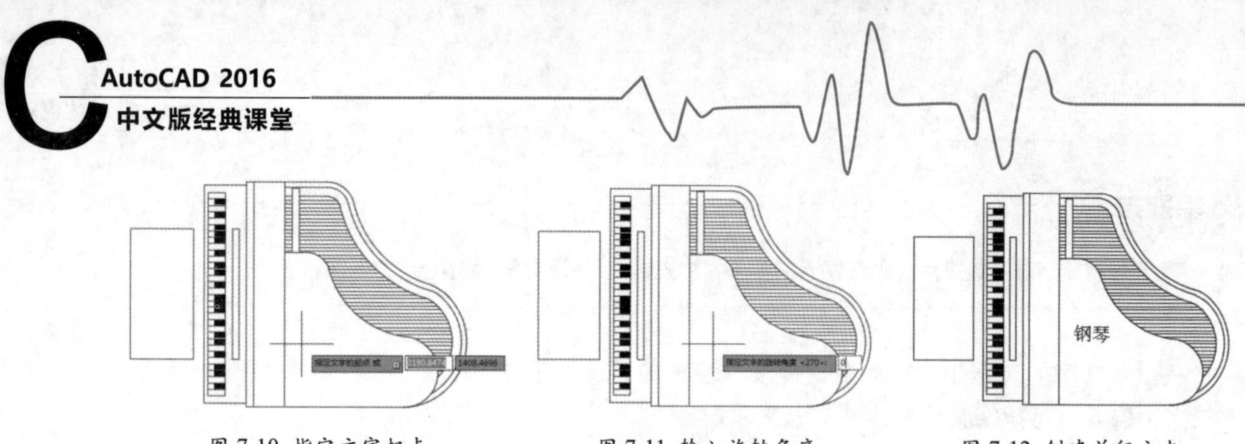

图 7-10 指定文字起点　　图 7-11 输入旋转角度　　图 7-12 创建单行文本

7.2.2 编辑单行文本

用户可以在命令行中输入 TEXTEDIT 命令编辑单行文本内容，还可以通过“特性”面板修改对正方式和缩放比例等。

1.TEXTEDIT 命令

用户可以通过以下方式执行文本编辑命令。

- 执行“修改”→“对象”→“文字”→“编辑”命令。
- 在命令行输入 TEXTEDIT 命令并按 Enter 键。
- 双击单行文本。

执行以上任意一种方法，即可进入文字编辑状态，就可以对单行文字进行相应的修改。

2.“特性”面板

选择需要修改的单行文本，单击鼠标右键，在弹出的快捷菜单中选择“特性”命令。打开“特性”面板，如图 7-13 所示。

其中，面板中各选项的含义介绍如下。

- 常规：设置文本的颜色和图层。
- 三维效果：设置三维材质。
- 文字：设置文字的内容、样式、注释性、对正、高度、旋转、宽度因子和倾斜角度等。
- 几何图形：修改文本的位置。
- 其他：修改文本的显示效果。

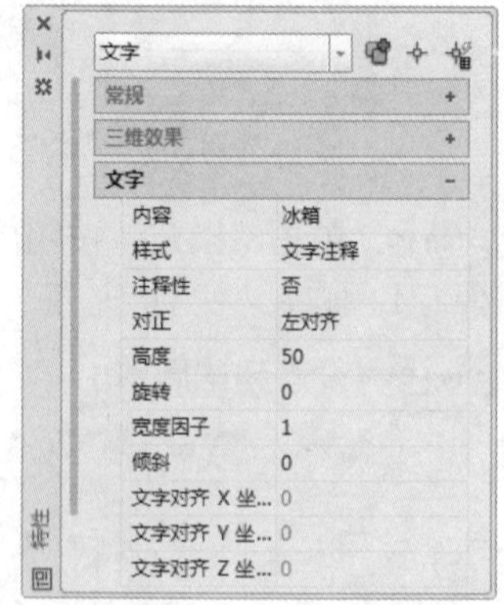

图 7-13 “特性”面板

7.3 创建和编辑多行文本

多行文本是一个或多个文本段落，每行文字都可以作为一个整体来处理，且每个文字都可以是不同的颜色和文字格式。在绘图区指定对角点即可形成创建多行文本的区域。输入多行文字时，可以根据输入框的大小和文字数量自动换行；并且输入一段文字后，按 Enter 键可以切换到下一段。

7.3.1 创建多行文本

用户可以通过以下方式调用“多行文字”命令。

- 执行“绘图”→“文字”→“多行文字”命令。
- 在“默认”选项卡“文字注释”面板中单击“多行文字”按钮A。
- 在“注释”选项卡“文字”面板中单击下三角按钮，在弹出的列表中单击“多行文字”按钮A。
- 在命令行输入 MTEXT 命令并按 Enter 键。

执行“多行文字”命令后，在绘图区指定对角点，即可输入多行文字，输入完成后单击功能区右侧的“关闭文字编辑器”按钮，即可创建多行文本。

设置多行文本的命令行提示如下：

```
命令：_mtext
当前文字样式：“文字注释”  文字高度：180  注释性：否
指定第一角点：
指定对角点或 [高度(H)/对正(J)/行距(L)/旋转(R)/样式(S)/宽度(W)/栏(C)]:
```

实战——创建石材地面施工工艺文本

下面以创建石材地面施工工艺文本为例，介绍创建多行文字的方法。

Step 01 执行“绘图”→“文字”→“多行文字”命令。在绘图区指定第一点并拖动鼠标，如图 7-14 所示。

Step 02 单击鼠标左键确定第二点，进入输入状态，如图 7-15 所示。

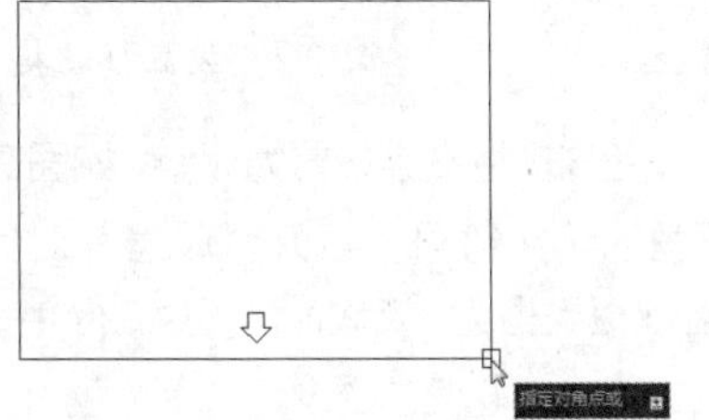

图 7-14 拖动鼠标

图 7-15 输入状态

Step 03 在文本框输入石材地面施工工艺，如图 7-16 所示。

Step 04 输入完成后在“文字编辑器”选项卡的“关闭”面板中单击“关闭文字编辑器”按钮，即可完成多行文字创建的操作，如图 7-17 所示。

一、石材构造：室内地面所用石材一般为磨光的板材，板厚20毫米左右，目前也有薄板，厚度在10毫米左右，适于家庭装饰用。每块大小在300毫米³ 300毫米~500毫米³ 500毫米。可使用薄板和1：2水泥砂浆掺107胶铺贴。
二、注意事项。
(1)铺贴前将板材进行试拼，对花、对色、编号，以入铺设出的地面花色一致。
(2)食材必须浸水阴干。以免影响其凝结硬化，发生空鼓、起壳等问题。
(3)铺贴完成后，2~3天内不得上人。

图 7-16 输入多行文字

一、石材构造：室内地面所用石材一般为磨光的板材，板厚20毫米左右，目前也有薄板，厚度在10毫米左右，适于家庭装饰用。每块大小在300毫米³ 300毫米~500毫米³ 500毫米。可使用薄板和1：2水泥砂浆掺107胶铺贴。
二、注意事项。
(1)铺贴前将板材进行试拼，对花、对色、编号，以入铺设出的地面花色一致。
(2)食材必须浸水阴干。以免影响其凝结硬化，发生空鼓、起壳等问题。
(3)铺贴完成后，2~3天内不得上人。

图 7-17 完成创建多行文字

7.3.2 编辑修改多行文本

编辑多行文本和单行文本的方法一致，用户可以执行 TEXTEDIT 命令编辑多行文本内容，还可以通过“特性”面板修改对正方式和缩放比例等。

与单行文本相比，在多行文本“特性”面板的“文字”卷展栏内，增加了“行距比例”“行间距”“行距样式”“背景遮罩”等选项，但缺少了“倾斜”和“宽度”选项，“其他”选项组消失了。

实战——编辑室内施工图绘图流程文本

下面介绍多行文本的编辑方法。

Step 01 双击多行文本进入编辑状态，如图 7-18 所示。

Step 02 选中标题，在“文字编辑器”选项卡“格式”面板中可以设置字体，如图 7-19 所示。

Step 03 在“格式”面板中设置字体为黑体，单击“加粗”按钮，在“段落”面板中单击“居中”按钮 ，将标题居中，如图 7-20 所示。

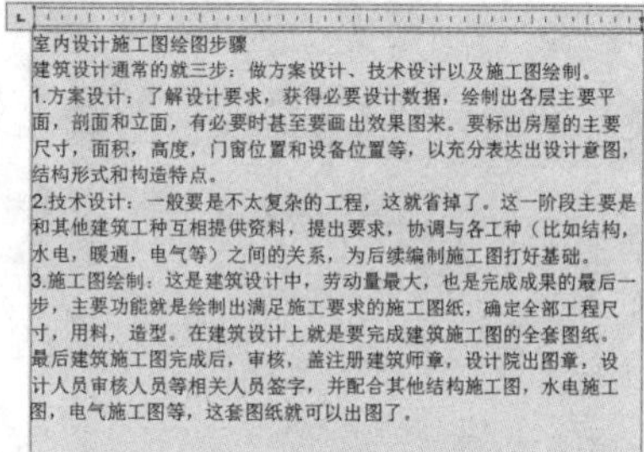

图 7-18 编辑状态

图 7-19 设置标题字体

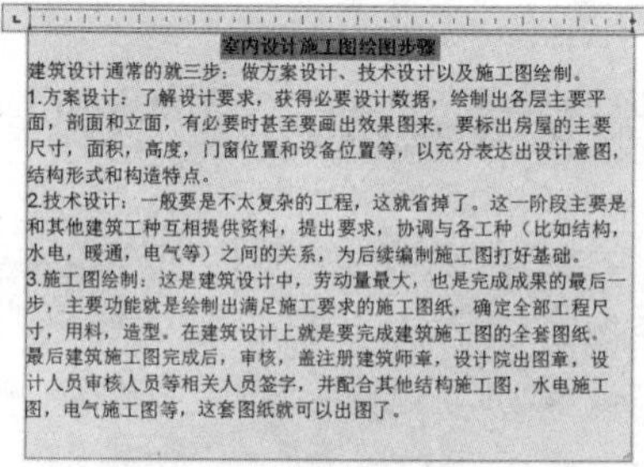

图 7-20 设置标题格式

Step 04 然后选中正文内容，设置字体为“仿宋”，单击“斜体”按钮 *I*，将文字设置为倾斜，如图 7-21 所示。

Step 05 在“文字编辑器”选项卡“段落”面板中单击右下角的箭头符号，打开“段落”对话框，设置第一行左缩进数值为 8，再勾选“段落行距”复选框，设置行距类型为“精确”，设置行距值为 3，单击“确定”按钮，如图 7-22 所示。

Step 06 设置效果如图 7-23 所示。

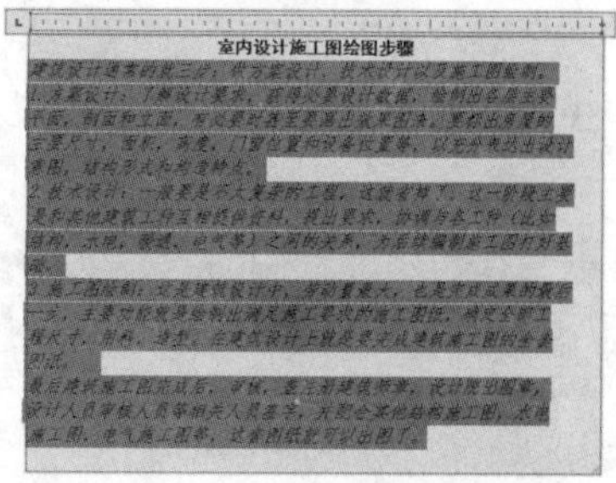

图 7-21 设置正文斜体效果

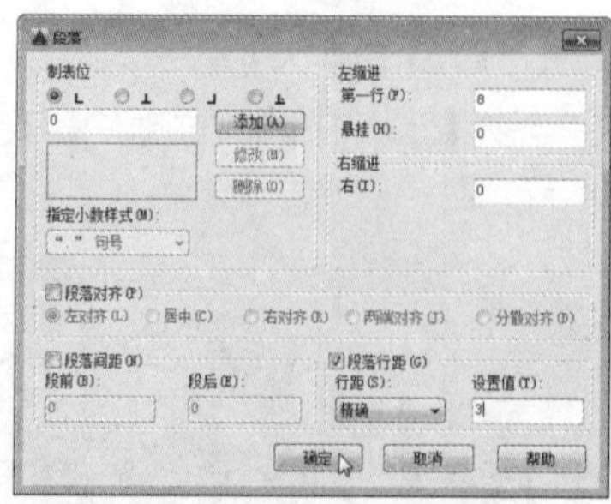

图 7-22 设置左缩进与行距

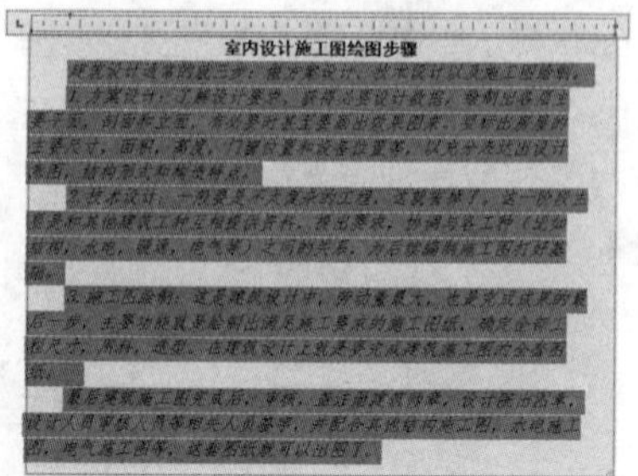

图 7-23 “正中”效果

Step 07 在“样式”面板中单击“遮罩”按钮，打开“背景遮罩”对话框，勾选“使用背景遮罩”复选框，设置背景颜色为 9 号灰色，如图 7-24 所示。

Step 08 设置完毕单击“确定”按钮关闭对话框，再单击“关闭文字编辑器”按钮完成操作，效果如图 7-25 所示。

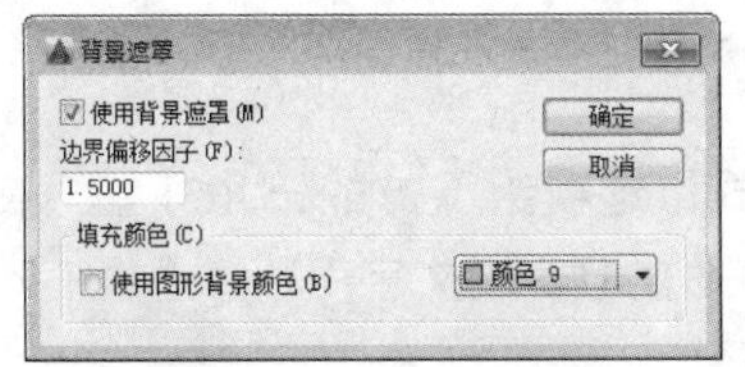

图 7-24 使用背景遮罩

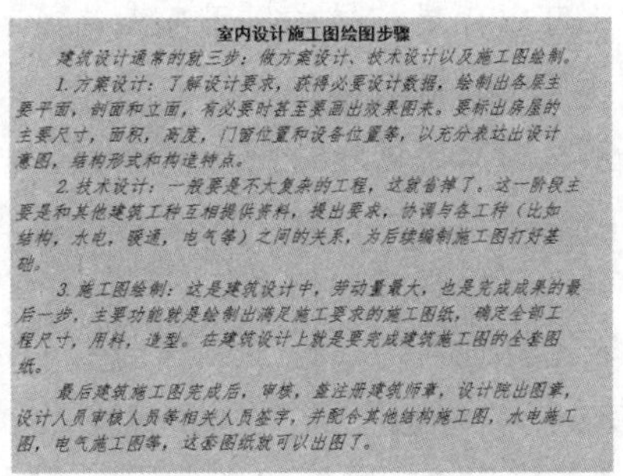

室内设计施工图绘图步骤

建筑设计通常的就三步：做方案设计、技术设计以及施工图绘制。

1. 方案设计：了解设计要求，获得必要设计数据，绘制出各层主要平面，剖面和立面，有必要时甚至要画出效果图来。要标出房屋的主要尺寸，面积，高度，门窗位置和设备位置等，以充分表达出设计意图，结构形式和构造特点。

2. 技术设计：一般要是不大复杂的工程，这就省掉了。这一阶段主要是和其他建筑工种互相提供资料，提出要求，协调与各工种（比如结构，水电，暖通，电气等）之间的关系，为后续编制施工图打好基础。

3. 施工图绘制：这是建筑设计中，劳动量最大，也是完成成果的最后一步，主要功能就是绘制出满足施工要求的施工图纸，确定全部工程尺寸，用料，造型。在建筑设计上就是要完成建筑施工图的全套图纸。

最后建筑施工图完成后，审核，盖注册建筑师章，设计院出图章，设计人员审核人员等相关人员签字，并配合其他结构施工图，水电施工图，电气施工图等，这套图纸就可以出图了。

图 7-25 编辑完成效果

7.4 表格的使用

在中文版 AutoCAD 中，完整的表格由标题行、列标题和数据行 3 部分组成。表格是一种以行和列格式提供信息的工具，最常见的用法是门窗表和其他一些关于材料、面积的表格。使用表格可以帮助用户清晰地表达一些统计数据。下面将主要介绍如何设置表格样式、创建和编辑表格以及调用外部表格等知识。

7.4.1 设置表格样式

在创建文字前应先设置文字样式，同样地，在创建表格前要设置表格样式，方便之后调用。在“表格样式”对话框中可以选择设置表格样式的方式，用户可以通过以下方式打开“表格样式”对话框：

- 执行“格式”→“表格样式”命令。
- 在“注释”选项卡中，单击“表格”面板右下角的箭头。
- 在命令行输入 TABLESTYLE 命令并按 Enter 键。

打开“表格样式”对话框后单击“新建”按钮，如图 7-26 所示。在打开的对话框中输入表格名称，单击“继续”按钮，即可打开“新建表格样式”对话框，如图 7-27 所示。

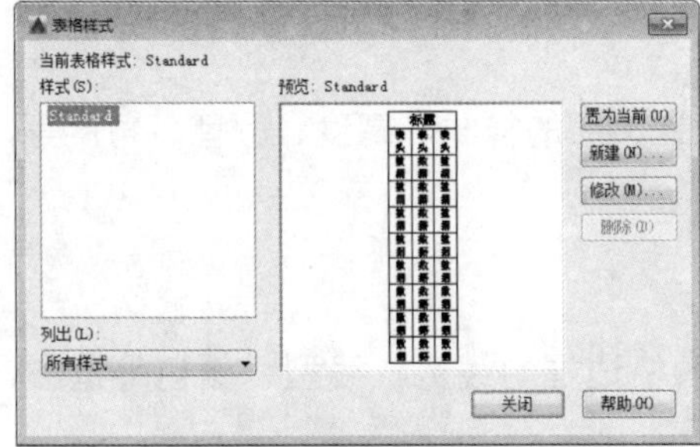

图 7-26 “表格样式”对话框

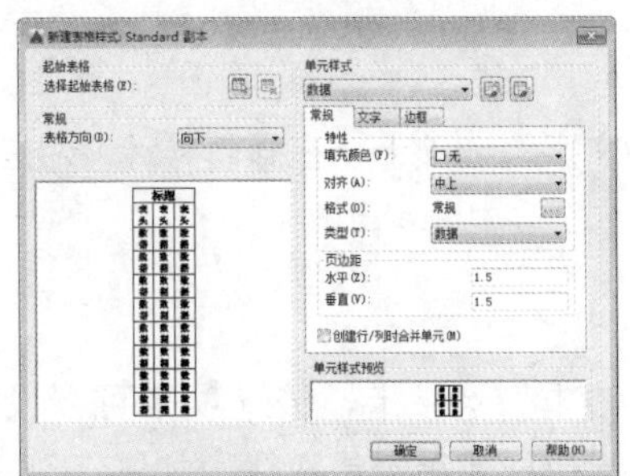

图 7-27 “新建表格样式”对话框

下面将具体介绍“表格样式”对话框中各选项的含义。

- 样式：显示已有的表格样式。单击“所有样式”列表框右侧的下拉按钮，在弹出的下拉列表中，可以设置“样式”列表框是显示所有表格样式还是正在使用的表格样式。
- 预览：预览当前的表格样式。
- 置为当前：将选中的表格样式置为当前。
- 新建：单击“新建”按钮，即可新建表格样式。
- 修改：修改已经创建好的表格样式。

在“新建表格样式”对话框中，单击“单元样式”选项组下方的三角按钮，在打开的下拉列表中包含“数据”“标题”和“表头”3个选项，在“常规”“文字”和“边框”3个选项卡中，可以分别设置“数据”“标题”和“表头”的相应样式。

1. 常规

在“常规”选项卡中，可以设置表格的颜色、对齐方式、格式、类型和页边距等特性。下面具体介绍该选项卡中各选项的含义。

- 填充颜色：设置表格的背景填充颜色。
- 对齐：设置表格文字的对齐方式。
- 格式：设置表格中的数据格式，单击右侧的...按钮，即可打开“表格单元格式”对话框，在对话框中可以设置表格的数据格式，如图7-28所示。
- 类型：设置是数据类型还是标签类型。
- 页边距：设置表格内容距边线的水平和垂直距离，如图7-29所示。

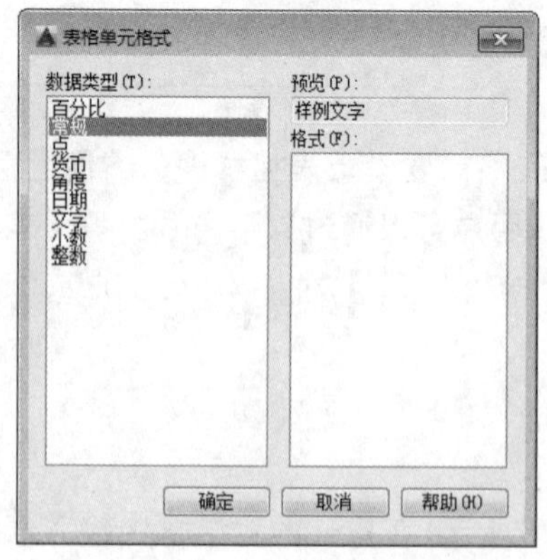

图 7-28 “表格单元格式”对话框

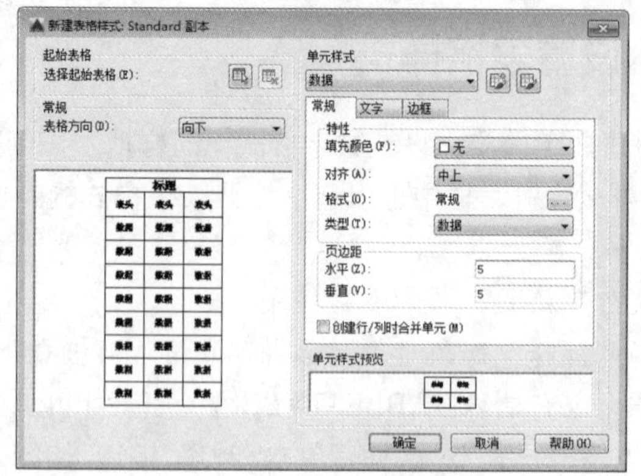

图 7-29 设置页边距效果

2. 文字

打开“文字”选项卡，在该选项卡中主要设置文字的样式、高度、颜色、角度等，如图7-30所示。

3. 边框

打开“边框”选项卡，该选项卡可以设置表格边框的线宽、线型、颜色等选项，此外，还可以设置有无边框或是否是双线，如图7-31所示。

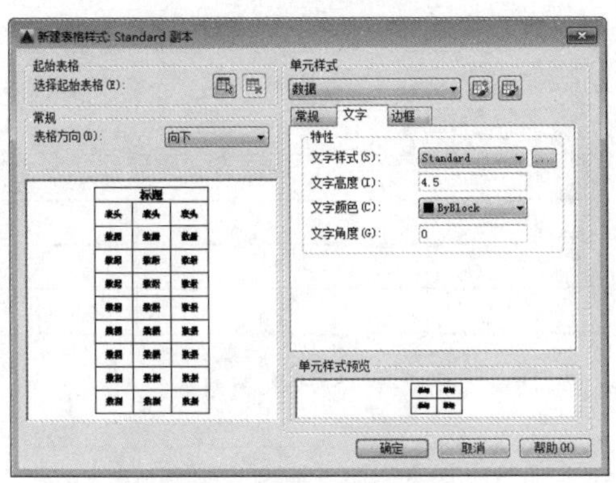

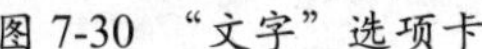
图 7-30 “文字”选项卡

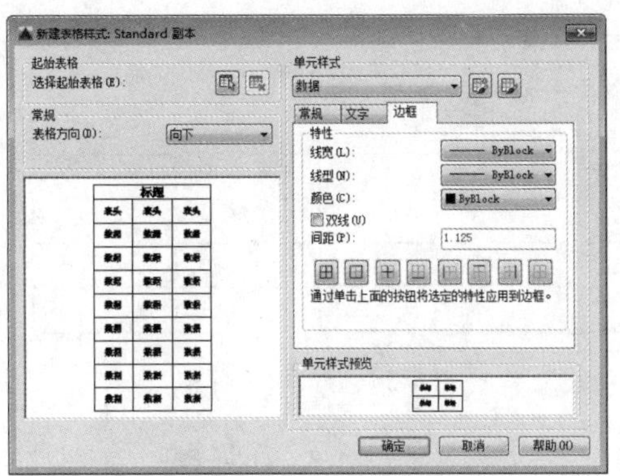
图 7-31 “边框”选项卡

7.4.2 创建表格

在 AutoCAD 中可以直接创建表格对象，而不需要单独用直线绘制表格，创建表格后可以进行编辑操作。用户可以通过以下方式调用“表格”命令。

- 执行“绘图”→“表格”命令。
- 在“注释”选项卡“表格”面板中单击“表格”按钮▦。
- 在命令行输入 TABLE 命令并按 Enter 键。

打开“插入表格”对话框，从中设置列和行的相应参数，单击“确定”按钮，然后在绘图区指定插入点即可创建表格。

实战——创建苗木表

下面将以创建苗木表为例，介绍创建表格的方法。

Step 01 执行“绘图”→“表格”命令，打开“插入表格”对话框，如图 7-32 所示。

Step 02 设置列和行的相应参数，如图 7-33 所示。

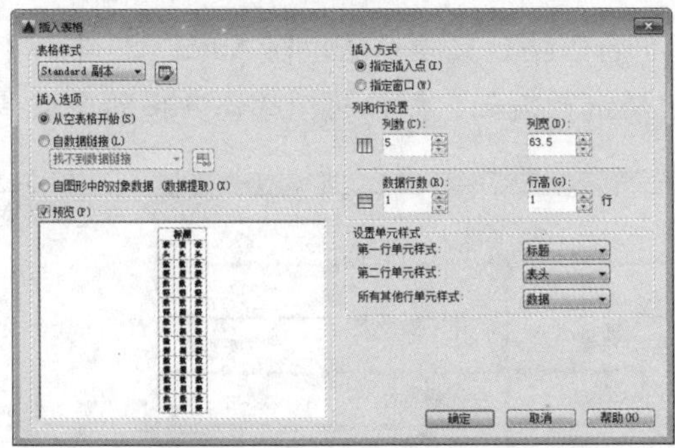
图 7-32 “插入表格”对话框

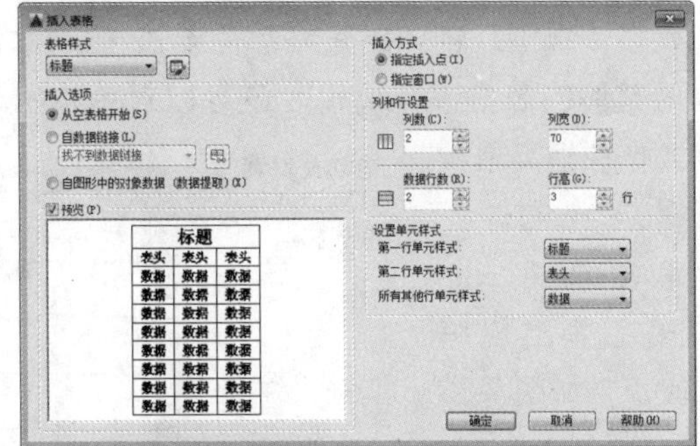
图 7-33 设置列和行的相应参数

Step 03 单击“确定”按钮，在绘图区指定插入点，进入标题单元格的编辑状态，输入标题文字，如图 7-34 所示。

Step 04 按 Enter 键进入表头单元格的编辑状态，输入表头文字，如图 7-35 所示。

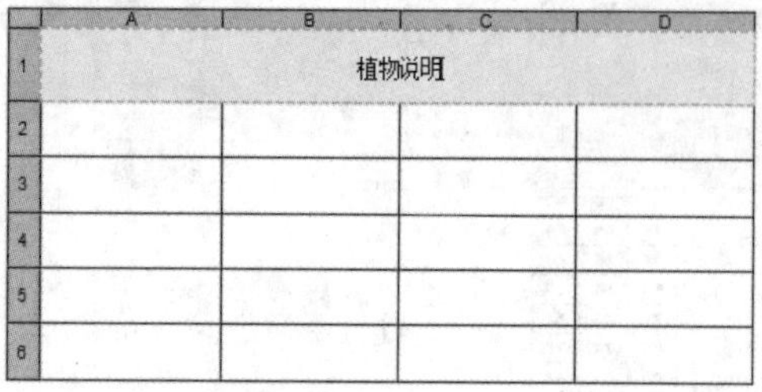

	A	B	C	D
1	植物说明			
2				
3				
4				
5				
6				

图 7-34 输入标题内容

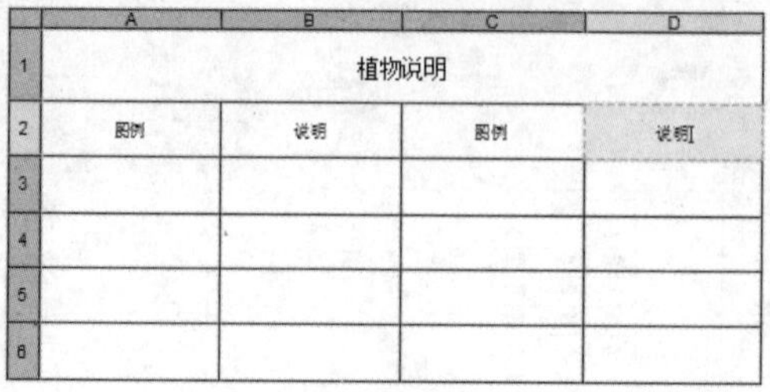

	A	B	C	D
1	植物说明			
2	图例	说明	图例	说明
3				
4				
5				
6				

图 7-35 输入表头内容

Step 05 输入表头文字后，按 Enter 键，在下方插入图形和输入相应的文字，单击“关闭文字编辑器”按钮，即可完成创建表格操作，如图 7-36 所示。

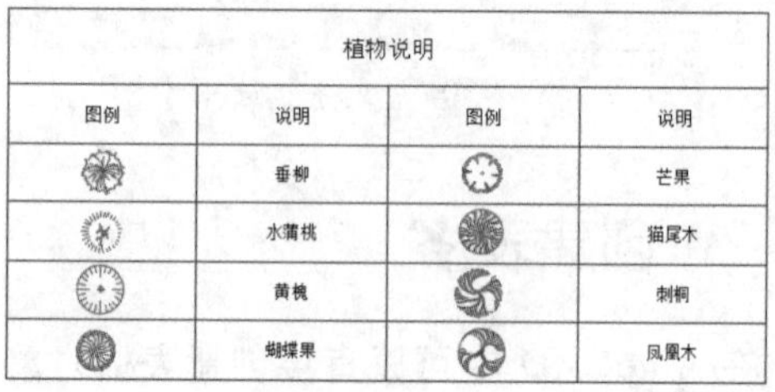

植物说明			
图例	说明	图例	说明
	垂柳		芒果
	水蒲桃		猫尾木
	黄槐		刺桐
	蝴蝶果		凤凰木

图 7-36 创建表格

知识拓展

若有多余的行，可使用窗交方式选中，单击功能区的“删除行”按钮，即可将其删除；若需要合并单元格，可使用窗交方式选中单元格，在“合并”面板中单击“合并全部”按钮，即可合并单元格。

7.4.3 编辑表格

当创建表格后，如果对创建的表格不满意，可以编辑表格，在 AutoCAD 中可以使用夹点、面板进行编辑操作。

1. 夹点

大多情况下，创建的表格都需要进行编辑才能符合表格定义的标准，在 AutoCAD 中，不仅可以对整体的表格进行编辑，还可以对单独的单元格进行编辑，用户可以单击并拖动夹点调整宽度或在快捷菜单中进行相应的设置。

单击表格，此时表格上将出现编辑的夹点，如图 7-37 所示。

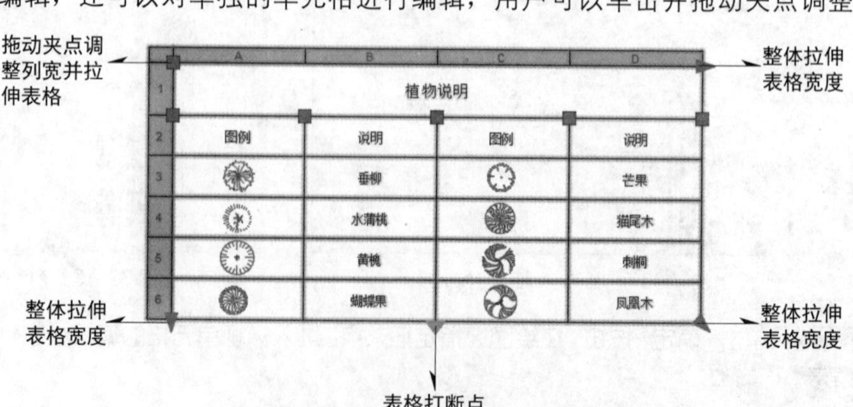

图 7-37 选中表格时各夹点的含义

2. 面板

在“特性”面板中也可以编辑表格，在“表格”卷展栏中可以设置表格样式、方向、表格宽度和表格高度。双击需要编辑的表格，就会弹出“特性”面板，如图 7-38 所示。

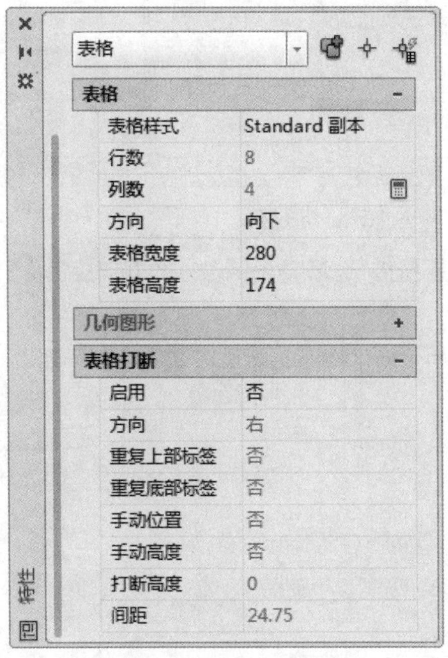

图 7-38 “特性”面板

知识拓展

在 AutoCAD 中，将 Excel 表格导入 CAD 有三种方法。

第一种：执行菜单栏“插入”→“LOE 对象”命令，弹出“插入对象”对话框，单击“由文件创建”后的“浏览”按钮选取 Excel 表格文档。

第二种：打开 Excel，选中表格区域，按 Ctrl+C 组合键，然后转到 AutoCAD 界面，按 Ctrl+V 组合键，这样整个表格则被导入 AutoCAD 中。

第三种：在命令行输入 TABLE 命令，弹出“插入表格”对话框，选中“自数据连接”单选按钮，然后单击“数据连接管理器”按钮，弹出对话框，选择“创建新的 Excel 数据链接”，浏览，选取 Excel 文档。

实战——调用外部表格

若本地磁盘中有可以使用的表格对象，用户可以直接从外部导入表格对象，以节省重新创建表格的时间，提高工作效率。下面将以插入采购分析表为例，介绍调用外部表格的方法。

Step 01 执行“绘图”→“表格”命令，打开“插入表格”对话框，如图 7-39 所示。

Step 02 在“插入选项”选项组中，选中“自数据链接”单选按钮，然后单击下拉列表框右侧的按钮，弹出“选择数据链接”对话框，如图 7-40 所示。

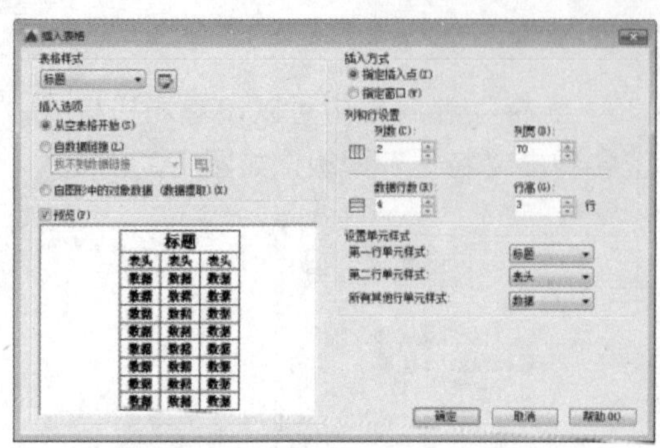

图 7-39 “插入表格”对话框

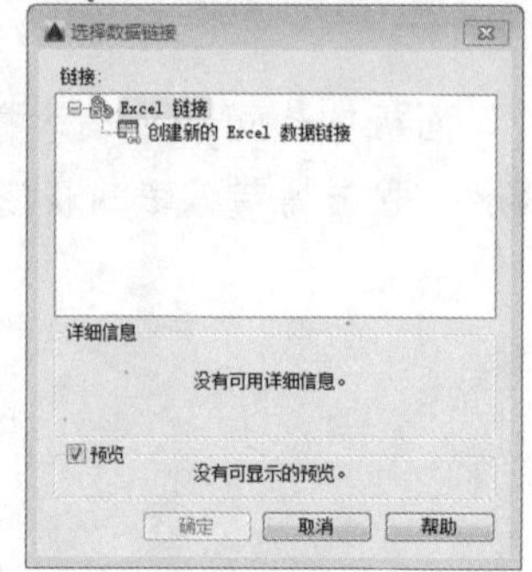

图 7-40 “选择数据链接”对话框

Step 03 选择“创建新的Excel数据链接”选项，打开“输入数据链接名称”对话框，并输入名称，如图7-41所示。

Step 04 单击“确定”按钮，打开新建Excel数据链接对话框，并单击“浏览”按钮，如图7-42所示。

图 7-41 输入名称

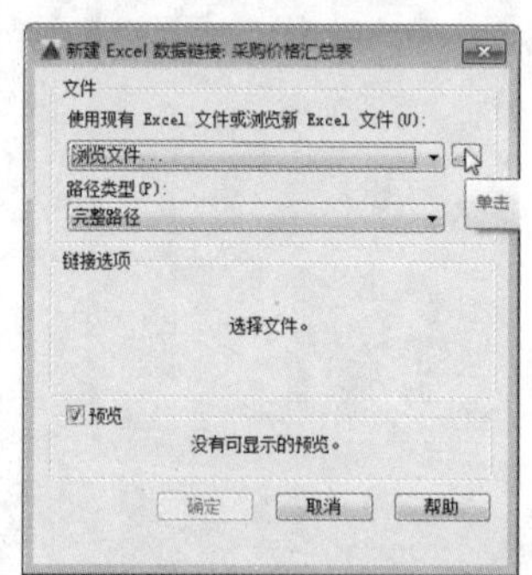

图 7-42 单击“浏览”按钮

Step 05 打开“另存为”对话框，在该对话框中选择文件，并单击“打开”按钮，如图7-43所示。

Step 06 返回新建Excel数据链接对话框，依次单击“确定”按钮，返回绘图区中，单击鼠标左键指定插入点，即可插入表格，如图7-44所示。

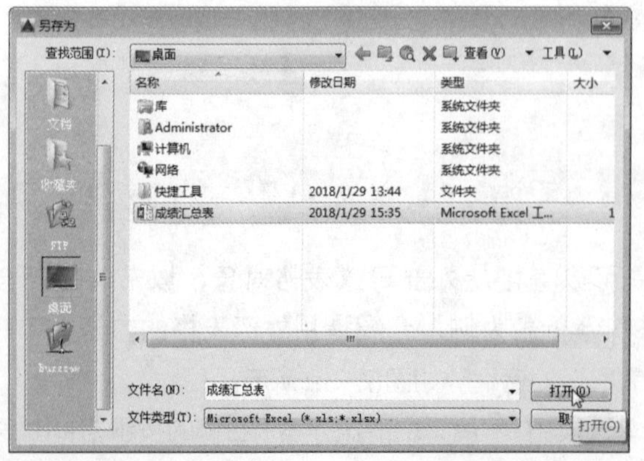

图 7-43 单击“打开”按钮

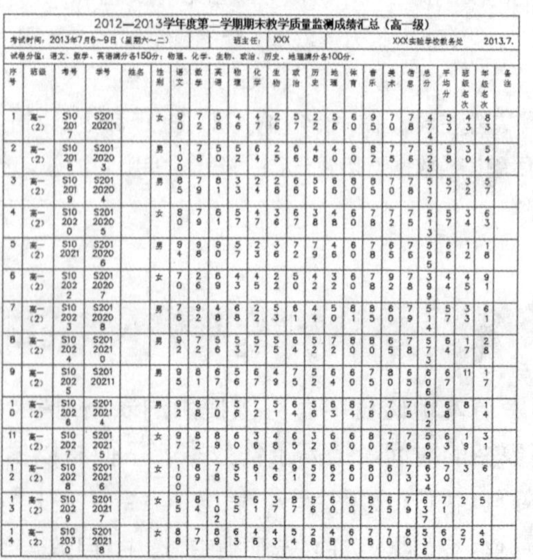

2012—2013学年度第二学期期末教学质量监测成绩汇总（高一级）

考试时间：2013年7月6~9日（星期六~二） 班主任：XXX XXX实验学校教务处 2013.7.

试卷分值：语文、数学、英语满分各150分；物理、化学、生物、政治、历史、地理满分各100分。

序号	班级	考号	学号	姓名	性别	语文	数学	英语	物理	化学	生物	政治	历史	地理	体育	音乐	美术	信息	总分	平均分	班级名次	年级名次	备注
1	高一(2)	S102017	S20120201		女	90	72	58	46	47	26	57	22	56	60	95	70	78	474	53	43	83	
2	高一(2)	S102018	S20120203		男	100	78	50	52	64	25	66	48	40	60	82	75	76	523	58	30	54	
3	高一(2)	S102019	S20120204		男	85	79	81	33	24	28	66	55	66	80	85	70	78	517	57	32	57	
4	高一(2)	S102020	S20120205		女	80	79	61	57	47	36	67	38	48	60	78	72	75	513	57	34	63	
5	高一(2)	S102021	S20120206		男	94	98	90	57	23	36	72	79	46	60	78	65	76	595	66	12	18	
6	高一(2)	S102022	S20120207		女	70	26	69	43	45	22	50	42	32	60	78	92	78	399	44	45	91	
7	高一(2)	S102023	S20120208		男	76	92	48	68	22	53	61	44	50	81	85	60	79	514	57	33	61	
8	高一(2)	S102024	S20120210		男	92	72	56	53	57	55	64	52	72	80	80	65	78	573	64	17	28	
9	高一(2)	S102025	S20120211		男	95	81	67	56	67	49	75	52	64	60	75	80	65	606	67	11	17	
10	高一(2)	S102026	S20120214		男	92	88	70	56	72	51	64	56	63	84	78	70	75	612	68	8	14	
11	高一(2)	S102027	S20120215		女	97	82	89	60	36	48	65	32	60	60	80	72	76	569	63	19	31	
12	高一(2)	S102028	S20120216		女	100	89	78	55	61	46	91	52	62	60	80	60	73	634	70	3	6	
13	高一(2)	S102029	S20120217		女	95	84	102	55	61	37	87	56	60	60	82	65	79	637	71	2	5	
14	高一(2)	S102030	S20120218		女	88	77	89	63	46	43	54	28	48	60	78	70	80	536	60	27	49	

图 7-44 插入表格效果

综合演练——创建图纸目录表格

实例路径：实例 /07/ 综合演练 / 创建图纸目录表格 .dwg

视频路径：视频 /07/ 创建图纸目录表格 .avi

为了更好地掌握本章所学知识，下面将以创建图纸说明为例，来温习巩固本章所学的知识。其中涉及的知识点包括创建文字样式、创建表格样式、输入文字等。

Step 01 执行“格式”→“文字样式”命令，打开“文字样式”对话框，如图 7-45 所示。

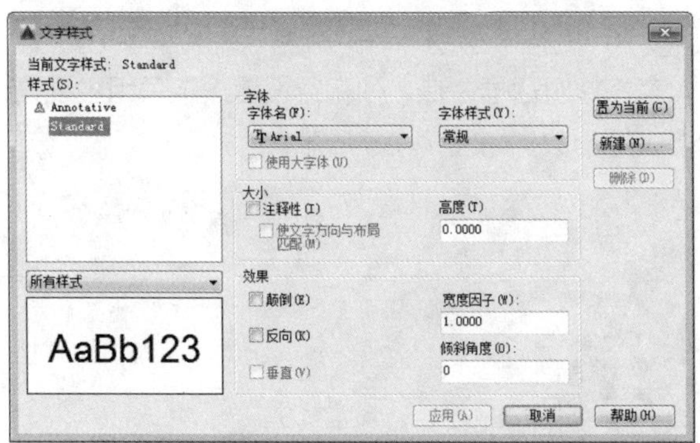

图 7-45 “文字样式”对话框

Step 02 单击“新建”按钮，打开“新建文字样式”对话框，并输入样式名，如图 7-46 所示。

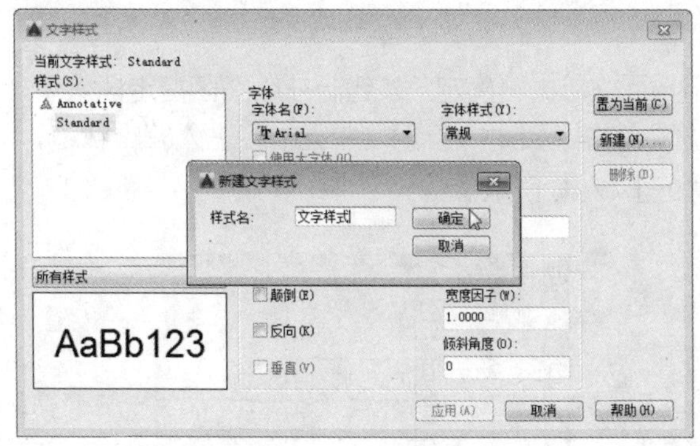

图 7-46 设置样式名

Step 03 单击“确定”按钮，返回“文字样式”对话框，在“字体名”下拉列表中选择字体，如图 7-47 所示。

Step 04 在“大小”选项组中设置字体高度，如图 7-48 所示。

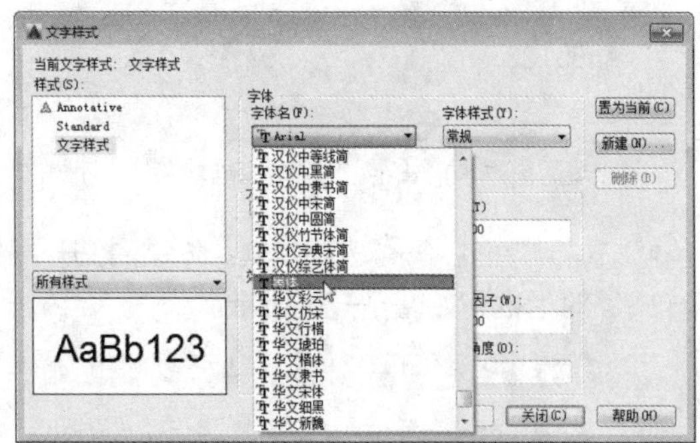

图 7-47 设置字体

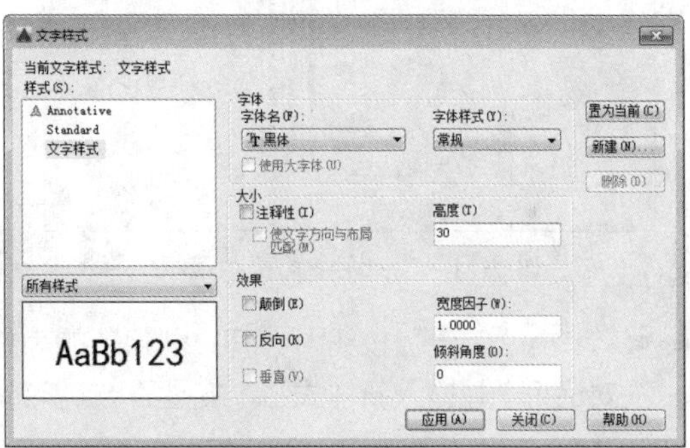

图 7-48 设置字体高度

Step 05 单击“置为当前”按钮，打开提示对话框，单击“是”按钮，保存修改，如图 7-49 所示。

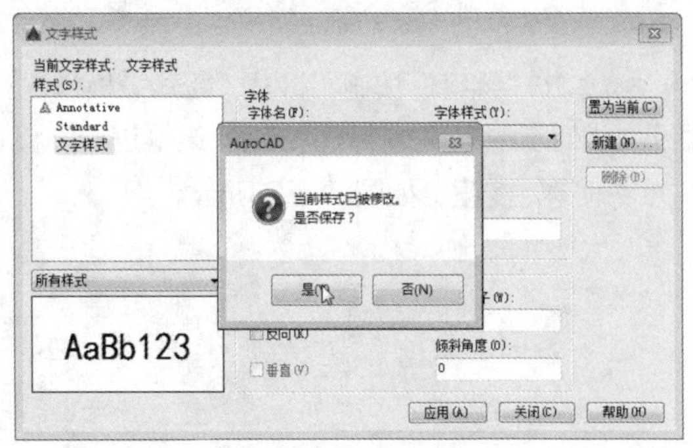

图 7-49 保存修改

Step 06 返回“文字样式”对话框，单击“关闭”按钮，如图 7-50 所示。

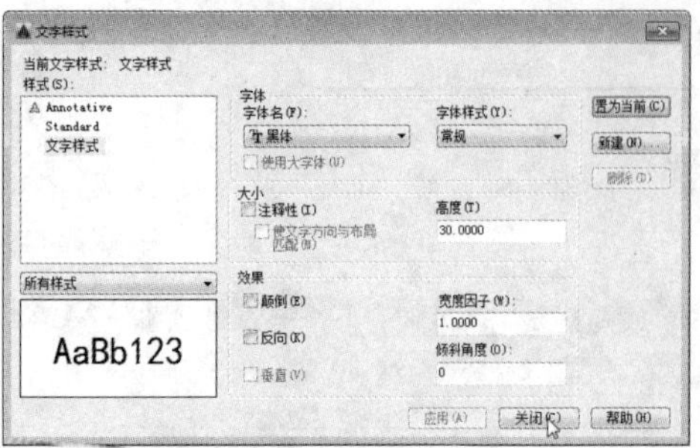

图 7-50 单击“关闭”按钮

Step 07 执行“格式”→“表格样式”命令，打开“表格样式”对话框，如图 7-51 所示。

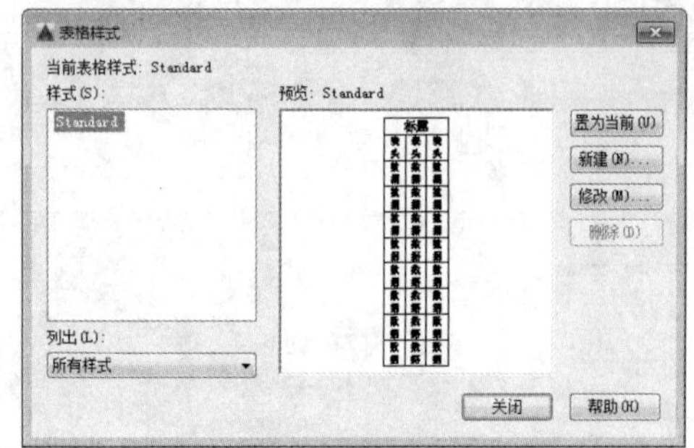

图 7-51 “表格样式”对话框

Step 08 单击“新建”按钮，打开“创建新的表格样式”对话框，并输入新样式名，如图 7-52 所示。

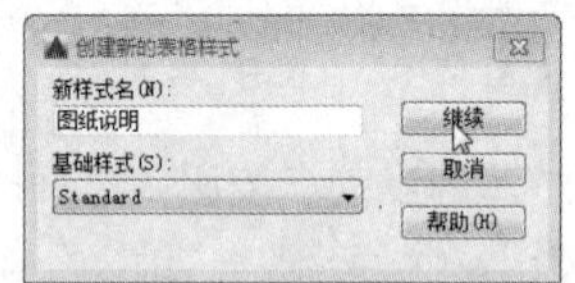

图 7-52 设置样式名

Step 09 单击“继续”按钮，打开“新建表格样式：图纸说明”对话框，并对常规、文字、边框进行设置，单击“确定”按钮，如图 7-53 所示。

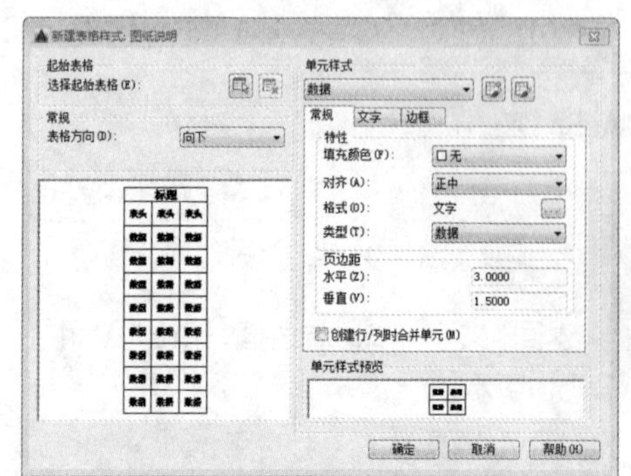

图 7-53 打开“新建表格样式：图纸说明”对话框

Step 10 返回“表格样式”对话框，单击“置为当前”按钮，关闭对话框，如图 7-54 所示。

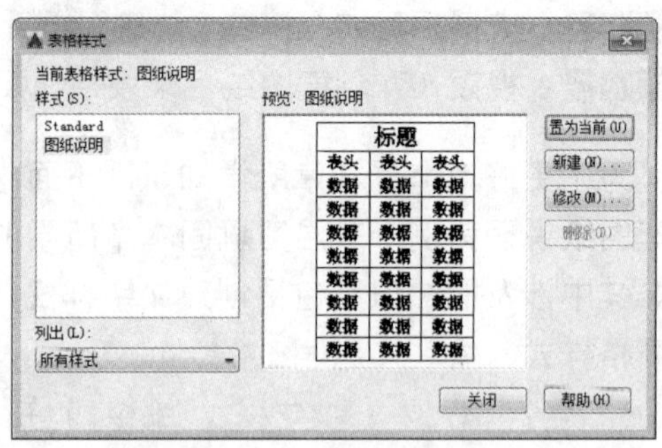

图 7-54 置为当前

Step 11 执行“绘图”→“表格”命令，弹出“插入表格”对话框，在“列和行设置”选项组中设置相应的参数，如图 7-55 所示。

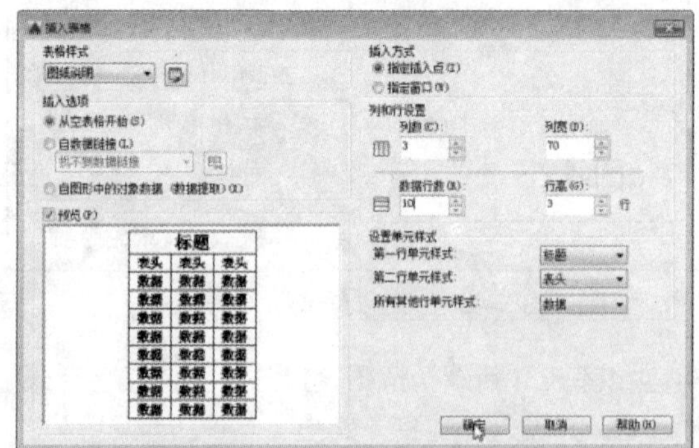

图 7-55 设置参数

Step 12 单击“确定”按钮，在绘图区指定插入点，插入表格，此时“标题”单元格会进入编辑状态，如图 7-56 所示。

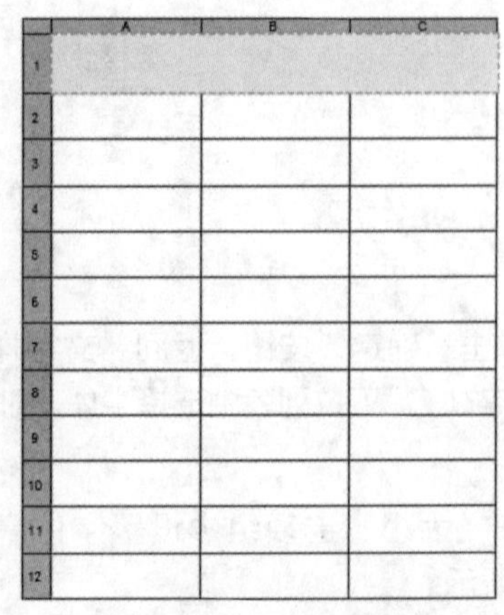

图 7-56 插入表格

Step 13 输入标题内容，如图 7-57 所示。

	A	B	C
1	图纸说明		
2			
3			
4			
5			
6			
7			
8			
9			
10			
11			
12			

图 7-57 输入标题

Step 14 按Enter键，输入表头内容，如图7-58所示。

图纸说明		
序号	图纸名称	图号

图 7-58 输入表头

Step 15 在“序号”所对应的数据单元格中输入数字，如图 7-59 所示。

图纸说明		
序号	图纸名称	图号
1		
2		
3		
4		
5		
6		
7		
8		
9		

图 7-59 输入序号

Step 16 按照以上的操作继续输入名称和图号，完成表格的创建，如图 7-60 所示。

图纸说明		
序号	图纸名称	图号
1	一层平面图	18——01
2	二层布置图	18——02
3	顶面布置图	18——03
4	屋顶平面图	18——04
5	墙体拆砸图	18——05
6	客厅A立面	18——06
7	客厅B立面	18——07
8	剖面图	18——08
9	水电图	18——09

图 7-60 完成表格的创建

上机操作

为了更好地掌握本章所学的知识，在此列举几个针对本章的拓展案例，以供读者练习。

1. 创建装修施工表

利用本章所学的文字和表格的知识，创建如图 7-61 所示的装修施工表。

部位/名称	地面		楼面	
	作法名称	作法索引	作法名称	作法索引
客餐厅	水泥砂浆地面	98ZJ001 地2/4	水泥砂浆地面	98ZJ001 地1/14
卧室	水泥砂浆地面	98ZJ001 地2/4	水泥砂浆地面	98ZJ001 地1/14
阳台	水泥砂浆地面	98ZJ001 地2/4	水泥砂浆地面	98ZJ001 地1/14
厨房	陶瓷地砖地面	98ZJ001 地16/4	陶瓷地砖地面	98ZJ001 地27/20
卫生间	陶瓷地砖地面	98ZJ001 地16/4	陶瓷地砖地面	98ZJ001 地27/20
楼梯间	水泥砂浆地面	98ZJ001 地2/4	水泥砂浆地面	98ZJ001 地1/14

图 7-61 装修施工表

操作提示：

Step 01 使用“文字样式”对话框创建一个新的文字样式。

Step 02 使用“表格样式”对话框设置表格标题、表头和数据均为“正中”对齐方式。

Step 03 执行“绘图”→“表格”命令，设置表格为 8 行 5 列，设置完成后返回绘图区创建表格。

Step 04 输入文字完成表格的创建。

2. 为平面图添加空间说明

使用“单行文字”命令，为三居室平面图添加空间说明，如图 7-62 所示。其中，文字高度为 250mm，字体为宋体，旋转角度为 0。

图 7-62 添加空间说明

操作提示：

Step 01 打开“文字样式”对话框，从中对文本属性进行设置。

Step 02 执行“单行文字”命令，在布置图中合适位置输入各空间区域的名称。

第 8 章

尺寸标注与编辑

尺寸标注是绘图设计工作中的一个重要内容，在绘制图形时，图形中各对象的真实大小和相互位置只有经过尺寸标注后才能确定。通过添加尺寸标注可以显示图形的数据信息，使用户清晰有序地查看图形的真实大小和相互位置，方便施工。本章将主要介绍标注样式的创建和设置、尺寸标注的添加，以及尺寸标注的编辑等。

知识要点

▲ 标注的组成要素

▲ 创建和设置标注样式

▲ 基本尺寸标注类型

▲ 编辑尺寸标注

8.1 标注的基本规则和组成要素

标注尺寸是描述图形的大小和相互位置的工具，也是一项细致而繁重的任务，AutoCAD 软件为用户提供了完整的尺寸标注功能。本节将对尺寸标注的基本规则和要素进行介绍。

8.1.1 标注的规则

下面通过基本规则、尺寸线、尺寸界线、标注尺寸的符号、尺寸数字这 5 个方面来介绍尺寸标注的规则。

1. 基本规则

在进行尺寸标注时，应遵循以下 4 个规则：

- 建筑图像中的每个尺寸一般只标注一次，并标注在最容易查看物体相应结构特征的位置上。
- 在进行尺寸标注时，若使用的单位是 mm，则不需要注明单位和名称，若使用其他单位，则需要注明相应计量的代号或名称。
- 尺寸的配置要合理，功能尺寸应该直接标注，尽量避免在不可见的轮廓线上标注尺寸，数字之间不允许有任何图线穿过，必要时可以将图线断开。

- 图形上所标注的尺寸数值应是工程图完工的实际尺寸，否则需要另外说明。

2. 尺寸线

- 尺寸线的终端可以使用箭头和实线这两种，可以设置它的大小，箭头适用于机械制图，斜线则适用于建筑制图。
- 当尺寸线与尺寸界线处于垂直状态时，可以采用一种尺寸线终端的方式，采用箭头时，如果空间不足，可以使用圆点和斜线代替箭头。
- 在标注角度时，尺寸线会更改为圆弧，而圆心是该角的顶点。

3. 尺寸界线

- 尺寸界线用细线绘制，与标注图形的距离相等。
- 标注角度的尺寸界线从两条线段的边缘处引出一条弧线，标注弧线的尺寸界线是平行于该弦的垂直平分线。
- 通常情况下，尺寸界线应与尺寸线垂直。标注尺寸时，拖动鼠标，将轮廓线延长，从它们的交点处引出尺寸界线。

4. 标注尺寸的符号

- 标注角度的符号为“°”，标注半径的符号为“R”，标注直径的符号为“ϕ”，圆弧的符号为“⌒”。标注尺寸的符号受文字样式的影响。
- 当需要指明半径尺寸是由其他尺寸所确定时，应用尺寸线和符号“R”标出，但不要注写尺寸数。

5. 尺寸数字

- 通常情况下，尺寸数字在尺寸线的上方或尺寸线内，若将标注文字对齐方式更改为水平时，尺寸数字则显示在尺寸线中央。
- 在线性标注中，如果尺寸线是与 X 轴平行的线段，则尺寸数字在尺寸线的上方，如果尺寸线与 Y 轴平行，尺寸数字则在尺寸线的左侧。
- 尺寸数字不可以被任何图线所经过，否则必须将该图线断开。

8.1.2 标注的组成要素

一个完整的尺寸标注由尺寸界线、尺寸线、箭头和标注文字组成，如图 8-1 所示。

下面具体介绍尺寸标注中基本要素的作用与含义。

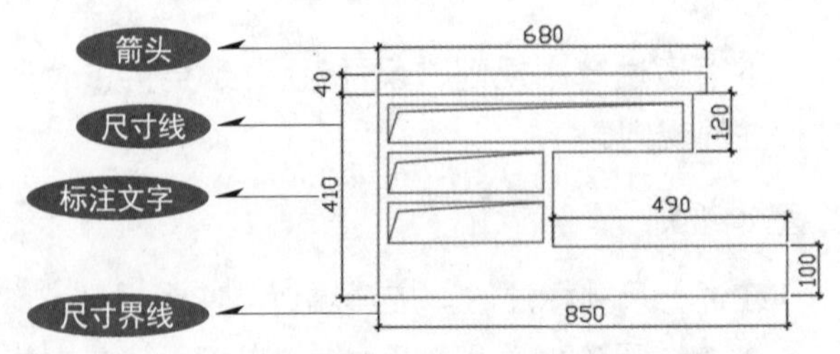

图 8-1 尺寸标注组成

- 箭头：用于显示标注的起点和终点，箭头的表现方法有很多种，可以是斜线、块和其他用户自定义符号。
- 尺寸线：显示标注的范围，一般情况下与图形平行。在标注圆弧和角度时是圆弧线。
- 标注文字：显示标注所属的数值。用来反映图形的尺寸，数值前会相应地标注符号。
- 尺寸界线：也称为投影线。一般情况下与尺寸线垂直，特殊情况可将其倾斜。

8.2 创建和设置标注样式

标注样式有利于控制标注的外观，对标注样式统一设置后，可使标注更加整齐。在“标注样式管理器”对话框中可以创建新的标注样式。

用户可以通过以下方式打开“标注样式管理器”对话框，如图 8-2 所示。

- 执行“格式”→“标注样式”命令。
- 在“默认”选项卡“注释”面板中单击“注释”按钮。
- 在“注释”选项卡“标注”面板中单击右下角的箭头。
- 在命令行输入 DIMSTYLE 命令并按 Enter 键。

其中，该对话框中各选项的含义介绍如下。

- 样式：显示文件中所有的标注样式。亮显当前的样式。
- 列出：设置样式中是显示所有的样式还是显示正在使用的样式。
- 置为当前：单击该按钮，被选择的标注样式则会置为当前。
- 新建：新建标注样式，单击该按钮，设置文件名后单击“继续”按钮，则可进行编辑标注操作。
- 修改：修改已经存在的标注样式。单击该按钮会打开“修改标注样式”对话框，在该对话框中可对标注进行更改。
- 替代：单击该按钮，会打开“替代当前样式”对话框，在该对话框中可以设定标注样式的临时替代值，替代将作为未保存的更改结果显示在“样式”列表中的标注样式下。

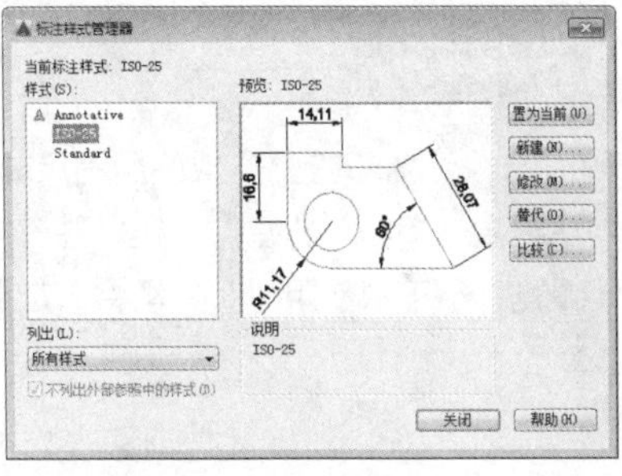

图 8-2 “标注样式管理器”对话框

- 比较：单击该按钮，将打开“比较标注样式”对话框，从中可以比较两个标注样式或列出一个标注样式的所有特性。

8.2.1 新建标注样式

如果标注样式中没有需要的样式类型，用户可以进行新建标注样式操作。在“标注样式管理器”对话框中单击“新建”按钮，将打开“创建新标注样式”对话框，如图 8-3 所示。

其中，常用选项的含义介绍如下。

- 新样式名：设置新建标注样式的名称。
- 基础样式：设置新建标注的基础样式。对于新建样式，只更改那些与基础特性不同的特性。
- 注释性：设置标注样式是否是注释性。
- 用于：设置一种特定标注类型的标注样式。

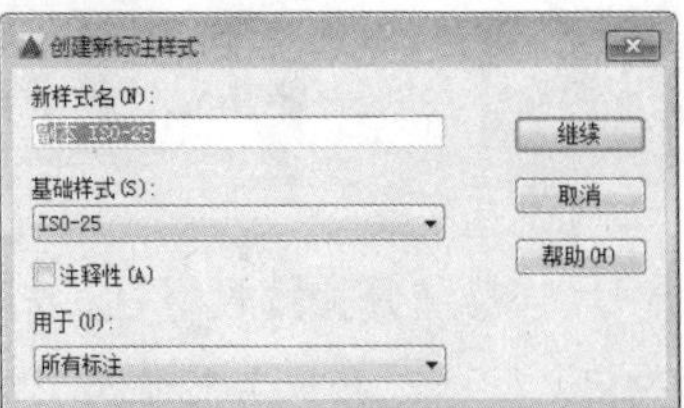

图 8-3 “创建新标注样式”对话框

8.2.2 设置标注样式

在创建标注样式后，用户可以编辑创建的标注样式，在“新建标注样式”对话框中可以对相应的选项卡进行编辑，如图 8-4 所示。

该对话框由线、符号和箭头、文字、调整、主单位、换算单位、公差 6 个选项卡组成。下面将对各选项卡的功能进行介绍。

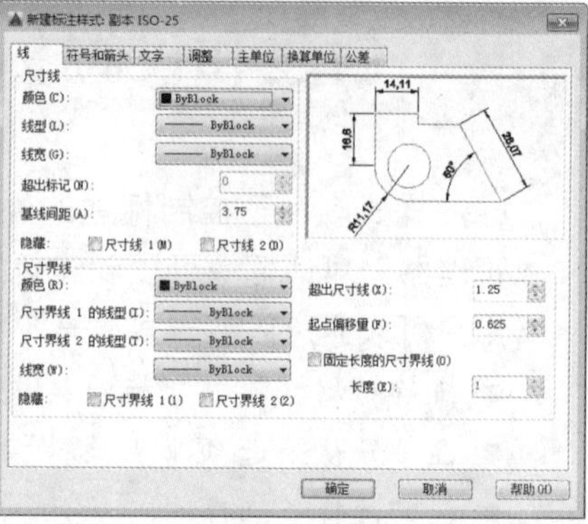

图 8-4 “新建标注样式”对话框

- 线：该选项卡用于设置尺寸线和尺寸界线的一系列参数。
- 符号和箭头：该选项卡用于设置箭头、圆心标记、折线标注、弧长符号、半径折弯标注等的一系列参数。
- 文字：该选项卡用于设置文字的外观、文字位置和文字的对齐方式。
- 调整：该选项卡用于设置箭头、文字、引线和尺寸线的放置方式。
- 主单位：该选项卡用于设置标注单位的显示精度和格式，并可以设置标注的前缀和后缀。
- 换算单位：该选项卡用于设置标注测量值中换算单位的显示并设定其格式和精度。
- 公差：该选项卡用于设置指定标注文字中公差的显示及格式。

知识拓展

对于需要多次使用的尺寸样式，用户只需自定义新的标注样式即可。在“标注样式管理器”对话框中，单击“新建”按钮，并在打开的“新建标注样式”对话框中，设置好标注样式，关闭对话框完成操作。待下次使用时，只需将自定义的标注样式置为当前即可。

8.2.3 删除标注样式

在“标注样式管理器”对话框中，不仅可创建所需的标注样式，也可对多余的样式进行删除操作。打开“标注样式管理器”对话框，在“样式”列表中，右击所需删除的标注样式，在弹出的快捷菜单中，选择“删除”命令，然后在打开的删除提示框中，单击“是”按钮，即可完成样式的删除。

在删除时，用户需注意正在使用的及置为当前的标注样式，不能被删除。

8.3 基本尺寸标注

尺寸标注分为线性标注、对齐标注、角度标注、弧长标注、半径标注、直径标注、折弯标注、坐标标注、快速标注、连续标注、基线标注、公差标注和引线标注等，下面将逐一介绍各标注的创建方法。

8.3.1 线性标注

线性标注是标注图形对象在水平方向、垂直方向和旋转方向的尺寸，包括垂直、水平和旋转 3 种类型。用户可以通过以下方式调用线性标注命令。

- 执行“标注”→“线性”命令。

- 在“注释”选项卡“标注”面板中单击“线性”按钮。
- 在命令行输入 DIMLINEAR 命令并按 Enter 键。

知识拓展

如果向上或向下移动文字，则当前文字相对于尺寸线的垂直对齐不会改变，因此尺寸线和尺寸延长线会相应的有所改变。

实战——标注洗衣机尺寸

下面以标注洗衣机尺寸为例，介绍线性标注的方法。

Step 01 执行“标注”→“线性”命令，打开对象捕捉，指定水平线性的第一点，如图 8-5 所示。

Step 02 拖动鼠标捕捉到第二点，如图 8-6 所示。

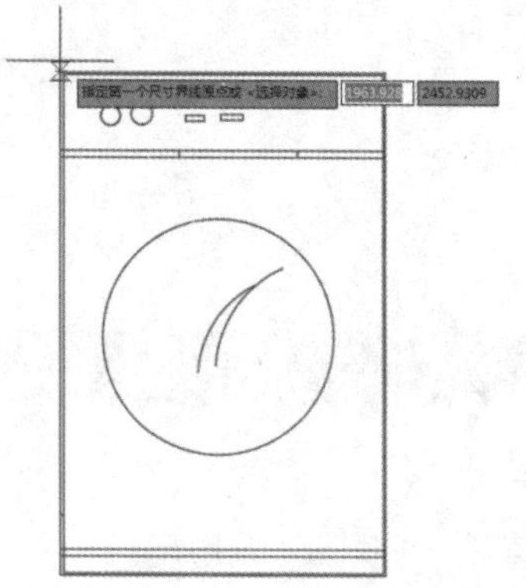

图 8-5 指定第一点

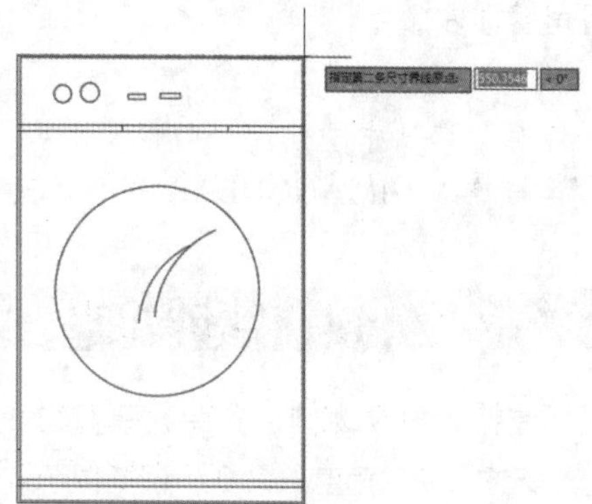

图 8-6 指定第二点

Step 03 单击鼠标左键确定第二点，根据提示再移动鼠标指针到指定尺寸线的位置，如图 8-7 所示。

Step 04 确定好位置后单击鼠标左键，即可完成线性标注的操作，如图 8-8 所示。

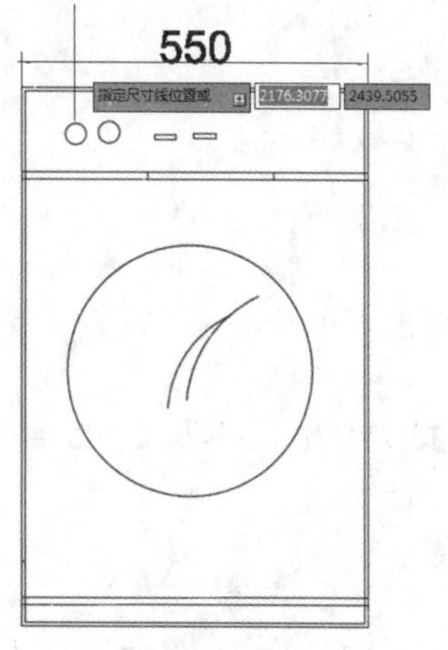

图 8-7 指定尺寸线位置

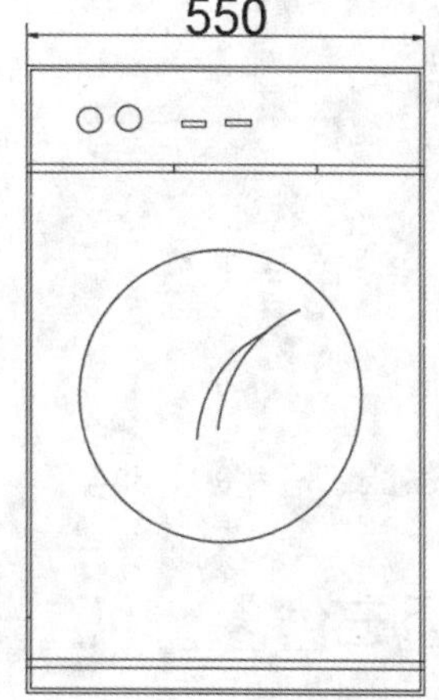

图 8-8 完成线性标注

8.3.2 对齐标注

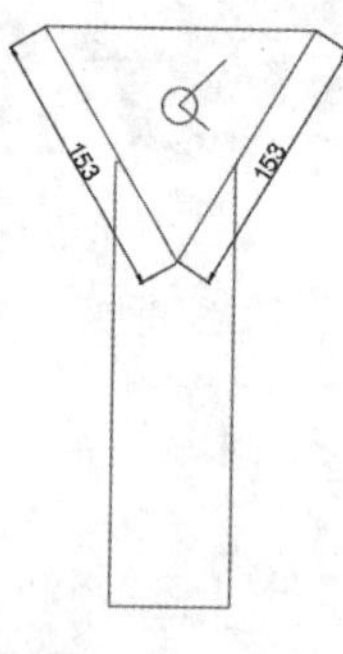

图 8-9 对齐标注效果

对齐标注可以创建与标注的对象平行的尺寸，也可以创建与指定位置平行的尺寸。对齐标注的尺寸线总是平行于两个尺寸延长线的原点连成的直线。用户可以通过以下方法调用对齐标注命令。

- 执行“标注”→“对齐”命令。
- 在“注释”选项卡“标注”面板中单击“对齐”按钮。
- 在命令行输入 DIMALIGNED 命令并按 Enter 键。

对齐标注和线性标注极为相似。但标注斜线时不需要输入角度，指定两点之后拖动鼠标即可得到与斜线平行的标注，如图 8-9 所示为添加对齐标注效果。

8.3.3 角度标注

角度标注是用来测量两条直线之间的角度，也可以测量圆或圆弧的角度。用户可以通过以下方式调用角度标注命令。

- 执行“标注”→“角度”命令。
- 在“注释”选项卡“标注”面板中单击“角度”按钮。
- 在命令行输入 DIMANGULAR 命令并按 Enter 键。

实战——标注挂钟角度

下面以标注挂钟角度为例，介绍角度标注的操作方法。

Step 01 执行“标注”→“角度”命令，根据提示选择第一条直线，如图 8-10 所示。

Step 02 再选择第二条直线，如图 8-11 所示。

Step 03 单击确定后移动鼠标，根据提示指定标注弧线的位置，如图 8-12 所示。

Step 04 移动到合适的位置后单击鼠标，完成角度标注的操作，如图 8-13 所示。

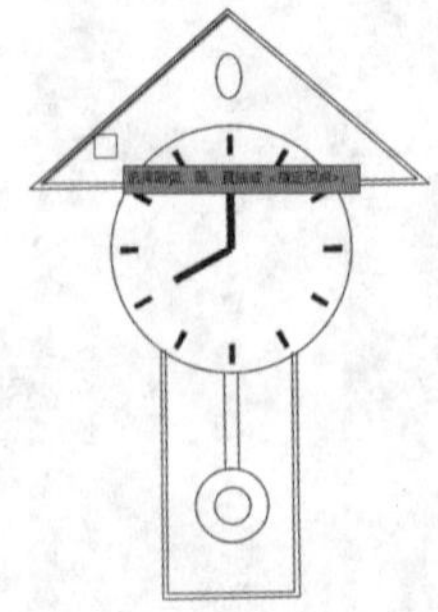
图 8-10 指定第一条直线

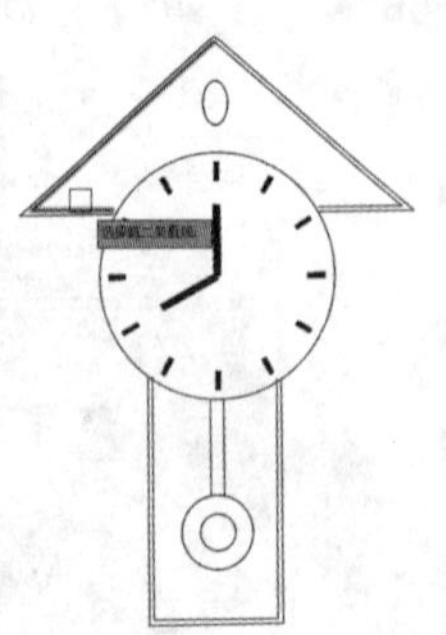
图 8-11 指定第二条直线

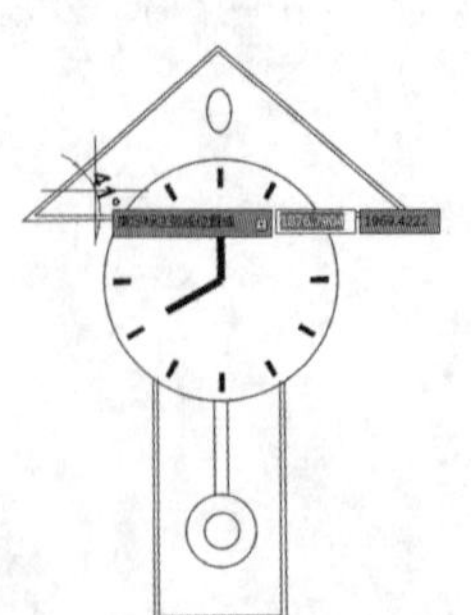
图 8-12 指定标注弧线位置

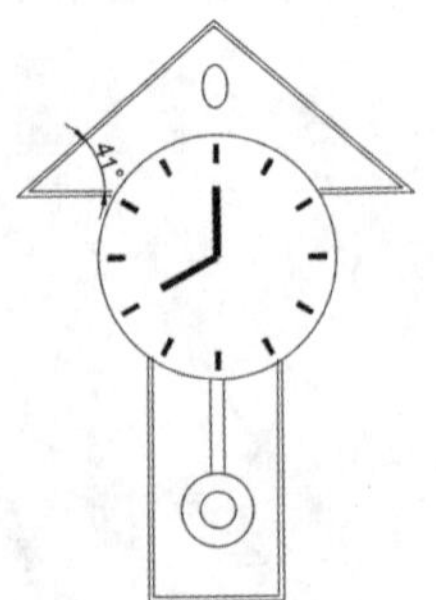

图 8-13 角度标注效果

8.3.4 弧长标注

弧长标注是标注指定圆弧或多段线的距离，它可以标注圆弧和半圆的尺寸，用户可以通过以下方式调用弧长标注命令。

- 执行“标注”→“弧长”命令。
- 在“注释”选项卡“标注”面板中单击“弧长”按钮。
- 在命令行输入 DIMARC 命令并按 Enter 键。

执行“标注”→“弧长”命令，选择圆弧，再根据提示拖动鼠标，在合适的位置单击即可完成弧长标注的操作，如图 8-14 所示。

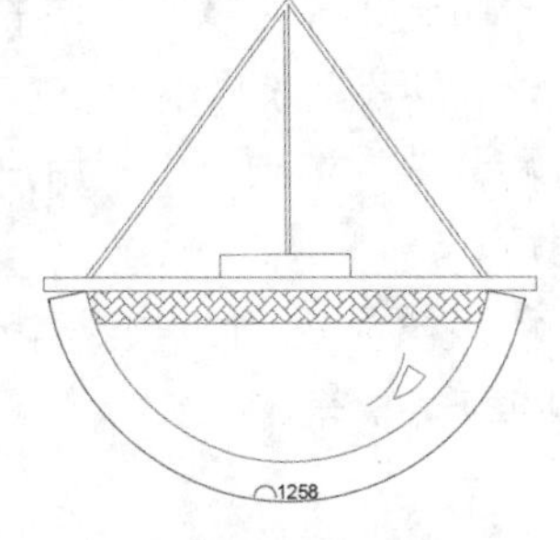

图 8-14 弧长标注效果

8.3.5 半径 / 直径标注

半径标注主要是标注圆或圆弧的半径尺寸，用户可以通过以下方式调用半径标注命令。

- 执行“标注”→“半径”命令。
- 在“注释”选项卡“标注”面板中单击“半径”按钮。
- 在命令行输入 DIMRADIUS 命令并按 Enter 键。

直径标注主要用于标注圆或圆弧的直径尺寸，用户可以通过以下方式调用直径标注命令。

- 执行“标注”→“直径”命令。
- 在“注释”选项卡“标注”面板中单击“直径”按钮。
- 在命令行输入 DIMDIAMETER 命令并按 Enter 键。

如图 8-15、图 8-16 所示分别为半径标注和直径标注的效果。

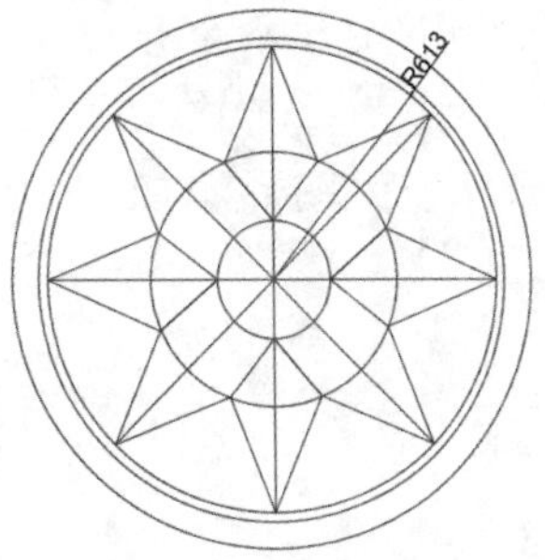

图 8-15 半径标注效果

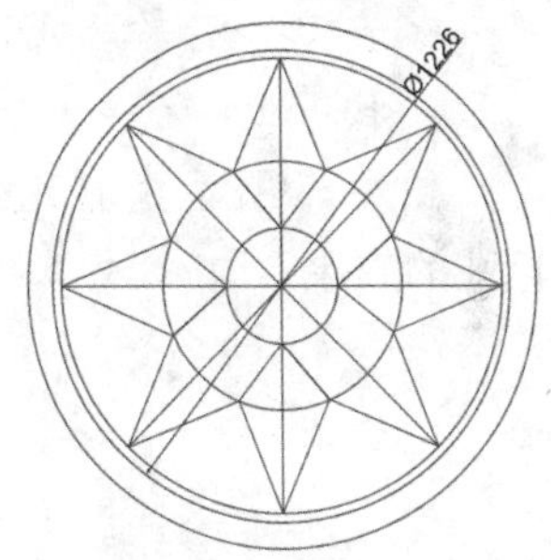

图 8-16 直径标注效果

知识拓展

在标注圆或圆弧的半径或直径时，系统将自动在测量值前面添加 R 或 ϕ 符号来表示半径和直径。但通常中文字体不支持 ϕ 符号，所以在标注直径尺寸时，最好选用一种英文字体的文字样式，以便使直径符号正确显示。

8.3.6 折弯标注

当圆弧或者圆的中心在图形的边界外，且无法显示在实际位置时，可以使用折弯标注。折弯标注主要是标注圆形或圆弧的半径尺寸。用户可以通过以下方式调用折弯标注命令。

- 执行“标注”→“折弯”命令。
- 在“注释”选项卡“标注”面板中单击“折弯”按钮。
- 在命令行输入 DIMJOGGED 命令并按 Enter 键。

折弯半径可以在方便的位置指定标注的原点，在“新建/修改标注样式”对话框的“符号和箭头”选项卡中，用户可控制折弯的默认角度。

如图8-17所示为利用折弯标注为图形添加标注的效果。

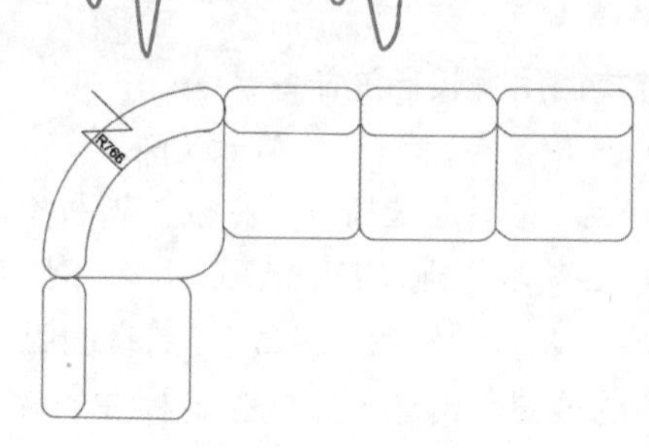

图 8-17 折弯标注效果

8.3.7 坐标标注

有时，绘制的图形并不能直接观察出点的坐标，那么就需要使用坐标标注，坐标标注主要是标注指定点的 X 坐标或者 Y 坐标。用户可以通过以下方式调用坐标标注命令。

- 执行“格式”→“坐标”命令。
- 在“注释”选项卡“标注”面板中单击“坐标”按钮。
- 在命令行输入 DIMORDINATE 命令并按 Enter 键。

图8-18所示为利用坐标标注为图形添加标注的效果。

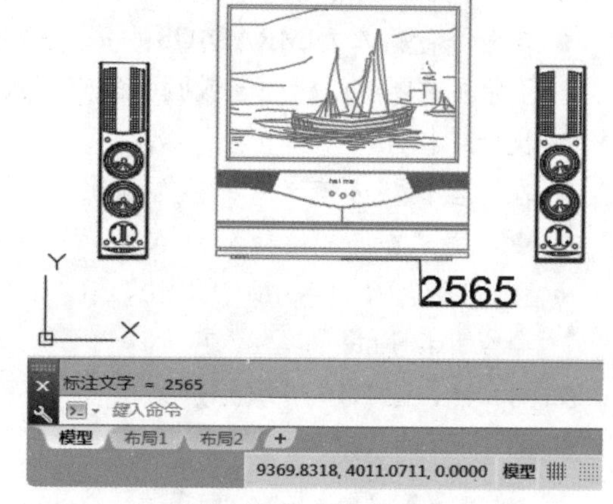

图 8-18 坐标标注效果

8.3.8 快速标注

使用快速标注可以选择一个或多个图形对象，系统将自动查找所选对象的端点或圆心。根据端点或圆心的位置快速地标注其尺寸。用户可以通过以下方式调用快速标注命令。

- 执行“标注”→“快速”命令。
- 在“注释”选项卡“标注”面板中单击“快速”按钮。
- 在命令行输入 QDIM 命令并按 Enter 键。

实战——标注亭子尺寸

下面以标注亭子尺寸为例，介绍快速标注的操作方法。

Step 01 执行“标注”→“快速”命令，选择需要标注的线段，如图8-19所示。

Step 02 按Enter键后拖动鼠标，会自动拖出一条新的尺寸线，根据提示指定尺寸线位置，如图8-20所示。

Step 03 单击鼠标即可完成快速标注的操作，如图8-21所示。

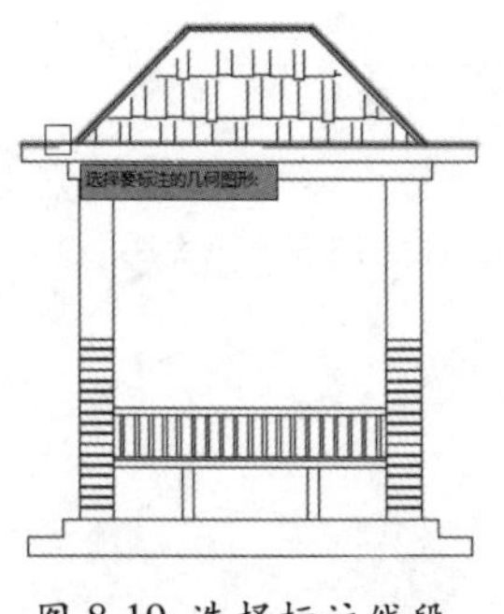

图 8-19 选择标注线段

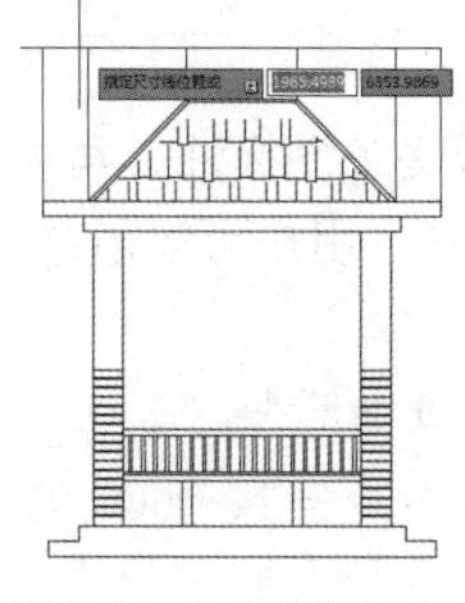

图 8-20 移动鼠标指针

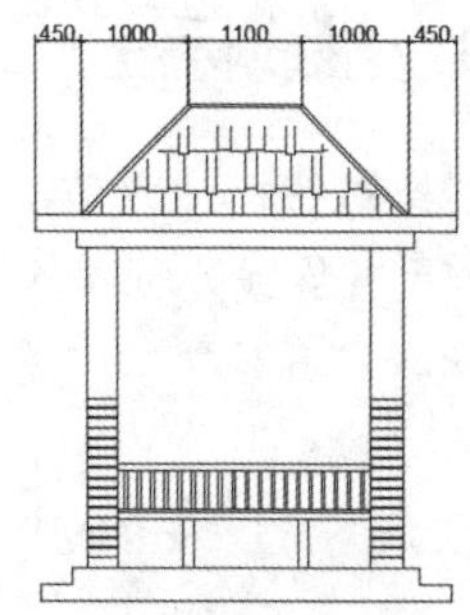

图 8-21 快速标注效果

8.3.9 连续标注

连续标注是指连续进行线性标注、角度标注和坐标标注。在使用连续标注之前首先要进行线性标注、角度标注或坐标标注，创建其中一种标注之后再进行连续标注，它会根据之前创建的标注的尺寸界线作为下一个标注的原点进行连续标注。

用户可以通过以下方式调用连续标注的命令。

- 执行“标注”→“连续”命令。
- 在“注释”选项卡“标注”面板中单击“连续”按钮 连续。
- 在命令行输入 DIMCONTINUE 命令并按 Enter 键。

绘图技巧

连续标注的快捷键是 DCO，不用去操作烦琐的步骤，用户记住常用的快捷键就可以大大提高绘图效率。

实战——标注冰箱尺寸

下面以标注冰箱尺寸为例，介绍连续标注的操作方法。

Step 01 执行“标注”→“线性”命令，标注第一条线段的尺寸，如图 8-22 所示。

Step 02 在“注释”选项卡“标注”面板中单击“连续”按钮，拖动鼠标，会自动拖出一条新的尺寸线，随着鼠标移动，捕捉第二个尺寸界线点，如图 8-23 所示。

Step 03 按 Enter 键两次即可完成操作，如图 8-24 所示。

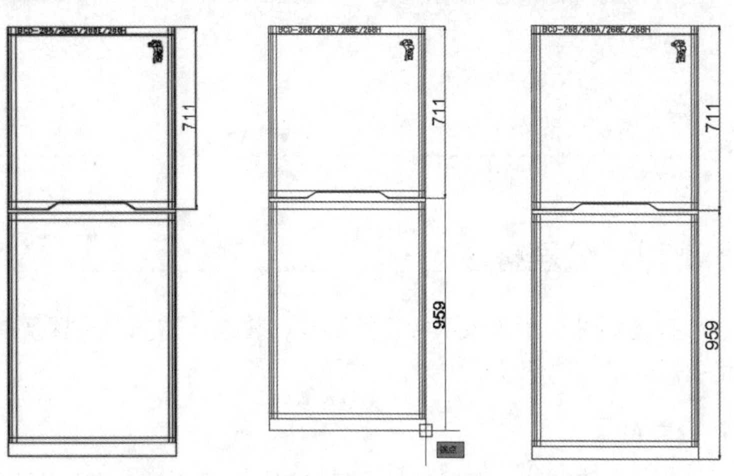

图 8-22 线性标注　图 8-23 指定第二个尺寸界线点　图 8-24 连续标注尺寸

8.3.10 基线标注

在创建基线标注之前，需要先创建线性标注、角度标注、坐标标注等，基线标注是从指定的第 1 个尺寸界线处创建基线标注尺寸。用户可以通过以下命令调用基线标注命令。

- 执行“标注”→“基线”命令。
- 在“注释”选项卡“标注”面板中单击“基线”按钮。
- 在命令行输入 DIMBASELINE 命令并按 Enter 键。

实战——标注打印机尺寸

下面以标注打印机尺寸为例，介绍基线标注的操作方法。

Step 01 执行“标注”→“线性”命令，从右向左标注第一条线段的尺寸，如图 8-25 所示。

Step 02 再执行“绘图”→“基线”命令，会自动拖出一条新的尺寸线，随着鼠标移动指定第二个尺寸界线原点，且新的尺寸线会与原本的标注线保持一定的距离，如图 8-26 所示。

Step 03 照此步骤进行操作，标注所有的尺寸，如图 8-27 所示。

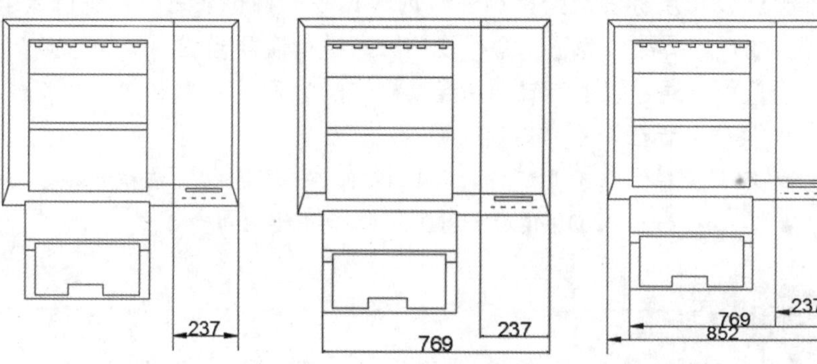

图 8-25 线性标注　图 8-26 指定第二个尺寸界线原点　图 8-27 完成基线标注

绘图技巧

使用夹点快捷菜单中的命令也可以进行连续标注和基线标注的操作，如图 8-28 所示。

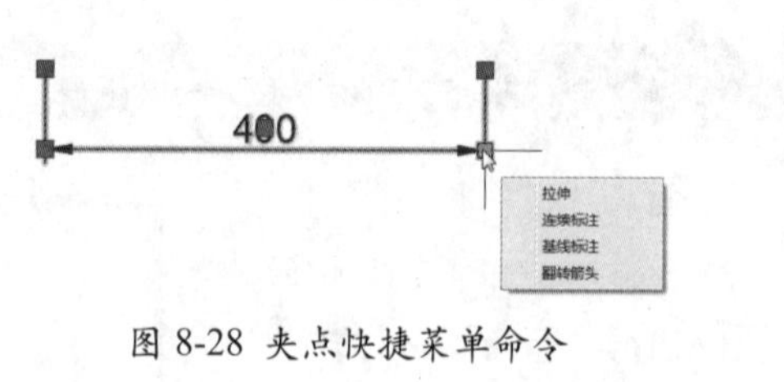

图 8-28 夹点快捷菜单命令

8.3.11 公差标注

公差标注是用来表示特征的形状、轮廓、方向、位置及跳动的允许偏差。下面将介绍公差的符号及公差的标注操作。

1. 公差符号

在 AutoCAD 中，可以通过特征控制框显示形位公差，下面介绍几种常用的公差符号，如表 8-1 所示。

表 8-1 公差符号

符号	含义	符号	含义	符号	含义
Ⓟ	投影公差	⌓	平面轮廓	—	直线度
⌒	直线	⌯	对称	Ⓜ	最大包容条件
◎	同心 / 同轴	↗	圆跳动	Ⓛ	最小包容条件
○	圆或圆度	⌰	全跳动	Ⓢ	不考虑特征尺寸
⌖	定位	▱	平坦度	⌭	柱面性
∠	角	⊥	垂直	//	平行

2. 公差标注

在“形位公差”对话框（如图 8-29 所示）中可以设置公差的符号和数值。用户可以通过以下方式打开“形位公差”对话框。

- 执行“标注”→“公差”命令。
- 在“注释”选项卡“标注”面板中单击“公差”按钮。
- 在命令行输入 TOLERANCE 命令并按 Enter 键。

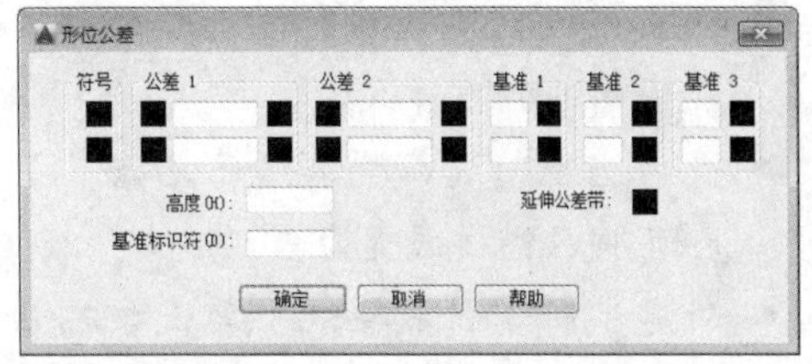

图 8-29 “形位公差”对话框

“形位公差”对话框中各选项的含义介绍如下。

- 符号：单击“符号”下方的■符号，会弹出“特征符号”对话框，在其中可设置特征符号，如图 8-30 所示。
- 公差 1/ 公差 2：单击该列表框的■符号，将插入一个直径符号，单击后面的黑正方形符号，将弹出“附加符号”对话框，在其中可以设置附加符号，如图 8-31 所示。

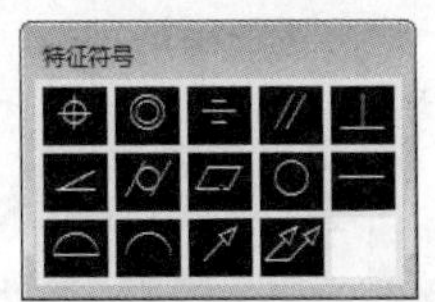

图 8-30 “特征符号”对话框

图 8-31 “附加符号”对话框

- 基准 1/ 基准 2/ 基准 3：在该列表框可以设置基准参照值。
- 高度：设置投影特征控制框中的投影公差零值。投影公差带控制固定垂直部分延伸区的高度变化，并以位置公差控制公差精度。
- 基准标识符：设置由参照字母组成的基准标识符。
- 延伸公差带：单击该选项后的■符号，将插入延伸公差带符号。

知识拓展

尺寸公差标注可以在一定的范围内变动，通过指定生产中的公差，可以控制部件所需要的精度等级。

8.3.12 引线标注

在建筑绘图中，只有数值标注是远远不够的，在进行立面绘制时，为了清晰地标注出图形的材料和尺寸，用户需要利用引线标注来实现。

1. 设置引线样式

在创建引线前需要设置引线的形式、箭头的外观显示和尺寸文字的对齐方式等。在“多重引线样式管理器”对话框中可以设置引线样式，用户可以通过以下方式打开“多重引线样式管理器”对话框。

- 执行“格式”→“多重引线样式”命令。
- 在“注释”选项卡“引线”面板中单击右下角的箭头。
- 在命令行输入 MLEADERSTYLE 命令并按 Enter 键。

如图 8-32 所示为“多重引线样式管理器”对话框，其中，各选项的具体含义介绍如下。

- 样式：显示已有的引线样式。
- 列出：设置样式列表框内显示所有引线样式还是正在使用的引线样式。
- 置为当前：选择样式名，单击“置为当前”按钮，即可将引线样式置为当前。
- 新建：新建引线样式。单击该按钮，即可弹出“创建新多重引线”对话框，输入样式名，单击“继续”按钮，即可设置多重引线样式。
- 删除：选择样式名，单击“删除”按钮，即可删除该引线样式。
- 关闭：关闭“多重引线样式管理器”对话框。

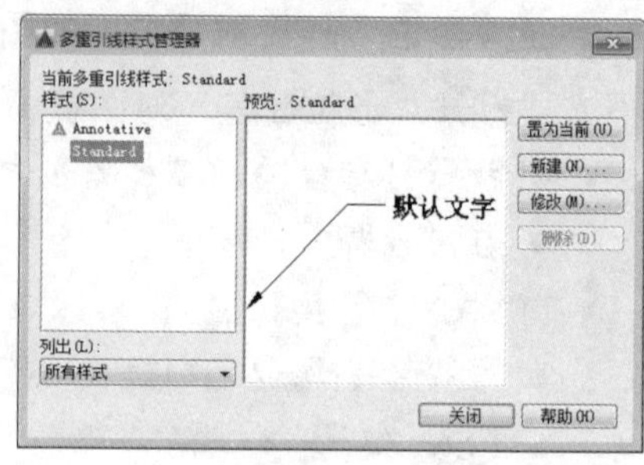

图 8-32 “多重引线样式管理器”对话框

2. 创建引线标注

设置引线样式后就可以创建引线标注了，用户可以通过以下方式调用多重引线命令。

- 执行“标注”→“多重引线”命令。
- 在“注释”选项卡“引线”面板中，单击“多重引线”按钮。
- 在命令行输入 MLEADER 命令并按 Enter 键。

3. 编辑多重引线

如果创建的引线还未达到要求，用户需要对其进行编辑操作，在 AutoCAD 中，可以在“多重引线”面板中编辑多重引线，还可以利用菜单命令或者“注释”选项卡“引线”面板中的按钮进行编辑操作。用户可以通过以下方式调用编辑多重引线命令。

- 执行“修改”→“对象”→“多重引线”命令的子菜单命令，如图 8-33 所示。
- 在“注释”选项卡“引线”面板中，单击相应的按钮，如图 8-34 所示。

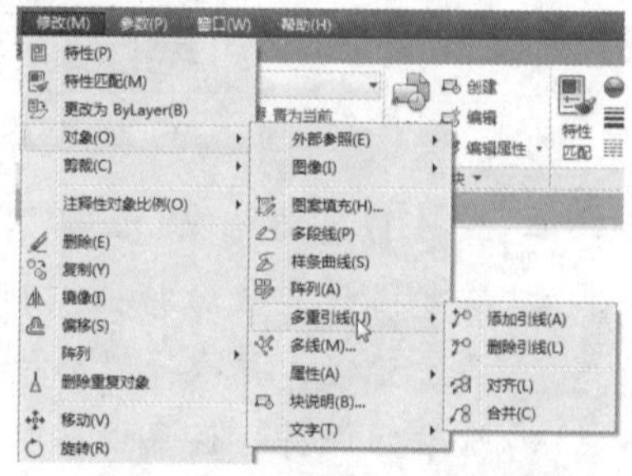

图 8-33 编辑多重引线的菜单命令

图 8-34 “引线”面板

由图 8-34 可知，编辑多重引线的命令包括“添加引线”“删除引线”“对齐”和“合并”4 个选项。下面具体介绍各选项的含义。

- 添加引线：在一条引线的基础上添加另一条引线，且标注是同一个。
- 删除引线：将选定的引线删除。
- 对齐：将选定的引线对象对齐并按一定间距排列。
- 合并：将包含块的选定多重引线组织到行或列中，并使用单引线显示结果。

知识拓展

双击多重引线，弹出“多重引线”面板，在该面板中可对多重引线进行编辑操作，如图 8-35 所示。

图 8-35 “多重引线”面板

实战——创建餐桌引线标注

下面以创建餐桌标注为例，介绍设置引线样式的方法。

Step 01 打开素材文件，如图 8-36 所示。

Step 02 打开“多重引线样式管理器”对话框，单击“修改”按钮，如图 8-37 所示。

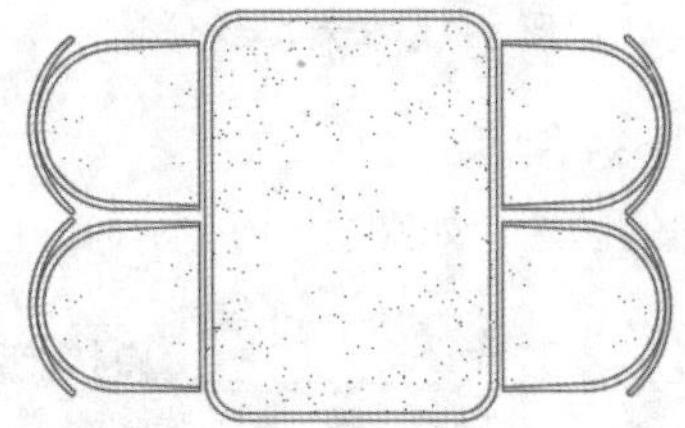
图 8-36 打开图形

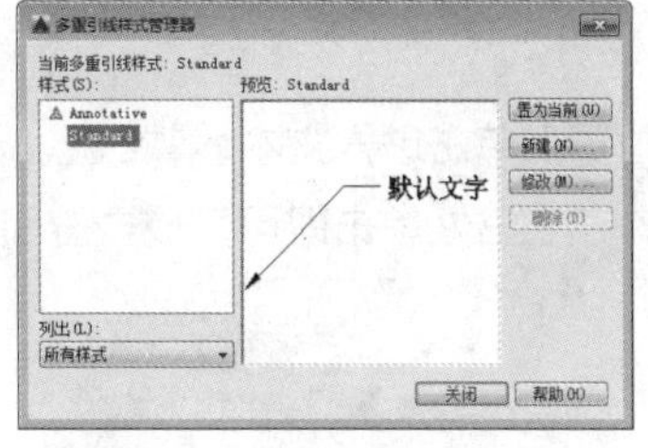

图 8-37 单击“修改”按钮

Step 03 在“修改多重引线样式”对话框的“引线格式”选项卡中设置箭头大小为 30，如图 8-38 所示。

Step 04 在“引线结构”选项卡中设置基线距离为 80mm，如图 8-39 所示。

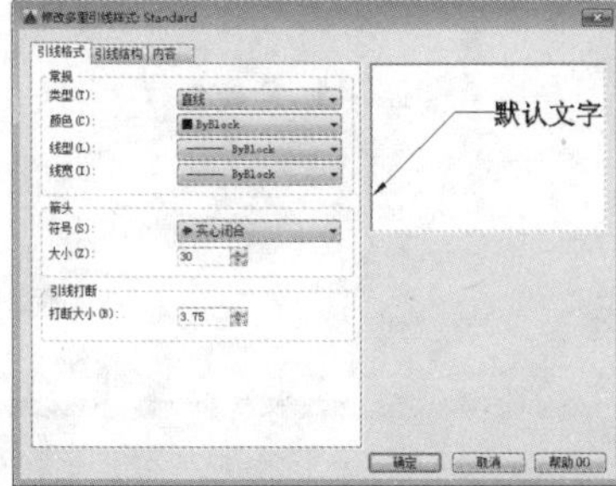

图 8-38 设置箭头大小

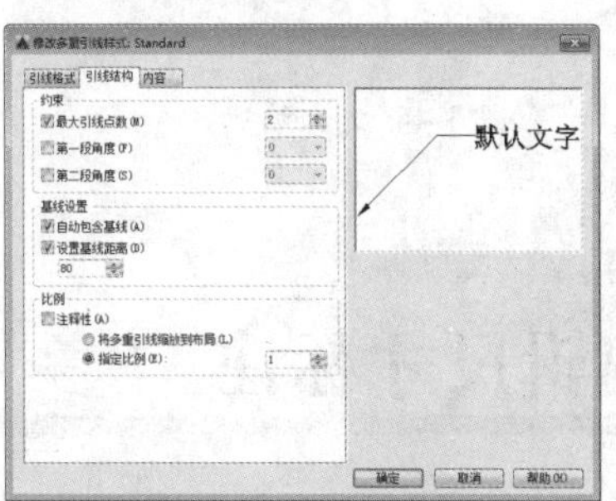

图 8-39 设置基线距离

Step 05 在“内容”选项卡中设置文字高度为 40mm，如图 8-40 所示。

Step 06 设置完成后单击“确定”按钮返回到“多重引线样式管理器”对话框，单击“置为当前”按钮并关闭该对话框，如图 8-41 所示。

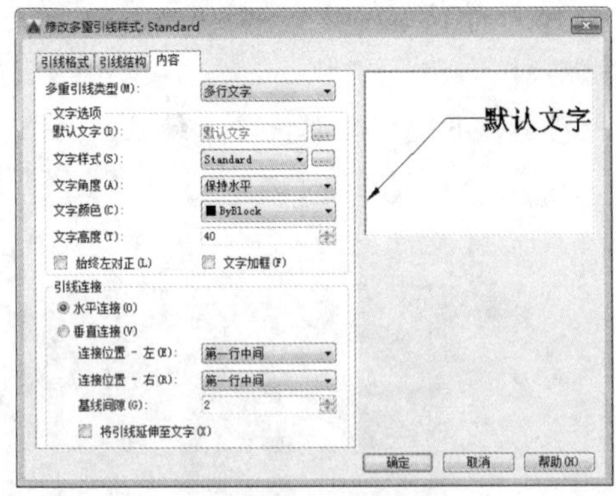

图 8-40 设置文字高度

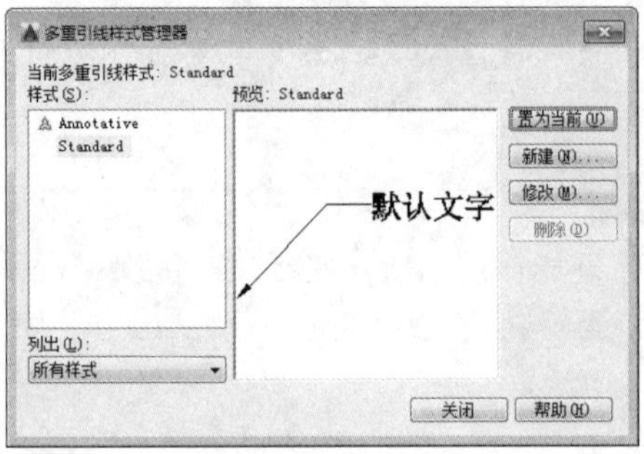

图 8-41 置为当前

Step 07 执行“标注”→“多重引线”命令，在绘图区中单击指定引线箭头的位置，如图 8-42 所示。

Step 08 移动鼠标，再指定引线基线的位置，如图 8-43 所示。

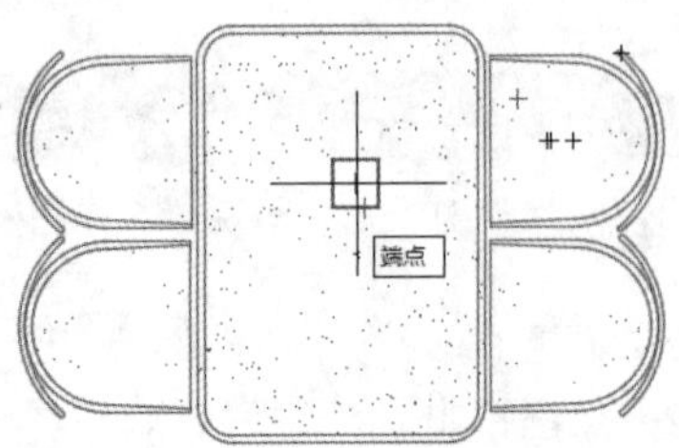

图 8-42 指定箭头位置

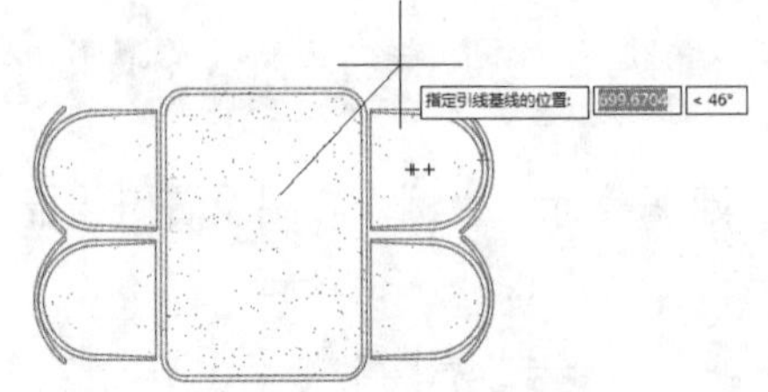

图 8-43 指定基线位置

Step 09 确定基线位置后单击进入文本编辑状态，如图 8-44 所示。

Step 10 输入文本，在空白处单击即可完成多重引线标注的创建，如图 8-45 所示。

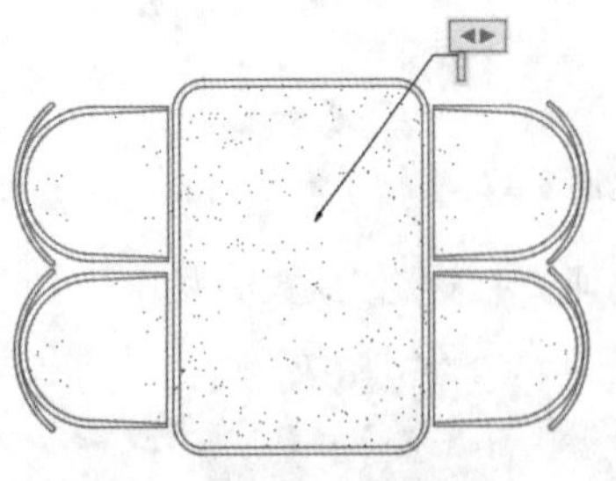

图 8-44 文本编辑

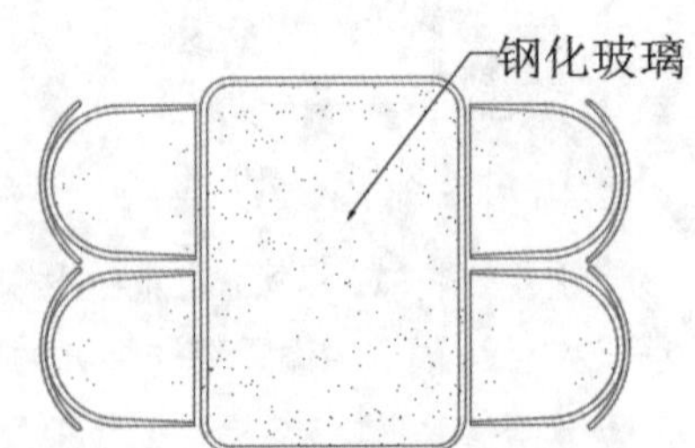

图 8-45 完成创建

8.4 编辑尺寸标注

当创建尺寸标注后，用户可以使用编辑标注命令，编辑标注文本的位置，还可以使用夹点“特

性”面板编辑尺寸标注，并且可以更新尺寸标注。

8.4.1 编辑标注文本

标注文本是必不可少的，如果创建的标注文本内容或位置没有达到要求，用户可以调整其内容和位置等。

1. 编辑标注文本的内容

在标注图形时，如果标注的端点不处于平行状态，那么测量的距离会出现不准确的情况，用户可以通过以下方式编辑标注文本内容。

- 执行“修改”→“对象”→“文字”→“编辑”命令。
- 在命令行输入 TEXTEDIT 命令并按 Enter 键。
- 双击需要编辑的标注文字。

知识拓展

如果向上或向下移动文字，则当前文字相对于尺寸线的垂直对齐不会改变，尺寸线和尺寸延长线相应地会有所改变。

2. 调整标注文本位置

除了可以编辑文本内容之外，还可以调整标注文本的位置，用户可以通过以下方式调整标注文本的位置。

- 执行“标注”→“对齐文字”命令的子菜单命令，如图 8-46 所示。
- 选择标注，再将鼠标指针移动到文本位置的夹点上，在弹出的快捷菜单中进行操作，如图 8-47 所示。
- 在命令行输入 DIMTEDIT 命令并按 Enter 键。

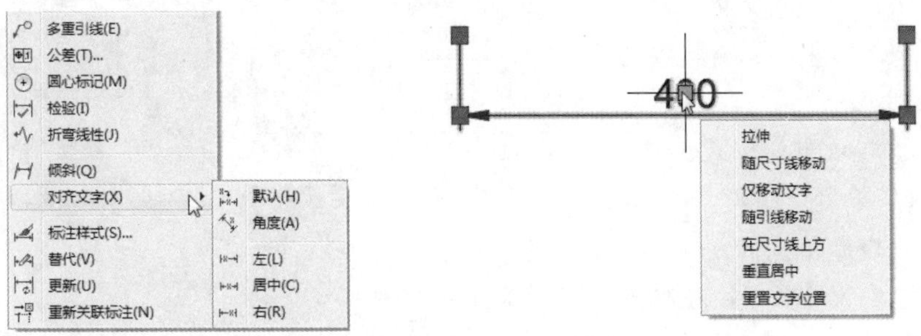

图 8-46 菜单栏命令　　图 8-47 快捷菜单命令

8.4.2 使用“特性”面板编辑尺寸标注

选择需要编辑的尺寸标注，单击鼠标右键，在弹出的快捷菜单中选择“特性”命令，即可打开“特性”面板，如图 8-48 所示。

编辑尺寸标注的“特性”面板由常规、其他、直线和箭头、文字、调整、主单位、换算单位和公差这 8 个卷展栏组成。这些选项和标注样式对话框中的内容基本一致。下面具体介绍该面板中常用的选项。

1. 常规

该组主要设置尺寸线的外观显示，下面具体介绍各选项的含义。

- 颜色：设置标注尺寸的颜色。
- 图层：设置标注尺寸的图层位置。
- 线型：设置标注尺寸的线型。
- 线型比例：设置虚线或其他线段的线型比例。
- 线宽：设置标注尺寸的线宽。
- 透明度：设置标注尺寸的透明度。
- 超链接：指定到对象的超链接并显示超链接名或说明。
- 关联：指定标注是否为关联性。

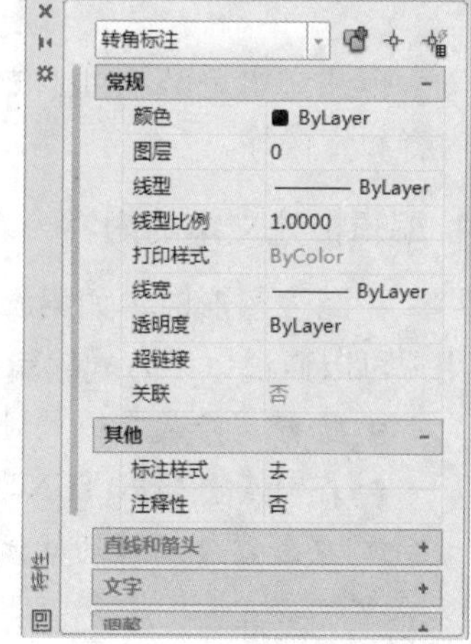

图 8-48 “特性”面板

2. 其他

该组主要设置标注样式和标注注释性。选择“标注样式”选项，在弹出的下拉列表中可以设置标注样式；选择“注释性”选项，在弹出的下拉列表中可以设置标注是否是注释性。

3. 直线和箭头

该组主要设置标注尺寸的直线和箭头，下面主要介绍各选项的含义。

- 箭头 1 和箭头 2：设置尺寸线的箭头符号，单击该列表框的下拉按钮，在弹出的下拉列表中可以设置箭头的符号，如图 8-49 所示。
- 箭头大小：设置箭头的大小。
- 尺寸线线宽：设置尺寸线的线宽，单击该列表框的下拉按钮，在弹出的下拉列表中可以设置线宽，如图 8-50 所示。

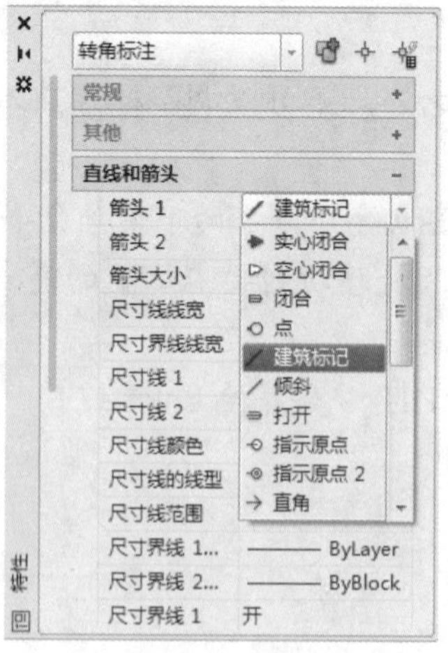

图 8-49 设置箭头符号

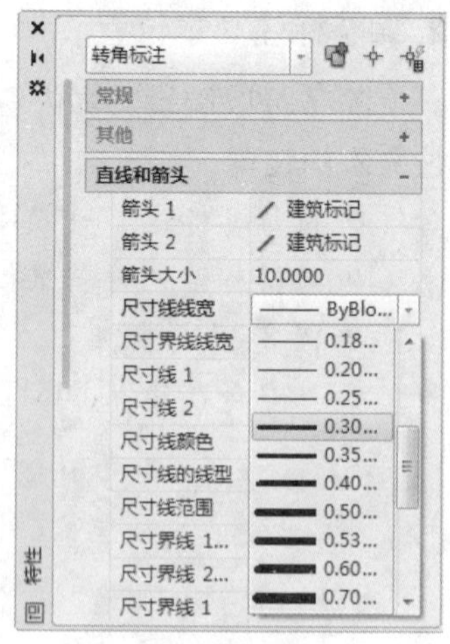

图 8-50 设置线宽

- 尺寸界线线宽：设置尺寸界线的线宽。
- 尺寸线 1 和尺寸线 2：控制尺寸线的显示和隐藏。
- 尺寸线颜色：设置尺寸线的颜色。
- 尺寸界线 1 和尺寸界线 2：控制尺寸界线的显示和隐藏。
- 固定的尺寸界线：单击该列表框的下拉按钮，在弹出的下拉列表中可以设置尺寸线是否是固定的尺寸。
- 尺寸界线的固定长度：当“固定的尺寸界线”为开时，将激活该选项框，在其中可以设置尺寸界线的固定长度值。

- 尺寸界线颜色：设置尺寸界线的颜色。

4. 文字

该组主要设置标注文字的显示。下面具体介绍常用选项的含义。

- 文字高度：设置标注中文字的高度。
- 文字偏移：指定在打断尺寸线、放入标注尺寸文字时，标注文字与尺寸线之间的距离。
- 水平放置文字：设置水平文字的对齐方式。
- 垂直放置文字：设置标注文字相对于尺寸线的垂直距离。
- 文字样式：设置文字的显示样式。
- 文字旋转：设置文字旋转角度。

5. 调整

该组主要设置箭头、文字、引线和尺寸线的放置方式及显示。

6. 主单位

该组主要设置标注单位的显示精度和格式，并可以设置标注的前缀和后缀。下面主要介绍各常用选项的含义。

- 小数分隔符：在该选项框内可以设置标注中小数分隔符。
- 标注前缀和标注后缀：设置标注尺寸文字前、后缀。
- 标注辅单位：设置所适用的线性标注在更改为辅单位时的文字后缀。
- 标注单位：单击该列表框的下拉按钮，可以在弹出的列表中设置标注单位，如图 8-51 所示。
- 精度：设置标注的精度显示。单击该列表框的下拉按钮，可以在弹出的列表中设置精度，如图 8-52 所示。

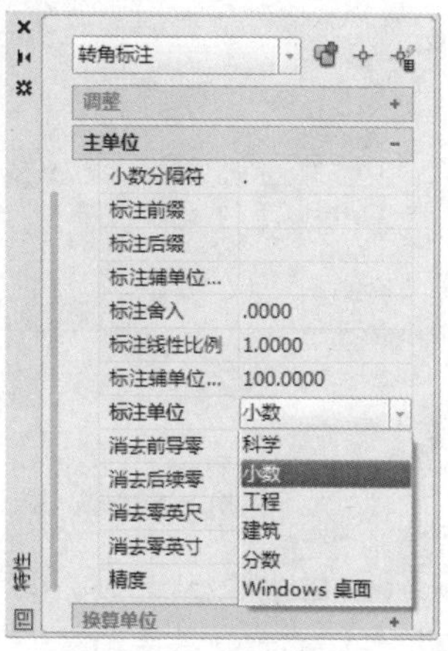

图 8-51 设置标注单位

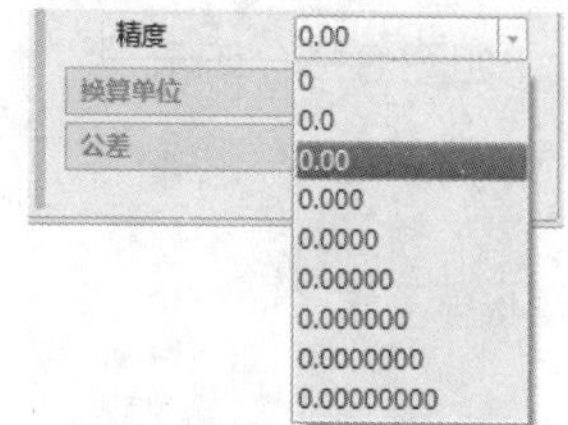

图 8-52 设置标注精度

8.4.3 更新尺寸标注

更新尺寸标注是指用选定的标注样式更新标注对象，用户可以通过以下方式调用“更新”命令。

- 执行“标注”→“更新”命令。

- 在“注释”选项卡“标注”面板中单击“更新”按钮。
- 在命令行输入 DIMSTYLE 命令并按 Enter 键。

如图 8-53、图 8-54 所示为利用更新尺寸标注为图形添加标注的效果。

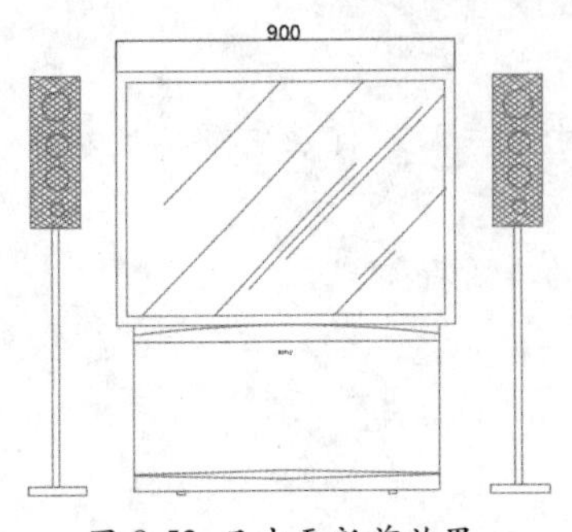

图 8-53 尺寸更新前效果

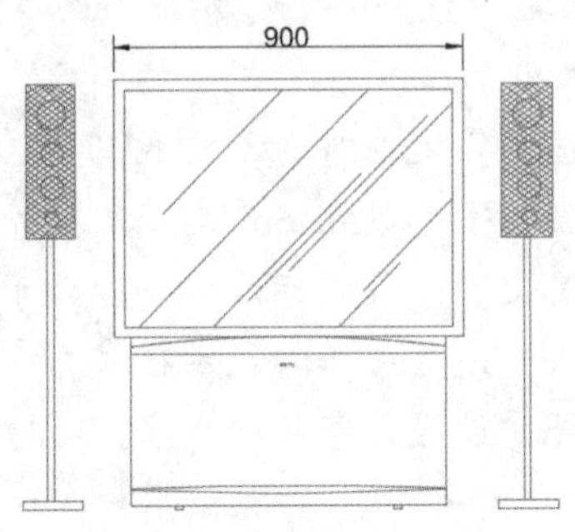

图 8-54 尺寸更新后效果

综合演练——标注床头柜立面图

实例路径：实例 /08/ 综合演练 / 标注床头柜立面图 .dwg

视频路径：视频 /08/ 标注床头柜立面图 .avi

通过本章的学习，用户对尺寸标注应该有了一定的了解，下面就通过一个案例巩固一下尺寸标注的设置及创建等知识。

Step 01 打开素材图形，如图 8-55 所示。

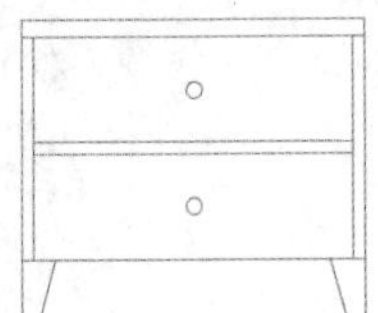

图 8-55 打开图形

Step 02 执行“格式”→“标注样式”命令，打开“标注样式管理器”对话框，如图 8-56 所示。

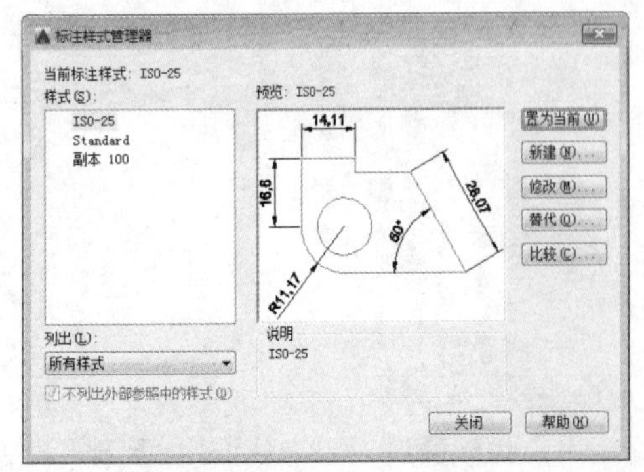

图 8-56 “标注样式管理器”对话框

Step 03 单击“新建”按钮，在弹出的“创建新标注样式”对话框中输入新的样式名，如图 8-57 所示。

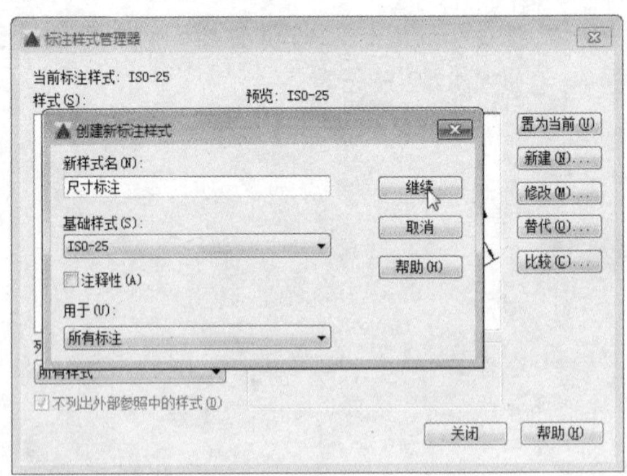

图 8-57 输入新的样式名

Step 04 单击“继续”按钮，打开新建标注样式对话框，切换到“符号和箭头”选项卡，设置箭头样式和箭头大小，如图 8-58 所示。

Step 05 切换到“文字”选项卡，设置文字高度为 15mm，如图 8-59 所示。

Step 06 切换到“主单位”选项卡，设置标注精度为 0，如图 8-60 所示。

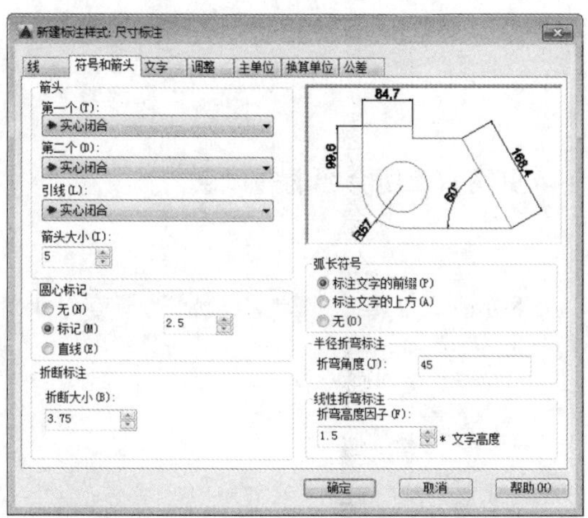

图 8-58 “符号和箭头”选项卡

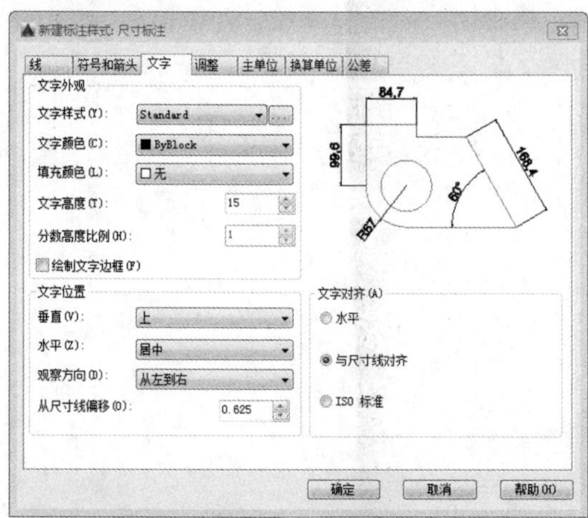

图 8-59 “文字”选项卡

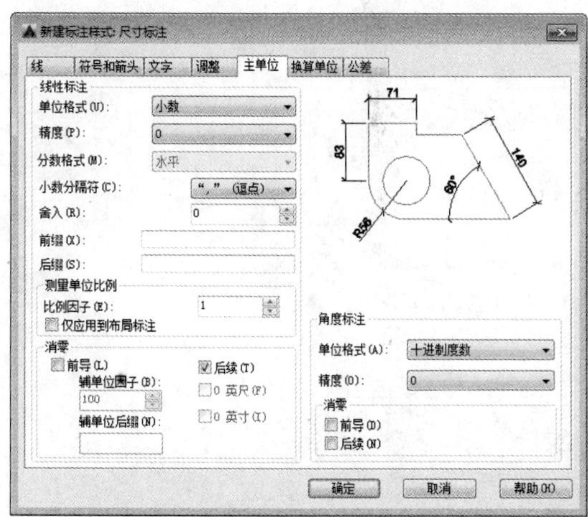

图 8-60 “主单位”选项卡

Step 07 设置完毕关闭对话框，返回到“标注样式管理器”对话框，单击“置为当前”按钮，即可关闭该对话框，如图 8-61 所示。

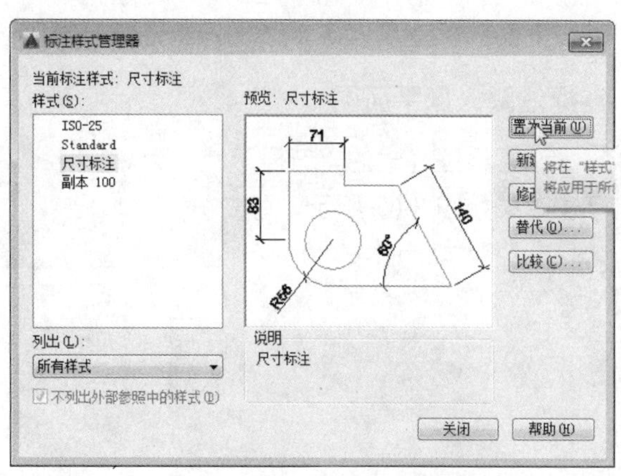

图 8-61 置为当前

Step 08 返回到绘图区，执行“标注”→“线性”命令，对图形进行尺寸标注，如图 8-62 所示。

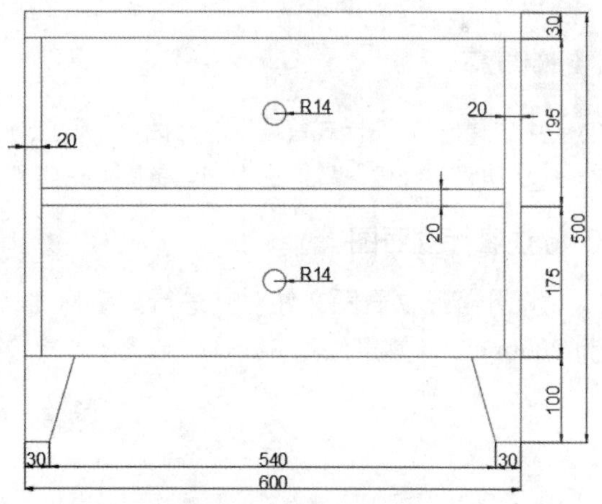

图 8-62 完成标注

上机操作

下面以标注双人床平面图和标注客厅立面图为例，巩固本章所介绍的知识点。

1. 标注双人床平面图

设置标注样式的“符号”为小点，文字“高度”为 80mm，“单位”为小数，“精度”为 0，标注效果如图 8-63 所示。

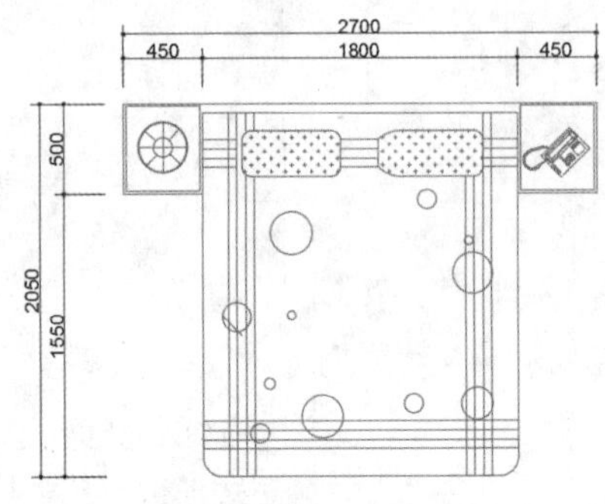

图 8-63 标注双人床

操作提示：

Step 01 打开“标注样式管理器”对话框，设置标注样式。

Step 02 执行“线性”标注命令对当前图纸进行标注。

2. 标注客厅立面图

打开客厅立面图文件对其进行文字标注（“符号”为小点，“大小”为 200，文字“高度”为 200mm），效果如图 8-64 所示。

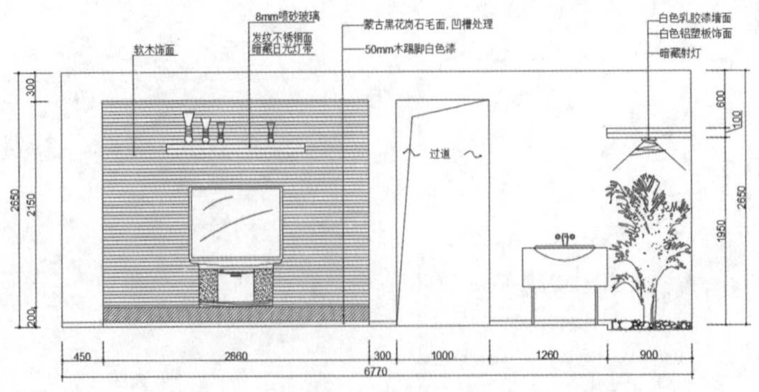

图 8-64 添加多重引线

操作提示：

Step 01 打开“多重引线样式管理器”对话框，设置多重引线样式。

Step 02 执行“多重引线”命令，对当前图形进行逐一标注。

第 9 章

创建与编辑三维模型

在 AutoCAD 中，用户不仅可以创建基本的三维模型，还可以将二维图形生成三维模型，并对三维模型进行编辑。本章将对三维绘图基础、创建三维实体模型，以及移动、对齐、旋转、镜像等知识进行介绍。通过对这些内容的学习，用户可以熟悉编辑三维模型的基本操作，掌握渲染三维模型的方法与技巧。

知识要点

▲ 创建三维实体模型

▲ 二维图形生成三维实体

▲ 编辑三维实体模型

9.1 创建三维实体模型

在 AutoCAD 中，可以创建的三维实体模型包括长方体、圆柱体、球体、圆环、棱锥体、多段体等。

9.1.1 创建长方体

长方体在三维建模中应用最为广泛，创建长方体时底面总与 *XY* 面平行。用户可以通过以下方式调用“长方体”命令。

- 执行“绘图”→“建模”→“长方体”命令。
- 在“常用”选项卡“建模”面板中单击“长方体”按钮。
- 在“实体”选项卡“图元”面板中单击“长方体”按钮。
- 在命令行输入 BOX 命令并按 Enter 键。

在“常用”选项卡的“建模”面板中单击“长方体”按钮，根据命令行中提示的信息设置高度为 400mm，创建长方体，如图 9-1、图 9-2 所示。

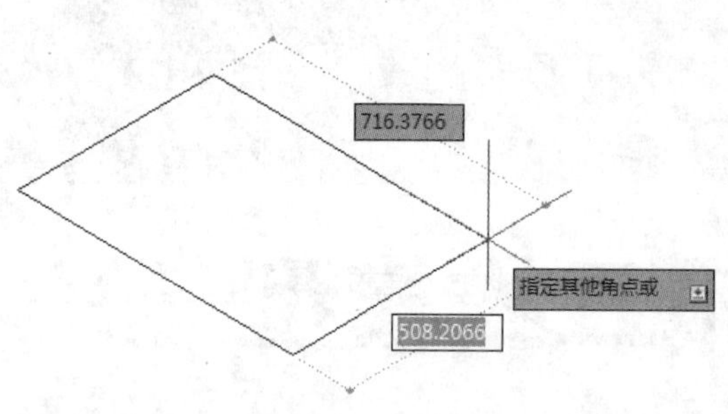

图 9-1 指定角点

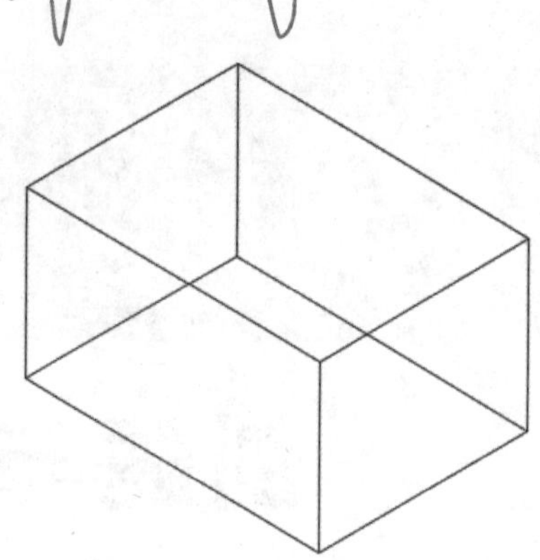

图 9-2 创建长方体效果

命令行提示如下：

```
命令： _box
指定第一个角点或 [中心(C)]:
指定其他角点或 [立方体(C)/长度(L)]:
指定高度或 [两点(2P)]:
```

知识拓展

在创建长方体时，也可以直接将视图更改为西南等轴测、东南等轴测、东北等轴测、西北等轴测等视图，然后任意指定点和高度，这样方便观察效果。

9.1.2 创建圆柱体

圆柱体是以圆或椭圆为横截面的形状，通过拉伸横截面形状，创建出来的三维基本模型。用户可以通过以下方式调用“圆柱体”命令。

- 执行“绘图”→“建模”→“圆柱体”命令。
- 在“常用”选项卡“建模”面板中单击“圆柱体”按钮。
- 在“实体”选项卡“图元”面板中单击“圆柱体”按钮。
- 在命令行输入 CYLINDER 命令并按 Enter 键。

执行“圆柱体”命令后，用户可以根据命令行中的提示进行创建。命令行提示如下：

```
命令： _cylinder
指定底面的中心点或 [三点(3P)/两点(2P)/切点、切点、半径(T)/椭圆(E)]:
指定底面半径或 [直径(D)] <80.0000>: 80
指定高度或 [两点(2P)/轴端点(A)] <200.0000>: 180
```

执行“绘图”→“建模”→“圆柱体”命令，根据命令行提示，指定圆柱体底面中点，输入底面半径，再输入柱体高度，即可完成圆柱体的绘制，如图 9-3、图 9-4 所示为圆柱体和椭圆柱体。

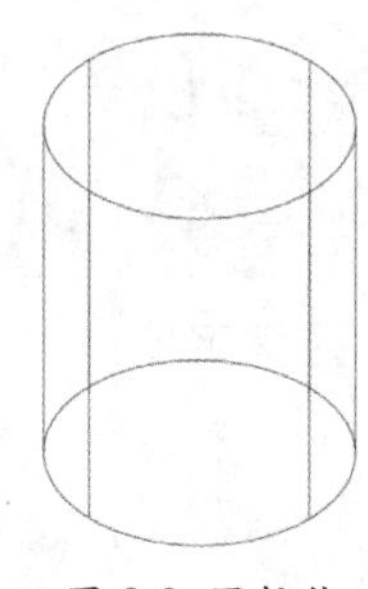

图 9-3 圆柱体

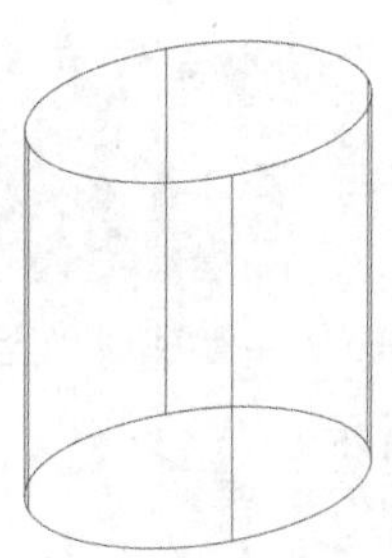
图 9-4 椭圆柱体

9.1.3 创建楔体

楔体是一个三角形的实体模型，其绘制方法与长方体相似。用户可以通过以下方式调用“楔体”命令：

- 执行“绘图”→“建模”→“楔体”命令。
- 在“常用”选项卡“建模”面板中单击“楔体”按钮。
- 在“实体”选项卡“图元”面板中单击“楔体”按钮。
- 在命令行输入 WEDGE 命令并按 Enter 键。

执行“楔体”命令后，用户可根据命令行中的提示信息进行创建。命令行提示如下：

```
命令: _wedge
指定第一个角点或 [中心(C)]:
指定其他角点或 [立方体(C)/长度(L)]:
指定高度或 [两点(2P)] <216.7622>:200
```

执行“绘图”→“建模”→“楔体”命令，根据命令行提示，指定楔体底面方形起点，指定长方形长、宽值，其后指定楔体高度值即可完成绘制，如图 9-5 所示。

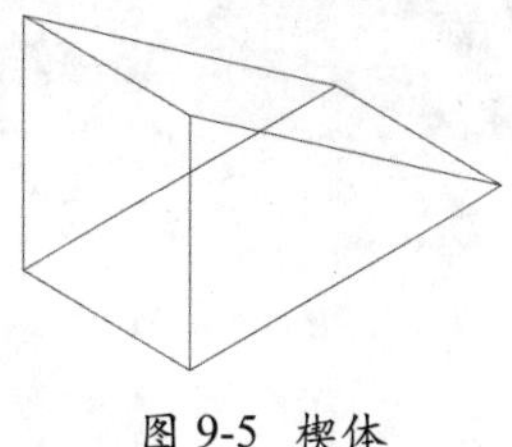
图 9-5 楔体

9.1.4 创建球体

在 AutoCAD 中，用户可以通过以下方式调用“球体”命令。

- 执行“绘图”→“建模”→“球体”命令。
- 在“常用”选项卡“建模”面板中单击“球体”按钮。
- 在“实体”选项卡“图元”面板中单击“球体”按钮。
- 在命令行输入 SPHERE 命令并按 Enter 键。

执行“球体”命令后，用户可根据命令行中的提示信息进行创建。命令行提示如下：

```
命令: _sphere
指定中心点或 [三点(3P)/两点(2P)/切点、切点、半径(T)]:
指定半径或 [直径(D)] <200.0000>:
```

执行“绘图”→“建模”→“球体”命令，在绘图区指定球体的中心点并指定半径即可完成球体的绘制，如图 9-6 所示。

图 9-6 球体

9.1.5 创建圆环

大多数情况下，圆环可以作为三维模型中的装饰材料，应用也非常广泛。用户可以通过以下方式调用“圆环”命令。

- 执行“绘图”→“建模”→“圆环”命令。
- 在“常用”选项卡“建模”面板中单击“圆环”按钮。
- 在命令行输入 TOR 命令并按 Enter 键。

在命令行输入 TOR 命令并按 Enter 键。根据命令行提示，指定圆环的中心点，再指定圆环的半径，然后指定圆管的半径，如图 9-7、图 9-8 所示。命令行提示如下：

```
命令: _torus
指定中心点或 [三点(3P)/两点(2P)/切点、切点、半径(T)]:
指定半径或 [直径(D)] <133.3616>: 100
指定圆管半径或 [两点(2P)/直径(D)]: 15
```

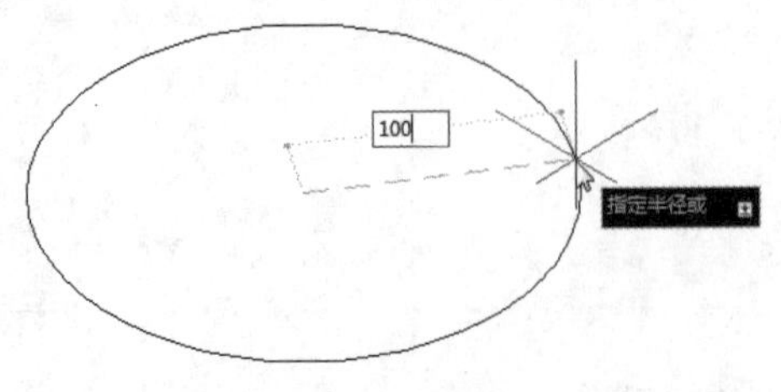

图 9-7 指定圆环半径

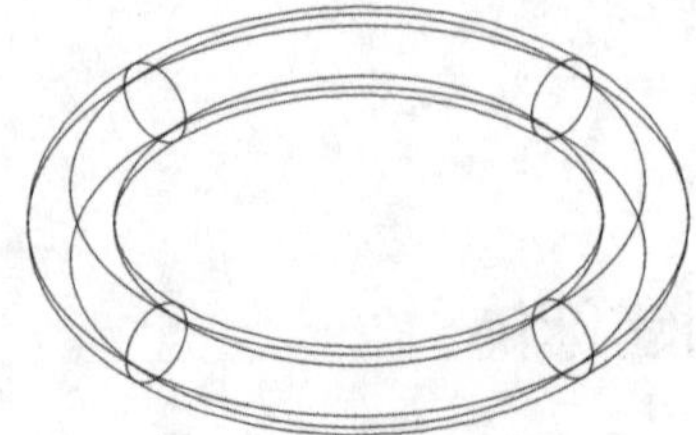

图 9-8 创建圆环效果

9.1.6 创建棱锥体

棱锥体的底面为多边形，由底面多边形拉伸出的图形为三角形，它们的顶点为共同点。用户可以通过以下方式调用“棱锥体”命令。

- 执行“绘图”→“建模”→“棱锥体”命令。
- 在“常用”选项卡“建模”面板中单击“棱锥体”按钮。
- 在“实体”选项卡“图元”面板中单击“多段体”的下拉菜单按钮，在弹出的列表中单击“棱锥体”按钮。
- 在命令行输入 PYRAMID/PYR 命令并按 Enter 键。

执行“棱锥体”命令后，用户可根据命令行中的提示信息进行操作。命令行提示如下：

```
命令: _PYRAMID
 4 个侧面  外切
指定底面的中心点或 [边(E)/侧面(S)]: s
输入侧面数 <4>: 4
指定底面的中心点或 [边(E)/侧面(S)]:
指定底面半径或 [内接(I)] <353.5534>:100
指定高度或 [两点(2P)/轴端点(A)/顶面半径(T)] <550.0000>:300
```

在“常用”选项卡的“建模”面板中单击“棱锥体”按钮，根据提示指定任意一点，再根据提示输入底面半径 100mm，按 Enter 键后，向上移动鼠标指针，根据提示输入高度 300mm，再次按 Enter 键，完成棱锥体的绘制，如图 9-9、图 9-10 所示。

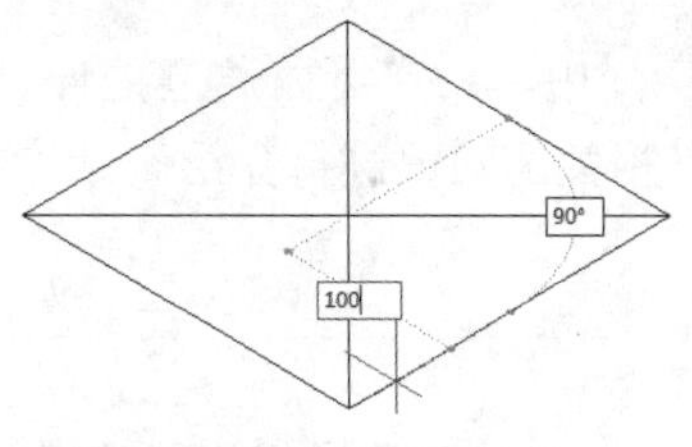

图 9-9 输入底面半径

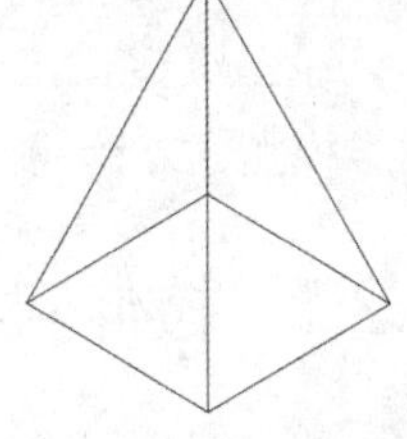
图 9-10 创建棱锥体效果

9.1.7 创建多段体

多段体的应用也十分广泛，可以利用多段体来创建墙体，也可以创建不规则的矩形轮廓。用户通过以下方式可以调用“多段体”命令。

- 执行“绘图”→“建模”→“多段体”命令。
- 在“常用”选项卡“建模”面板中单击“多段体”按钮。
- 在“实体”选项卡“图元”面板中单击“多段体”按钮。
- 在命令行输入 POLYSOLID 命令并按 Enter 键。

执行“多段体”命令后，用户可根据命令行中的提示信息进行操作。命令行提示如下：

```
命令:_Polysolid 高度 = 80.0000, 宽度 = 5.0000, 对正 = 居中
指定起点或 [对象(O)/高度(H)/宽度(W)/对正(J)] <对象>:
指定下一个点或 [圆弧(A)/放弃(U)]: 100
指定下一个点或 [圆弧(A)/放弃(U)]: 600
指定下一个点或 [圆弧(A)/闭合(C)/放弃(U)]: 300
指定下一个点或 [圆弧(A)/闭合(C)/放弃(U)]: 400
指定下一个点或 [圆弧(A)/闭合(C)/放弃(U)]: 200
指定下一个点或 [圆弧(A)/闭合(C)/放弃(U)]:
```

执行“绘图”→“建模”→“多段体”命令，设置多段线的高度、宽度及对正方式，指定起点、转折点及终点即可完成多段体的绘制，如图 9-11 所示。

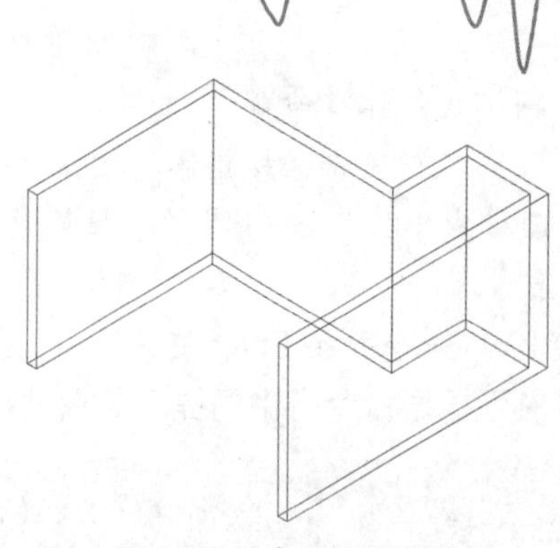

图 9-11 创建多段体效果

9.2 二维图形生成三维实体

在三维建模工作空间中，用户可以通过拉伸、放样、旋转、扫掠和按住并拖动等命令创建三维模型。本节将对其相关的知识进行介绍。

9.2.1 拉伸实体

使用“拉伸”命令，可以创建各种沿指定的路径拉伸出的实体，用户可以通过以下方式调用“拉伸”命令。

- 执行“绘图”→“建模”→“拉伸”命令。
- 在“常用”选项卡“建模”面板中单击“拉伸”按钮。
- 在“实体”选项卡“实体”面板中单击“拉伸”按钮。
- 在命令行输入 EXTRUDE 命令并按 Enter 键。

任意绘制一个圆，执行“拉伸”命令，根据命令行提示，选择拉伸图形，按 Enter 键，向上或向下移动鼠标拉伸图形即可，如图 9-12、图 9-13 所示。

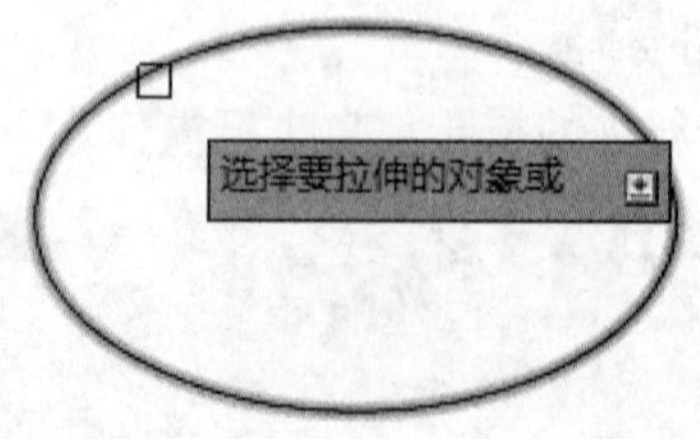

图 9-12 选择图形

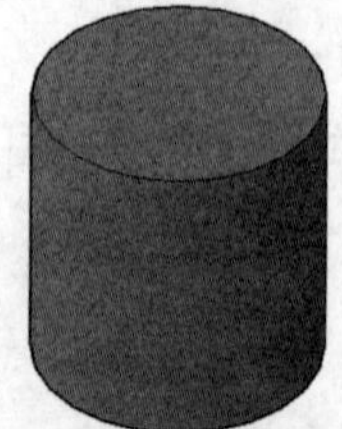

图 9-13 拉伸效果

知识拓展

“拉伸”命令可拉伸直线、椭圆、圆弧、椭圆弧、样条曲线、多段线、二维平面、面域及二维曲线对象。拉伸的路径可以是开放的，也可以是封闭的。

9.2.2 放样实体

放样是通过指定两条或两条以上的横截面曲线来生成实体，放样的横截曲面需要和第一个横截曲面在同一平面上，用户可以通过以下方式调用“放样”命令。

- 执行“绘图”→“建模”→“放样”命令。
- 在“常用”选项卡“建模”面板中单击“放样”按钮。
- 在“实体”选项卡“实体”面板中单击“放样”按钮。

绘制同心圆，如图 9-14 所示，执行“放样”命令，根据命令行提示依次选择圆形作为横截面，按 Enter 键后设置精度值为 8，再执行“视图”→“全部重生成”命令，其效果如图 9-15 所示。

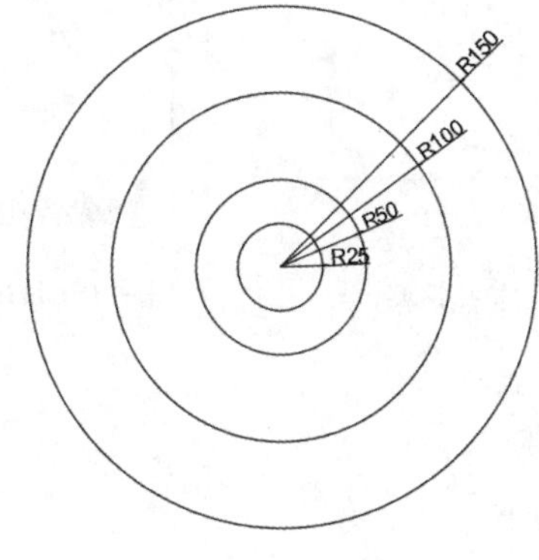

图 9-14 绘制同心圆

图 9-15 放样效果

9.2.3 旋转实体

旋转是将创建的二维闭合图形通过指定的旋转轴进行旋转，用户可以通过以下方式调用“旋转”命令。

- 执行“绘图”→“建模”→“旋转”命令。
- 在“常用”选项卡“建模”面板中单击“旋转”按钮。
- 在“实体”选项卡“实体”面板中单击“旋转”按钮。
- 在命令行输入 REVOLVE 命令并按 Enter 键。

知识拓展

用于旋转的二维图形可以是多边形、圆、椭圆、封闭多段线、封闭样条曲线、圆环以及封闭区域，并且每次只能旋转一个对象。但三维图形、包含在块中的对象、有交叉或自干涉的多段线不能被旋转。

实战——创建酒杯模型

下面以创建酒杯模型为例，介绍旋转实体的创建方法。

Step 01 在左视图中绘制一条直线和一条二维曲线，如图 9-16 所示。

Step 02 执行“绘图”→“建模”→“旋转”命令，根据提示选择需要旋转的对象，如图 9-17 所示。

Step 03 按 Enter 键后根据提示指定轴起点，如图 9-18 所示。

Step 04 指定轴端点，如图 9-19 所示。

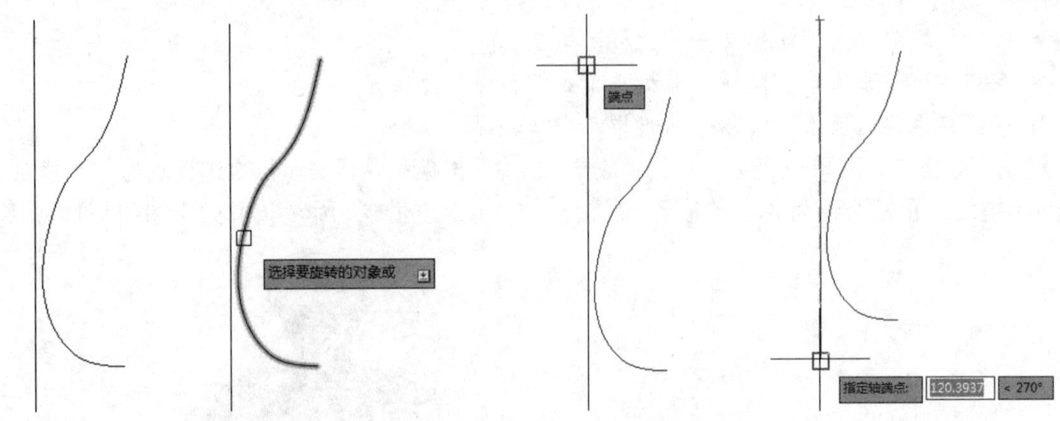

图 9-16 绘制二维曲线　图 9-17 选择旋转对象　图 9-18 指定轴起点　图 9-19 指定轴端点

Step 05 根据提示设置旋转角度为 360°，如图 9-20 所示。

Step 06 观察创建旋转实体的效果，如图 9-21 所示。

Step 07 将视图切换到“西南等轴测”视图，如图 9-22 所示。

Step 08 设置视觉样式为“概念”，效果如图 9-23 所示。

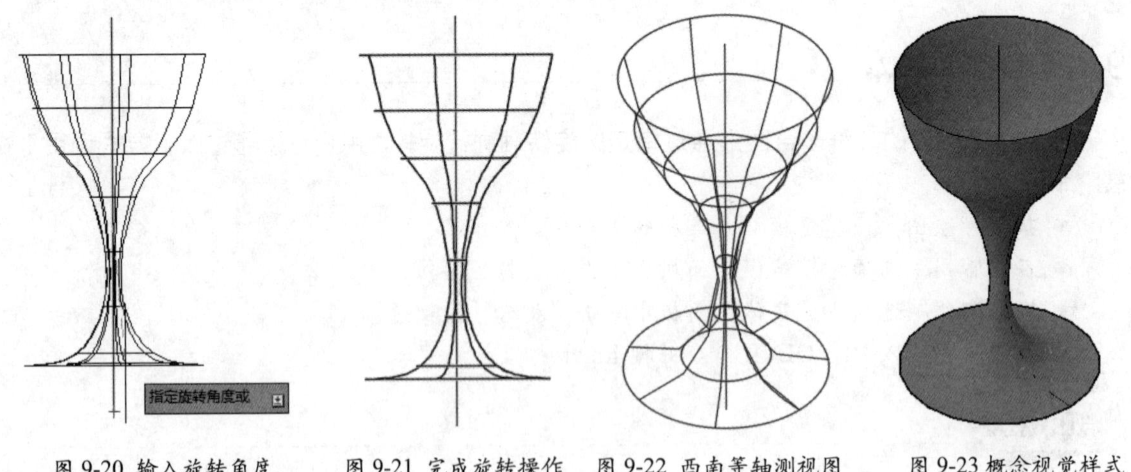

图 9-20 输入旋转角度　图 9-21 完成旋转操作　图 9-22 西南等轴测视图　图 9-23 概念视觉样式

9.2.4 扫掠实体

扫掠实体是指将需要扫掠的轮廓按指定路径生成实体或曲面，扫掠多个对象时，其对象必须处于同一平面上。扫掠图形性质取决于路径是封闭或是开放的，若路径处于开放，则扫掠的图形则是曲线；若是封闭，则扫掠的图形则为实体。

用户可以通过以下方式调用“扫掠”命令。

- 执行“绘图”→“建模”→“扫掠”命令。

- 在“常用”选项卡“建模”面板中单击“扫掠”按钮。
- 在“实体”选项卡“实体”面板中单击“扫掠”按钮。
- 在命令行输入 SWEEP 命令并按 Enter 键。

绘制矩形，执行“扫掠”命令，并指定实体横截面图形对象，按 Enter 键指定扫掠路径，生成矩形实体，更改视觉样式为灰度样式，即可预览灰度样式效果，如图 9-24、图 9-25 所示。

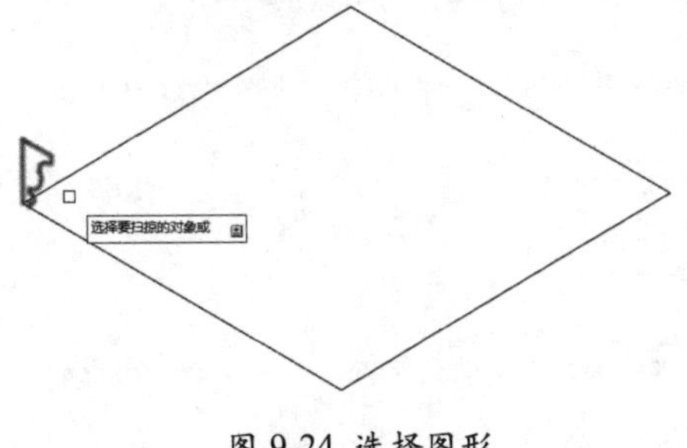

图 9-24 选择图形

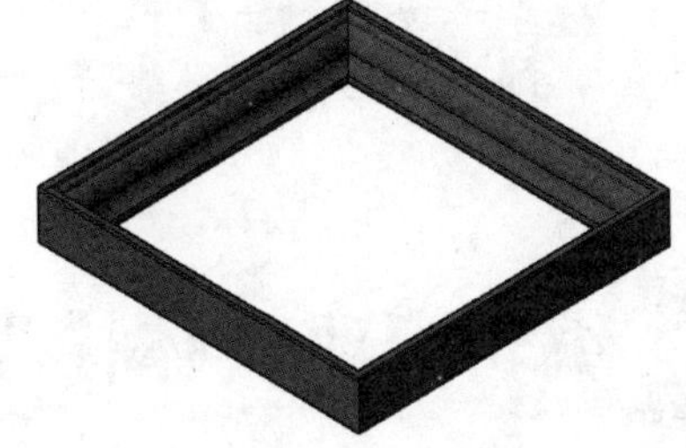

图 9-25 扫掠效果

9.2.5 按住并拖动

按住并拖动也是拉伸实体的一种，通过指定二维图形，可以进行拉伸操作。用户可以通过以下操作调用“按住并拖动”命令。

- 在“常用”选项卡“建模”面板中单击“按住并拖动”按钮。
- 在“实体”选项卡“实体”面板中单击“按住并拖动”按钮。
- 在命令行输入 SWEEP 命令并按 Enter 键。

实战——创建螺母模型

下面以创建螺母模型为例，介绍按住并拖动的方法。

Step 01 执行“圆”“直线”命令，绘制二维图形，设置视图为西南等轴测图，如图 9-26 所示。

Step 02 在“实体”选项卡的“实体”面板中单击“按住并拖动”按钮，再选择对象，如图 9-27 所示。

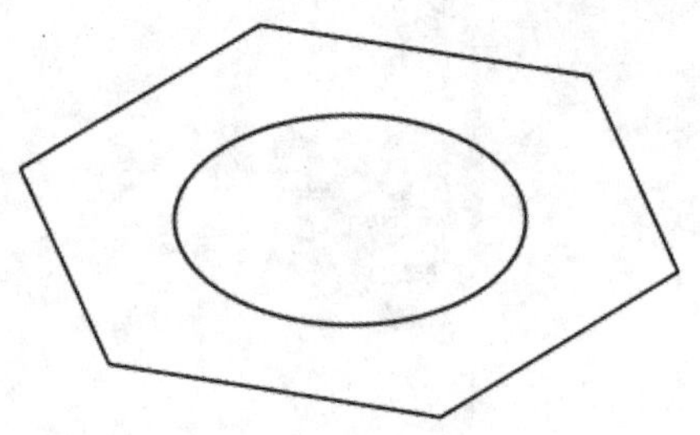

图 9-26 绘制二维图形

图 9-27 选择对象

Step 03 拖动鼠标，根据提示输入拖动的高度，如图 9-28 所示。

Step 04 按 Enter 键后完成操作，如图 9-29 所示。

Step 05 设置视觉样式为“概念”，效果如图 9-30 所示。

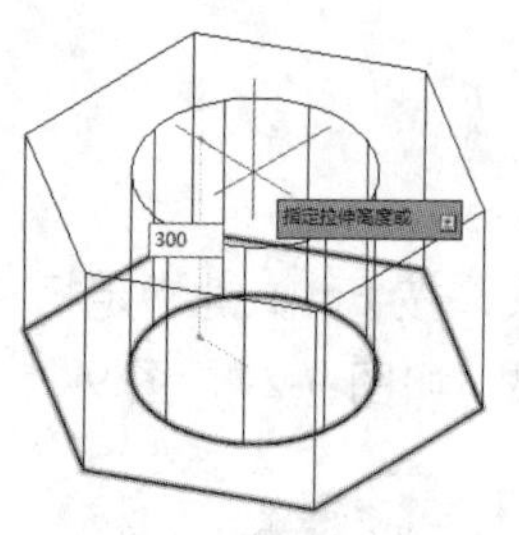

图 9-28 拖动高度

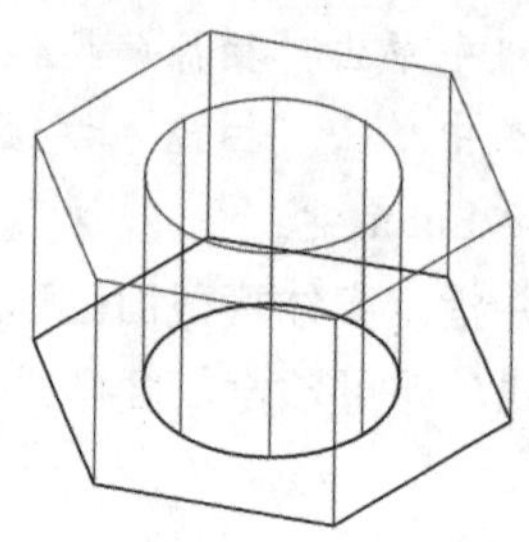

图 9-29 拖动效果

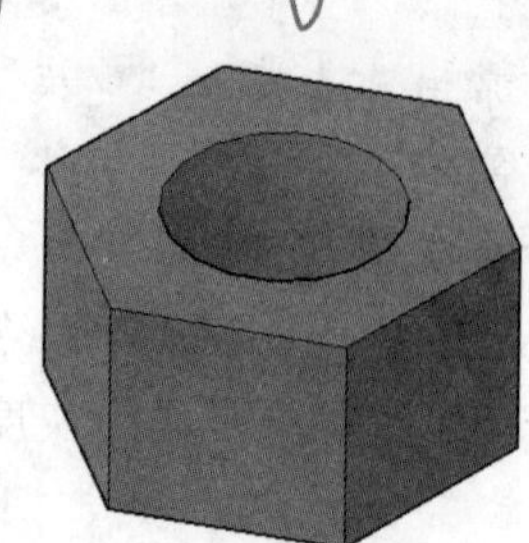

图 9-30 “概念”视觉样式

9.3 编辑三维实体模型

在创建较复杂的三维模型时，为了使其更加美观，会使用到移动、对齐、旋转、镜像、阵列等编辑命令。本节将对这些命令的使用方法和技巧进行介绍。

9.3.1 三维移动

使用移动工具可以将三维对象按照指定的位置进行移动，在 AutoCAD 中，用户可以通过以下方式调用“三维移动”命令。

- 执行“修改”→“三维操作”→“三维移动”命令。
- 在“常用”选项卡“修改”面板中单击“三维移动”按钮。
- 在命令行输入 3DMOVE 命令并按 Enter 键。

执行“修改”→“三维操作”→“三维移动”命令，根据提示选择并移动模型，即可完成操作，如图 9-31、图 9-32 所示为移动前后的效果。

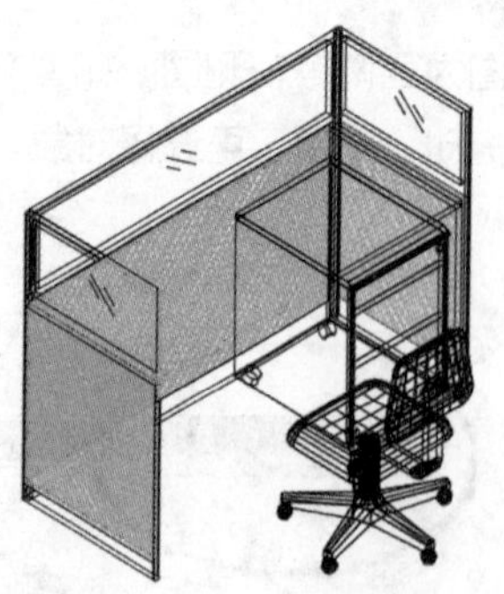

图 9-31 选择移动对象

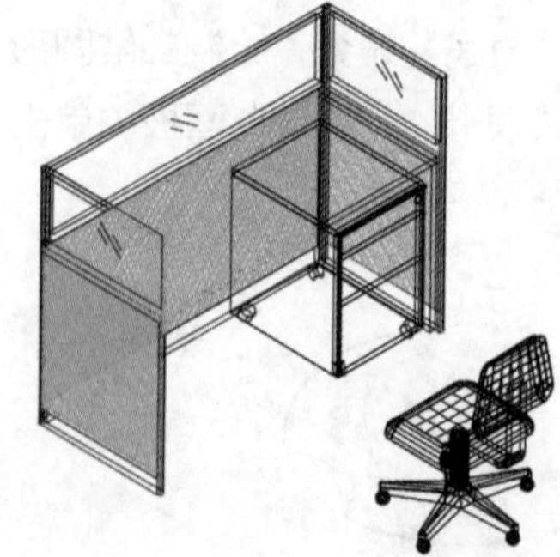

图 9-32 移动模型效果

9.3.2 三维旋转

三维旋转可以将指定的对象按照指定的角度绕旋转轴旋转，用户可以通过以下方式调用“三维旋转”命令。

- 执行"修改"→"三维操作"→"三维旋转"命令。
- 在"常用"选项卡"修改"面板中单击"三维旋转"按钮。
- 在命令行输入 3DROTATE 命令并按 Enter 键。

实战——旋转机械零件模型

下面将以旋转机械零件模型为例，介绍旋转三维对象的方法。

Step 01 打开素材文件，如图 9-33 所示。

Step 02 执行"修改"→"三维操作"→"三维旋转"命令，根据提示选择旋转图形，如图 9-34 所示。

Step 03 按 Enter 键后可以看到模型上出现一个三色旋转图标，如图 9-35 所示。

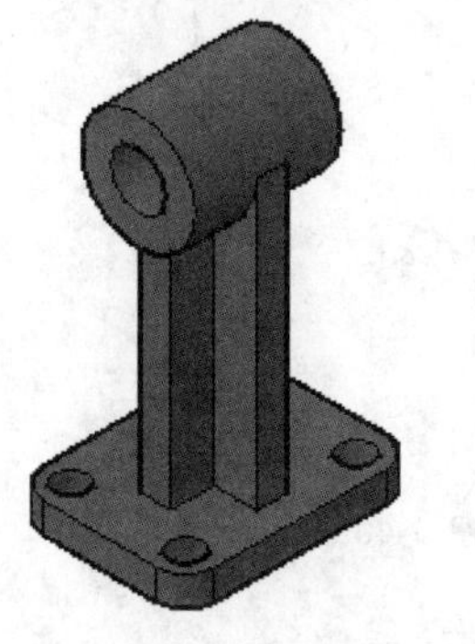

图 9-33 打开素材文件

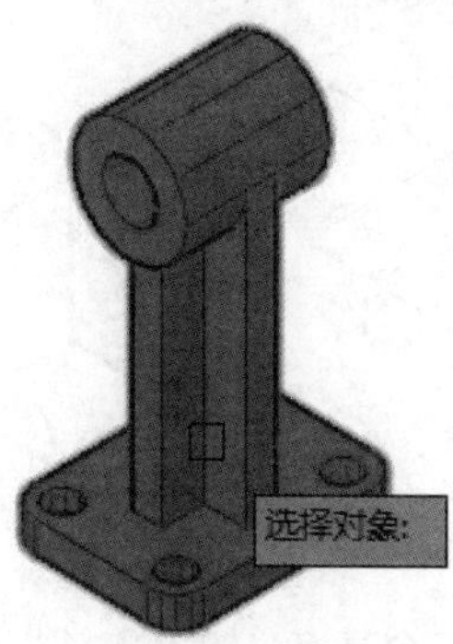

图 9-34 选择对象

图 9-35 旋转图标

Step 04 将光标移动到蓝色旋转轴上，*X* 轴为红色，*Y* 轴为绿色，*Z* 轴为蓝色，如图 9-36 所示。

Step 05 单击该旋转图标，拖动鼠标即可将模型沿着 *Z* 轴进行旋转，也可直接输入旋转角度值，如图 9-37 所示。

Step 06 旋转到合适的角度后，单击鼠标即可完成旋转操作，按 Esc 键退出操作，如图 9-38 所示。

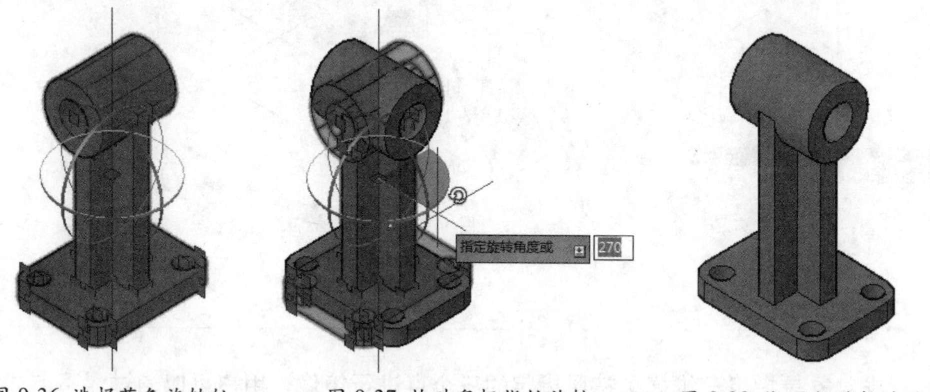

图 9-36 选择蓝色旋转轴　图 9-37 拖动鼠标指针旋转　图 9-38 绕 *Z* 轴旋转效果

9.3.3 三维对齐

"三维对齐"命令是将实体按照指定的点进行对齐操作，用户可以通过以下操作调用"三维对齐"命令。

- 执行“修改”→“三维操作”→“三维对齐”命令。
- 在“常用”选项卡“修改”面板中单击“三维对齐”按钮。
- 在命令行输入 3DALIGN 命令并按 Enter 键。

实战——楔体对齐长方体模型

下面将以楔体对齐长方体为例，介绍对齐三维对象的操作方法。

Step 01 打开素材图形，观察楔体和长方体的位置，如图 9-39 所示。

Step 02 执行“修改”→“三维操作”→“三维对齐”命令，根据提示选择对齐对象，如图 9-40 所示。

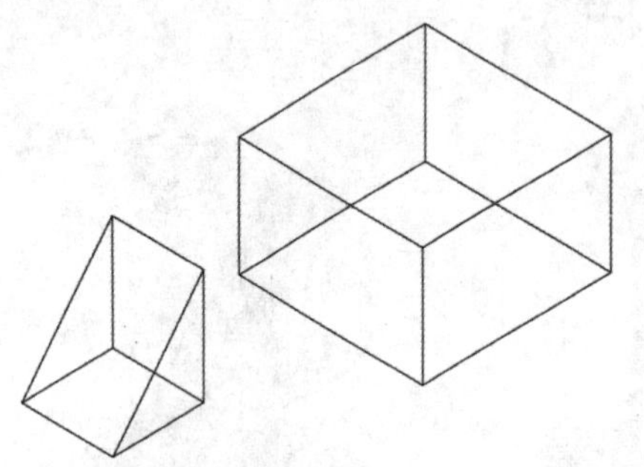

图 9-39 打开素材文件

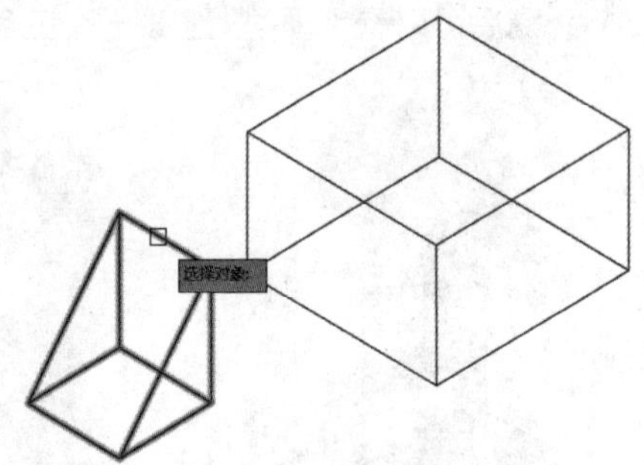

图 9-40 选择文件

Step 03 按 Enter 键依次指定源平面上的三个基点，如图 9-41 所示。

Step 04 依次指定目标平面上的三个目标点，如图 9-42 所示。

Step 05 指定完成后即可查看对齐效果，如图 9-43 所示。

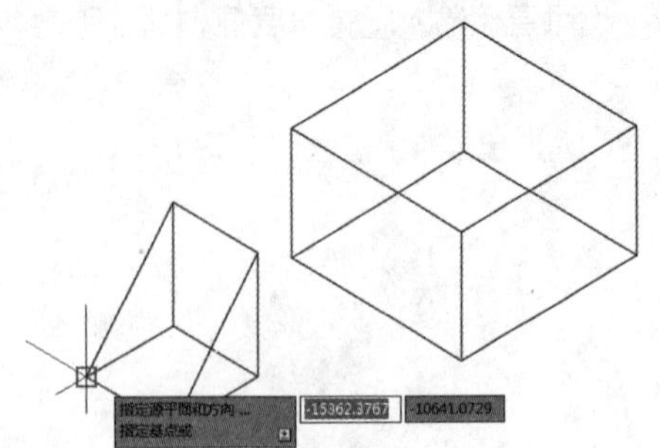

图 9-41 指定基点

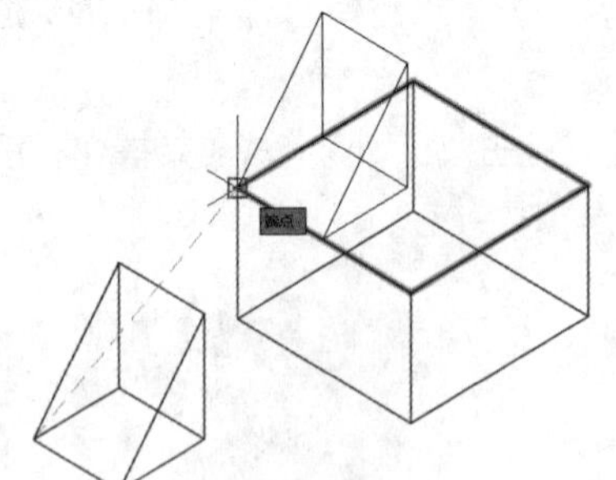

图 9-42 指定目标点

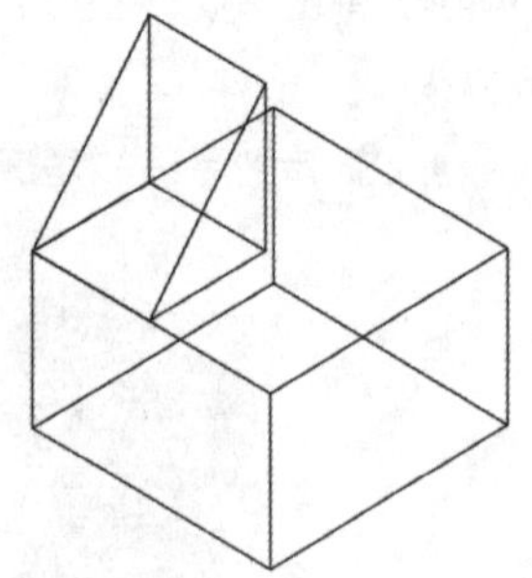

图 9-43 对齐效果

9.3.4 三维镜像

镜像三维对象是指将三维模型按照指定的三个点进行镜像，用户可以通过以下方式调用“三维镜像”命令。

- 执行“修改”→“三维操作”→“三维镜像”命令。
- 在“常用”选项卡“修改”面板中单击“三维镜像”按钮。
- 在命令行输入 MIRROR3D 命令并按 Enter 键。

实战——镜像复制休闲座椅

下面以镜像复制休闲座椅模型为例，介绍镜像三维对象的方法。

Step 01 打开素材文件，如图 9-44 所示。

Step 02 执行“修改”→“三维操作”→“三维镜像”命令，根据提示选择需要进行三维镜像操作的模型，这里选择座椅模型，如图 9-45 所示。

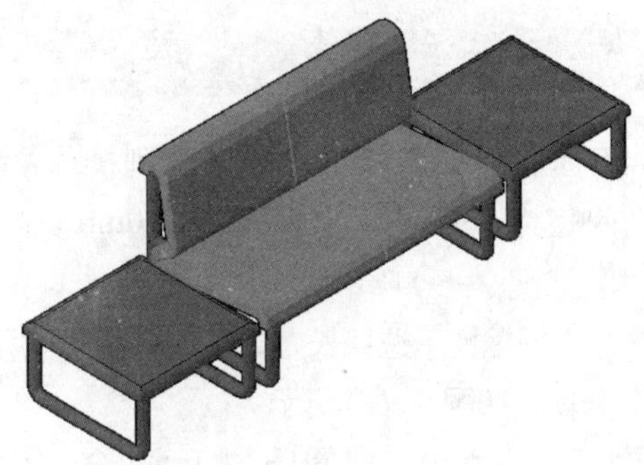

图 9-44 打开文件

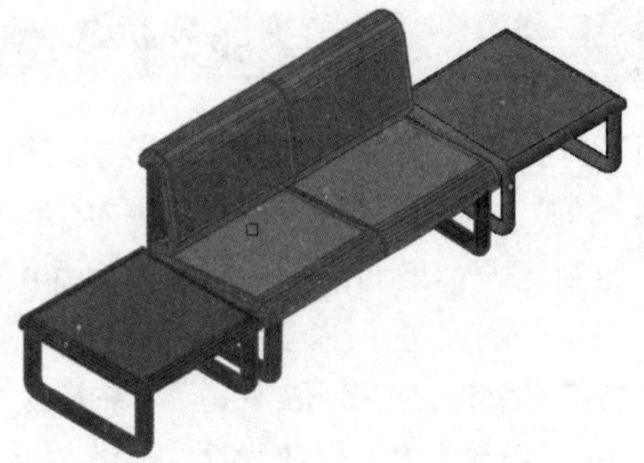

图 9-45 选择镜像对象

Step 03 按 Enter 键后指定镜像平面的第一点，如图 9-46 所示。

Step 04 继续指定第二点和第三点，如图 9-47 所示。

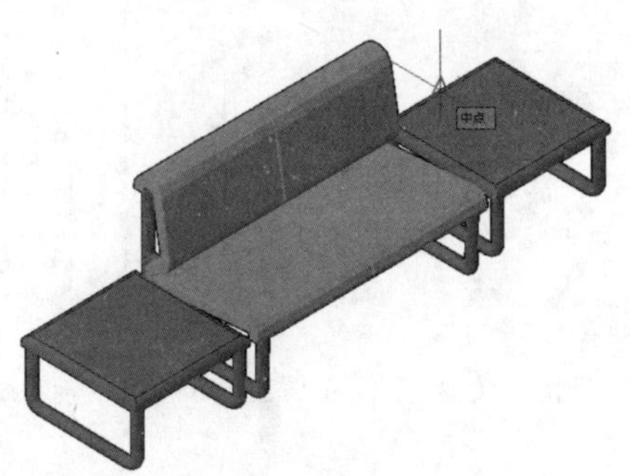

图 9-46 指定镜像第一点

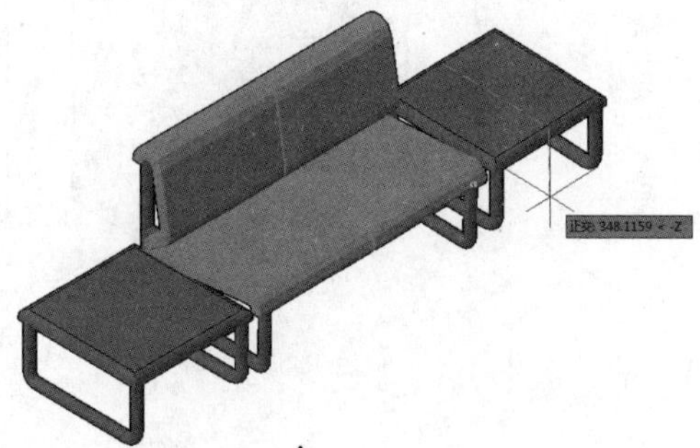

图 9-47 指定第二点、第三点

Step 05 选择第三点后会提示“是否删除源对象”，这里保持默认即可，保留源对象，如图 9-48 所示。

Step 06 按 Enter 键后完成三维镜像操作，效果如图 9-49 所示。

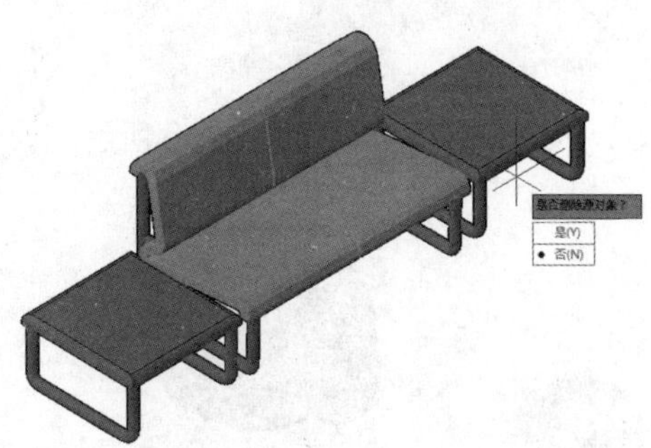

图 9-48 保留源对象

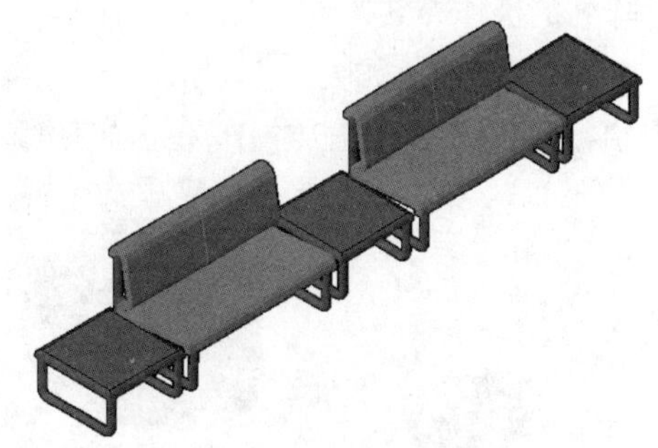

图 9-49 完成镜像操作

9.3.5 三维阵列

三维阵列是指将指定的三维模型按照一定的规则进行阵列，在三维建模工作空间中，阵列三维对象分为矩形阵列和环形阵列。用户可以利用以下方式调用“三维阵列”命令。

- 执行“修改”→“三维操作”→“三维阵列”命令。
- 在命令行输入 3DARRAY 命令并按 Enter 键。

实战 1——矩形阵列长方体

矩形阵列是指模型是以矩形的形式进行阵列。下面将对长方体进行矩形阵列操作，设置行数为 3，列数为 2，层数为 2，行间距为 150mm，列间距为 150mm，层间距为 150mm。

Step 01 绘制尺寸为 85mm×90mm×120mm 的长方体，如图 9-50 所示。

Step 02 执行“修改”→“三维操作”→“三维阵列”命令，根据提示选择长方体，如图 9-51 所示。

Step 03 按 Enter 键，在弹出的快捷菜单中选择“矩形”选项，如图 9-52 所示。

Step 04 设置行数为 3，列数为 2，层数为 2，行间距为 150mm，列间距为 150mm，层间距为 150mm，设置完成后，调整视图方向即可观察阵列效果，如图 9-53 所示。

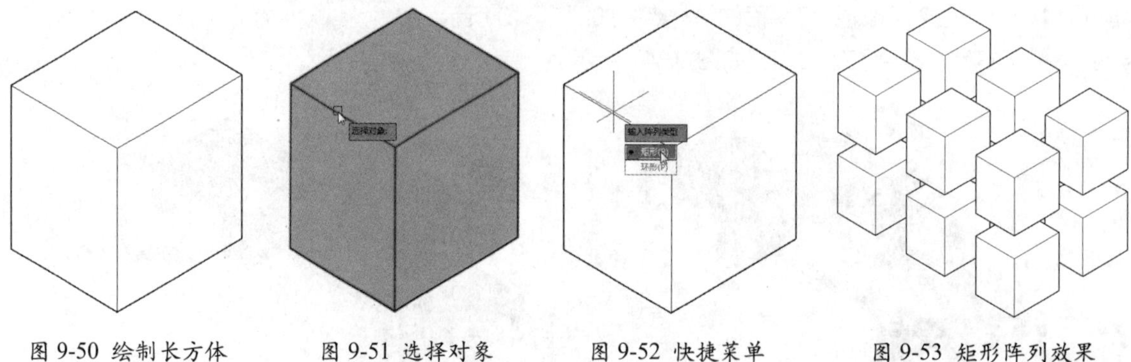

图 9-50 绘制长方体　　图 9-51 选择对象　　图 9-52 快捷菜单　　图 9-53 矩形阵列效果

实战 2——环形阵列茶杯

环形阵列是指将三维模型按指定的阵列角度进行环形阵列。下面以阵列茶杯组合为例，介绍环形阵列的操作方法。

Step 01 打开素材文件，如图 9-54 所示。

Step 02 执行“修改”→“三维操作”→“三维阵列”命令，选择茶杯模型，如图 9-55 所示。

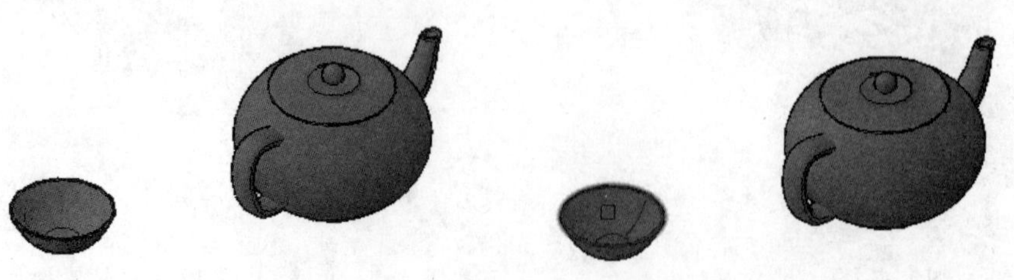

图 9-54 打开图形　　图 9-55 选择模型

Step 03 按 Enter 键后根据提示选择“环形”选项，如图 9-56 所示。

Step 04 再根据提示输入项目数为 6，如图 9-57 所示。

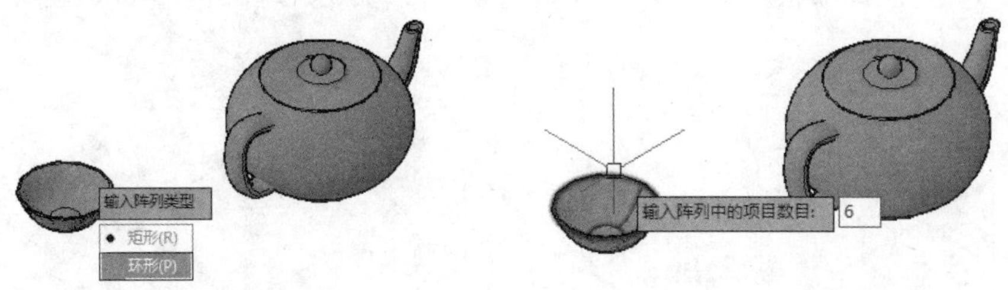

图 9-56 选择环形　　图 9-57 设置项目数

Step 05 按 Enter 键后保持默认的填充角度 360°，再次按 Enter 键确认旋转阵列对象，继续按 Enter 键，根据提示指定阵列的中心点，如图 9-58 所示。

Step 06 设置完成后，即可创建环形阵列，如图 9-59 所示。

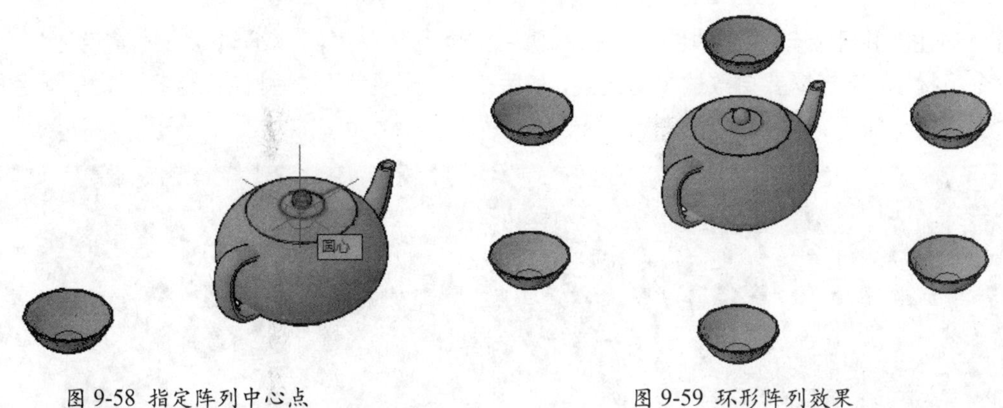

图 9-58 指定阵列中心点　　图 9-59 环形阵列效果

9.3.6 编辑三维实体边

在 AutoCAD 软件中，用户可对三维实体边进行编辑，例如“压印边”“着色边”“复制边”等命令。下面将分别对其操作进行介绍。

1. 压印边

压印边是在选定的图形对象上压印一个图形对象。压印对象包括圆弧、圆、直线、二维和三维多段线、椭圆、样条曲线、面域、体和三维实体。执行“修改”→“实体编辑”→“压印边”命令，根据命令行提示，分别选择三维实体和需要压印图形的对象，其后选择是否删除源对象即可。

命令行提示如下：

```
命令: _imprint
选择三维实体或曲面:
选择要压印的对象:
是否删除源对象 [是(Y)/否(N)] <N>: y
选择要压印的对象:
```

下面介绍压印边的操作方法。

打开素材文件，执行“修改”→“三维编辑”→“压印边”命令，根据命令行提示选择三维实体，根据提示输入 Y，这里删除源对象，按 Enter 键完成压印边的操作，如图 9-60、图 9-61 所示。

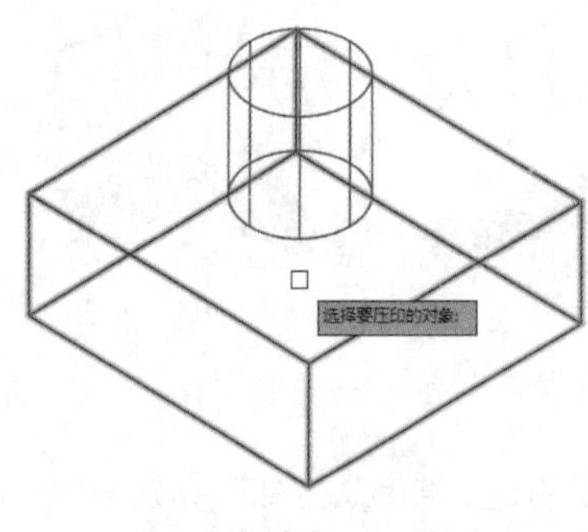

图 9-60 选择三维实体

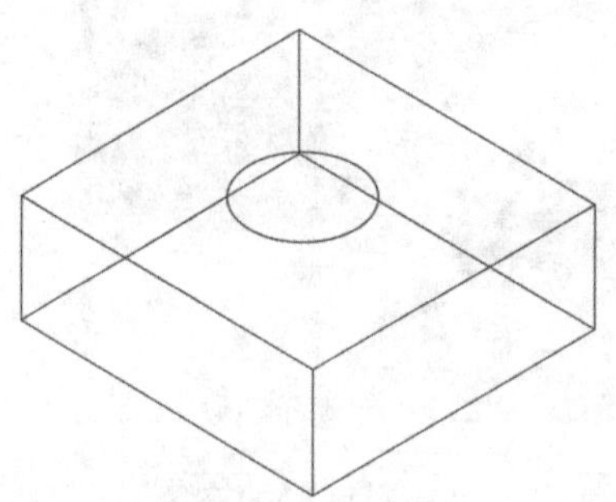

图 9-61 压印效果

2. 着色边

着色边主要用于更改模型边线的颜色。执行“修改”→“实体编辑”→“着色边”命令，根据命令行提示，选择需要更改的模型边线，其后在“选择颜色”对话框中，选择所需的颜色即可。

命令行提示如下：

```
命令: _solidedit
实体编辑自动检查:  SOLIDCHECK=1
输入实体编辑选项 [面(F)/边(E)/体(B)/放弃(U)/退出(X)] <退出>: _edge
输入边编辑选项 [复制(C)/着色(L)/放弃(U)/退出(X)] <退出>: _color
选择边或 [放弃(U)/删除(R)]:
选择边或 [放弃(U)/删除(R)]:
选择边或 [放弃(U)/删除(R)]:
选择边或 [放弃(U)/删除(R)]:
输入边编辑选项 [复制(C)/着色(L)/放弃(U)/退出(X)] <退出>:
实体编辑自动检查:  SOLIDCHECK=1
输入实体编辑选项 [面(F)/边(E)/体(B)/放弃(U)/退出(X)] <退出>:
```

打开素材文件，执行“修改”→“三维编辑”→“着色边”命令，根据提示选择三维实体，按 Enter 键后打开“选择颜色”对话框，从中选择合适的颜色，单击“确定”按钮，设置完成后按两次 Enter 键即可完成操作，如图 9-62、图 9-63 所示。

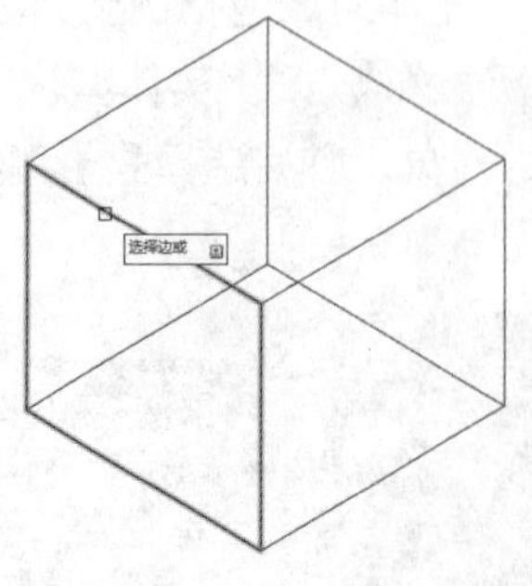

图 9-62 选择边

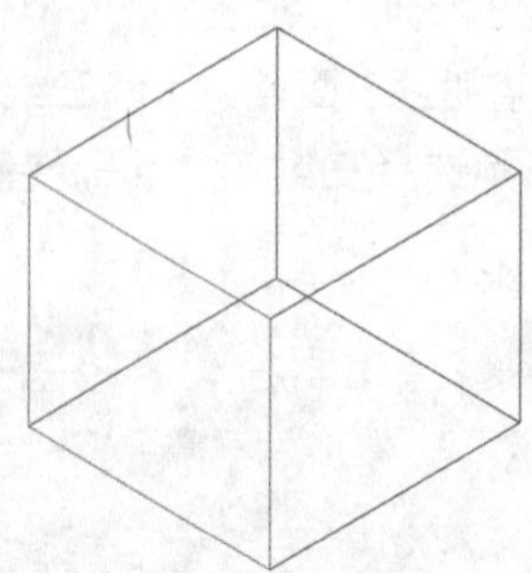

图 9-63 着色边效果

3. 复制边

复制边用于复制三维模型的边，其操作对象包括直线、圆弧、圆、椭圆以及样条曲线。用户只需执行“修改”→“实体编辑”→“复制边”命令，根据命令行提示选择要复制的模型边，指定复制基点，再指定新的基点即可。

打开素材文件，执行“修改”→“三维编辑”→“复制边”命令，根据提示选择三维实体，按 Enter 键后移动鼠标指针，单击鼠标左键，指定第二个基点，设置完成后按两次 Enter 键即可完成操作，如图 9-64、图 9-65 所示。

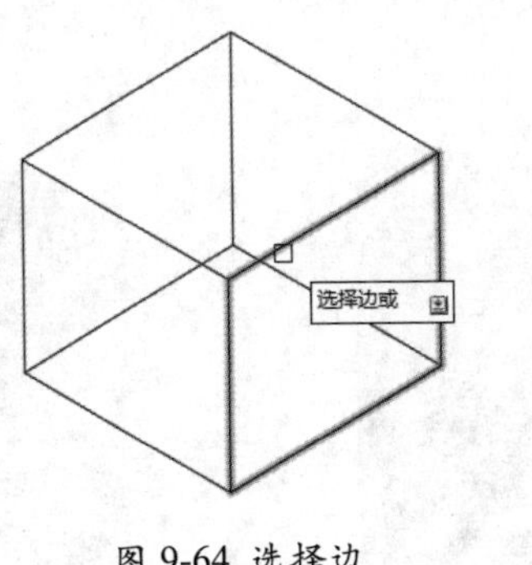

图 9-64 选择边

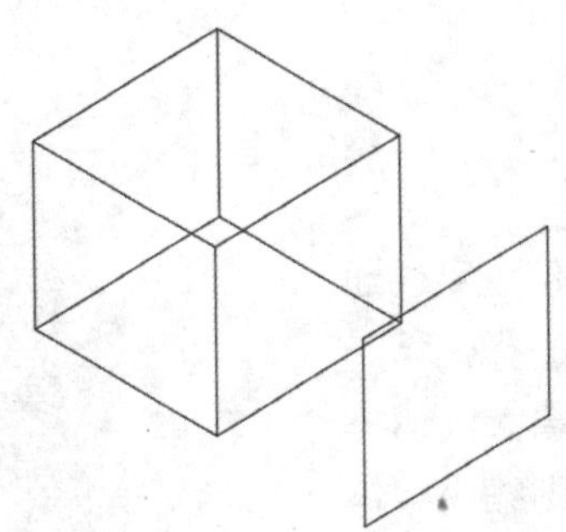

图 9-65 复制边效果

9.3.7 编辑三维实体面

除了可对实体进行倒角、阵列、镜像、旋转等操作外，AutoCAD 还专门提供了编辑实体模型表面、棱边的命令 SOLIDEDIT。对于面的编辑，提供了“拉伸面”“移动面”“偏移面”“删除面”“旋转面”“倾斜面”“复制面”以及“着色面”这几种命令，下面将进行简单介绍。

1. 拉伸面

拉伸面是将选定的三维模型面拉伸到指定的高度或者沿路径拉伸，一次可选择多个面进行拉伸。执行“修改”→“实体编辑”→“拉伸面”命令，根据命令行提示选择所需要拉伸的模型面，输入拉伸高度值，或者选择拉伸路径即可进行拉伸操作，如图 9-66、图 9-67 所示。

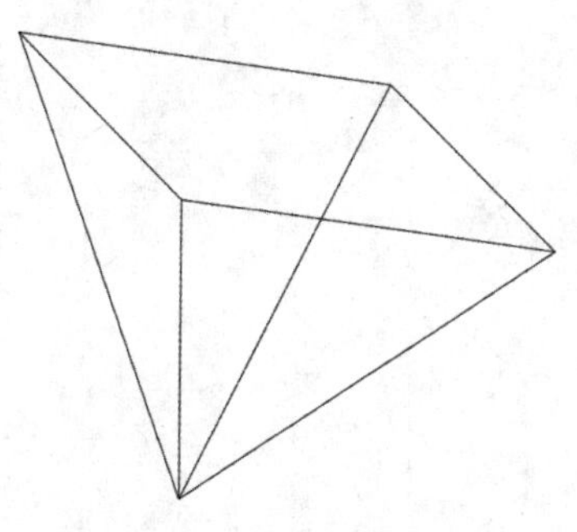

图 9-66 三维模型

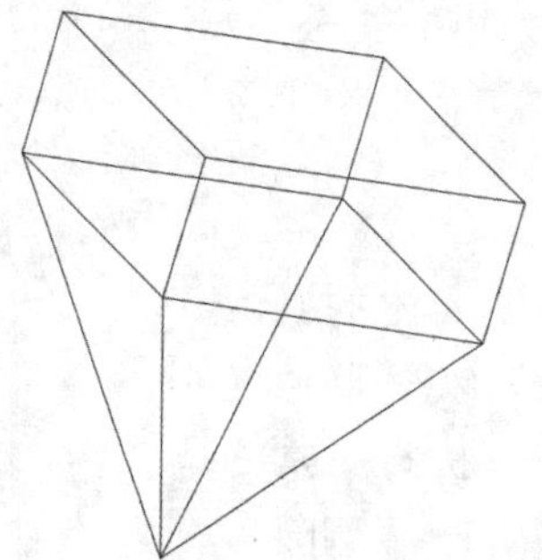

图 9-67 拉伸面效果

2. 移动面

移动面是将选定的面沿着指定的高度或距离进行移动，当然一次可以选择多个面进行移

动。执行“修改”→“实体编辑”→“移动面”命令，根据命令行提示选择所需要移动的三维实体面，指定移动基点，其后再指定新的基点即可，如图 9-68、图 9-69 所示。

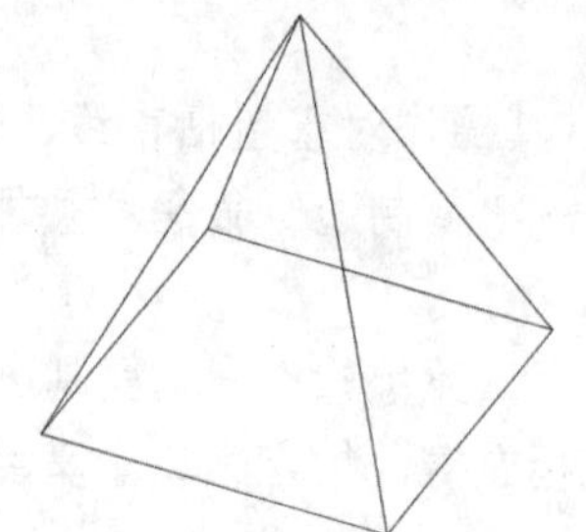
图 9-68 三维模型

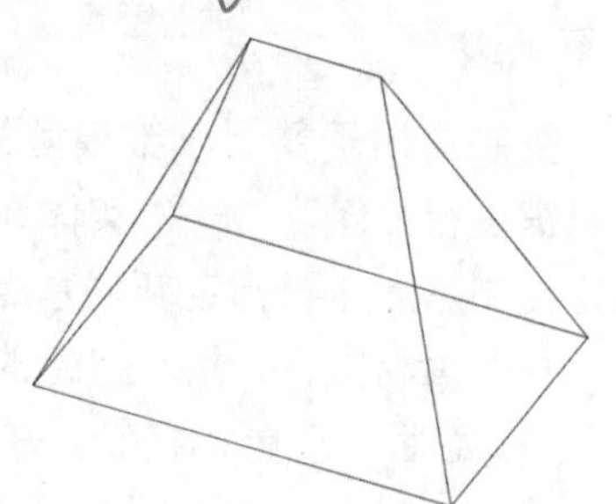
图 9-69 移动面效果

3. 偏移面

偏移面是按指定距离或通过指定的点，将面进行偏移。如果值为正值，则增大实体体积；如果是负值，则缩小实体体积。执行“常用”→“实体编辑”→“偏移面”命令，根据命令提示，选择要偏移的面，并输入偏移距离即可完成操作，如图 9-70、图 9-71 所示。

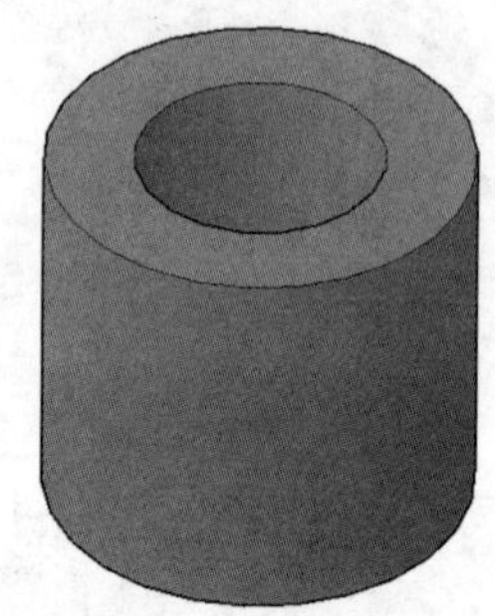
图 9-70 选择要偏移的面

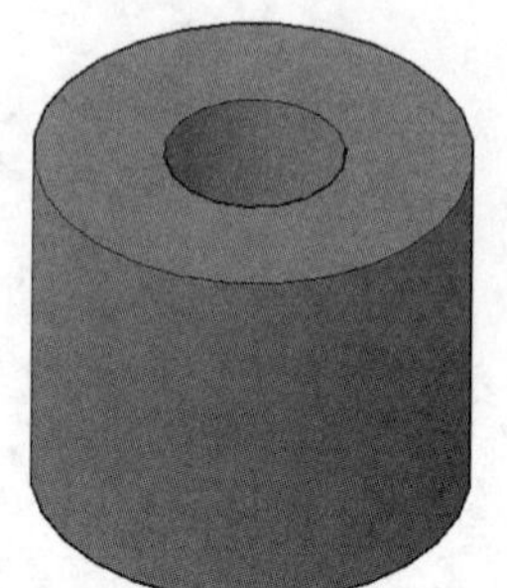
图 9-71 完成偏移

4. 复制面

复制面是将选定的实体面进行复制操作。执行“常用”→“实体编辑”→“复制面”命令，选中所需复制的实体面，并指定复制基点，其后，指定新基点即可，如图 9-72、图 9-73 所示。

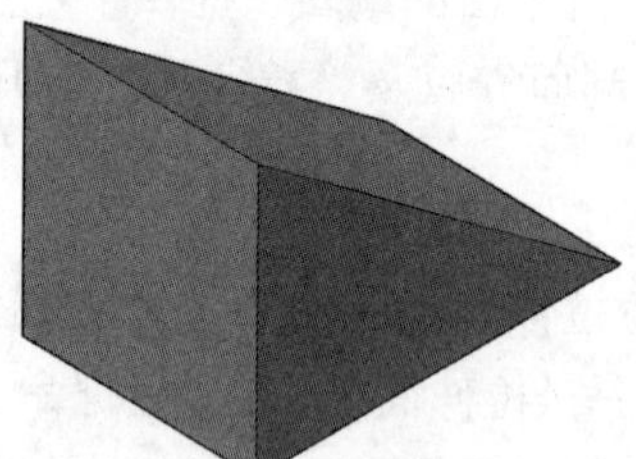
图 9-72 选择复制面

图 9-73 完成复制操作

5. 删除面

删除面是删除实体的圆角或倒角面，使其恢复至原来基本实体模型。执行“常用”→“实体编辑”→“删除面”命令，选择要删除的倒角面，按 Enter 键即可完成，如图 9-74、图 9-75 所示。

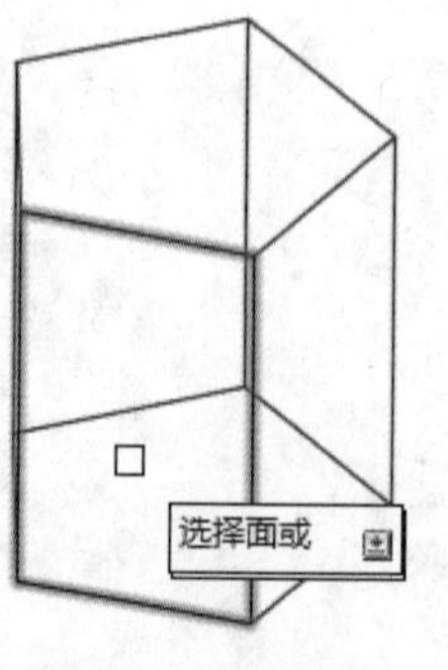

图 9-74 选择面

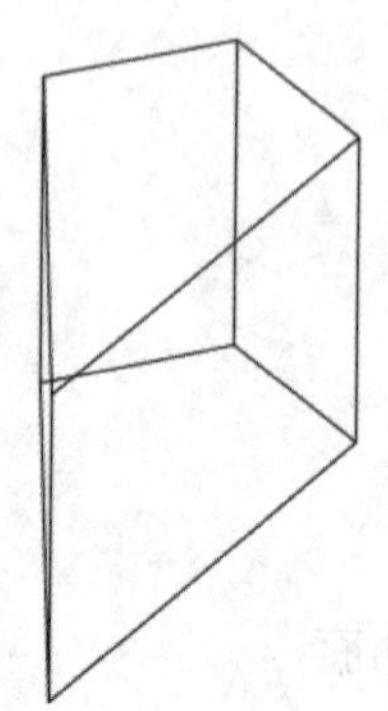
图 9-75 完成删除操作

9.3.8 布尔运算

布尔运算包括并集、差集、交集 3 种布尔值，利用相应的布尔值可以将两个或两个以上的图形通过加减方式结合成新的实体。

1. 实体并集

并集是指将两个或者两个以上的图形进行并集操作，利用“并集”命令可以将所有实体图形结合为一体，没有相重合的部分，用户可以通过以下方式调用“并集”命令。

- 执行“修改”→“实体编辑”→“并集”命令。
- 在“常用”选项卡“实体编辑”面板中单击“并集”按钮。
- 在“实体”选项卡“布尔值”面板中单击“并集”按钮。
- 在命令行输入 UNION 命令并按 Enter 键。

如图 9-76、图 9-77 所示为用并集运算命令创建复合体对象的结果。

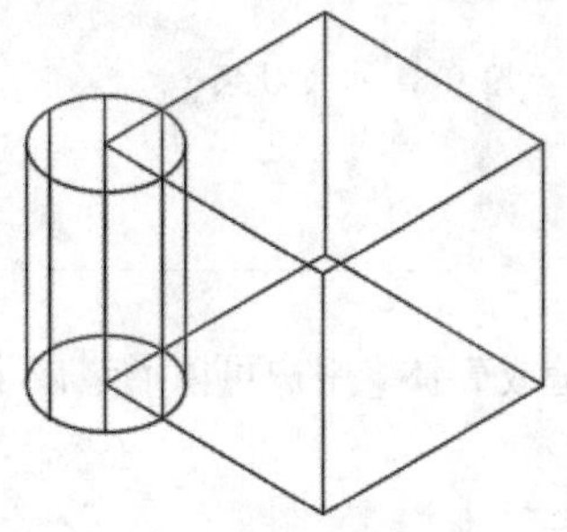

图 9-76 实体对象

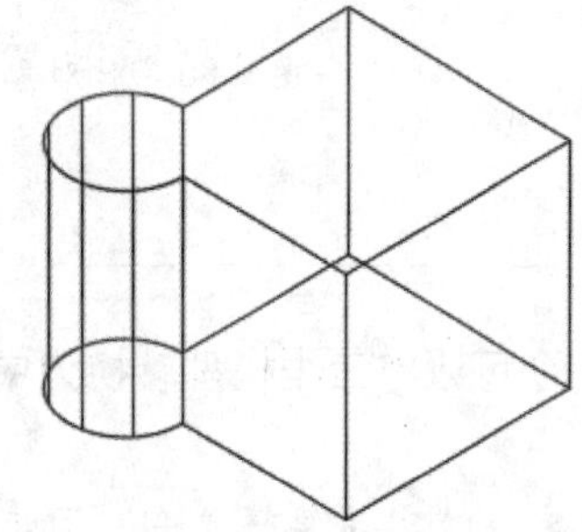

图 9-77 并集效果

2. 实体差集

差集是指从一个或多个实体中减去指定实体的若干部分，用户可以通过以下方式调用“差集”命令。

- 执行“修改”→“实体编辑”→“差集”命令。
- 在“常用”选项卡“实体编辑”面板中单击“差集”按钮。
- 在“实体”选项卡“布尔值”面板中单击“差集”按钮。
- 在命令行输入 SUBTRACT 命令并按 Enter 键。

如图 9-78、图 9-79 所示为用差集运算命令创建复合体对象的结果。

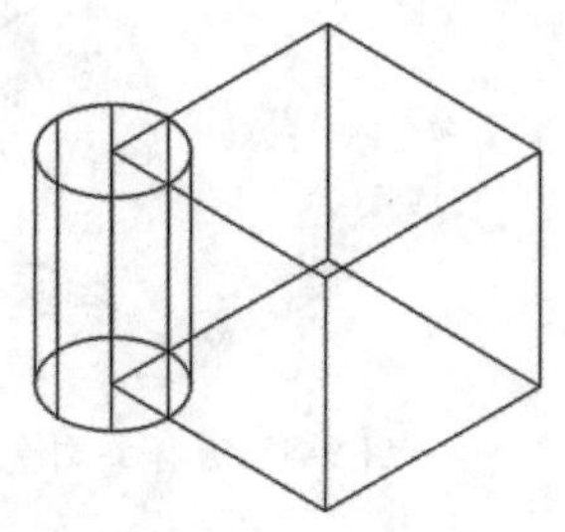

图 9-78 实体对象

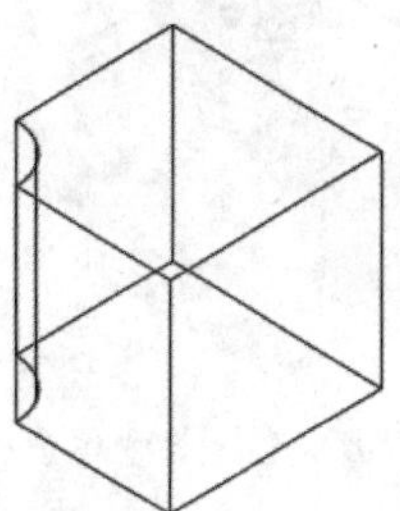

图 9-79 差集效果

3. 实体交集

交集是指用两个实体模型重合的公共部分来创建复合体，用户可以通过以下方式调用“交集”命令。

- 执行“修改”→“实体编辑”→“交集”命令。
- 在“常用”选项卡“实体编辑”面板中单击“交集”按钮。
- 在“实体”选项卡“布尔值”面板中单击“交集”按钮。
- 在命令行输入 INTERSECT 命令并按 Enter 键。

如图 9-80、图 9-81 所示为用交集运算命令创建合体对象的结果。

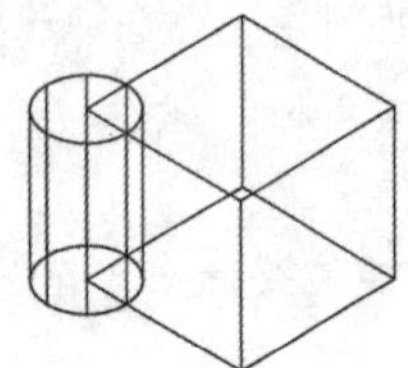

图 9-80 实体对象

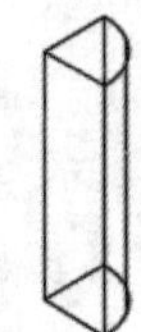

图 9-81 交集效果

9.3.9 抽壳

利用“抽壳”命令可以将三维模型转换为中空薄壁或壳体。用户可以通过以下方式调用“抽壳”命令。

- 执行“修改”→“实体编辑”→“抽壳”命令。
- 在“实体”选项卡“实体编辑”面板中单击“抽壳”按钮。
- 在命令行输入 SOLIDEDIT 命令并按 Enter 键。

实战——抽壳长方体

下面将对长方体进行抽壳操作，介绍“抽壳”命令的操作方法。

Step 01 创建一个长方体，执行“修改”→“实体编辑”→“抽壳”命令，根据提示选择长方体，此时，会提示选择删除的面，如图 9-82 所示。

Step 02 单击选择需要删除的面，如图 9-83 所示。

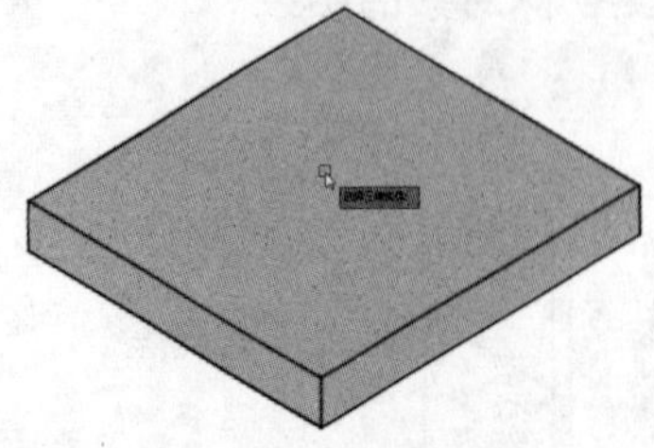

图 9-82 选择长方体

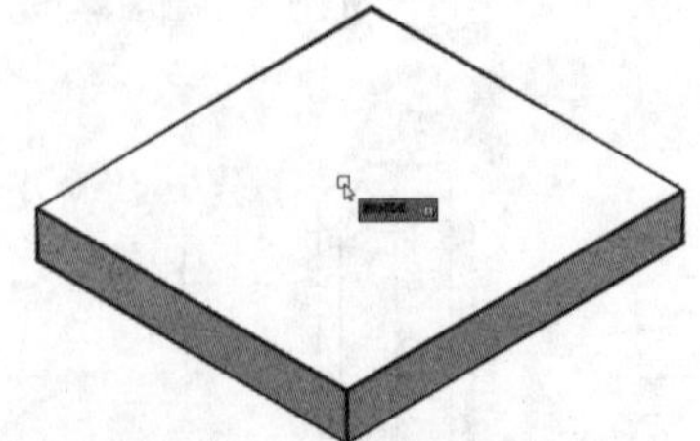

图 9-83 选择要删除的面

Step 03 按 Enter 键输入偏移距离为 20mm，如图 9-84 所示。

Step 04 依次按 Enter 键即可完成抽壳三维对象操作，如图 9-85 所示。

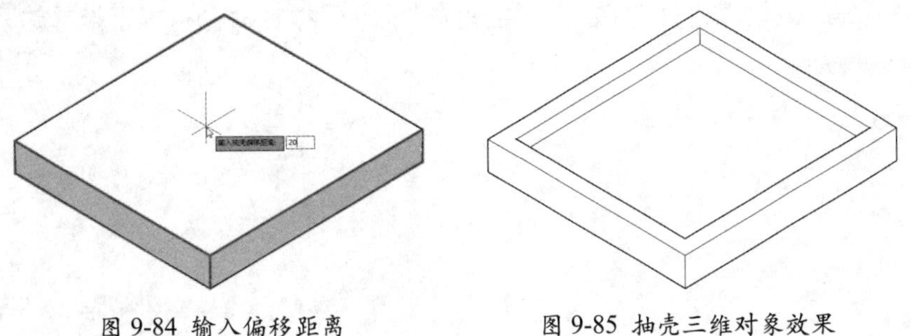

图 9-84 输入偏移距离　　图 9-85 抽壳三维对象效果

9.3.10 倒角

在 AutoCAD 中，用户可以对三维模型对象进行倒直角和圆角操作，下面将具体介绍如何执行倒直角和圆角操作。

1. 倒角边

倒角边是指将三维模型的边通过指定的距离进行倒角，从而形成面。用户可以通过以下方式调用“倒角边”命令。

- 执行“修改”→“倒角边”命令。
- 在“实体”选项卡“实体编辑”面板中单击“倒角边”按钮。
- 在命令行输入 CHAMFEREDGE 命令并按 Enter 键。

随意创建一个长方体，执行“修改”→“实体编辑”→“倒角边”命令，根据命令行提示设置基面倒角距离为 100mm，再设置其他曲面倒角距离为 100mm，设置完成后，按 Enter 键即可完成倒直角操作，如图 9-86、图 9-87 所示。

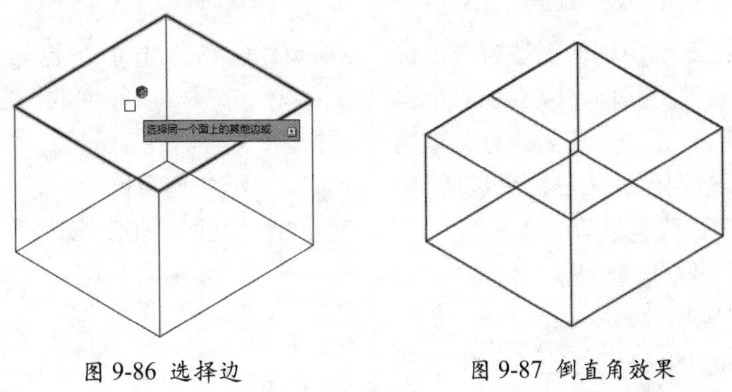

图 9-86 选择边　　图 9-87 倒直角效果

2. 圆角边

圆角边是指将指定的边界通过一定的圆角距离建立圆角，用户可以通过以下方式调用“圆角边”命令。

- 执行“修改”→“圆角边”命令。
- 在“实体”选项卡“实体编辑”面板中单击“圆角边”按钮。
- 在命令行输入 FILLETEDGE 命令并按 Enter 键。

任意创建一个长方体，执行“修改”→“圆角边”命令，根据命令行提示选择边，并设置半径，如图 9-88、图 9-89 所示。

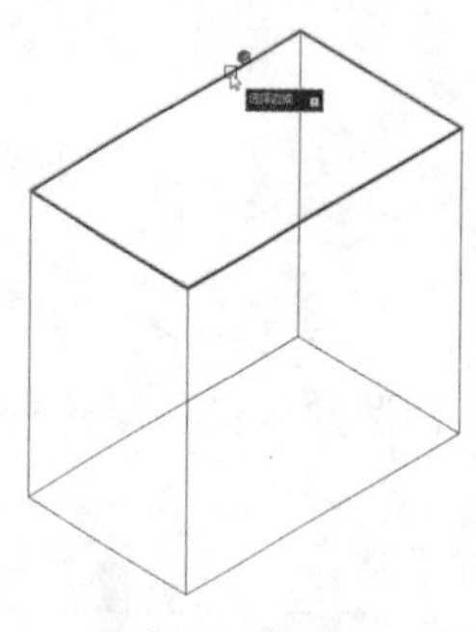
图 9-88 选择边

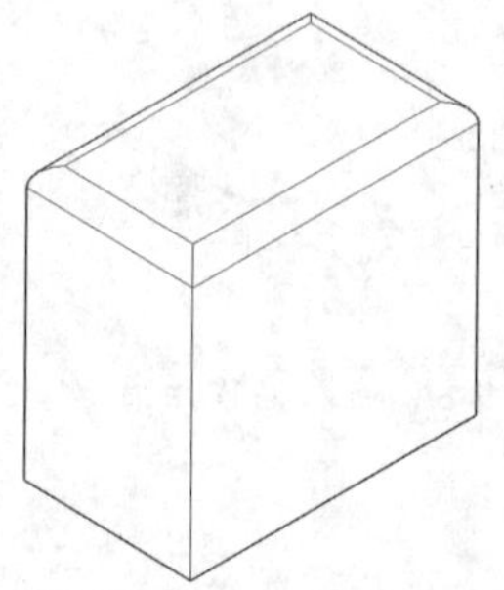
图 9-89 倒圆角效果

绘图技巧

通过上述方法，可指定倒圆角的半径，并选择倒角边，还可以为每个圆角边指定单独的测量单位，并对一系列相切的边进行圆角处理。

在“实体编辑”面板中，除了以上几种编辑实体的命令外，还有其他操作命令，比如“干涉”“分割”“清除”和“检查”等。使用这些命令时，只需要根据命令行中的提示信息操作即可。这些命令不常用，因此不详细介绍。

综合演练——创建办公桌模型

实例路径：实例 /09/ 综合演练 / 创建办公桌模型 .dwg

视频路径：视频 /09/ 创建办公桌模型 .avi

为了更好地掌握三维模型的创建方法，接下来练习制作办公桌模型案例，以实现对所学内容的温习巩固。下面具体介绍创建办公桌模型的方法，其中主要运用到的三维命令包括“拉伸”“差集”和“三维阵列”等。

Step 01 将视图设置为“西南等轴测”，执行“常用”→“绘图”→“矩形”命令，绘制一个长为 1500mm、宽为 700mm 的长方形，如图 9-90 所示。

Step 02 在“常用”选项卡“建模”面板中单击“拉伸”按钮，将长方形向上拉伸 50mm，如图 9-91 所示。

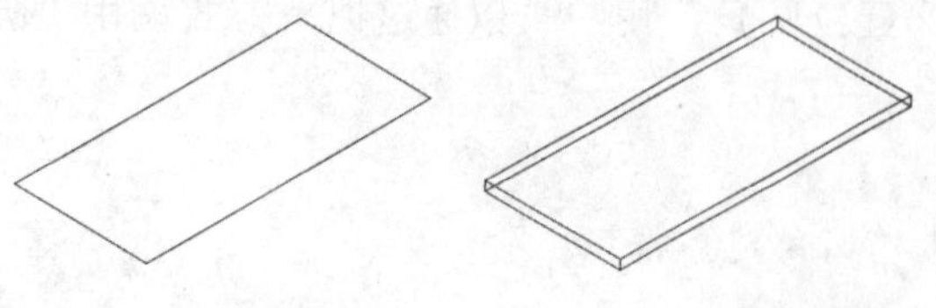
图 9-90 绘制矩形　　图 9-91 拉伸矩形

Step 03 执行“矩形”命令，绘制一个长为 600mm、宽为 400mm 的长方形，并放在图中合适位置，如图 9-92 所示。

Step 04 执行“拉伸”命令，将长方形向下拉伸 650mm，如图 9-93 所示。

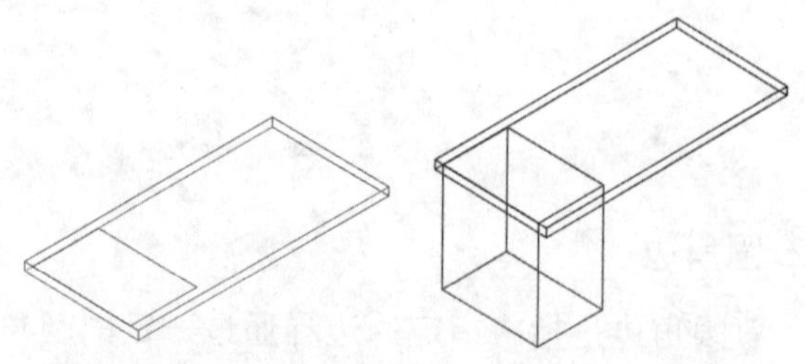
图 9-92 绘制矩形　　图 9-93 拉伸矩形

Step 05 按照相同的方法，绘制一个长为 500mm、宽为 350mm、高为 150mm 的长方体，放置在柜体的下方，如图 9-94 所示。

Step 06 执行“镜像”命令，镜像另一侧的柜体，如图 9-95 所示。

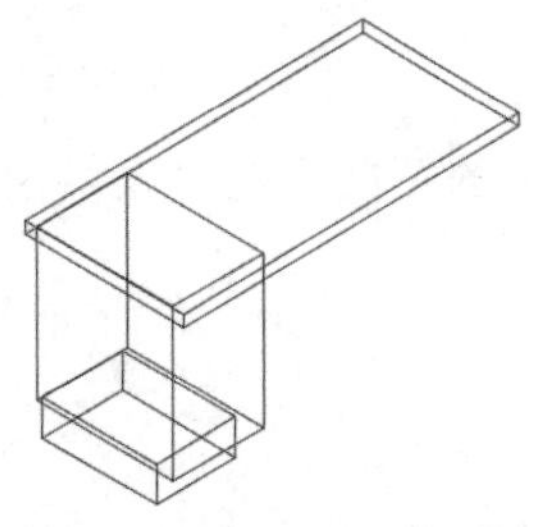

图 9-94 绘制矩形

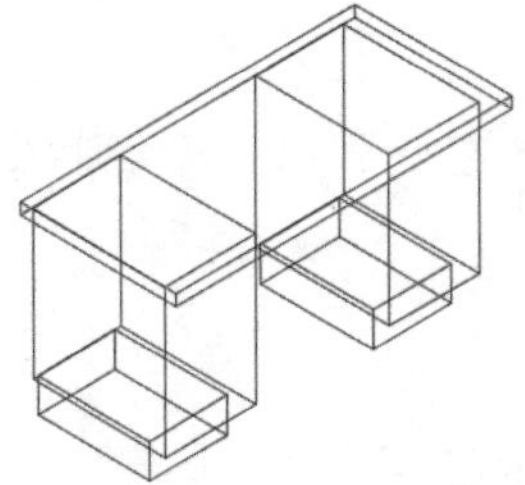

图 9-95 镜像模型

Step 07 执行“长方体”命令，绘制一个长为 400mm、宽为 10mm、高为 150mm 的长方体，移动到柜体面板上，作为抽屉面板，如图 9-96 所示。

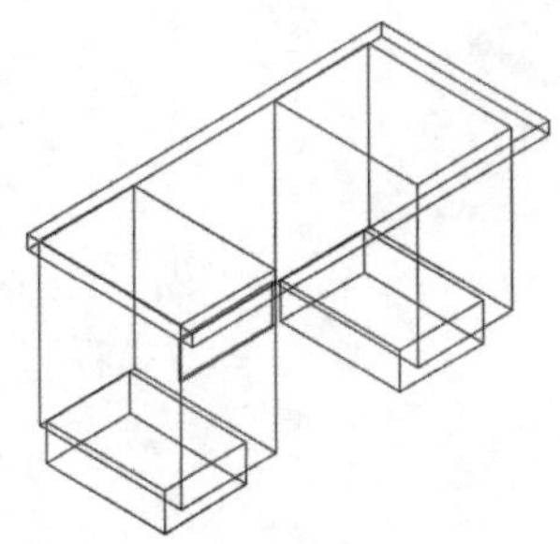

图 9-96 绘制长方体

Step 08 执行“三维复制”命令，将抽屉面板向下复制 3 个，并放置在合适位置，如图 9-97 所示。

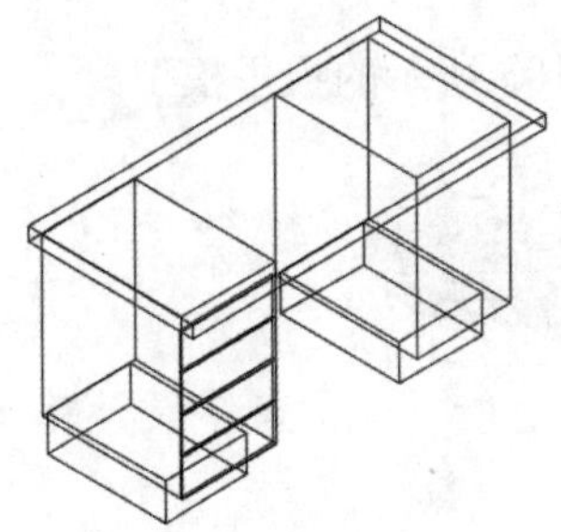

图 9-97 复制抽屉面板

Step 09 执行“长方体”命令，绘制一个长为 600mm、宽为 380mm、高为 10mm 的长方体，放置在另一侧柜体上，作为柜门，如图 9-98 所示。

Step 10 执行“长方体”命令，绘制一个长为 600mm、宽为 600mm、高为 200mm 的长方体，作为写字台中间的抽屉格挡，如图 9-99 所示。

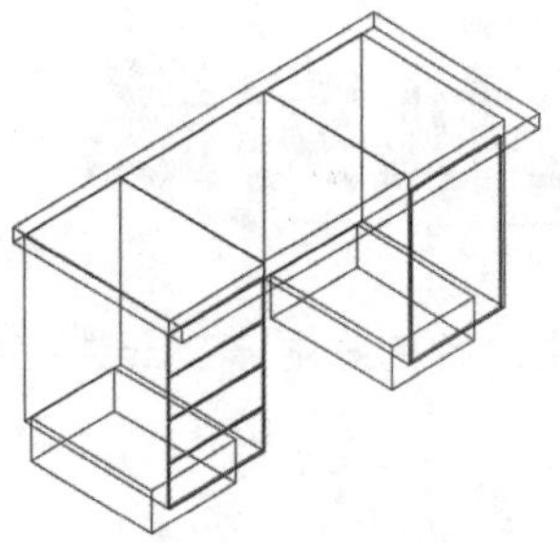

图 9-98 绘制柜门

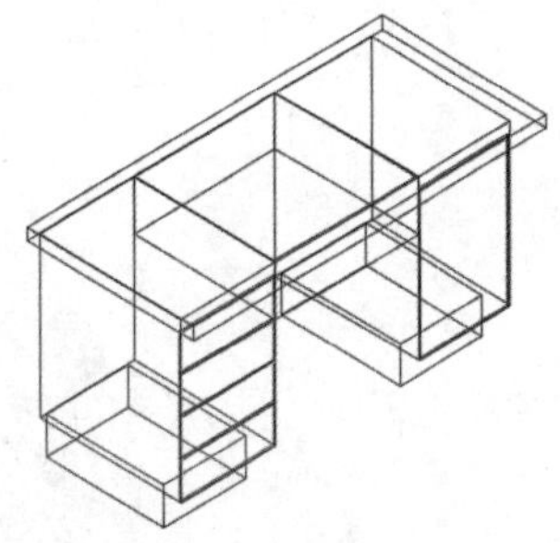

图 9-99 绘制抽屉格挡

Step 11 执行“倒圆角”命令，将写字台面的边角进行倒圆角，圆角半径为 10mm，如图 9-100 所示。

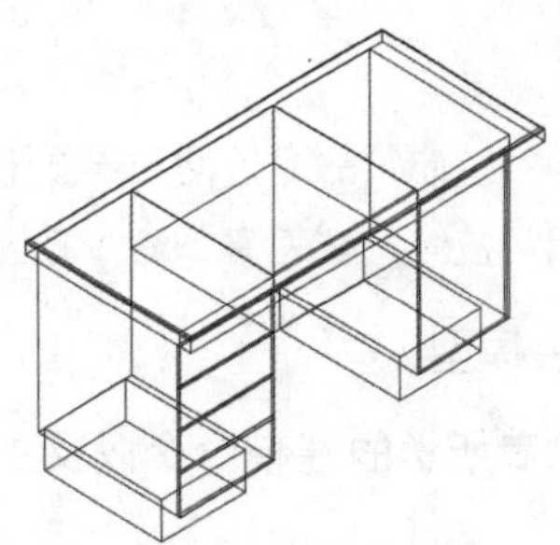

图 9-100 倒圆角操作

Step 12 设置视图样式为“概念”，完成办公桌的绘制，如图 9-101 所示。

图 9-101 设置视图样式

上机实践

为了让读者更好地掌握三维建模命令的使用，在此列举几个针对本章的拓展案例，以供读者练习。

1. 创建茶几模型

利用本章所学的建模知识创建如图 9-102 所示的茶几模型。

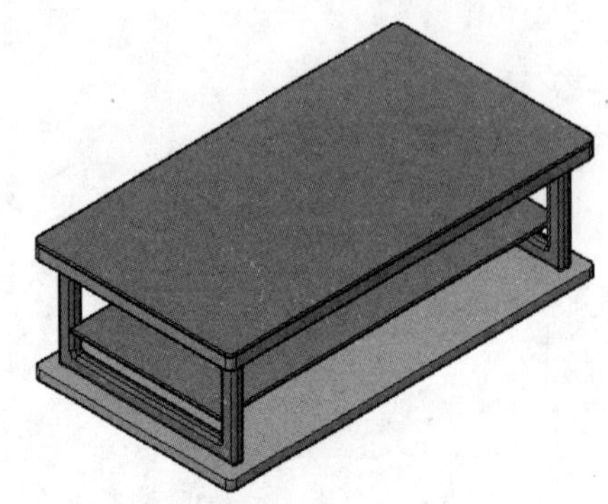

图 9-102 创建茶几模型

操作提示：

Step 01 使用“拉伸”命令拉伸二维图形，绘制茶几台面和底面。

Step 02 使用“拉伸”“差集”命令减去多余的部分，绘制茶几支柱模型。

2. 创建扳手模型

利用本章所学的建模命令以及“差集”命令绘制如图 9-103 所示的扳手模型。

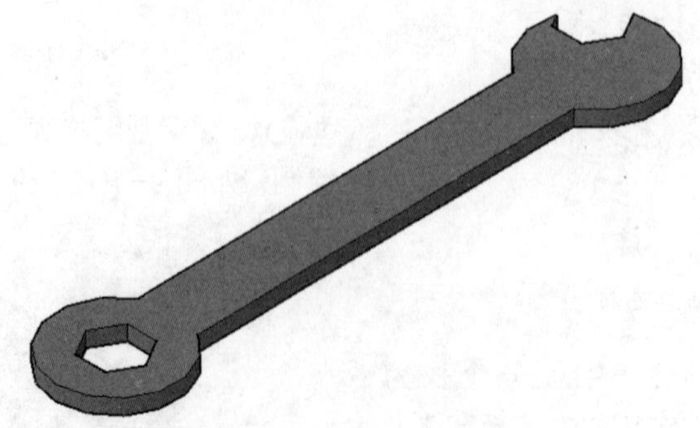

图 9-103 创建扳手模型

操作提示：

Step 01 使用“圆柱”“长方体”命令创建扳手模型。

Step 02 使用“差集”命令减去多余的部分，完成扳手模型的创建。

第 10 章

输出与打印

本章将向用户介绍图纸的输出与打印。在图形对象绘制完成后，通常需要将图形文件进行打印输出，这是设计工作中的最后一步，以方便各部门和相关单位的技术交流。通过对 AutoCAD 图形文件的打印设置和打印技巧的学习，将快速掌握 AutoCAD 打印图形的基本设置思路与技巧。

知识要点

- ▲ 输入与输出
- ▲ 模型空间与图纸空间
- ▲ 布局视口
- ▲ 打印图纸
- ▲ 网络应用

10.1 输入与输出

在实际工作中，用户可以通过 AutoCAD 软件将图形与其他软件进行相互转换，还可以导入或导出其他格式的图形，下面将向用户介绍图纸的输入与输出。

10.1.1 输入图纸

在 AutoCAD 中，用户可以通过以下方式输入图纸。

- 执行“文件”→“输入”命令。
- 执行“插入”→“Windows 图元文件”命令。
- 在“插入”选项卡“输入”面板中单击“输入”按钮。
- 在命令行输入 IMPORT 命令并按 Enter 键。

执行以上任意一种操作即可打开“输入文件”对话框，如图 10-1 所示，从中选择文件格式和路径，选择文件，并单击“打开”按钮即可输入。在其中的“文件类型”下拉列表中可以看到，系统允许输入图元文件、ACIS 及 3D Studio 图形格式的文件，如图 10-2 所示。

图 10-1 “输入文件”对话框

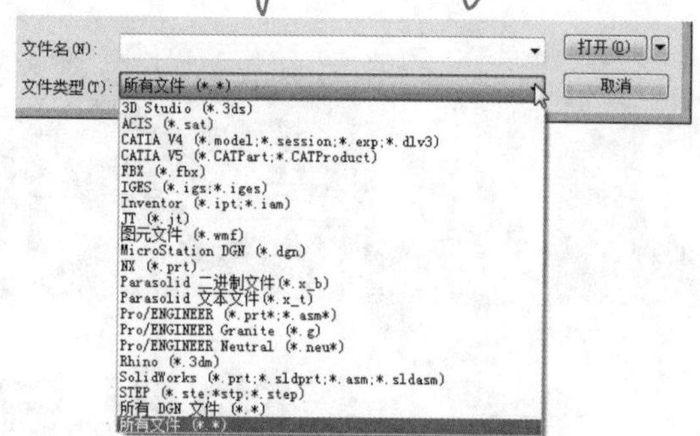
图 10-2 “文件类型”下拉列表

10.1.2 插入 OLE 对象

OLE 是指对象链接与嵌入，用户可以将其他 Windows 应用程序的对象链接或嵌入到 AutoCAD 图形中，或在其他程序中链接或嵌入 AutoCAD 图形。由于插入 OLE 文件可以避免图片丢失，所以使用起来非常方便。用户可以通过以下方式调用“OLE 对象”命令。

- 执行“插入”→“OLE 对象”命令。
- 在“插入”选项卡“数据”面板中单击“OLE 对象”按钮。
- 在命令行输入 INSERTOBJ 命令并按 Enter 键。

10.1.3 输出图纸

用户可以将 AutoCAD 软件中设计好的图形按照指定格式进行输出，调用“输出”命令的方式包含以下几种。

- 执行“文件”→“输出”命令。
- 在“输出”选项卡“输出为 DWF/PDF”面板中单击“输出”按钮。
- 在命令行输入 EXPORT 命令并按 Enter 键。

实战——将图纸输出为 JPEG 格式

下面将以“楼梯截面”图纸为例，来介绍将图纸输出为 JPEG 格式的操作方法，通过学习本案例，读者能够熟练掌握如何将图纸输出为 JPEG 格式，其具体操作步骤介绍如下。

Step 01 打开素材文件，如图 10-3 所示。

Step 02 执行“文件”→“打印”命令，打开“打印 - 模型”对话框，如图 10-4 所示。

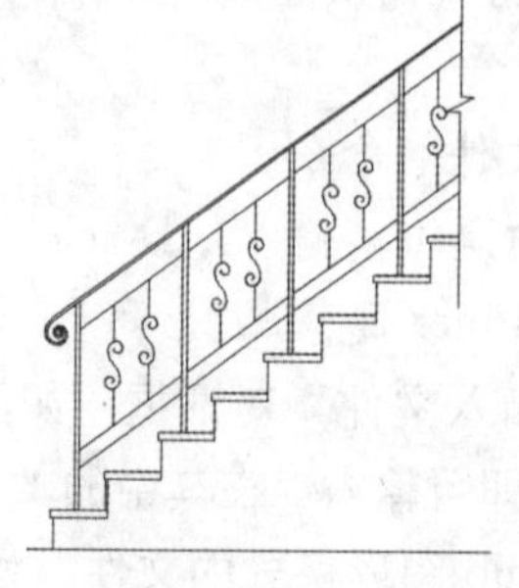
图 10-3 打开素材

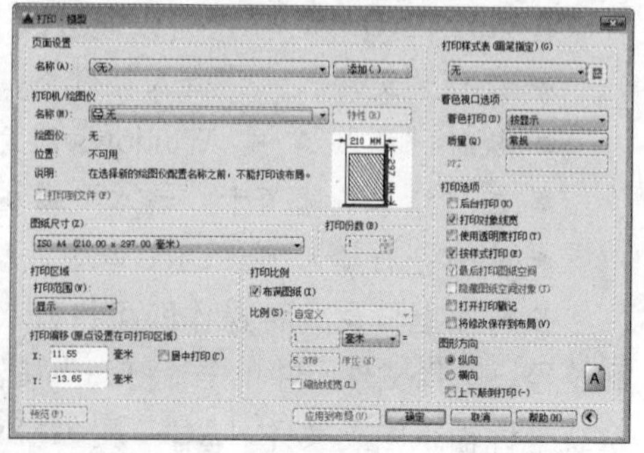
图 10-4 “打印 - 模型”对话框

Step 03 设置打印机名称，如图 10-5 所示。

Step 04 选中“居中打印”复选框，如图 10-6 所示。

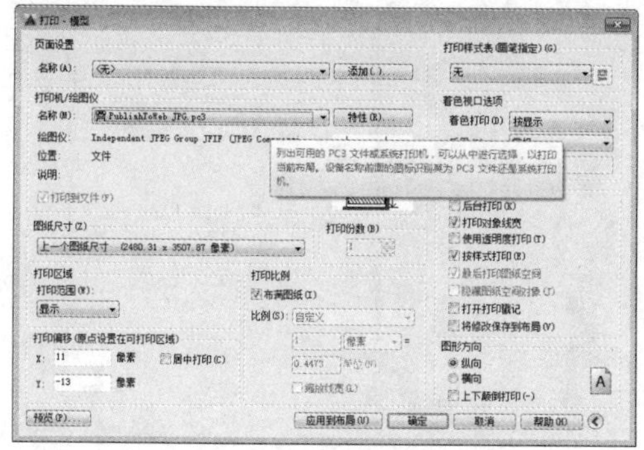

图 10-5 设置打印机名称

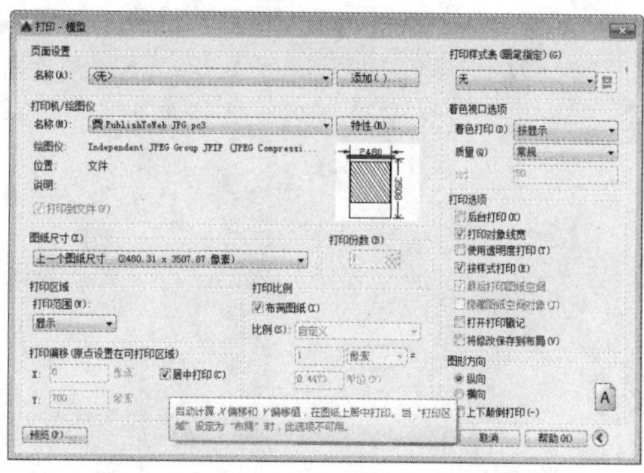

图 10-6 选中“居中打印”复选框

Step 05 设置打印范围为“窗口”，如图 10-7 所示。

Step 06 待鼠标指针显示为+字时，拖动鼠标选择要打印的部分，然后单击鼠标左键，如图 10-8 所示。

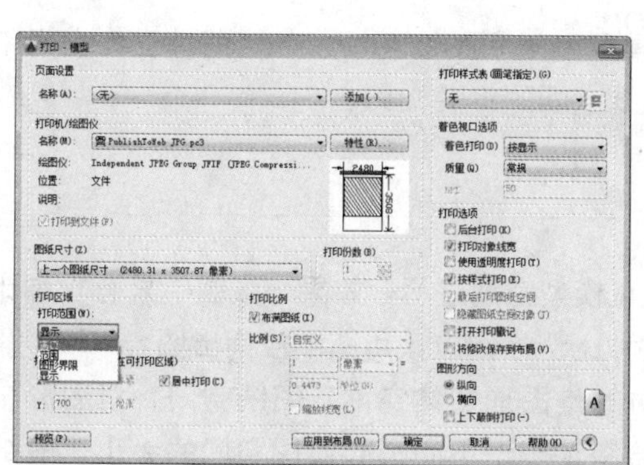

图 10-7 设置打印范围

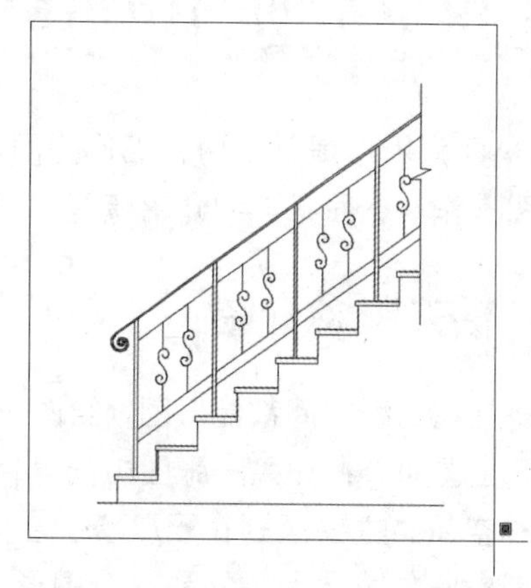

图 10-8 选择打印部分

Step 07 返回到“打印－模型”对话框，单击“确定”按钮，如图 10-9 所示。

Step 08 打开“浏览打印文件”对话框，选择要保存的位置，单击“保存”按钮，完成打印操作，同时将 CAD 图形保存为 JPEG 格式的图片，如图 10-10 所示。

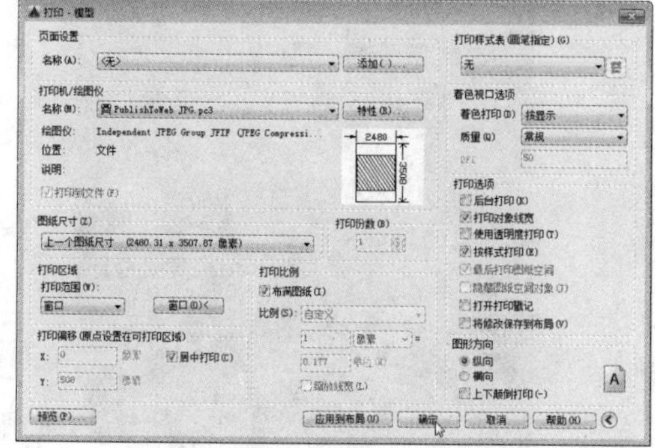

图 10-9 单击“确定”按钮

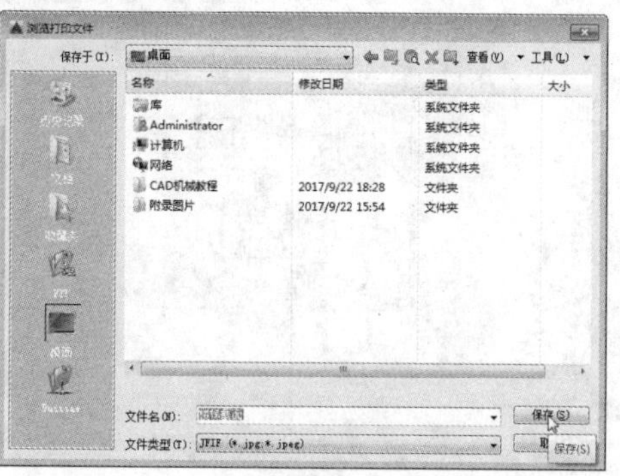

图 10-10 保存文件

Step 09 双击保存在桌面上的 JPEG 图片，完成本次操作，效果如图 10-11 所示。

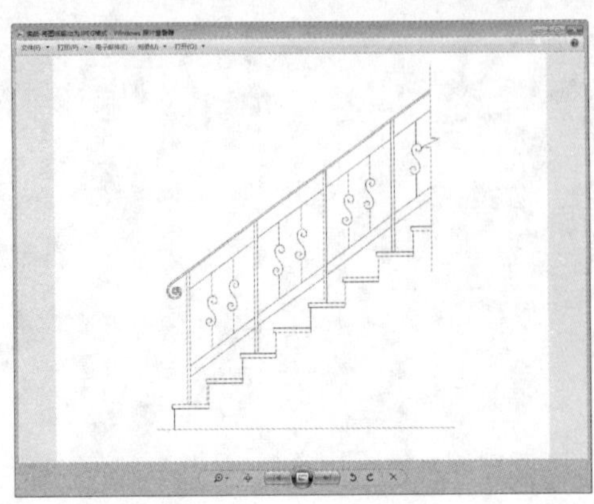

图 10-11 完成本次操作

10.2 模型空间与图纸空间

AutoCAD 为用户提供了两种工作空间，即模型空间和图纸空间。在这两种工作空间中都可以进行绘图操作，下面将详细介绍模型空间与图纸空间的相关知识。

10.2.1 相关概念介绍

模型空间和图纸空间都能出图，绘图一般是在模型空间进行。如果一张图中只有一种比例，用模型空间出图即可；如果一张图中同时存在几种比例，则应该用图纸空间出图。

这两种空间的主要区别在于：模型空间针对的是图形实体空间，图纸空间针对图形布局空间。在模型空间中需要考虑的是单个图形能否绘制正确，不必担心绘图空间的大小。图纸空间则侧重于图纸的布局，在图纸空间里，几乎不需要再对任何图形进行修改和编辑，如图 10-12、图 10-13 所示分别为模型空间和图纸空间的界面。

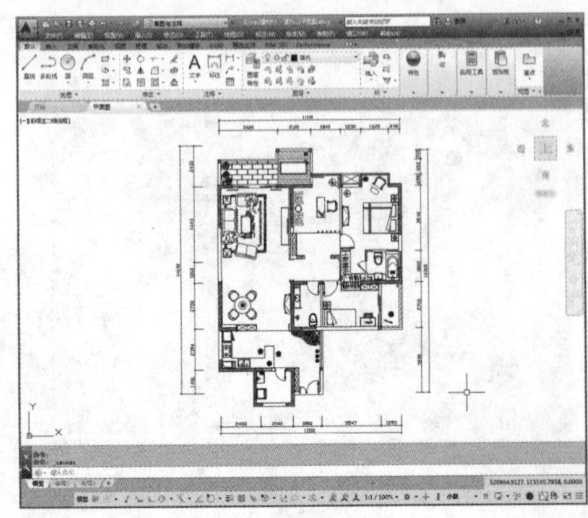

图 10-12 模型空间

图 10-13 图纸空间

一般在绘图时，先在模型空间内进行绘制与编辑，完成上述工作之后，再进入图纸空间进行布局调整，直至最终出图。

知识拓展

在“布局”空间模式中还可以创建不规则视口。执行“视图”→“视口”→“多边形视口”命令，在布局空间指定起点和端点，创建封闭的图形，按Enter键即可创建不规则视口；或者在“布局”选项卡“布局视口”面板中单击“矩形”按钮旁的下三角符号，在弹出的下拉列表中选择“多边形”选项。

10.2.2 模型空间与图纸空间的互换

模型空间与图纸空间是可以相互切换的，下面将对其切换方法进行介绍。

1. 模型空间与图纸空间的切换

- 将鼠标放置在文件选项卡上，在弹出的浮动空间中选择“布局”选项。
- 在状态栏左侧单击“布局1”或者“布局2”按钮。
- 在状态栏中单击“模型”按钮模型。

2. 图纸空间与模型空间的切换

- 将鼠标放置在文件选项卡上，在弹出的浮动空间中选择“模型”选项。
- 在状态栏左侧单击“模型”按钮模型。
- 在状态栏单击“图纸”按钮图纸。
- 在图纸空间中双击鼠标左键，此时激活活动视口，然后进入模型空间。

10.3 布局视口

布局，就是模拟一张图纸并提供预置的打印设置。用户可以根据需要在布局空间创建视口，视图中的图形则是打印时所见到的图形。默认情况下，系统将自动创建一个浮动视口，若用户需要查看模型的不同视图，可以创建多个视口进行查看。

绘图技巧

用户也可以通过在命令行中输入LAYOUT命令来创建布局。利用此命令，可以对已创建的布局进行复制、删除、选择样板、重命名、另存为等操作，也可以对布局样式进行设置。

创建视口后，如果对创建的视口不满意，那么可以根据需要调整布局视口。

1. 更改视口大小和位置

如果创建的视口不符合用户的需求，用户可以利用视口边框的夹点来更改视口的大小和位置。

2. 删除和复制布局视口

用户可通过 Ctrl+C 组合键和 Ctrl+V 组合键进行视口的复制、粘贴，按 Delete 键即可删除视口，也可以通过单击鼠标右键，在弹出的快捷菜单中进行该操作。

3. 设置视口中的视图和视觉样式

在“布局”空间模式中可以更改视图和视觉样式，并编辑模型显示大小。双击视图即可激活视口，使其窗口边框变为粗黑色，单击视口左上角的视图控件图标和视觉样式控件图标即可更改视图及视觉样式。

知识拓展

通过显示或隐藏视口，可以有效地减少视口数量，优化系统性能，并且可以节省重复时间。其操作为：选择所需视口，单击鼠标右键，在弹出的快捷菜单中选择“显示视口对象”→“否”选项。此时视口被隐藏。反之，则显示视口。

实战——为机械零件图纸添加图框

下面为机械图纸添加图框。通过学习本案例，读者能够熟练掌握在 AutoCAD 中如何为图纸添加图框的操作，其具体操作步骤介绍如下。

Step 01 打开素材文件，如图 10-14 所示。

Step 02 在状态栏中单击“布局 1”按钮，打开布局空间，如图 10-15 所示。

Step 03 在“布局 1”按钮上单击鼠标右键，在弹出的快捷菜单中选择“从样板”选项，如图 10-16 所示。

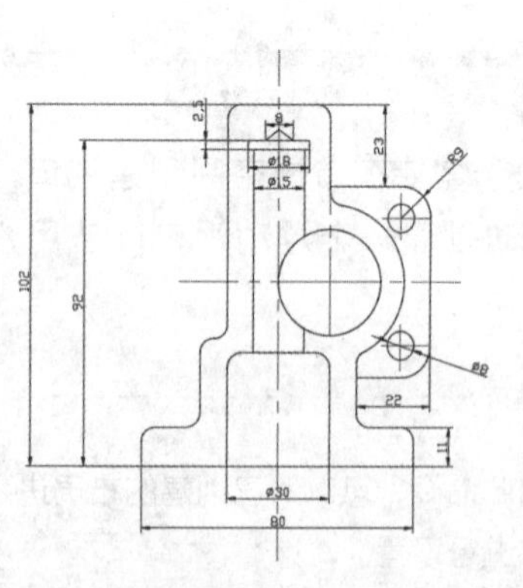

图 10-14 打开素材

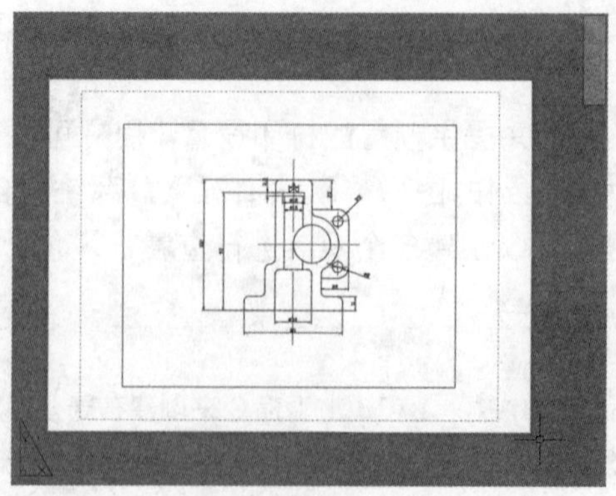

图 10-15 打开布局空间

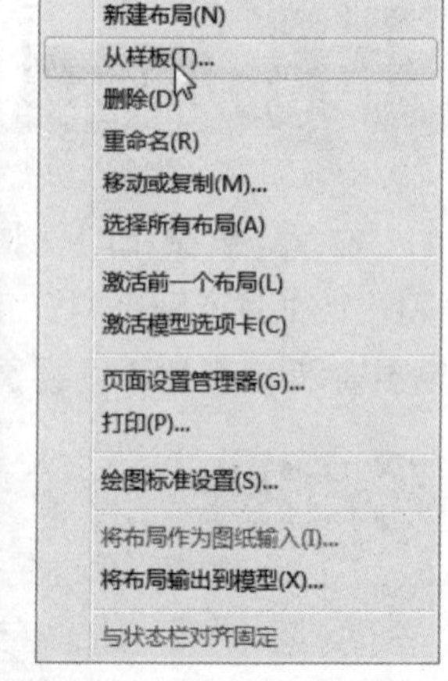

图 10-16 选择“从样板”选项

Step 04 在打开的“从文件选择样板”对话框中选择合适的样板，如图 10-17 所示。

Step 05 单击“打开”按钮，打开“插入布局”对话框，如图 10-18 所示。

Step 06 单击“确定”按钮，打开新布局，如图 10-19 所示。

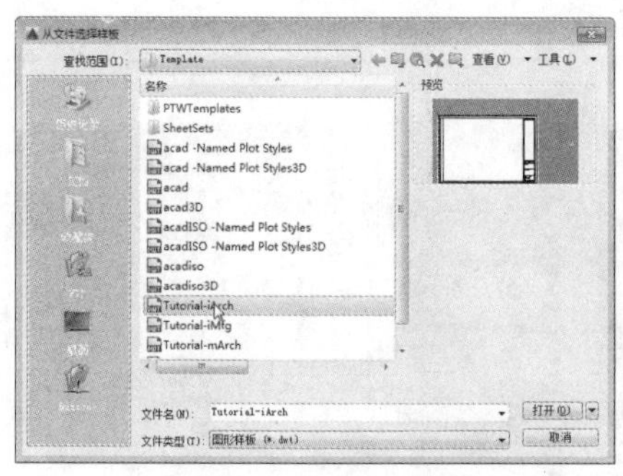

图 10-17 选择样板

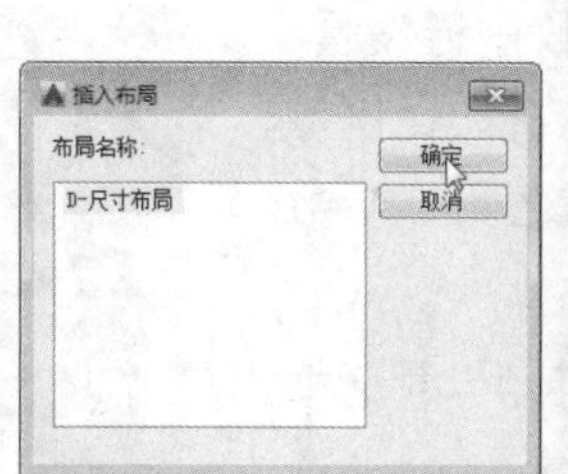

图 10-18 “插入布局”对话框

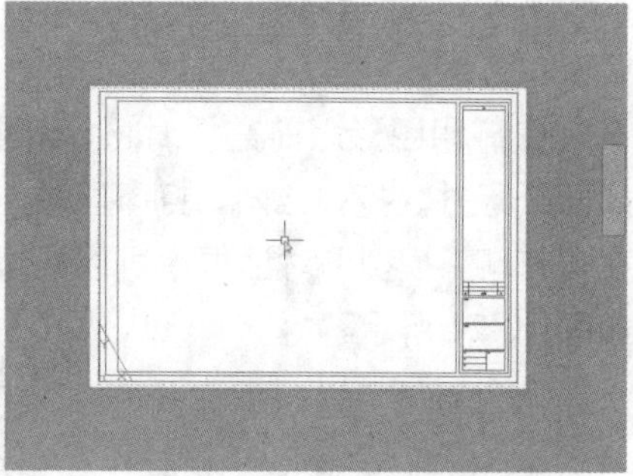

图 10-19 打开新布局

Step 07 删除蓝色视口边框，如图 10-20 所示。

Step 08 执行“视图”→“视口”→“一个视口”命令，按住鼠标在布局中拖动创建新的视口范围，如图 10-21 所示。

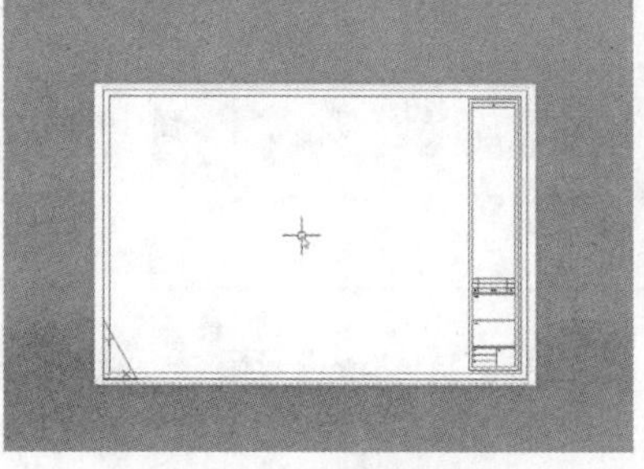

图 10-20 删除视口边框

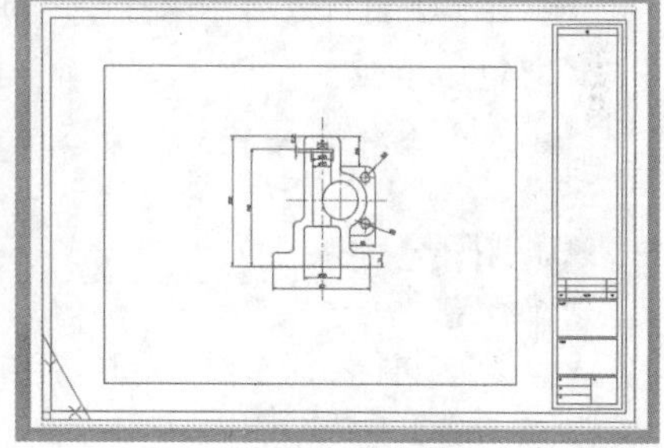

图 10-21 创建视口

Step 09 双击视口进入编辑状态，调整图形大小，如图 10-22 所示。

Step 10 然后双击空白处退出编辑状态，即可进行图纸的打印输出，如图 10-23 所示。

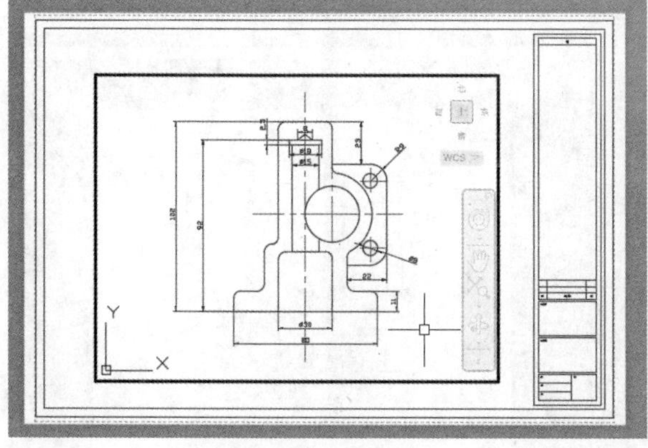

图 10-22 编辑状态

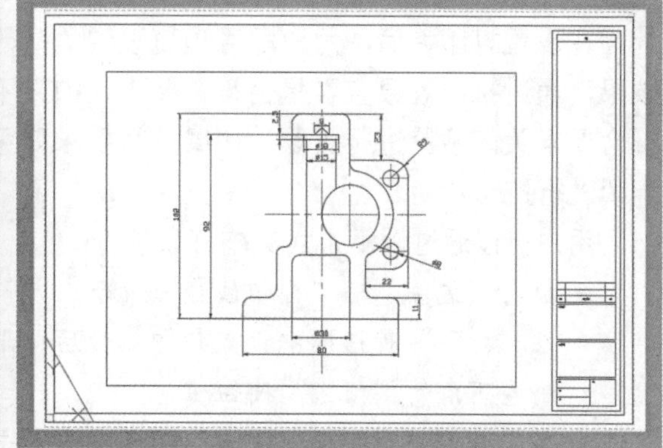

图 10-23 退出编辑状态

10.4 打印图纸

创建完图形之后，便可以对其进行打印了。打印的图形可以包含图形的单一视图，或者更为复杂的视图排列。在打印之前，需要对打印参数进行设置，如果重复打印一些图形的话，还可以保存打印并在下次打印时调用打印设置。

10.4.1 设置打印参数

在打印图形之前需要对打印参数进行设置，如图纸尺寸、打印方向、打印区域、打印比例等。在“打印 - 模型”对话框中可以设置各打印参数，如图 10-24 所示。

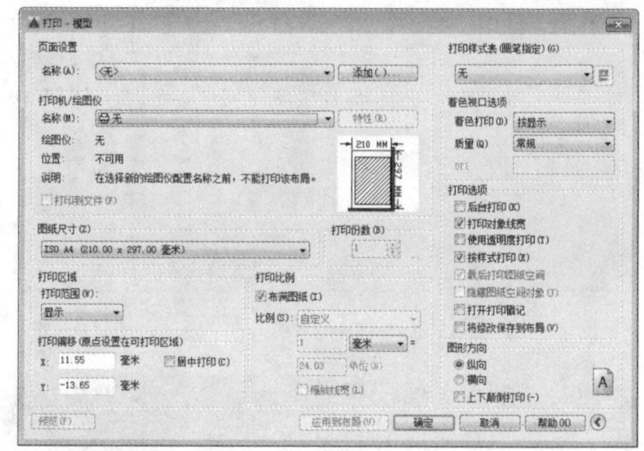
图 10-24 “打印 - 模型”对话框

用户可以通过以下方式打开“打印”对话框。

- 执行“文件”→“打印”命令。
- 在快速访问工具栏单击“打印”按钮。
- 在“输出”选项卡“打印”面板中单击“打印”按钮。
- 在命令行输入 PLOT 命令并按 Enter 键。

知识拓展

在进行打印参数设定时，用户应根据与电脑连接的打印机的类型来综合考虑打印参数的具体值，否则将无法实施打印操作。

10.4.2 预览打印

在设置打印之后，用户即可预览设置的打印效果，通过打印效果查看是否符合要求，如果不符合要求关闭预览进行更改，如果符合要求即可继续进行打印。

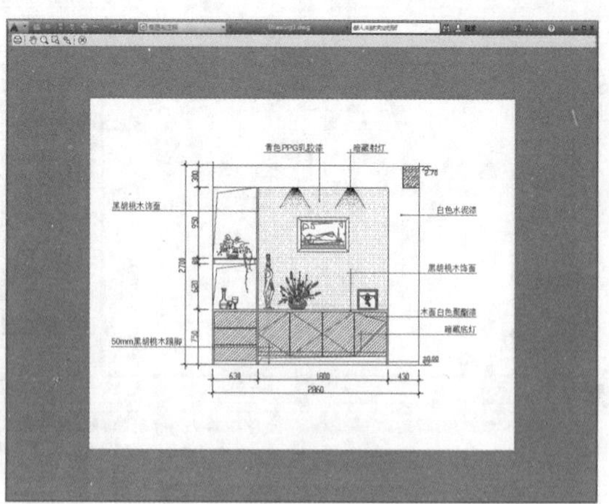
图 10-25 预览模式

用户可以通过以下方式实施打印预览。

- 执行“文件”→“打印预览”命令。
- 在“打印”对话框中设置打印参数后，单击左下角的“预览”按钮。
- 指定绘图仪后，在“输出”选项卡中单击“打印”按钮。

执行以上操作命令后，AutoCAD 即可进入预览模式，如图 10-25 所示。

知识拓展

打印预览是将图形在打印之前，在屏幕上显示打印后的效果，在此可以查看包括图形线条的线宽、线型和填充图案等。预览后，若需进行修改，则可关闭该视图，进入设置页面再次进行修改。

10.5 网络应用

在 AutoCAD 软件中，用户可以通过 Web 浏览器在 Internet 上预览图纸、为图纸插入超链接、将图纸以电子文件形式进行打印，并将设计好的图纸发布到 Web 供用户浏览等。

10.5.1 Web 浏览器应用

Web 浏览器是通过 URL 获取并显示 Web 网页的一种软件工具。用户可在 AutoCAD 系统内部直接调用 Web 浏览器进入 Web 网络世界。AutoCAD 中的文件“输入”和“输出”命令都具有内置的 Internet 支持功能。通过该功能，可以直接从 Internet 上下载文件，然后就可在 AutoCAD 环境下编辑图形。

用“浏览 Web”对话框，可快速定位到要打开或保存文件的特定的 Internet 位置。指定一个默认 Internet 网址，每次打开“浏览 Web”对话框时都将加载该位置。如果不知正确的 URL，或者不想在每次访问 Internet 网址时输入冗长的 URL，则可以使用“浏览 Web”对话框方便地访问文件。

此外，可在命令行中直接输入 BROWSER 命令，按 Enter 键，并根据提示信息打开网页。

命令行提示如下：

```
命令: BROWSER
输入网址 (URL) <http://www.autodesk.com.cn>:www.baidu.com
```

10.5.2 超链接管理

超链接就是将 AutoCAD 软件中的图形对象与其他数据、信息、动画、声音等建立链接关系。利用超链接可实现由当前图形对象到关联图形文件的跳转。其链接的对象可以是现有的文件或 Web 页，也可以是电子邮件地址等。

1. 链接文件或网页

执行“插入”→“超链接”命令，在绘图区中，选择要进行链接的图形对象，按 Enter 键后打开“插入超链接”对话框，如图 10-26 所示。

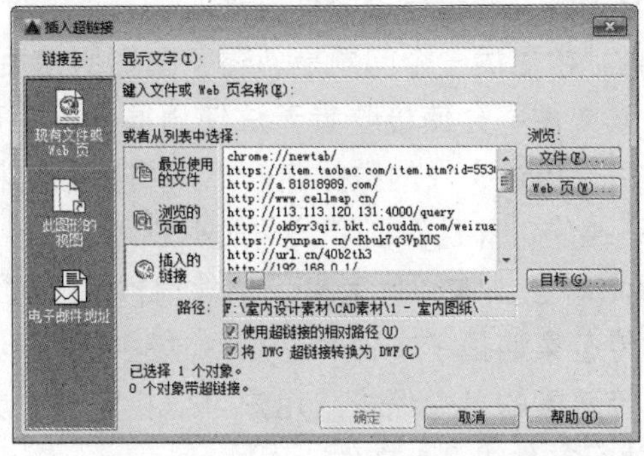

图 10-26 “插入超链接”对话框

单击“文件”按钮，打开“浏览 Web- 选择超链接”对话框，如图 10-27 所示。在此选择要链接的文件并单击“打开”按钮，返回到上一层对话框，单击“确定”按钮完成链接操作。

图 10-27 选择需链接的文件

在带有超链接的图形文件中，将光标移至带有链接的图形对象上时，光标右侧则会显示超链接符号，并显示链接文件名称。此时按住 Ctrl 键并单击该链接对象，即可按照链接网址切转到相关联的文件中。

2. 链接电子邮件地址

执行“插入”→“超链接”命令，在绘图区中，选中要链接的图形对象，按 Enter 键后在“插入超链接”对话框中，选择左侧“电子邮件地址”选项，其后在“电子邮件地址”文本框中输入邮件地址，并在“主题”文本框中，输入邮件消息主题内容，单击“确定”按钮即可，如图 10-28 所示。

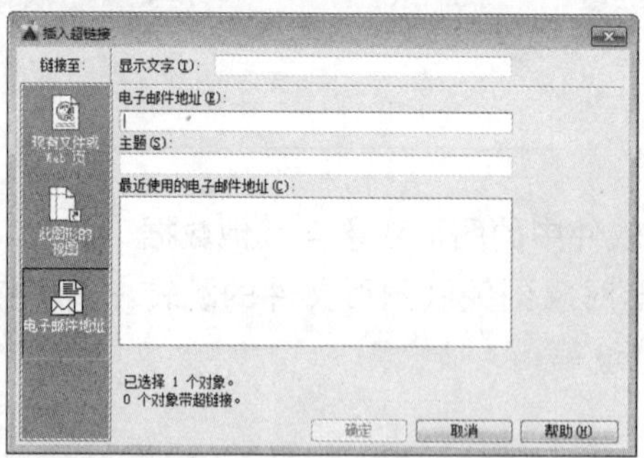

图 10-28 输入邮件相关内容

在打开电子邮件超链接时，默认电子邮件应用程序将创建新的电子邮件消息。在此填好邮件地址和主题，最后输入消息内容并通过电子邮件发送。

在将图形发送给其他人时，常见的一个问题是忽略了图形的相关文件，如字体和外部参照。在某些情况下，没有这些关联文件将会使接收者无法使用原来的图形。使用电子传递功能，可自动生成包含设计文档及其相关描述文件的数据包，然后将数据包粘贴到 E-mail 的附件中进行发送。这样就大大简化了发送操作，并且保证了发送的有效性。

用户可以将传递集在 Internet 上发布或作为电子邮件附件的形式发送给其他人，系统将会自动生成一个报告文件，其中传递集包括了文件和必须对这些文件所做的处理的详细说明，也可以在报告中添加注释或指定传递集的口令保护。用户可以指定一个文件夹来存放传递集中的各个文件，也可以创建自解压执行文件或 Zip 文件。

综合演练——从图纸空间打印景观木桥图纸

实例路径：实例 /10/ 综合演练 / 从图纸空间打印景观木桥图纸 .dwg

视频路径：视频 /10/ 从图纸空间打印景观木桥图纸 .avi

为了更好地掌握本章所学知识，下面将通过练习来温习巩固前面所学的内容。接下来介绍从图纸空间打印景观木桥图的操作，具体绘制步骤如下。

Step 01 打开素材文件，在状态栏单击“布局 1”按钮，打开布局空间，如图 10-29 所示。

图 10-29 打开布局空间

Step 02 选择并删除视口边框，即可取消当前视口效果，如图 10-30 所示。

图 10-30 删除视口边框

Step 03 执行“视图”→“视口”→“一个视口”命令，在图纸空间中指定对角点，如图 10-31 所示。

Step 04 双击一个视口进入编辑状态，如图 10-32 所示。

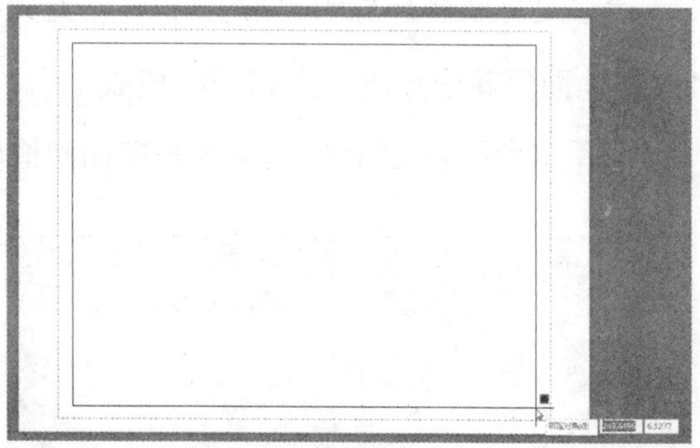

图 10-31 指定对角点

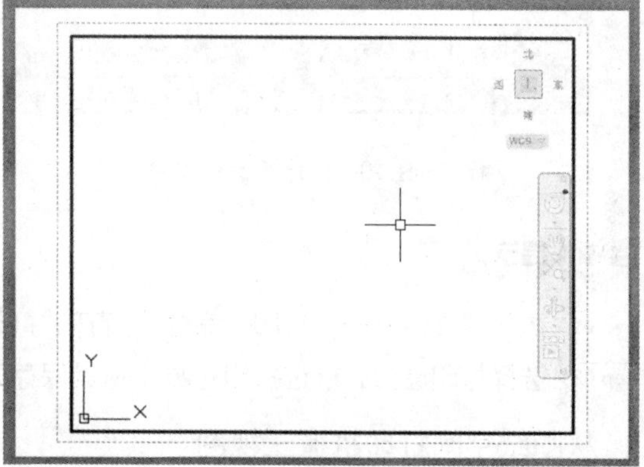

图 10-32 编辑状态

Step 05 调整图形大小，然后双击空白处退出编辑状态。单击鼠标右键，从快捷菜单中选择“打印”命令，即可完成景观木桥图的打印，如图 10-33 所示。

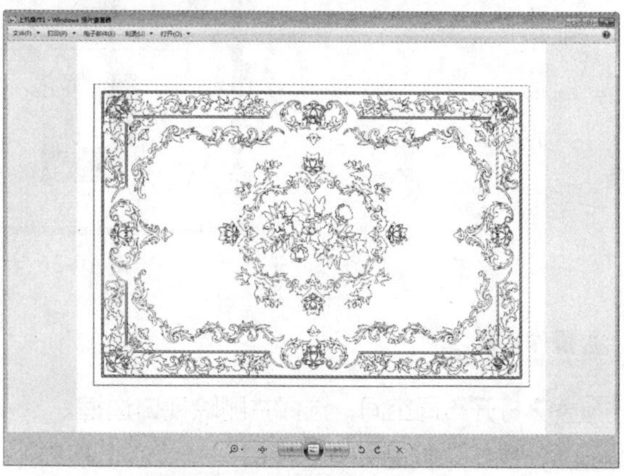

图 10-33 完成本次操作

上机操作

为了更好地掌握本章所学的知识，在此列举几个针对本章的拓展案例，以供读者练习。

1. 将地面拼花图案输出为 JPEG 格式

利用本章所学的知识，将地面拼花图案输出为 JPEG 格式图片，如图 10-34、图 10-35 所示。

图 10-34 打开素材文件

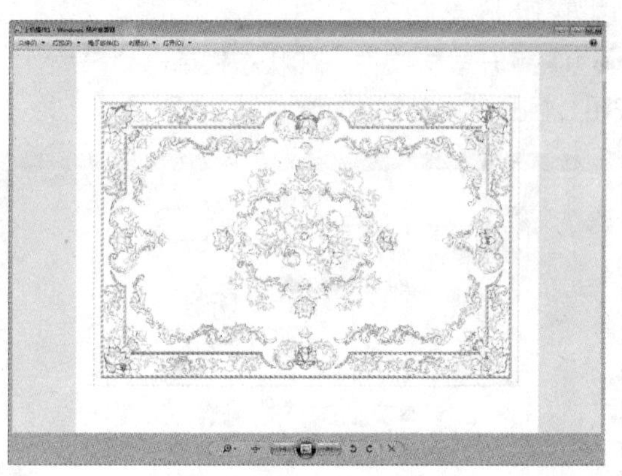

图 10-35 输出为 JPEG 格式

操作提示：

Step 01 执行“文件”→“打印”命令，打开“打印－模型”对话框，并设置其参数。

Step 02 选择打印窗口，框选打印对象，将其保存为 JPEG 格式，完成本次操作。

2. 从图纸空间打印机械三视图

为机械三视图图纸创建视口，并进行打印，如图 10-36 所示。

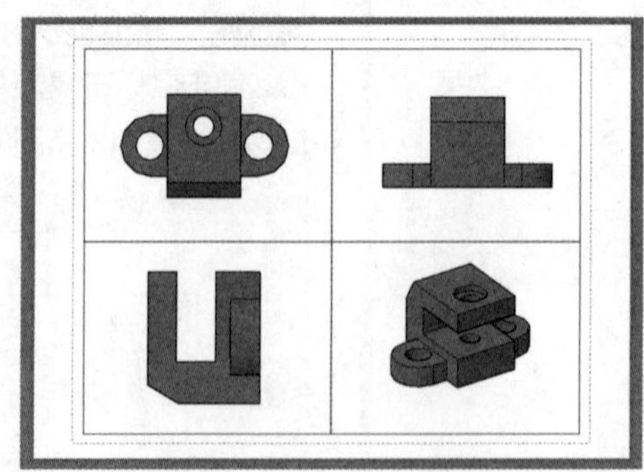

图 10-36 打印机械三视图

操作提示：

Step 01 打开布局空间，选择并删除视口边框。

Step 02 执行“视图”→“视口”→“四个视口”命令，双击一个视口进入编辑状态，调整图形大小，完成打印机械三视图的操作。

第 11 章

绘制居室施工图

施工图的绘制是设计图纸中劳动量最大、也是完成成果的最初一步。绘制出满足施工要求的施工图纸，确定全部施工尺寸、用料及造型。在设计过程中，施工图的绘制是表达设计者设计意图的重要手段之一，是设计者与各相关专业之间交流的标准化语言，是控制施工现场能否充分正确理解、消化并实施设计理念的一个重要环节。本章以室内施工图为例，来介绍施工图的绘制方法及基本规范。读者通过本章的学习，可以掌握室内设计施工图的绘制技巧，并了解部分施工工艺。

知识要点

- ▲ 居室平面图的绘制
- ▲ 居室立面图的绘制
- ▲ 部分剖面图的绘制

11.1 居室空间设计概述

室内空间设计既有功能性要求，又有造型美观要求；既有界面的线性和色彩设计，又有材质选用和构造问题。因此，居室空间设计在考虑造型、色彩等艺术效果的同时，还需要与房屋室内的设施设备等相互协调。它决定着室内空间的容量和形态，能使室内空间丰富多彩，层次分明，又能赋予室内空间应有的特性，同时有助于加强室内空间的舒适性。

11.1.1 居室空间设计分析

居室是与人最亲密的空间环境，对材料上的视觉和触觉比室外要有更强的敏感性。因此，合理布置空间是使居室环境达到宜人、舒适和优美的主要手段之一。下面对居室空间设计的原则进行介绍。

1）空间划分要合理

不管空间大小，家居装修都需要对空间功能合理地划分及利用。协调统一才能杜绝突兀的感觉，比如现代大户型客厅一般被划分为就餐区、会客区和休闲区等，如图 11-1 所示。

2）视觉效果要一致

在视觉效果上，还是要给人一个较为明朗的印象，这可以通过空间吊顶的走向、装饰品的摆设来实现。但是要注意整个空间的和谐统一，即各个功能区域的装饰格调要与全区的基调一致，以体现总体的协调性，如图 11-2 所示。

图 11-1 合理规划空间

图 11-2 视觉效果一致

3）布艺摆件要活用

布艺制品的巧妙运用能使整体空间在色彩上鲜活起来，起到画龙点睛的作用。别致独特的小摆设也能反映主人的性情，并成为空间不可或缺的点缀品，如图 11-3 所示。

4）植物点缀要自然

居室软装的选择与摆设，既要符合功能区的环境要求，同时要体现自己的个性与主张。富有生气的植物给人清新、自然的感受，如图 11-4 所示。

图 11-3 布艺与摆件

图 11-4 植物点缀

此外，在居室室内设计中，色彩的协调问题也很关键。虽说居室的空间在大小上已经不成问题，但装修时一定要注意和谐统一。

11.1.2 居室空间设计风格

下面将对一些经典的设计案例进行展示，以帮助读者熟悉各类设计风格的区别。

1）中式风格

本案例是一个别墅空间，充满古典气质的中式居所，业主喜爱这种素雅而又简洁的中式家具，整体搭配创造了这种质朴却不失品位，含蓄但不单调的生活氛围，效果如图 11-5 ～图 11-7 所示。

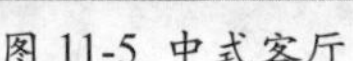
图 11-5 中式客厅

图 11-6 中式卧室

图 11-7 中式餐厅

2）田园风格

此案例以家的舒适温暖作为风格基底，融入了英式乡村田园风格的细腻雅致，开放的格局，营造出通透开阔的明亮场域。英式田园家具多以奶白、象牙白等白色为主，以高档的橡木做框架，配以高档的环保中纤板做内板，优雅的造型，细致的线条和高档油漆处理，都使得每一件产品散发着从容淡雅的生活气息，如图 11-8 ～图 11-10 所示。

图 11-8 田园卧室

图 11-9 田园客厅

图 11-10 田园餐厅

3）混搭风格

生活的质感，在于收纳的灵活配置，设计师对原有的框架保持不变，门窗造型简洁大方，家具造型古朴华丽，将特制的地毯设在客厅及卧室空间，花样繁复，这样利用造型与色调的变化反差，刻画出了精致细腻的生活轮廓，如图 11-11 ～图 11-13 所示。

图 11-11 混搭式美甲店

图 11-12 混搭式主卧

图 11-13 混搭式儿童房

4）日式风格

此案例的风格属于日式洋风，除了一间单独的茶室使用了榻榻米外，别的区域还是偏向现代化的。木线条、屏风隔断与素色窗帘充满了日式元素。做工考究，精致细腻，专注于内部的处理，如图 11-14 ～图 11-16 所示。

图 11-14 日式阳台

图 11-15 日式餐厅

图 11-16 日式卧室

11.2 绘制居室空间平面图

在室内设计制图中，平面图包括平面布置图、地面布置图、顶棚布置图、电路布置图以及插座开关布置图等，下面将介绍 148m² 公寓平面图的绘制方法。

11.2.1 绘制原始户型图

在进入制图程序时，首先要绘制的是原始户型图，下面将为用户介绍公寓原始户型图的绘制步骤。

Step 01 启动 AutoCAD 2016 软件，新建空白文档，将其保存为“原始户型图”文件，在“默认”选项卡的“图层”面板中，单击“图层特性”按钮，打开“图层特性管理器”面板，单击“新建图层”按钮创建“轴线”图层，并设置其特性，如图 11-17 所示。

Step 02 继续单击“新建图层”按钮，创建“墙体”“门窗”“家具”“填充”等图层，并将“轴线”图层置为当前图层，如图 11-18 所示。

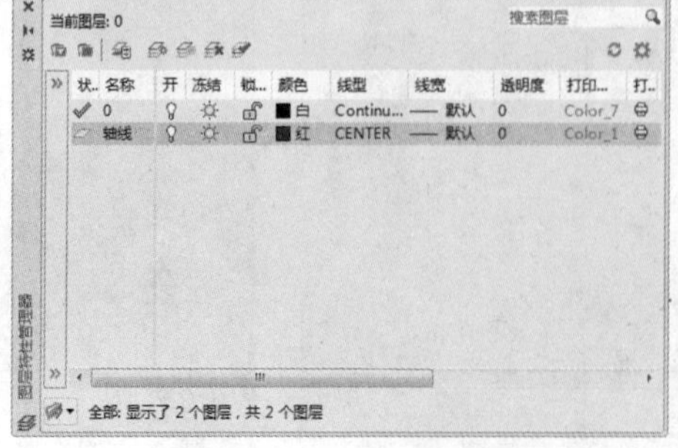

图 11-17 创建“轴线”图层

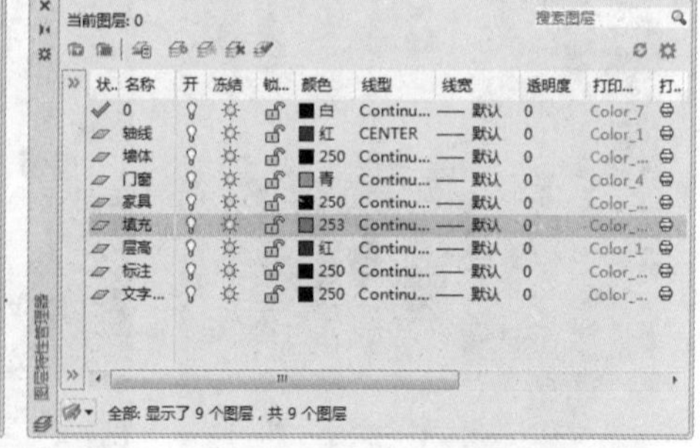

图 11-18 创建其余图层

Step 03 执行“绘图”→“直线”命令，绘制轴线，并执行“修改”→“偏移”命令，偏移轴线，如图 11-19 所示。

Step 04 执行“修改”→“特性”命令，设置线型比例为 25，如图 11-20 所示。

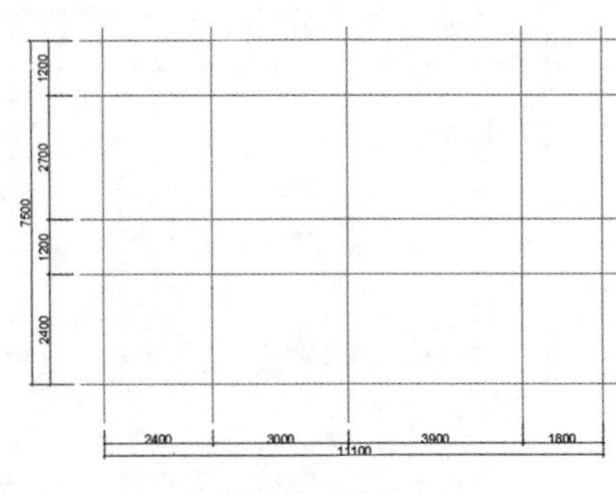

图 11-19 绘制轴线

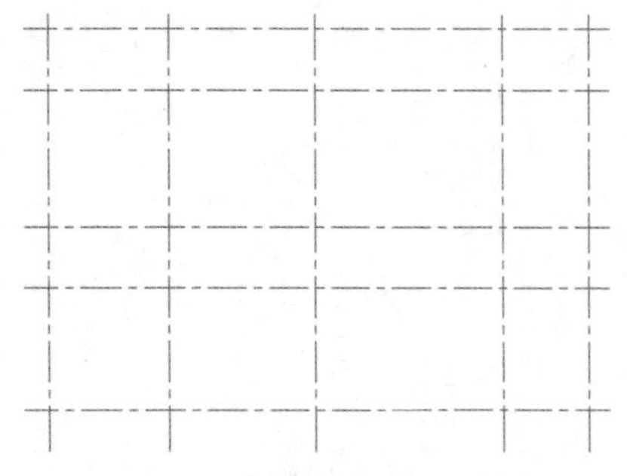
图 11-20 修改轴线特性

Step 05 执行“格式”→“多线样式”命令，打开“多线样式”对话框，单击“新建”按钮，如图 11-21 所示。

Step 06 在“创建新的多线样式”对话框中，将新样式名保存为“墙体”，如图 11-22 所示。

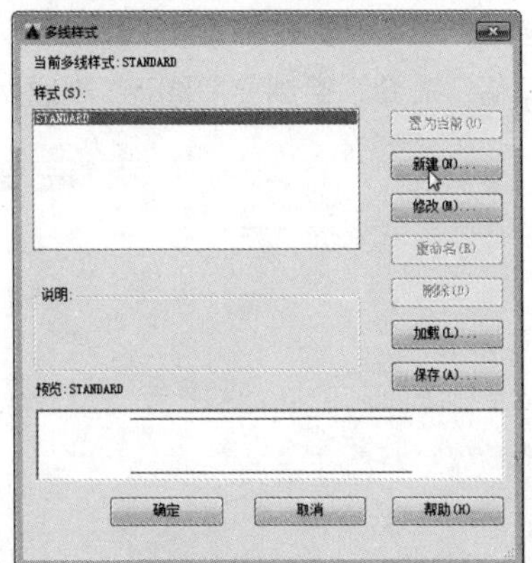

图 11-21 打开“多线样式”对话框

图 11-22 新建多线样式

Step 07 在打开的“新建多线样式：墙体”对话框中，勾选直线“起点”和“端点”复选框，单击“确定”按钮，如图 11-23 所示。

Step 08 返回“多线样式”对话框，将该样式置为当前，单击“确定”按钮，关闭对话框，如图 11-24 所示。

图 11-23 设置多线样式

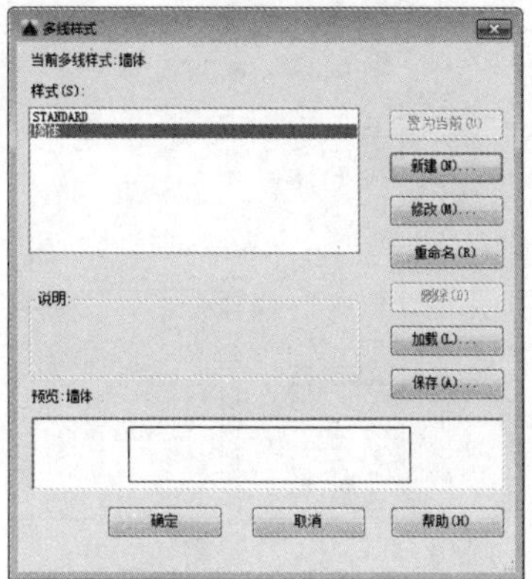

图 11-24 将当前样式置为当前

Step 09 设置“墙体”图层为当前图层。执行“绘图”→“多线”命令，根据命令行提示设置比例为280，对正设置为“无”。然后捕捉轴线绘制墙体，如图 11-25 所示。

Step 10 双击多线，打开“多线编辑工具”对话框，如图 11-26 所示。

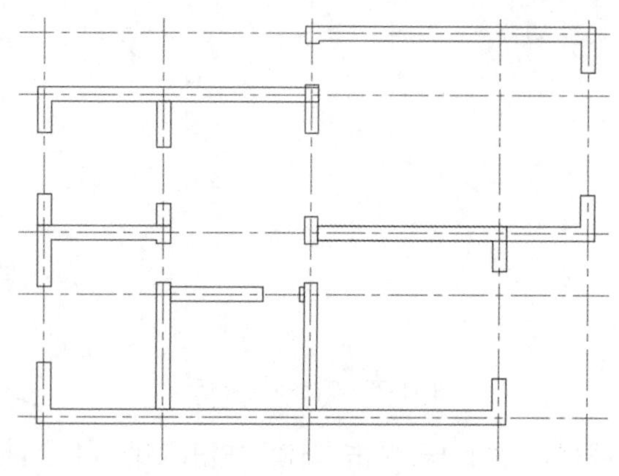

图 11-25 绘制墙体

图 11-26 “多线编辑工具”对话框

Step 11 选择合适的编辑工具，对墙体进行修改编辑，如图 11-27 所示。

Step 12 设置“门窗”图层为当前层，执行“直线”和“偏移”命令，绘制窗户图形，如图 11-28 所示。

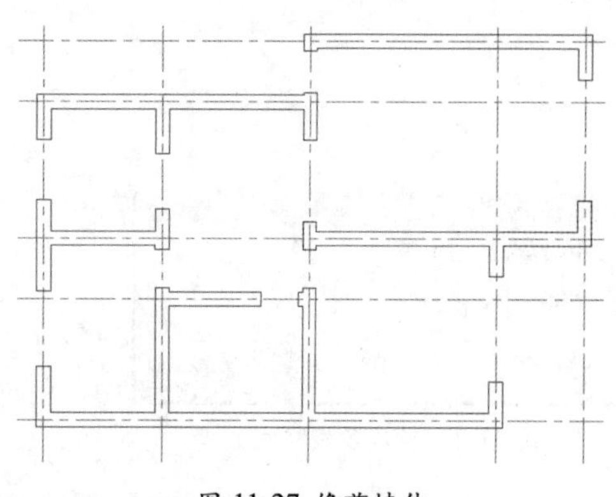

图 11-27 修剪墙体

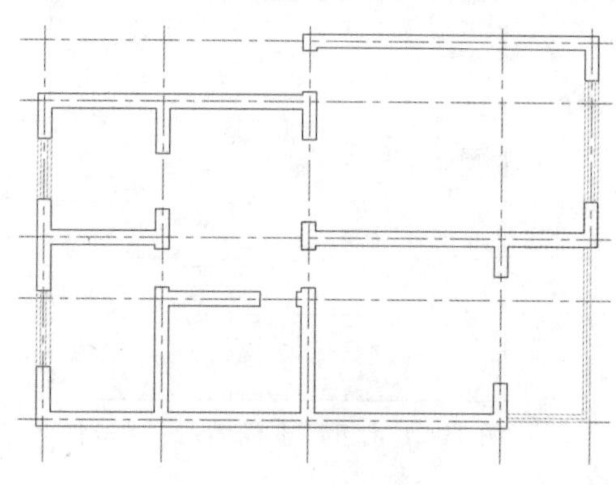

图 11-28 绘制窗

Step 13 打开“图层特性管理器”面板，关闭“轴线”图层，观察绘制好的墙体轮廓，如图 11-29 所示。

Step 14 执行“直线”和“圆”命令，绘制下水、地漏、烟道等图形，如图 11-30 所示。

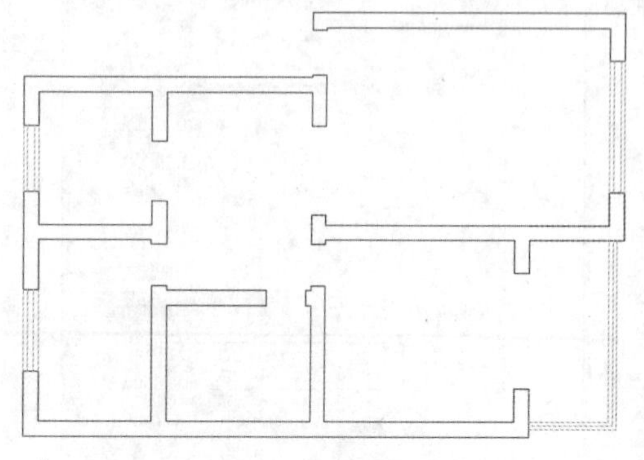

图 11-29 关闭“轴线”图层

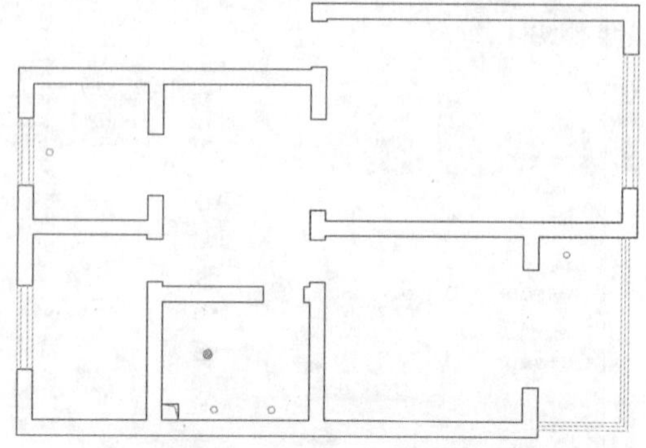

图 11-30 绘制下水

Step 15 设置“标注”图层为当前图层，执行“格式”→“标注样式”命令，打开“标注样式管理器”对话框，单击“新建”按钮，如图 11-31 所示。

Step 16 打开“创建新标注样式”对话框，输入新样式名为“墙体标注”，单击“继续”按钮，如图 11-32 所示。

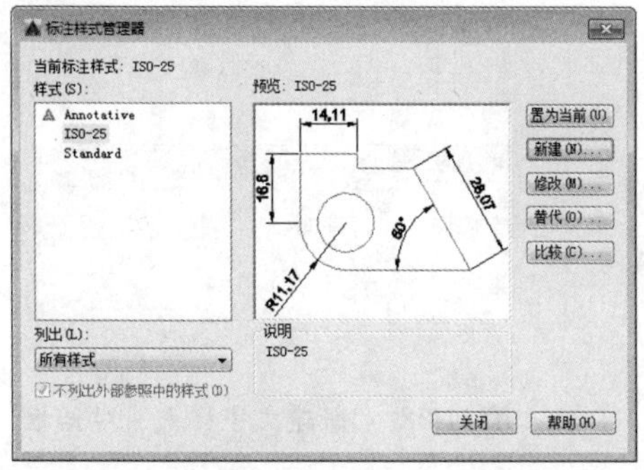

图 11-31 “标注样式管理器”对话框

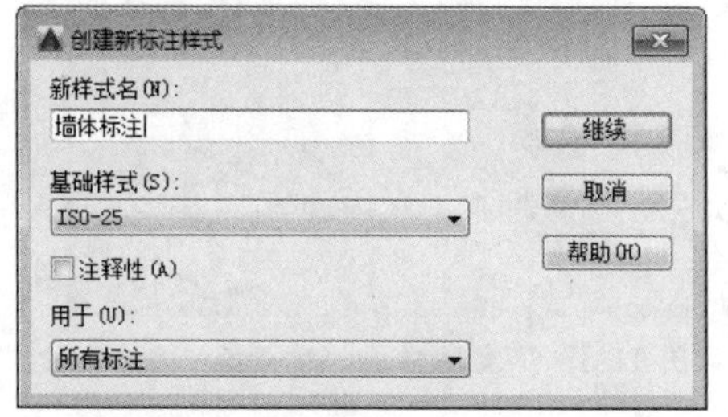

图 11-32 “创建新标注样式”对话框

Step 17 打开“新建标注样式：墙体标注”对话框，设置线的“超出尺寸线”为 50，设置箭头样式为点，引线样式为小点，箭头大小为 50，文字高度为 120，主单位精度为 0，如图 11-33 所示。

Step 18 单击“确定”按钮，返回“标注样式管理器”对话框，再单击“置为当前”按钮，然后关闭对话框，如图 11-34 所示。

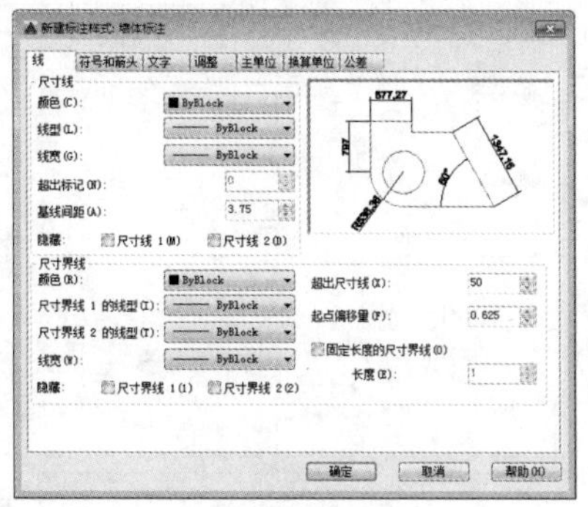

图 11-33 设置参数

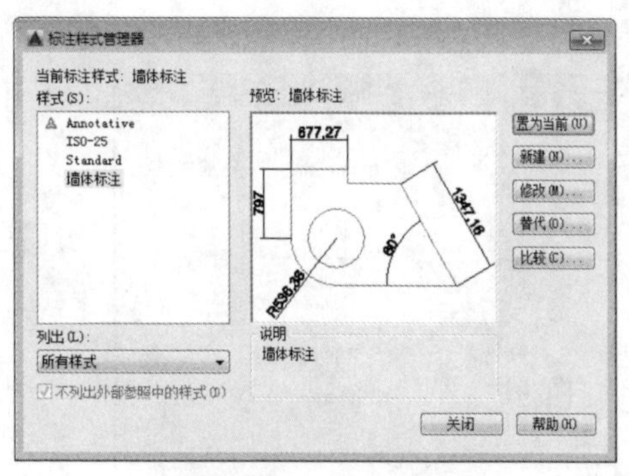

图 11-34 置为当前

Step 19 打开“轴线”图层，执行“标注”→“线性”命令，捕捉轴线创建标注，如图 11-35 所示。

Step 20 关闭“轴线”图层，完成尺寸标注的创建，如图 11-36 所示。

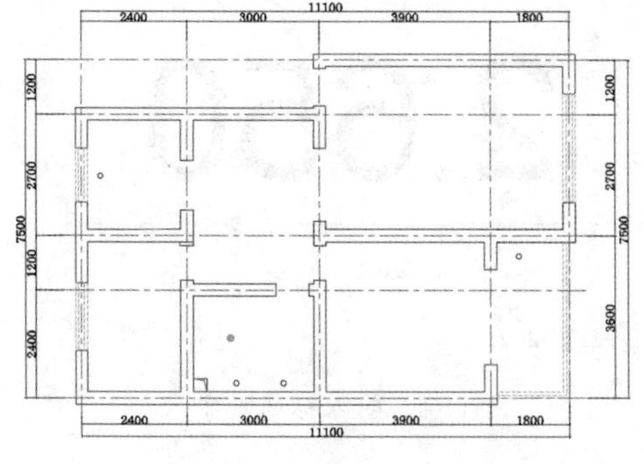

图 11-35 标注墙体尺寸

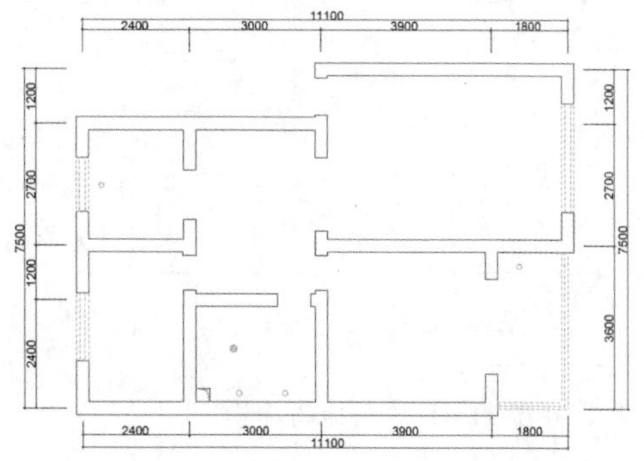

图 11-36 关闭“轴线”图层

Step 21 执行“格式”→“文字样式”命令，打开“文字样式”对话框，如图 11-37 所示。

Step 22 单击“新建”按钮，打开“新建文字样式”对话框，输入样式名为“文字注释”，单击“确定”按钮，如图 11-38 所示。

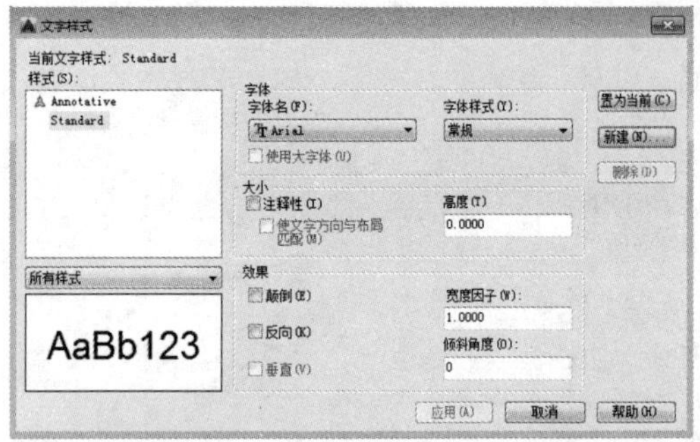

图 11-37 “文字样式”对话框

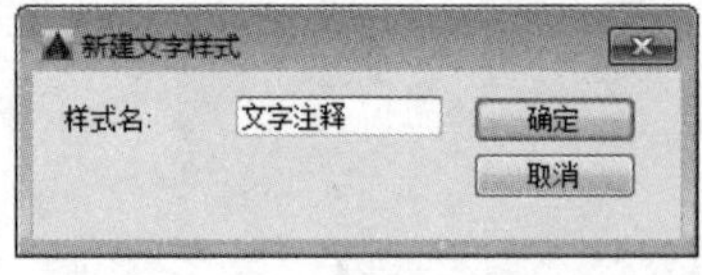

图 11-38 “新建文字样式”对话框

Step 23 返回“文字样式”对话框，设置“字体名”为“宋体”，“高度”为 50，单击“应用”按钮，并置为当前，然后关闭对话框，如图 11-39 所示。

Step 24 执行“绘图”→“文字”→“单行文字”命令，创建文字对各个空间的功能进行注释，如图 11-40 所示。

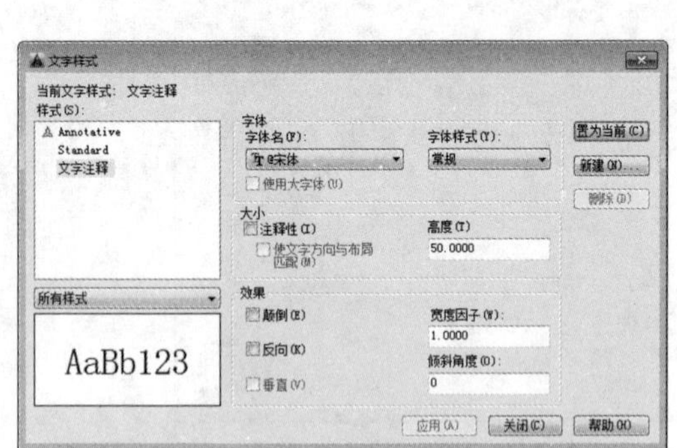

图 11-39 设置参数

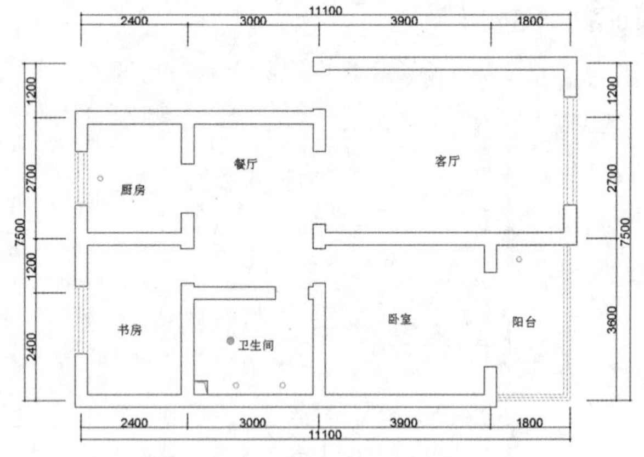

图 11-40 文字注释

Step 25 执行“绘图”→“直线”命令，绘制标高符号，如图 11-41 所示。

Step 26 执行“绘图”→“文字”→“单行文字”命令，输入标高数字，如图 11-42 所示。

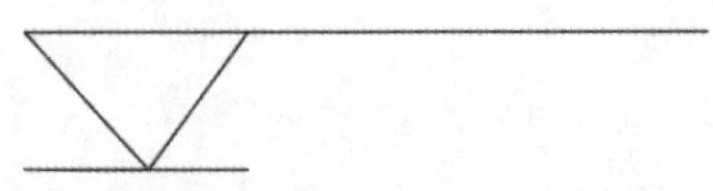

图 11-41 绘制标高符号

2.650

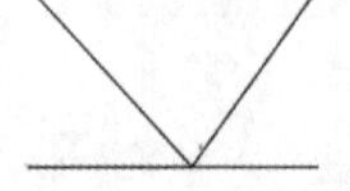

图 11-42 输入标高数字

Step 27 复制标高符号到合适的位置，并修改数字内容，完成原始户型图的绘制，如图 11-43 所示。

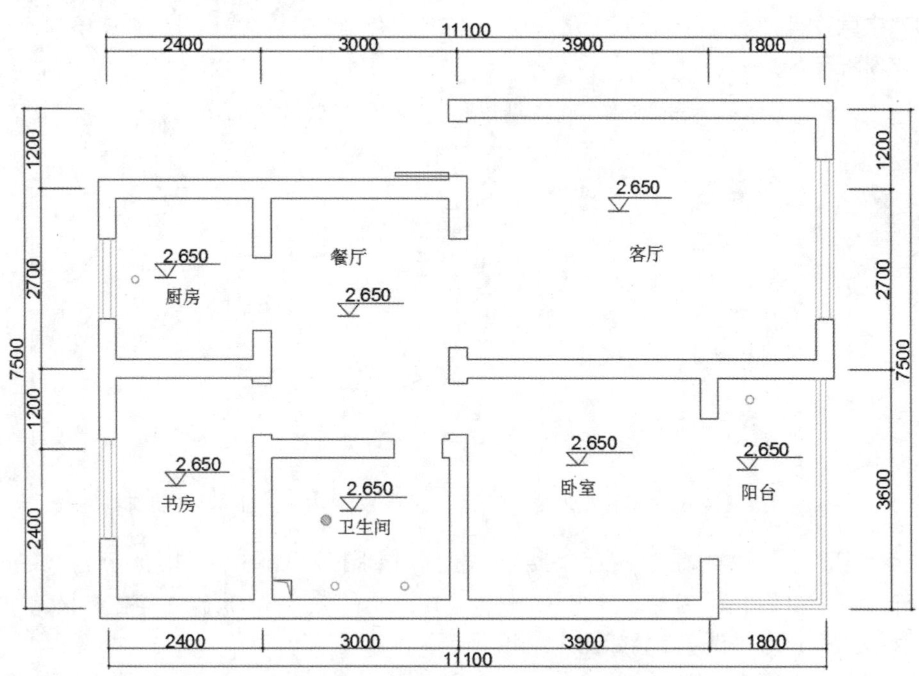

图 11-43 完成原始户型图的绘制

11.2.2 绘制平面布置图

住宅的建筑平面图一般比较详细，对室内平面图进行布置时，需注意家具之间的距离，以及家具摆放是否合理。在绘制该图纸时，可在原始结构图纸上运用一些基本操作命令，绘制或插入家具的图块，并合理放置于图纸合适位置。绘制过程如下。

Step 01 复制原始户型图，删除文字注释及标高，关闭“标注”图层，将“门窗”图层置为当前图层，执行“绘图”→“矩形”命令，绘制长为 820mm、宽为 50mm 的矩形，放在门洞位置，再执行“圆弧”命令，绘制一条弧线完成门图形的绘制，如图 11-44 所示。

Step 02 按照相同的方法完成其他门图形的绘制，执行“矩形”命令绘制推拉门图形，再执行“直线”命令，绘制直线封闭门洞，如图 11-45 所示。

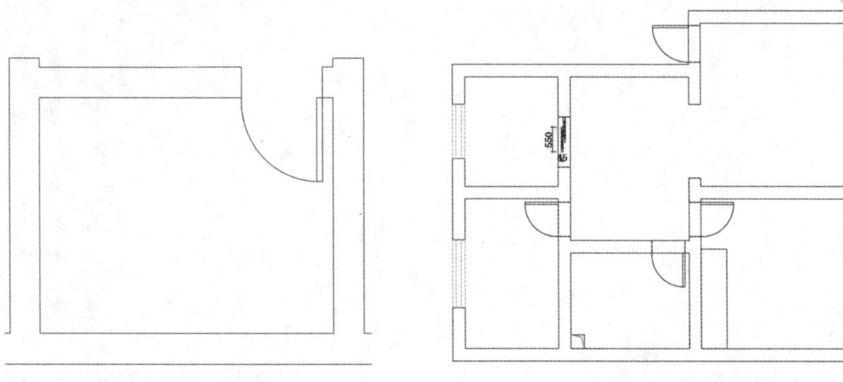

图 11-44 绘制门　　图 11-45 绘制其他门

Step 03 将“家具”图层置为当前图层，依次执行“直线”“偏移”“修剪”命令，绘制餐厅酒柜，尺寸如图 11-46 所示。

Step 04 执行“偏移”“修剪”命令，绘制橱柜图形，结果如图 11-47 所示。

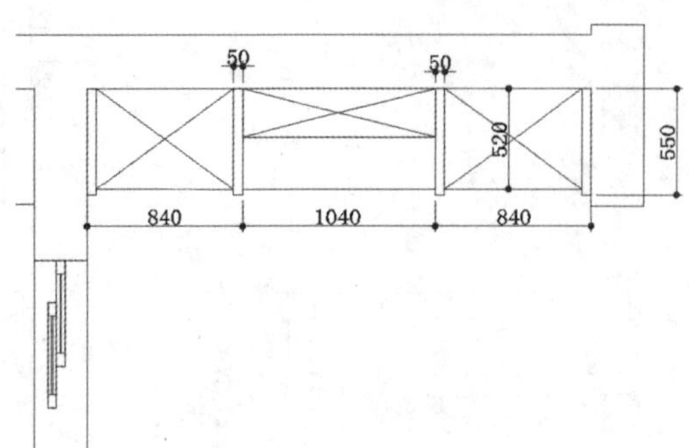

图 11-46 绘制餐厅酒柜

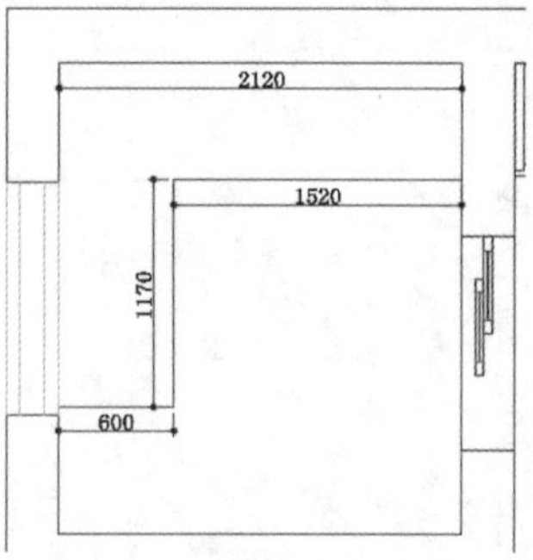

图 11-47 绘制橱柜图形

Step 05 执行“矩形”“直线”命令，在卧室绘制书柜和书桌图形，如图 11-48 所示。

Step 06 执行“矩形”“圆角”命令，绘制一个长为 2120mm、宽为 760mm 的浴缸和长为 1115mm、宽为 600mm、圆角 200 的洗手台，如图 11-49 所示。

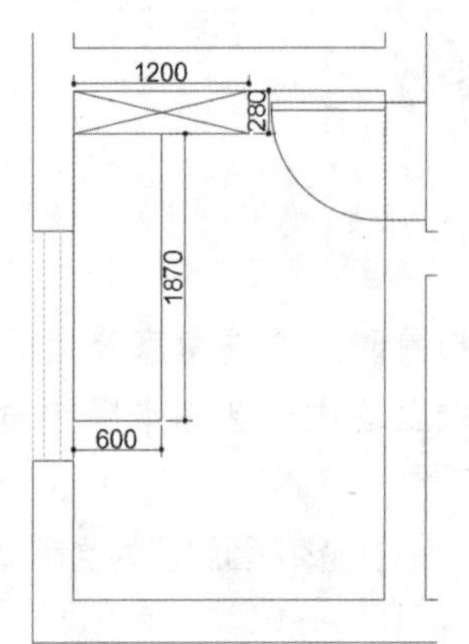

图 11-48 绘制书柜和书桌

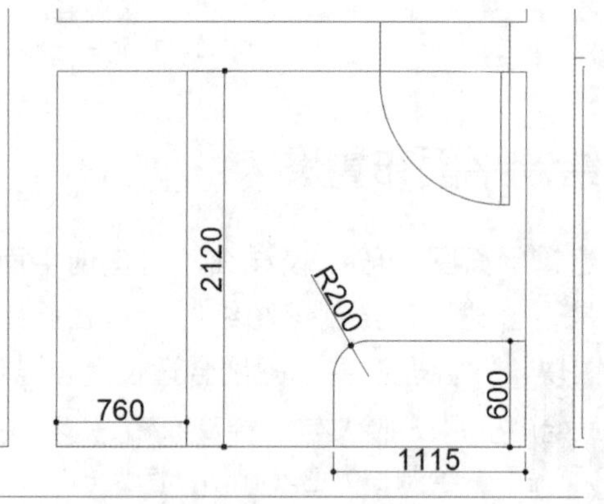

图 11-49 绘制浴缸和洗手台

Step 07 执行“绘图”→“矩形”命令，绘制长为 2200mm、宽为 600mm 的卧室衣柜，如图 11-50 所示。

Step 08 执行“修改”→“偏移”命令，将矩形图形向内偏移 20mm，如图 11-51 所示。

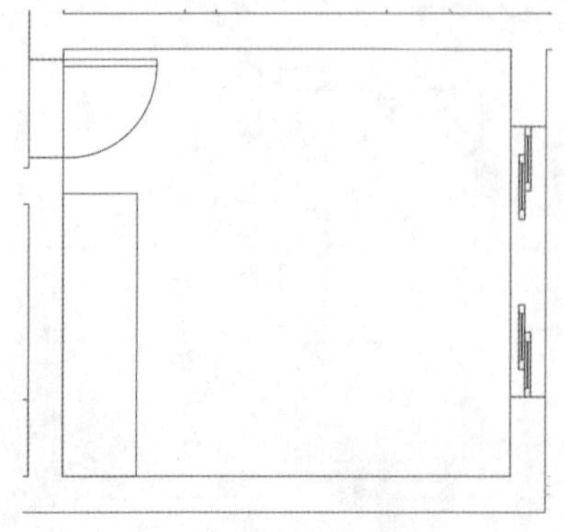

图 11-50 绘制矩形衣柜

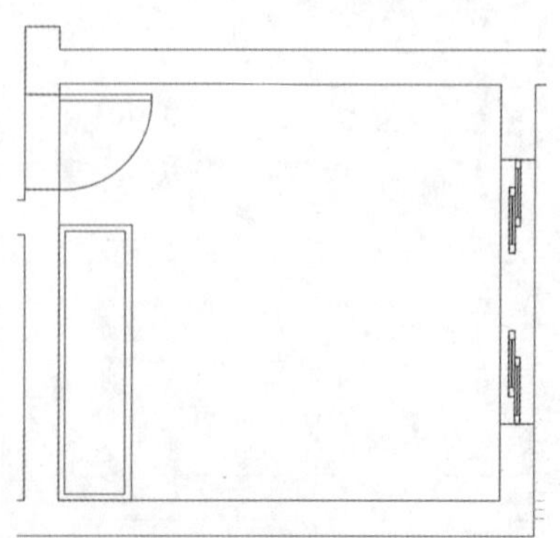

图 11-51 偏移矩形

Step 09 执行“绘图”→“矩形”命令，绘制长为210mm、宽为50mm的衣柜挂杆，和长为380mm、宽为30mm的衣架图形，如图11-52所示。

Step 10 执行“复制”“旋转”命令，绘制其余衣架图形，如图11-53所示。

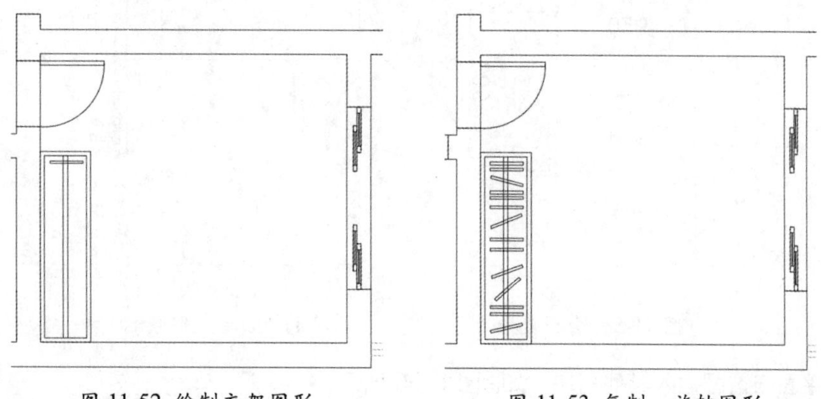

图 11-52 绘制衣架图形　　图 11-53 复制、旋转图形

Step 11 执行“绘图”→“矩形”命令，绘制一个尺寸为1500mm×550mm的电视柜和尺寸为800mm×450mm的梳妆台，如图11-54所示。

Step 12 利用“直线”和“矩形”命令，绘制客厅装饰柜，尺寸如图11-55所示。

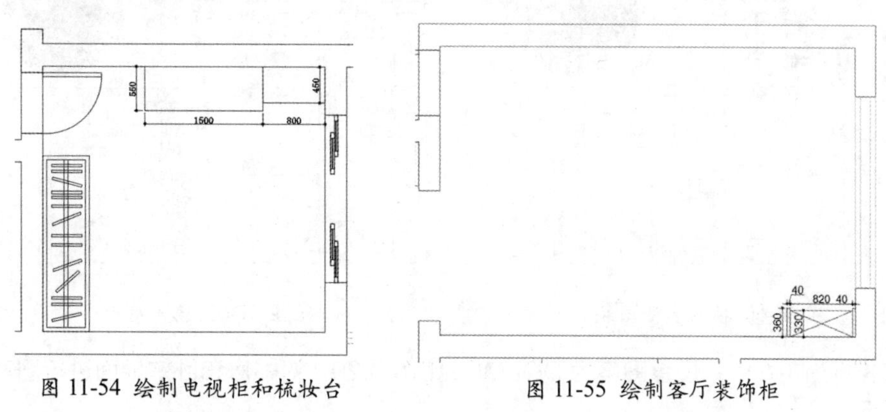

图 11-54 绘制电视柜和梳妆台　　图 11-55 绘制客厅装饰柜

Step 13 执行“矩形”“直线”命令，绘制一个客厅电视柜图形，尺寸如图11-56所示。

Step 14 执行“修改”→“修剪”命令，修剪掉多余的线段，如图11-57所示。

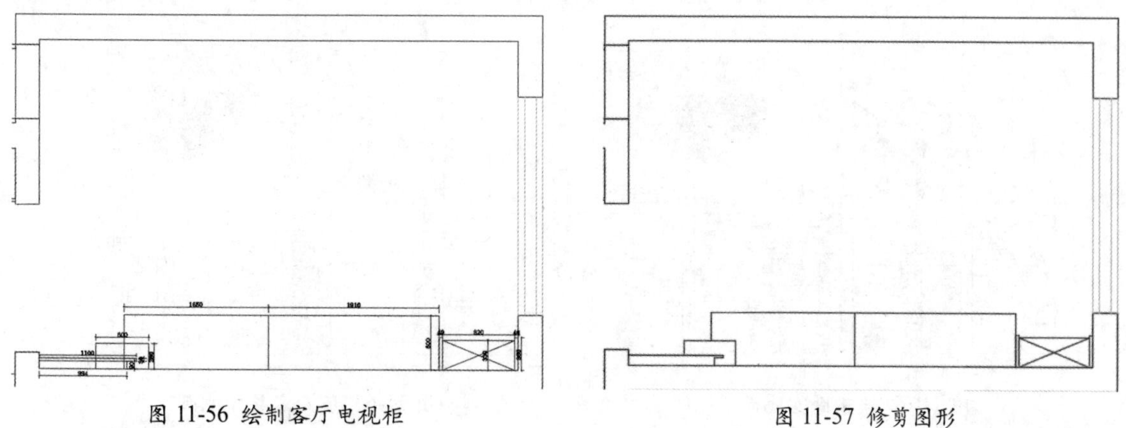

图 11-56 绘制客厅电视柜　　图 11-57 修剪图形

Step 15 执行“矩形”“直线”命令，绘制入户鞋柜图形，如图 11-58 所示。

Step 16 执行“插入”命令，为厨房插入燃气灶、洗菜池导图块，如图 11-59 所示。

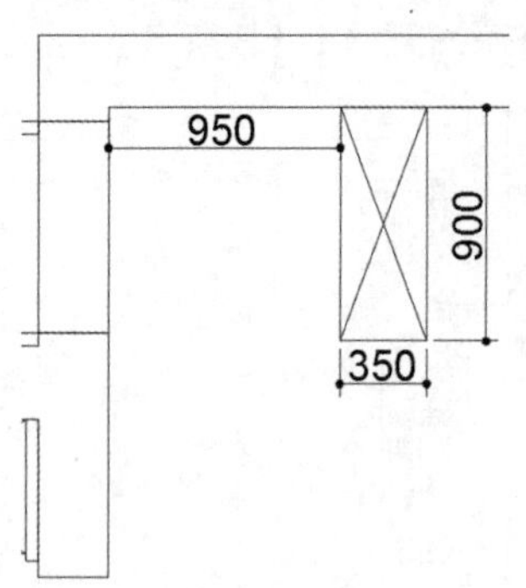

图 11-58 绘制鞋柜

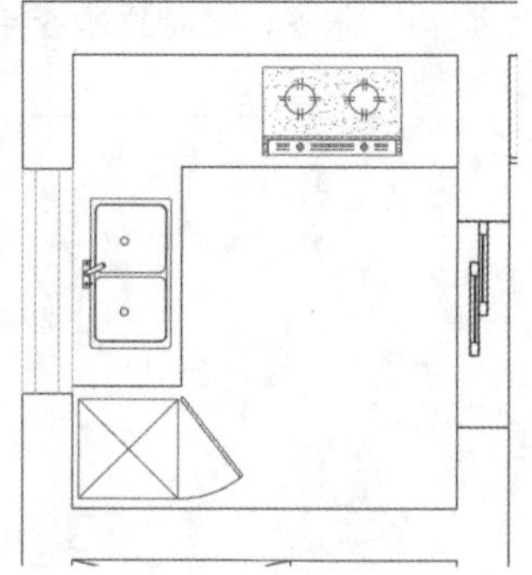

图 11-59 插入图块

Step 17 继续为平面布置图插入其他图块，如图 11-60 所示。

Step 18 执行“绘图”→“图案填充”命令，设置图案为 ANGLE，比例为 50，对厨房、卫生间和阳台地面进行填充，如图 11-61 所示。

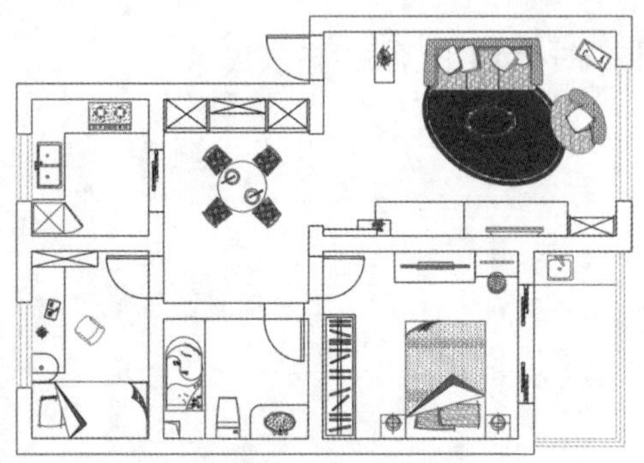

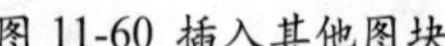

图 11-60 插入其他图块

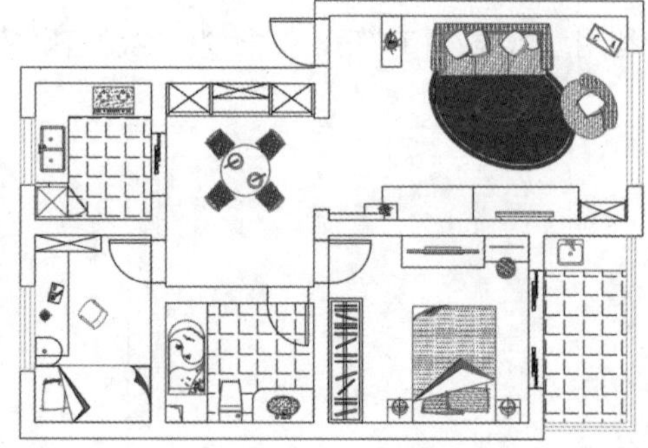

图 11-61 填充地面

Step 19 继续执行当前命令，设置图案为 DOLMIT, 比例为 20，对书房和卧室地面进行图案填充，如图 11-62 所示。

Step 20 对客餐厅地面和过门石进行图案填充，分别设置样例名为 ANSI37，角度为 45°，比例为 200; 样例名为 AR-CONC, 比例为 1，如图 11-63 所示。

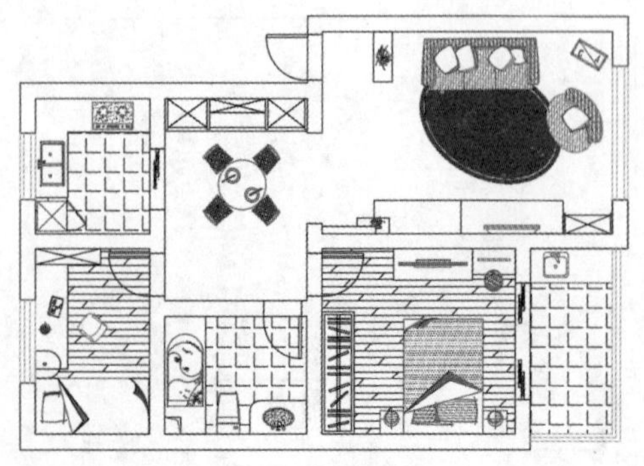

图 11-62 填充卧室地面

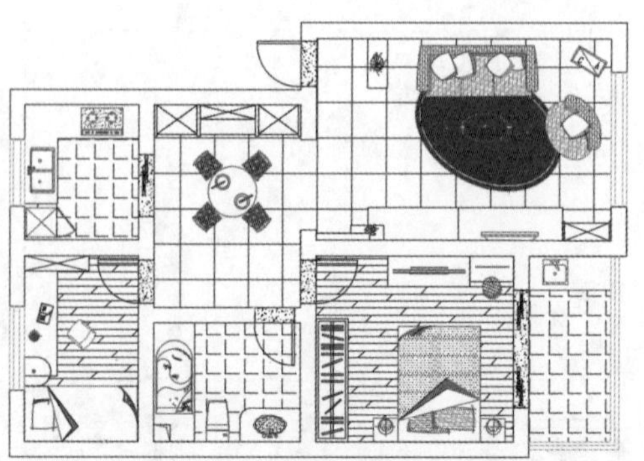

图 11-63 填充客餐厅地面

Step 21 执行“多行文字”“标注”命令，为平面布置图添加地面材质说明，并进行尺寸标注。至此平面布置图已全部绘制完毕，如图 11-64 所示。

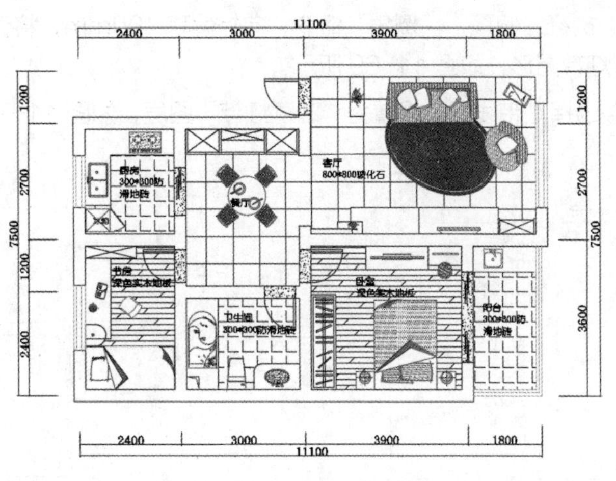

图 11-64 完成平面图的绘制

11.2.3 绘制顶面布置图

顶面造型的好坏直接影响整体的装修效果，顶面的装修风格应与整体风格相互统一，相互呼应。顶面布置图可以在平面布置图的基础上，删除家具及所有标注，然后再插入灯具、填充图案等，具体绘制过程如下。

Step 01 复制平面布置图，删除家具及标注，如图 11-65 所示。

Step 02 新建“顶面造型”“灯带”等图层，然后将“顶面造型”图层置为当前图层，如图 11-66 所示。

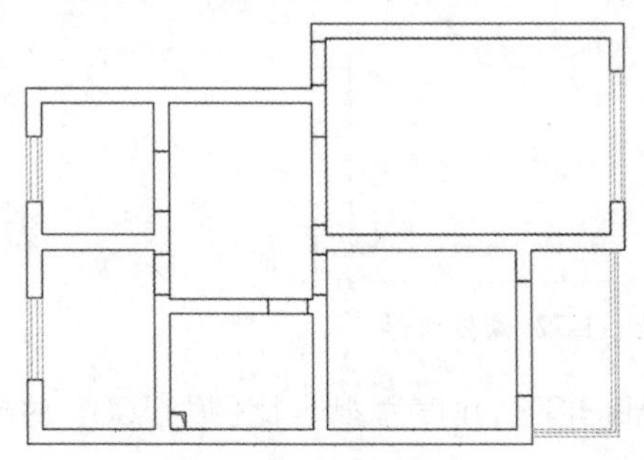

图 11-65 删除家具及标注

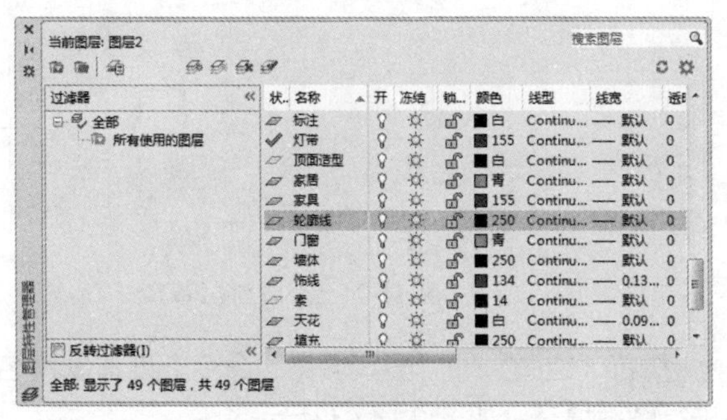

图 11-66 新建图层

Step 03 执行“修改”→“偏移”命令，在客厅位置绘制吊顶，如图 11-67 所示。

Step 04 执行“修改”→“修剪”命令，修剪掉多余的线段，如图 11-68 所示。

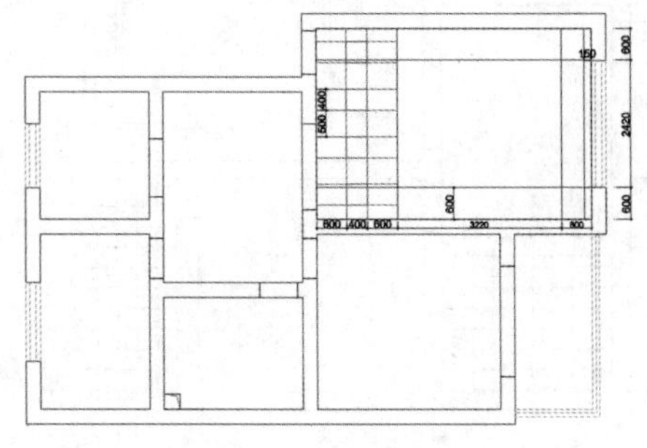

图 11-67 绘制客厅吊顶

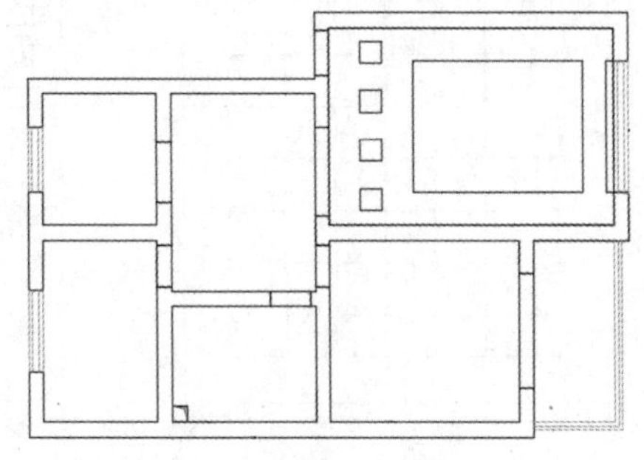

图 11-68 修剪线段

Step 05 执行“偏移”“倒角”命令，向外偏移 100mm，将偏移后的线段进行倒角，倒角距离为 0，绘制矩形灯带图形，如图 11-69 所示。

Step 06 选择灯带线段，设置为“暗藏灯带”图层，如图 11-70 所示。

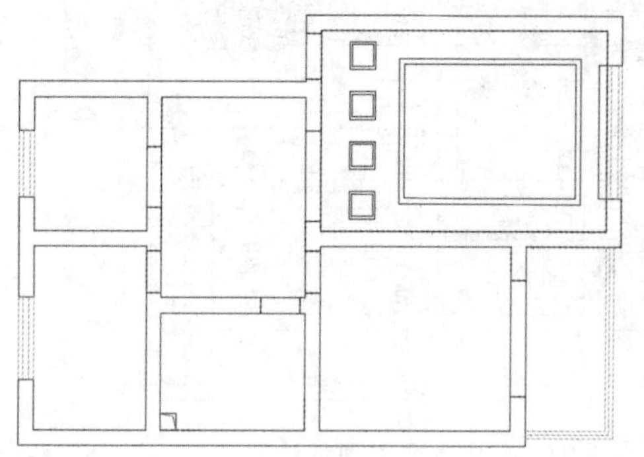

图 11-69 绘制灯带

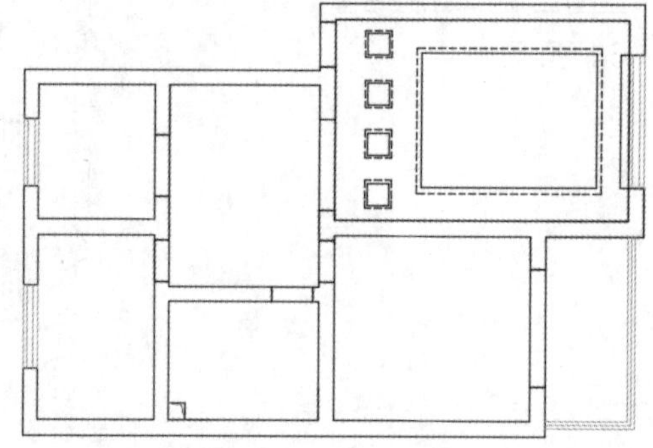

图 11-70 设置图层

Step 07 执行“绘图”→“圆”命令，绘制餐厅吊顶，如图 11-71 所示。

Step 08 执行“修改”→“偏移”命令，将圆图形向外偏移 100mm，如图 11-72 所示。

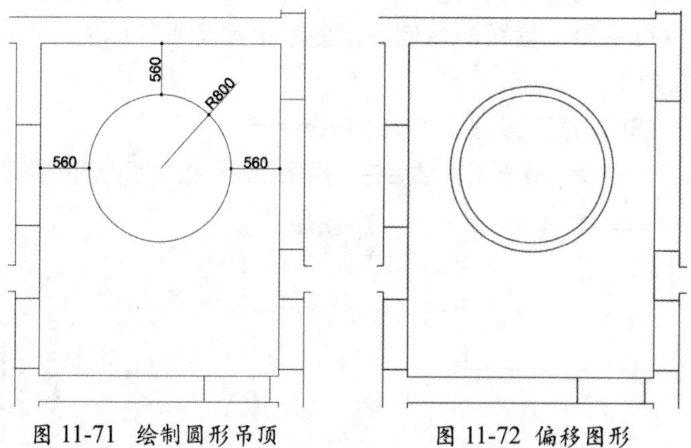

图 11-71 绘制圆形吊顶　　图 11-72 偏移图形

Step 09 执行“绘图”→“图案填充”命令，设置图案名为 ANSI37，角度为 45，比例为 100，对厨房吊顶进行图案填充，如图 11-73 所示。

Step 10 按照同样的方法绘制卫生间和阳台的吊顶，如图 11-74 所示。

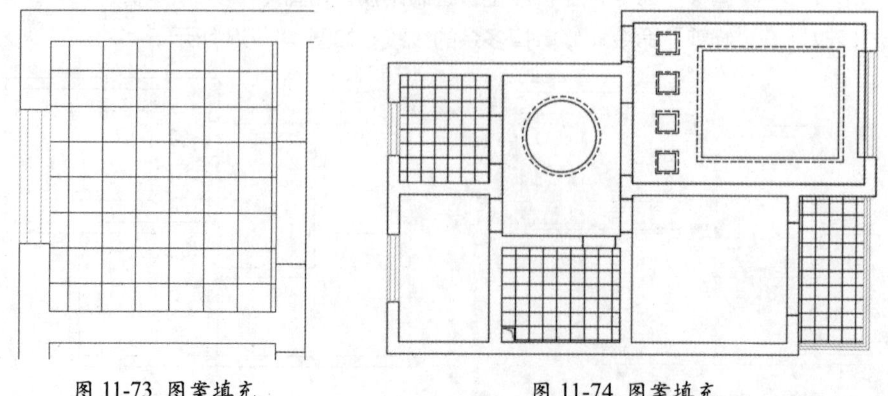

图 11-73 图案填充　　图 11-74 图案填充

Step 11 执行“修改”→“偏移”命令，将墙体依次向内偏移100mm、50mm、10mm，绘制书房的吊顶图形，如图11-75所示。

Step 12 按照同样的方法绘制卧室的吊顶，如图11-76所示。

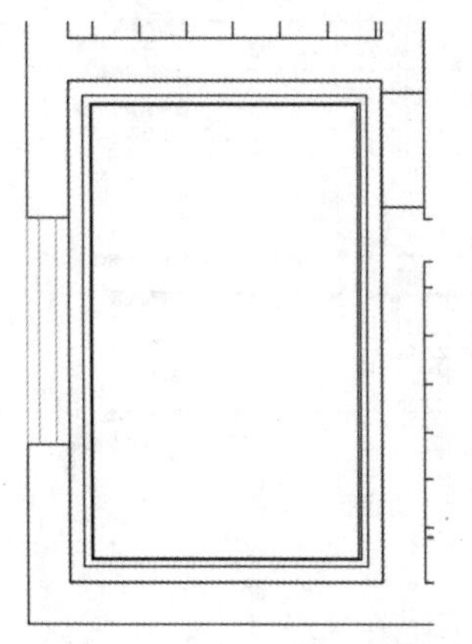

图11-75 绘制书房吊顶

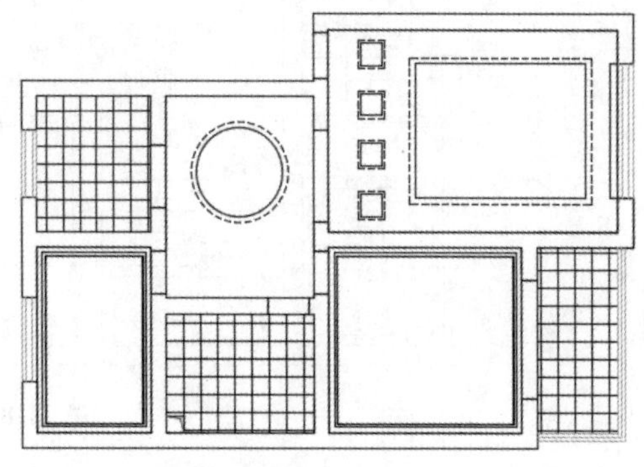

图11-76 绘制卧室吊顶

Step 13 执行“插入”命令，在卧房吊面合适位置插入吊灯图块，位置如图11-77所示。

Step 14 再次执行“插入”命令，插入其余房间灯具图块，如图11-78所示。

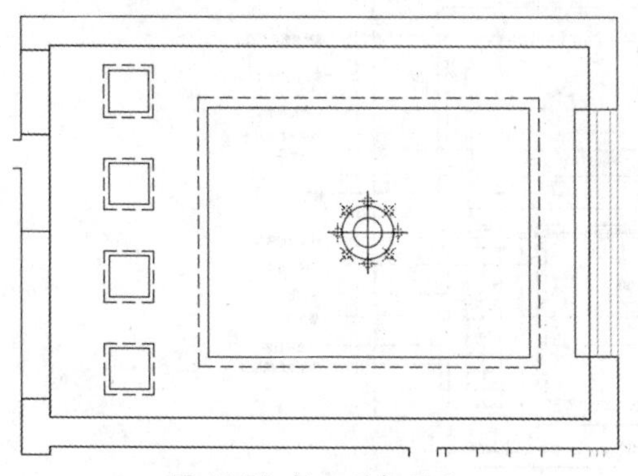

图11-77 插入吊灯图块

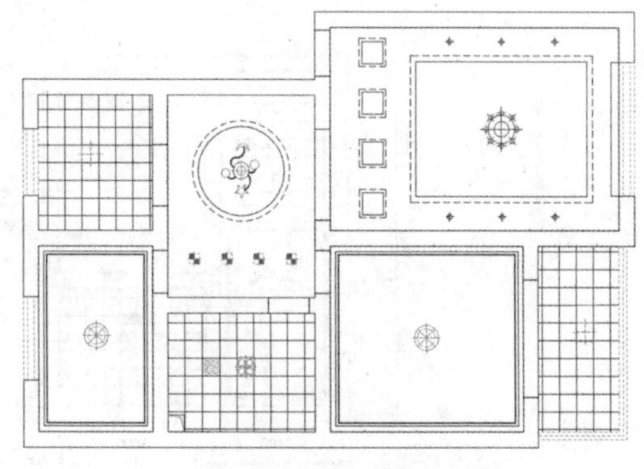

图11-78 插入其余灯图块

Step 15 执行“直线”“单行文字”命令，绘制标高符号，如图11-79所示。

Step 16 执行“复制”命令，复制标高，双击标高值，对其进行修改，并放置在各个空间，如图11-80所示。

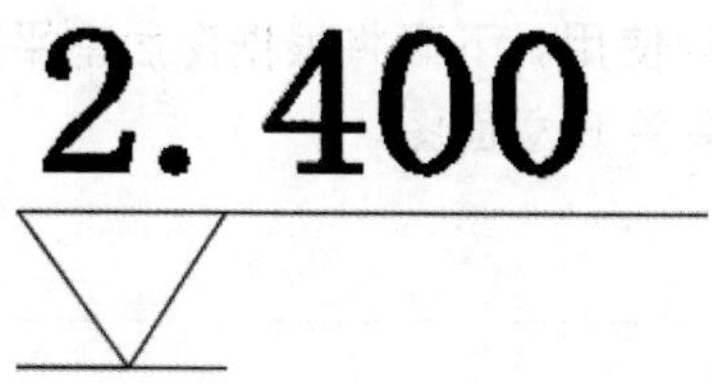

图11-79 绘制标高

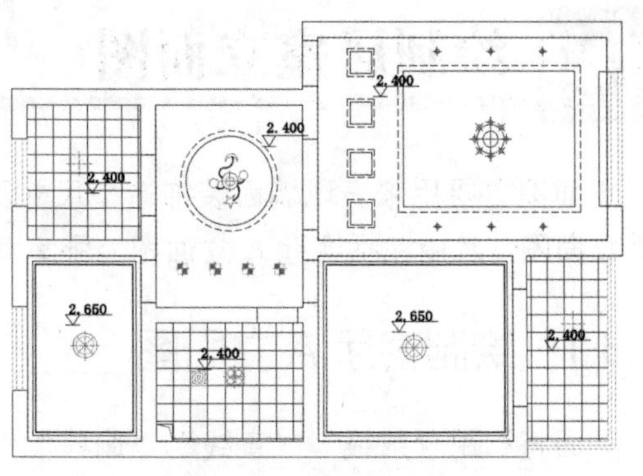

图11-80 复制并修改标高

Step 17 执行“引线”命令，对顶面布置图进行引线标注，如图 11-81 所示。

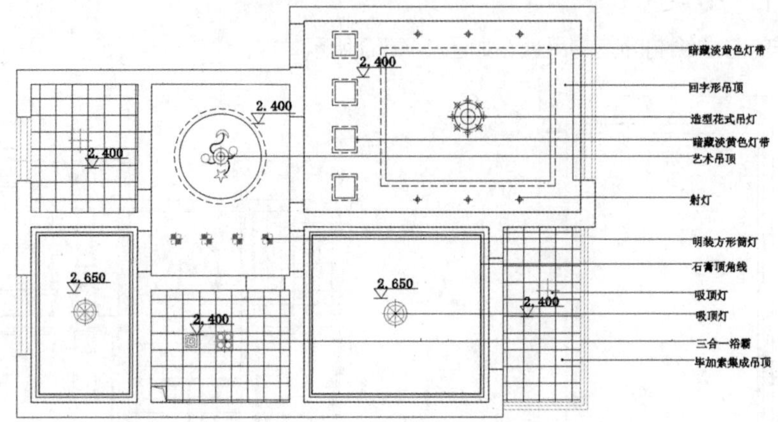

图 11-81 引线标注

Step 18 执行“线性”“连续”命令，对顶面布置图进行尺寸标注。至此顶面布置图已全部绘制完毕，如图 11-82 所示。

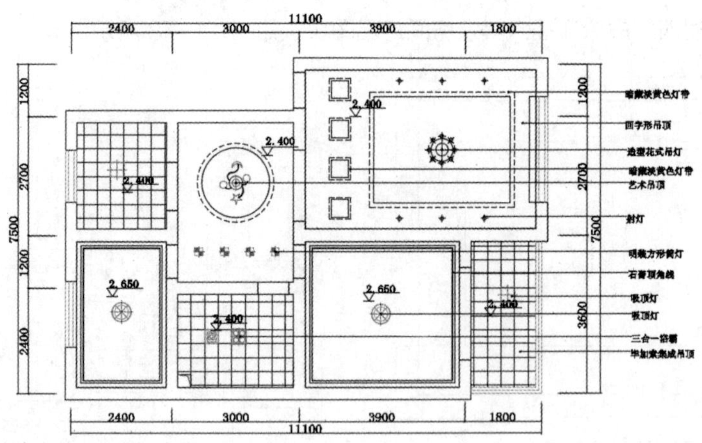

图 11-82 尺寸标注

11.3 绘制居室立面图

立面图主要用来表现墙面装饰造型尺寸及装饰材料的使用。下面将根据两居室平面图，绘制其立面图，其中包括客厅 A 立面图、卧室 A 立面图、玄关 B 立面图。

11.3.1 绘制客厅 A 立面图

下面将利用“射线”“直线”“偏移”“修剪”“图案填充”等命令绘制客厅 A 立面图，具体操作步骤如下。

Step 01 新建“轮廓线”图层，设置其特性，并置为当前层，如图 11-83 所示。

Step 02 复制客厅平面图，插入索引符号，如图 11-84 所示。

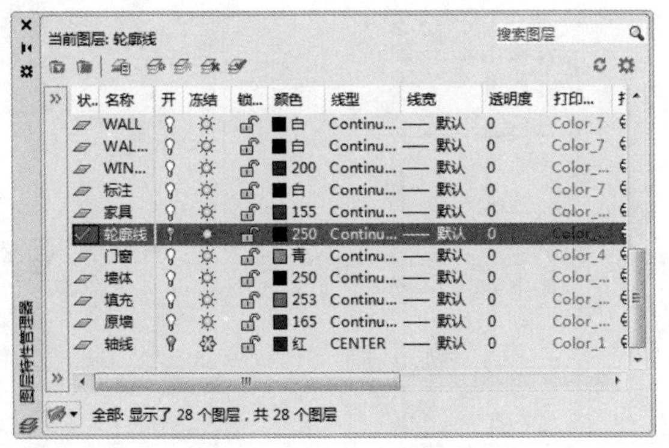

图 11-83 新建“轮廓线”图层

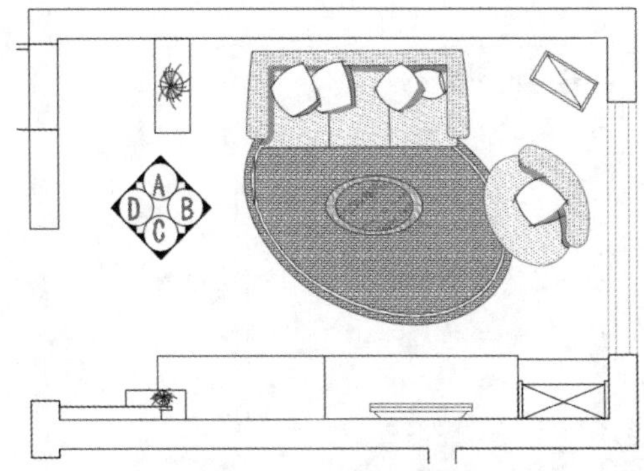

图 11-84 复制客厅

Step 03 对客厅平面图进行删减，执行“绘图”→“射线”命令，捕捉平面图主要轮廓位置绘制射线，如图 11-85 所示。

Step 04 执行“偏移”“修剪”命令，绘制 A 立面轮廓，如图 11-86 所示。

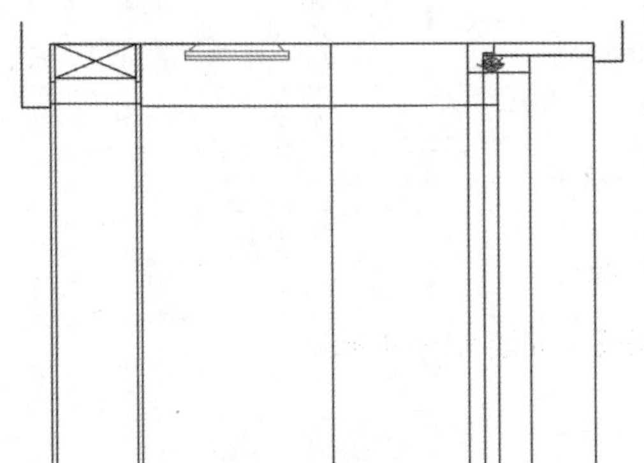

图 11-85 绘制射线

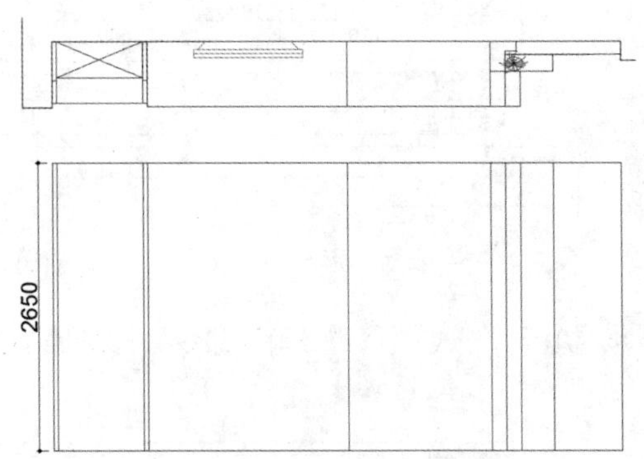

图 11-86 绘制 A 立面轮廓

Step 05 执行“偏移”命令，将顶边线段依次向下偏移，具体尺寸如图 11-87 所示。

Step 06 执行“修剪”命令，修剪掉多余线段，结果如图 11-88 所示。

图 11-87 偏移线段

图 11-88 修剪出轮廓

Step 07 执行“绘图”→“直线”命令，捕捉装饰柜的中线，如图 11-89 所示。

Step 08 执行“偏移”“修剪”命令，向内偏移 10mm，修剪掉多余的线段，如图 11-90 所示。

Step 09 执行“修改”→“矩形阵列”命令，将装饰柜平均分为 5 等分，尺寸如图 11-91 所示。

Step 10 执行“绘图”→“填充”命令，设置样例为 STEEL，角度为 90，比例为 100，对装饰柜玻璃进行填充，如图 11-92 所示。

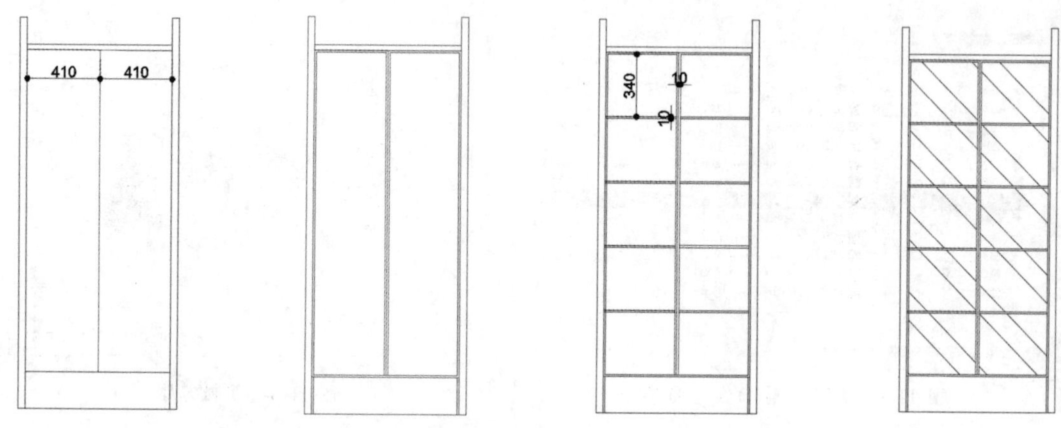

图 11-89 捕捉中线　图 11-90 修剪掉多余线段　图 11-91 矩形阵列　图 11-92 图案填充

Step 11 执行“修改”→“偏移”命令，绘制电视柜，尺寸如图 11-93 所示。

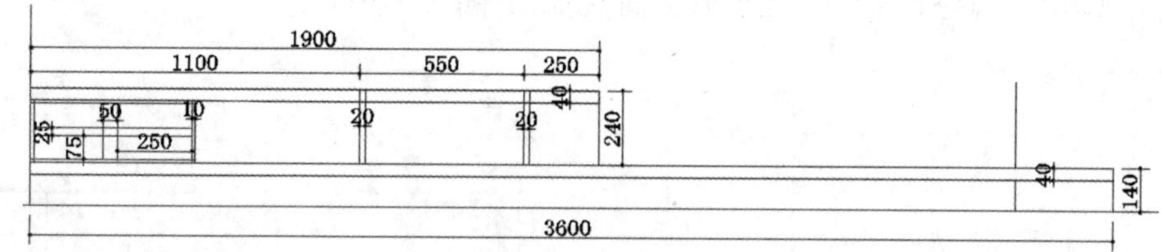

图 11-93 绘制电视柜

Step 12 执行“修改”→“修剪”命令，修剪掉多余的线段，如图 11-94 所示。

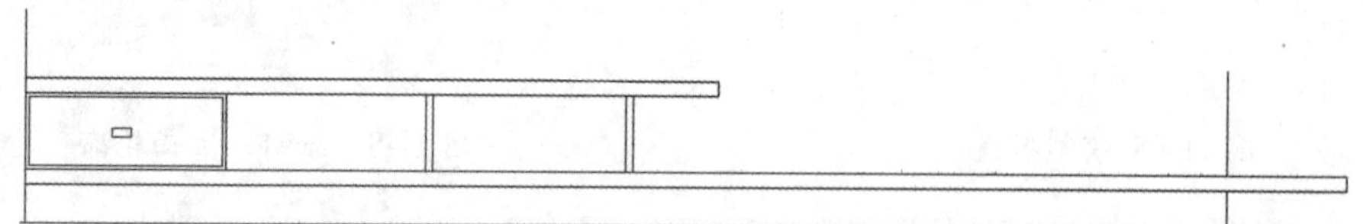

图 11-94 修剪线段

Step 13 执行“绘图”→“图案填充”命令，设置样例为 ANSI32，角度为 135，比例为 5，对隔板进行填充，如图 11-95 所示。

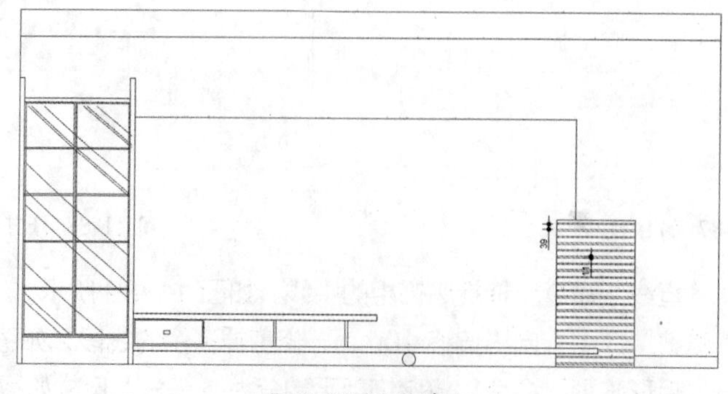

图 11-95 图案填充

Step 14 执行“偏移”“倒角”命令，绘制暗藏灯带。其后设置灯带的颜色为蓝，线型为ACAD，比例为20，如图11-96所示。

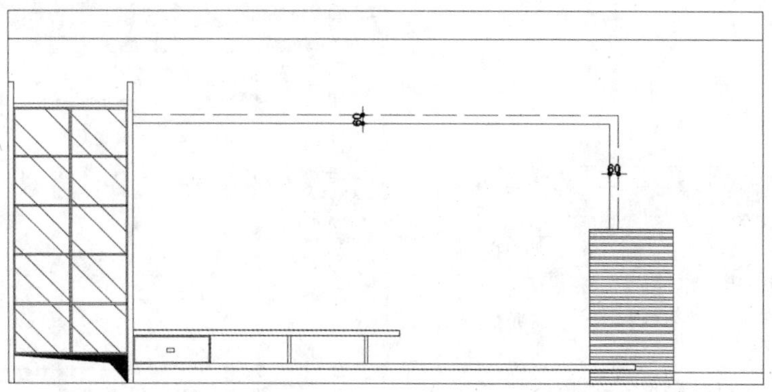

图 11-96 绘制灯带

Step 15 执行“插入”→“块”命令，选择电视、装饰画等图形放置在绘图区的合适位置，如图11-97所示。

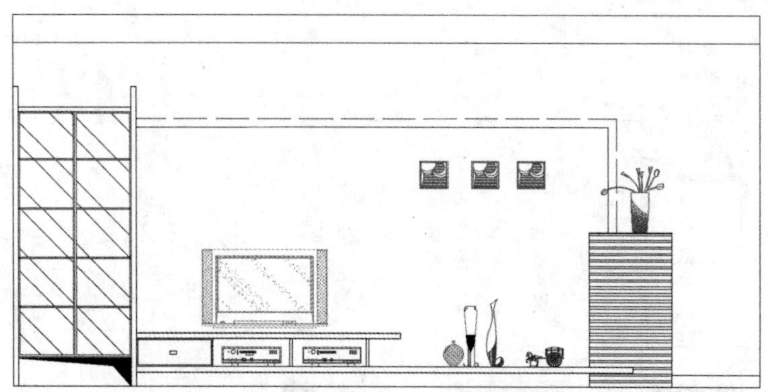

图 11-97 插入图块

Step 16 执行“绘图”→“图案填充”命令，设置样例为CROSS，比例为10，颜色为灰色，对电视背景墙进行图案填充，如图11-98所示。

Step 17 执行“引线”命令，打开“多重引线样式管理器”对话框，如图11-99所示。

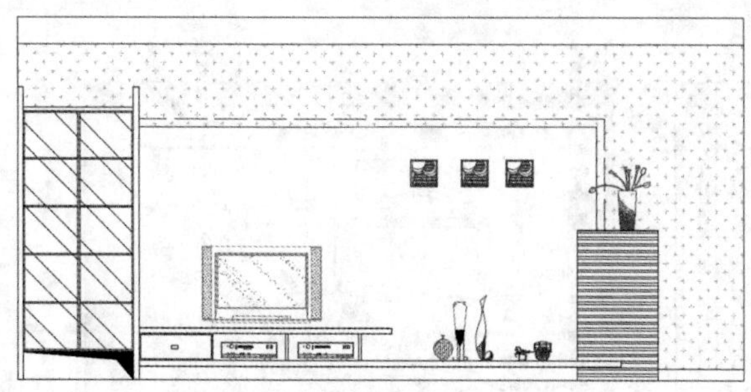

图 11-98 填充电视背景墙

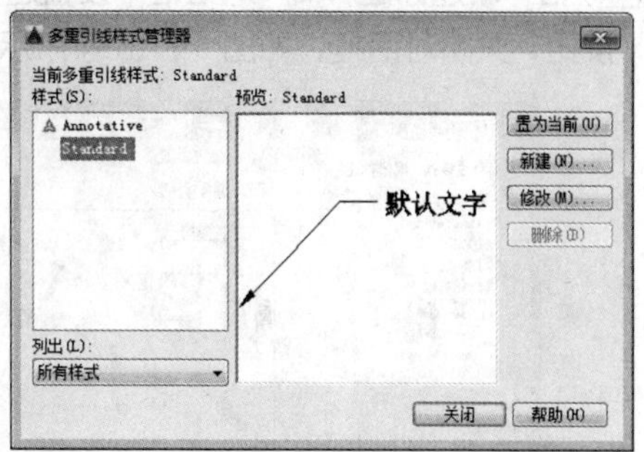

图 11-99 “多重引线样式管理器”对话框

Step 18 单击“新建”按钮，打开“创建新多重引线样式”对话框，输入新样式名为“立面引线”，如图11-100所示。

Step 19 单击“继续”按钮，打开“修改多重引线样式：立面引线”对话框，设置颜色为74，箭头符号为小点，大小为150，字体为幼圆，颜色74，高度为80，单击“确定”按钮，并置为当前，如图11-101所示。

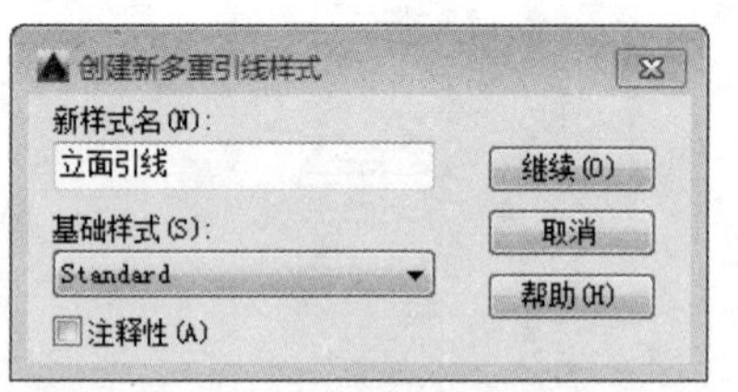

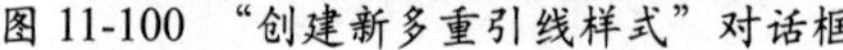

图 11-100 “创建新多重引线样式”对话框

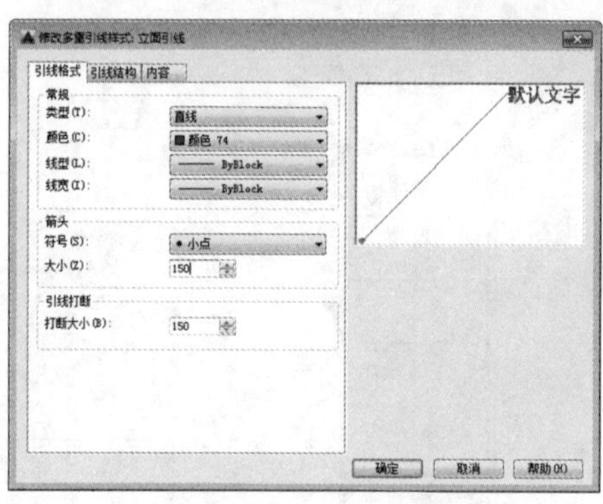

图 11-101 设置参数

Step 20 执行“标注”→“多重引线”命令，对客厅立面图进行引线标注，如图11-102所示。

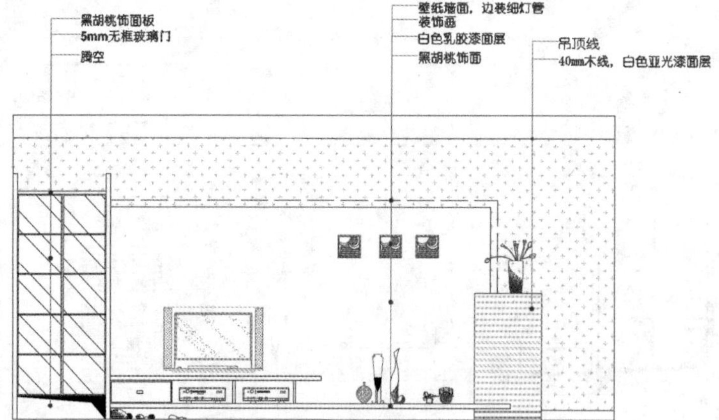

图 11-102 引线标注

Step 21 设置“标注”图层为当前层，执行“格式”→“标注样式”命令，打开“标注样式管理器”对话框，新建标注样式，如图11-103所示。

Step 22 在“新建标注样式”对话框中设置超出尺寸线为30，起点偏移量为50，文字高度为60，单击“确定”按钮，关闭对话框，如图11-104所示。

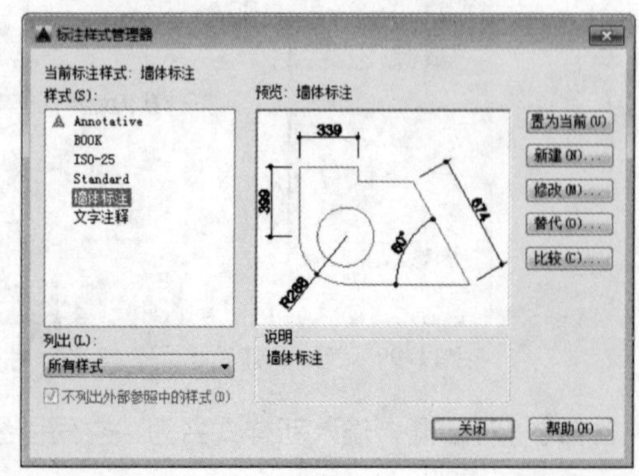

图 11-103 “标注样式管理器”对话框

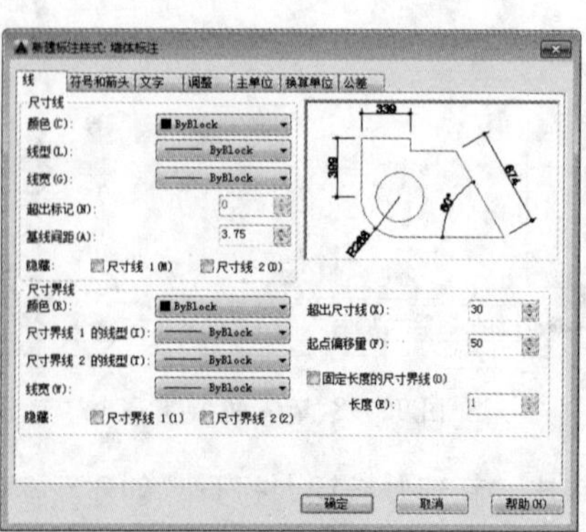

图 11-104 设置参数

Step 23 执行“标注”→“线性”命令，对客厅立面图进行尺寸标注，如图 11-105 所示。

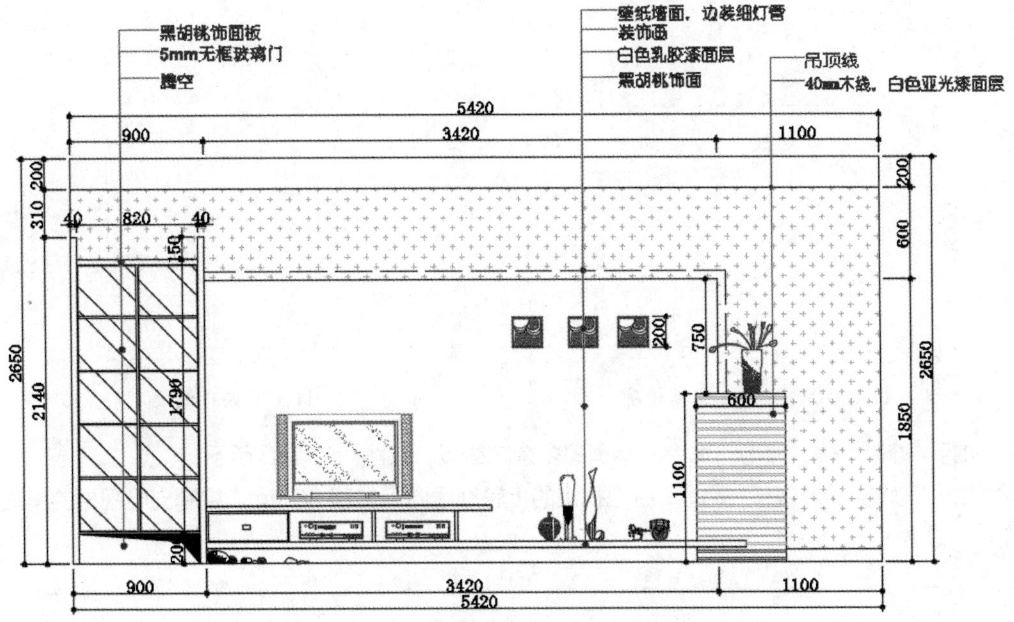

图 11-105 尺寸标注

11.3.2 绘制卧室 A 立面图

下面将利用“射线”“直线”“偏移”“修剪”“插入图块”等命令绘制卧室 A 立面图。

Step 01 复制卧室平面图，并插入索引符号，绘制卧室 A 立面图，如图 11-106 所示。

Step 02 对卧室平面图进行删减，执行“绘图”→“射线”命令，捕捉平面图主要轮廓位置绘制射线，如图 11-107 所示。

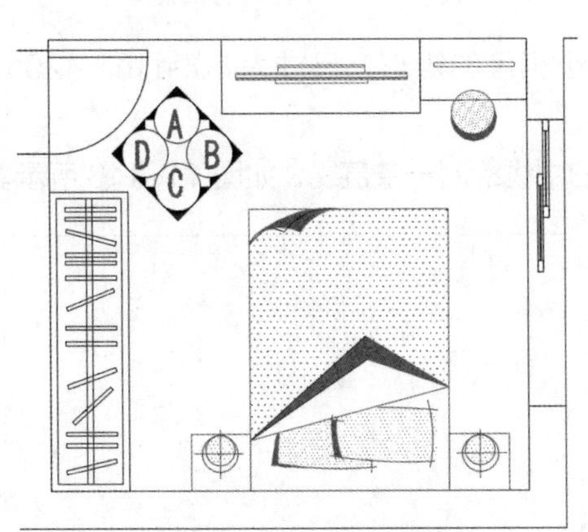

图 11-106 复制卧室平面图

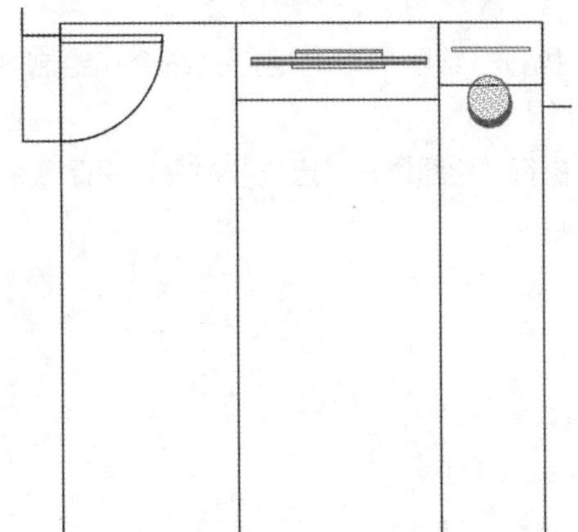

图 11-107 绘制射线

Step 03 依次执行“直线”“偏移”“修剪”命令，绘制 A 立面轮廓，如图 11-108 所示。

Step 04 执行“修改”→“偏移”命令，将上轮廓线依次向下偏移，具体尺寸如图 11-109 所示。

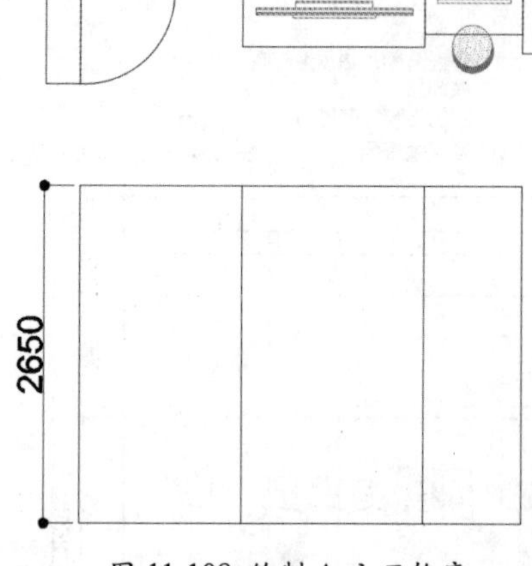

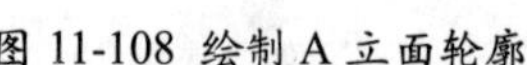
图 11-108 绘制 A 立面轮廓

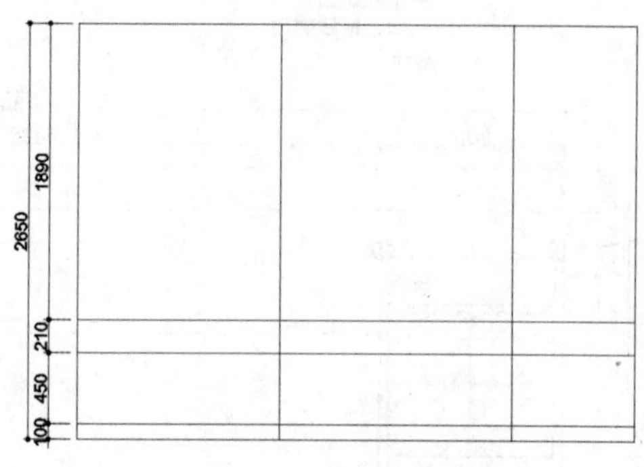

图 11-109 偏移线段

Step 05 执行“修改”→“修剪”命令，修剪掉多余的线段，如图 11-110 所示。

Step 06 执行“修改”→“偏移”命令，将电视柜的上轮廓线向下偏移 30mm，绘制出电视柜的桌面厚度，如图 11-111 所示。

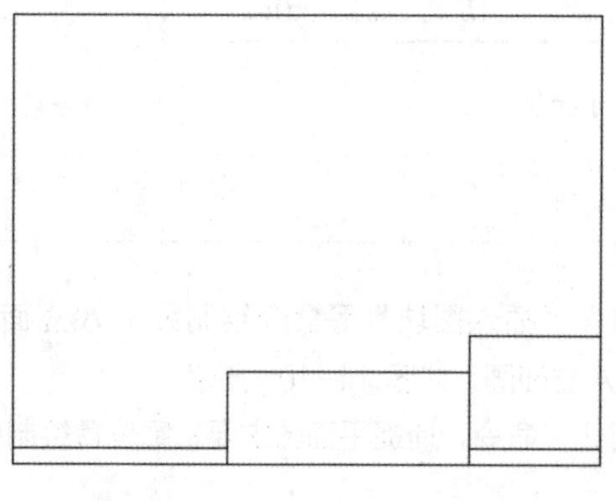
图 11-110 修剪线段

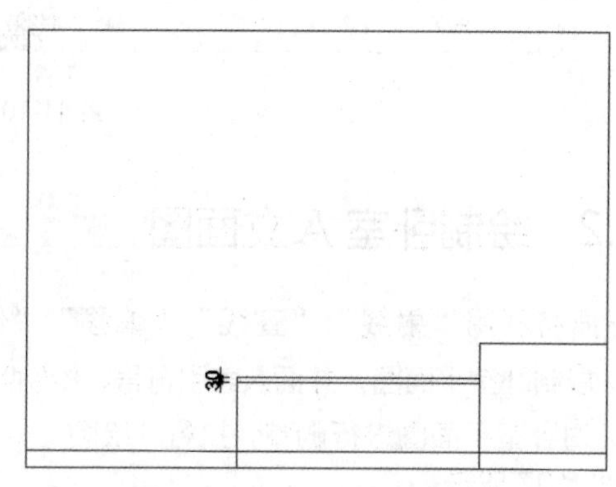

图 11-111 绘制电视柜桌面

Step 07 执行“绘图”→“矩形”命令，绘制 3 个大小相等的矩形，尺寸为 500mm×420mm，如图 11-112 所示。

Step 08 执行“绘图”→“直线”命令，捕捉 3 个矩形的中线绘制一条直线，如图 11-113 所示。

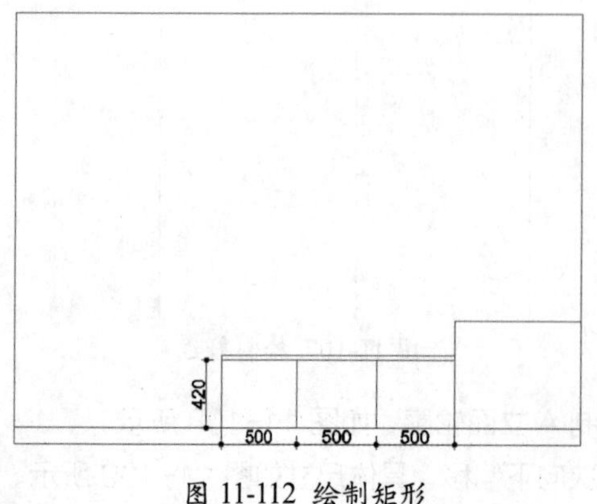

图 11-112 绘制矩形

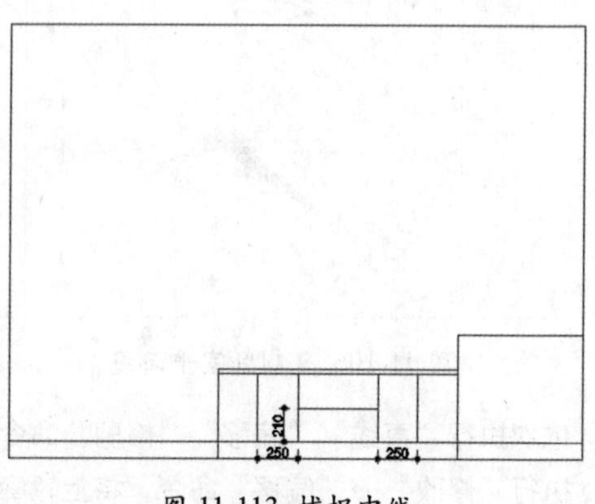

图 11-113 捕捉中线

Step 09 执行“偏移”和“修剪”命令，将矩形图形向内偏移10mm，绘制出电视柜的门板，如图11-114所示。

Step 10 执行“多段线”和“直线”命令，绘制出长为100mm，宽为20mm的柜门把手，放置在绘图区合适位置，如图11-115所示。

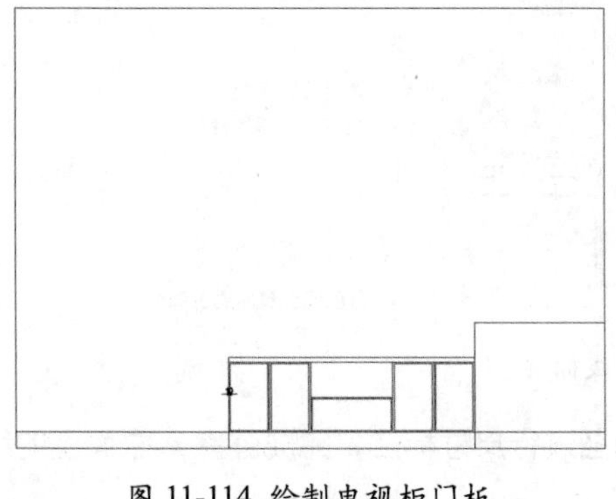

图 11-114 绘制电视柜门板

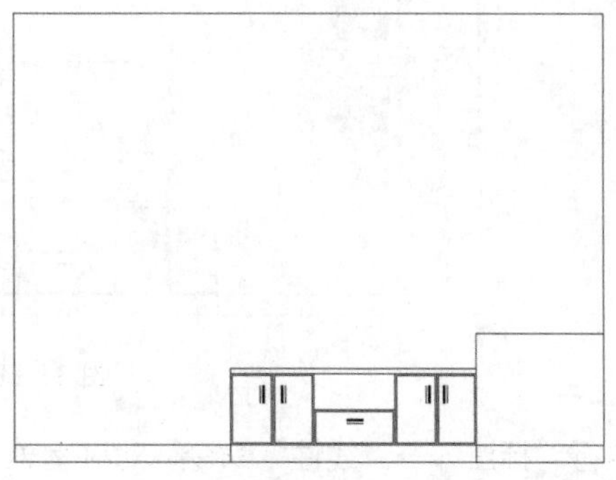

图 11-115 绘制柜门把手

Step 11 执行“矩形”和“修剪”命令，绘制出化妆台的形状，尺寸如图11-116所示。

Step 12 依次执行“偏移”“修剪”和“多段线”命令，绘制出化妆台的抽屉，如图11-117所示。

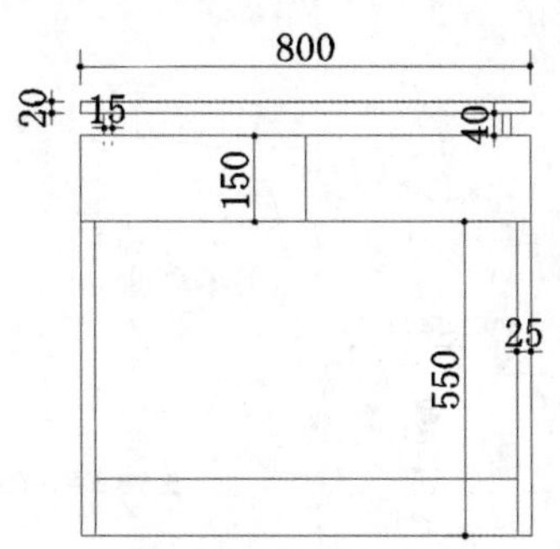

图 11-116 绘制化妆台

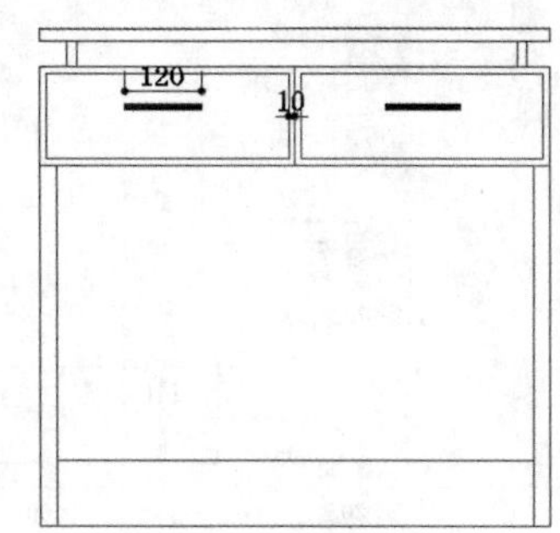

图 11-117 绘制抽屉

Step 13 执行“插入”→“块”命令，选择电视、镜子等图形放置在绘图区的合适位置，如图11-118所示。

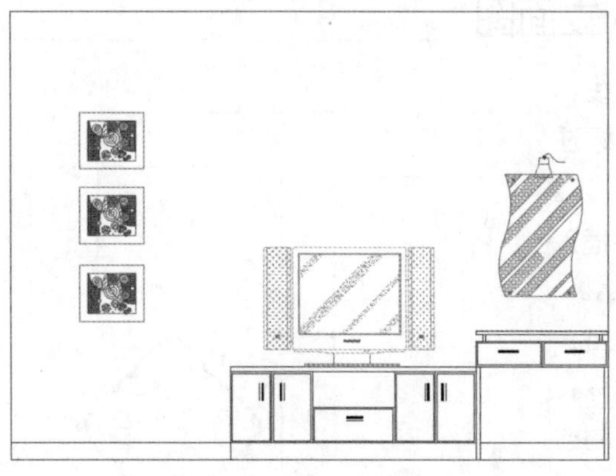

图 11-118 插入图块

Step 14 设置“标注”图层为当前层，执行“引线”命令，对卧室A立面进行文字注释，如图11-119所示。

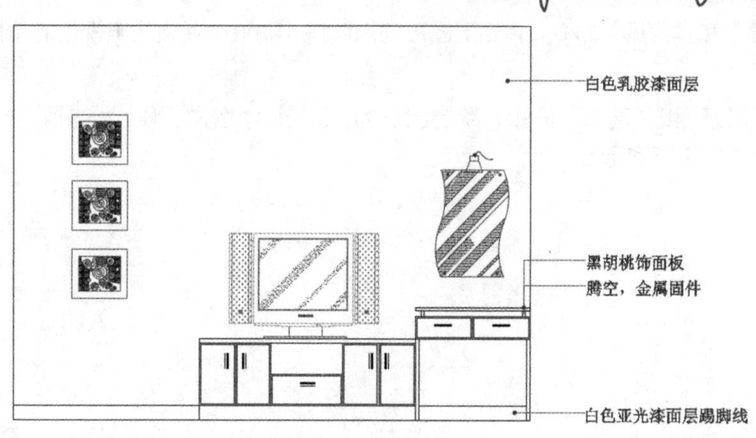

图 11-119 引线标注

Step 15 执行“标注”→“线性”命令，对卧室 A 立面图进行尺寸标注，完成卧室 A 立面图的绘制，如图 11-120 所示。

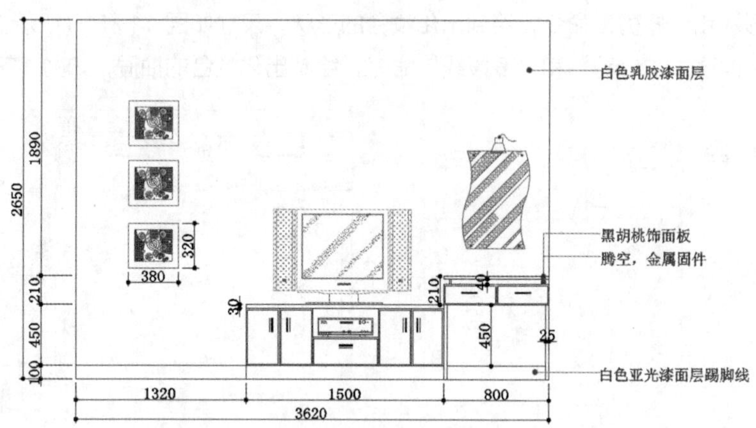

图 11-120 尺寸标注

11.3.3 绘制玄关 B 立面图

下面将利用射线、直线、偏移、修剪、插入图块、标注等命令绘制玄关 B 立面图。

Step 01 复制玄关平面图，并插入索引符号，如图 11-121 所示。

Step 02 对玄关平面图进行删减，执行“绘图”→“射线”命令，捕捉平面图主要轮廓位置绘制射线，如图 11-122 所示。

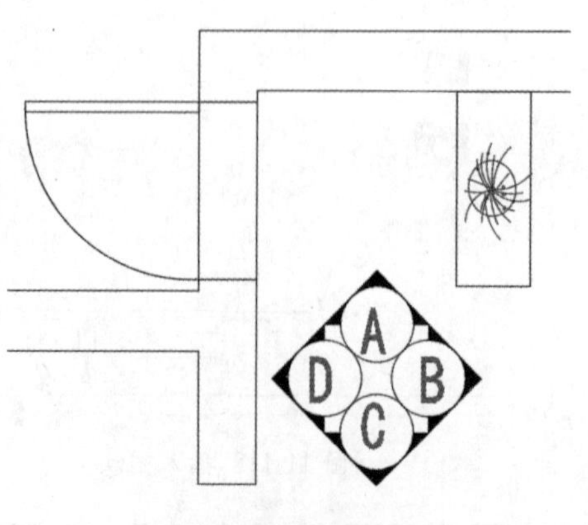

图 11-121 复制玄关

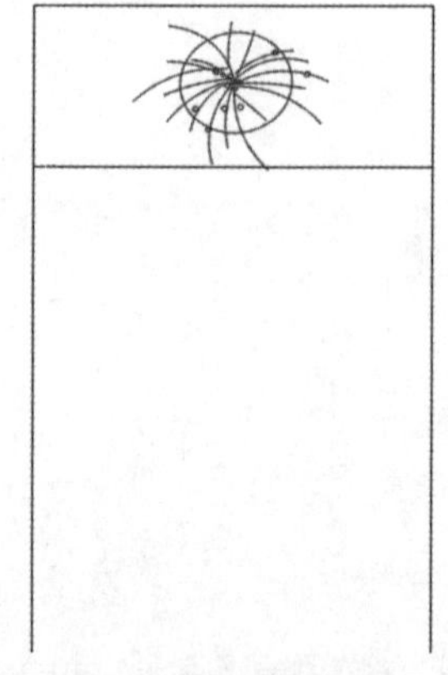

图 11-122 绘制射线

Step 03 执行“偏移”“修剪”命令，绘制玄关B立面轮廓，如图11-123所示。

Step 04 执行“修改”→“偏移”命令，将轮廓线进行偏移，具体尺寸如图11-124所示。

Step 05 执行“修改”→“修剪”命令，修剪掉多余的线段，如图11-125所示。

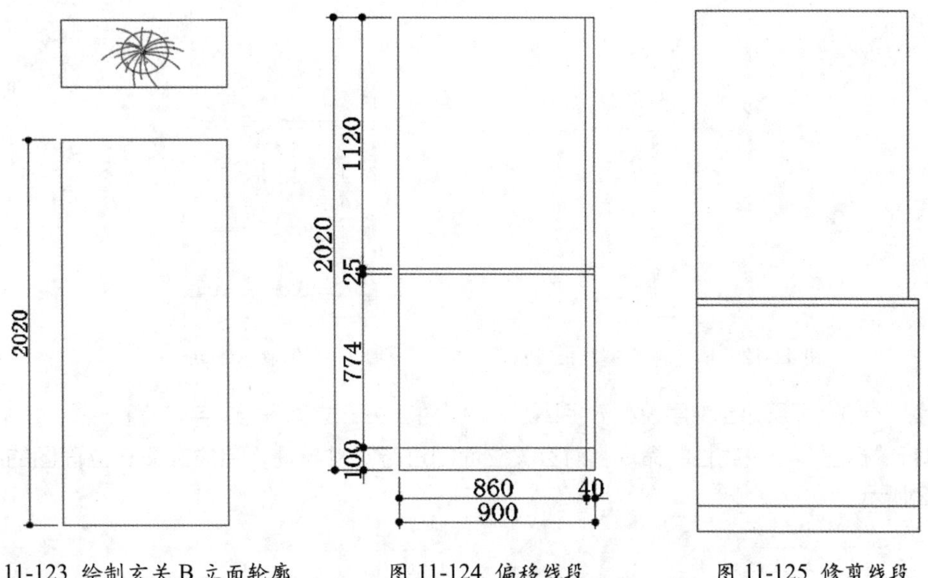

图11-123 绘制玄关B立面轮廓　　图11-124 偏移线段　　图11-125 修剪线段

Step 06 执行“绘图”→“直线”命令，捕捉鞋柜门板的中线绘制一条直线，如图11-126所示。

Step 07 执行“修改”→“偏移”命令，绘制鞋柜门板图形，尺寸如图11-127所示。

Step 08 执行“多段线”和“直线”命令，绘制长为190mm、宽为20mm的门把手，如图11-128所示。

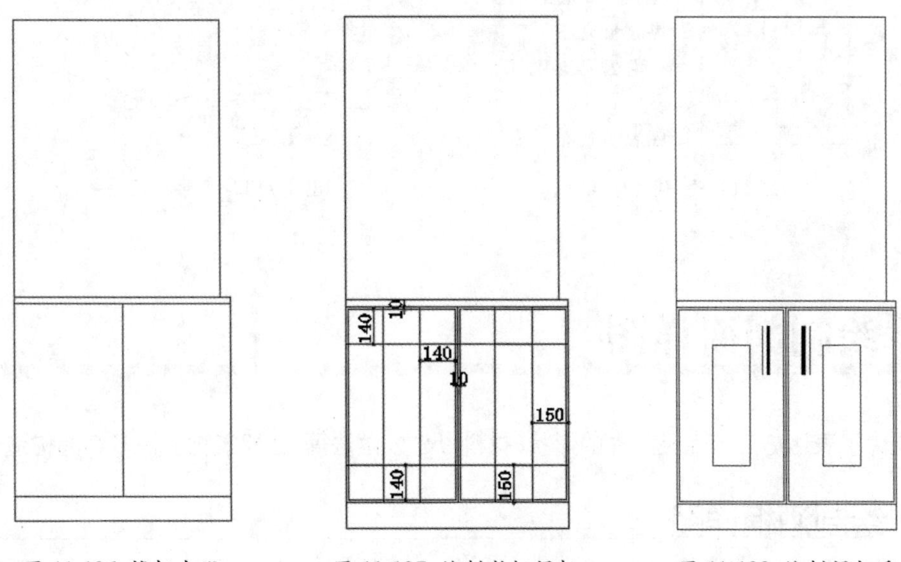

图11-126 捕捉中线　　图11-127 绘制鞋柜门板　　图11-128 绘制门把手

Step 09 执行“绘图”→“图案填充”命令，对镜子和鞋柜门板进行图案填充，分别设置样例名为STEEL，比例为100和样例名为ANSI32，角度为135，比例为5，如图11-129所示。

Step 10 执行“插入”→“块”命令，选择花卉图形放置在绘图区的合适位置，如图11-130所示。

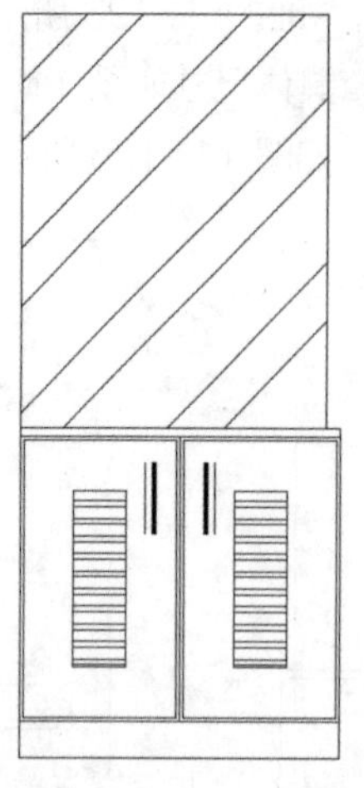

图 11-129 填充镜子和鞋柜门板

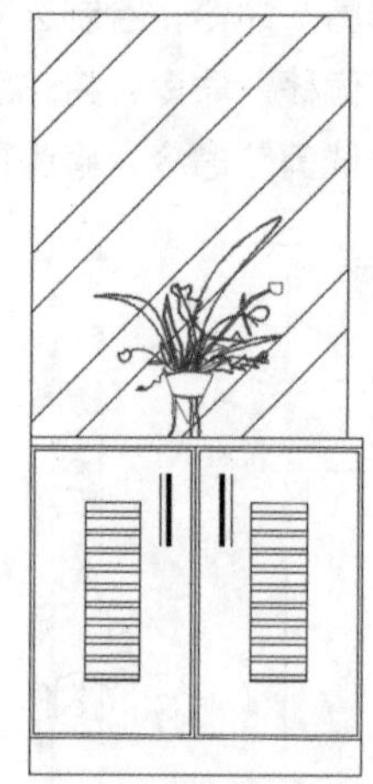

图 11-130 插入图块

Step 11 设置“标注”图层为当前层，执行“引线”命令，对玄关B立面进行文字注释，如图 11-131 所示。

Step 12 执行“标注”→“线性”命令，对玄关立面图进行尺寸标注，完成玄关B立面图的绘制，如图 11-132 所示。

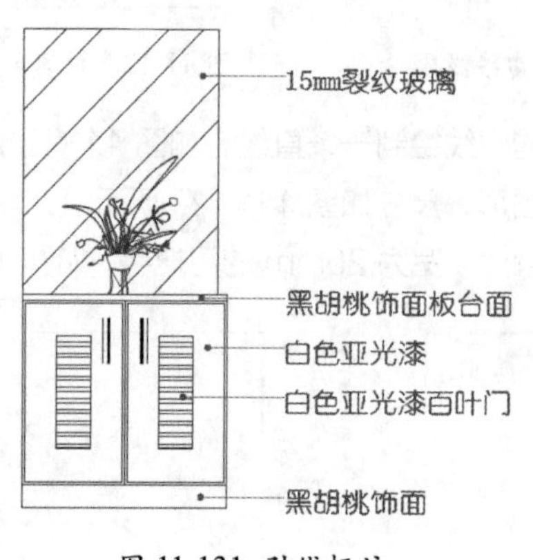

图 11-131 引线标注

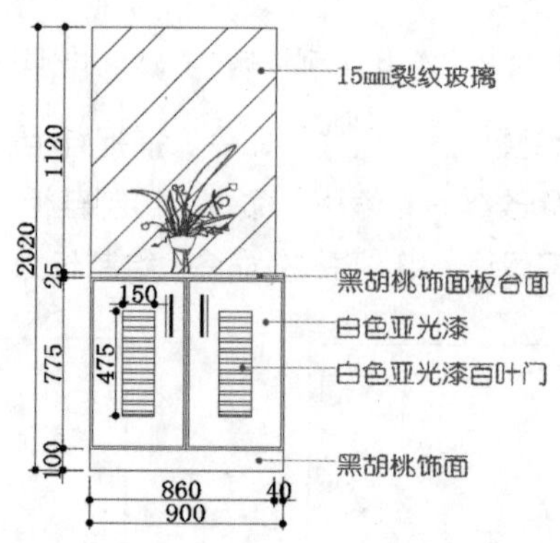

图 11-132 尺寸标注

11.4 绘制剖面详图

详图是为了表达施工节点及配件的形状、材料、尺寸、做法等。让建筑物上许多细部构造表达清楚。

11.4.1 绘制酒柜详图

下面将利用“射线”“直线”“偏移”“修剪”“插入图块”“图案填充”等命令绘制玄关详图。

Step 01 复制酒柜平面图，执行“绘图”→“射线”命令，捕捉平面图主要轮廓线绘制射线，如图 11-133 所示。

Step 02 执行“偏移”“修剪”命令，绘制酒柜轮廓，如图 11-134 所示。

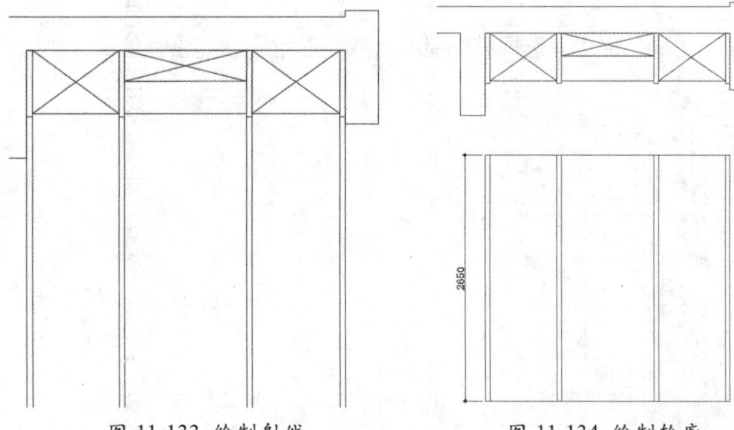

图 11-133 绘制射线　　　　图 11-134 绘制轮廓

Step 03 执行“修改”→“偏移”命令，将轮廓线进行偏移，具体尺寸如图 11-135 所示。

Step 04 执行“修改”→“修剪”命令，修剪掉多余的线段，如图 11-136 所示。

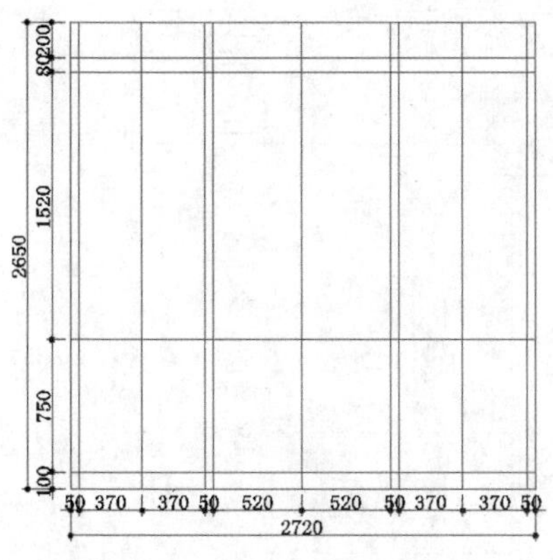

图 11-135 偏移线段

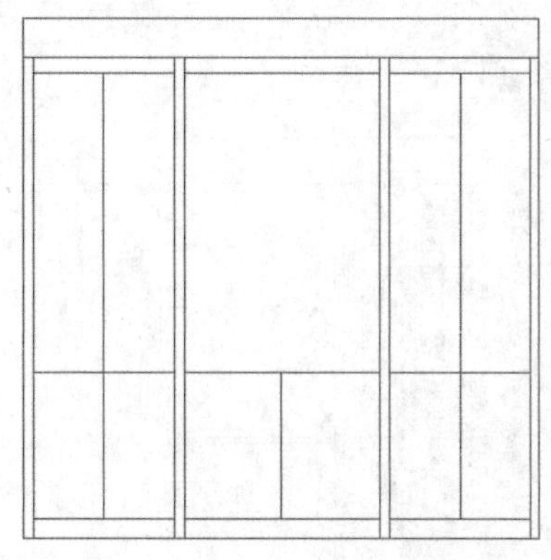

图 11-136 修剪线段

Step 05 执行“修改”→“偏移”命令，绘制酒柜门板图形，尺寸如图 11-137 所示。

Step 06 执行“修改”→“修剪”命令，修剪掉多余的线段，如图 11-138 所示。

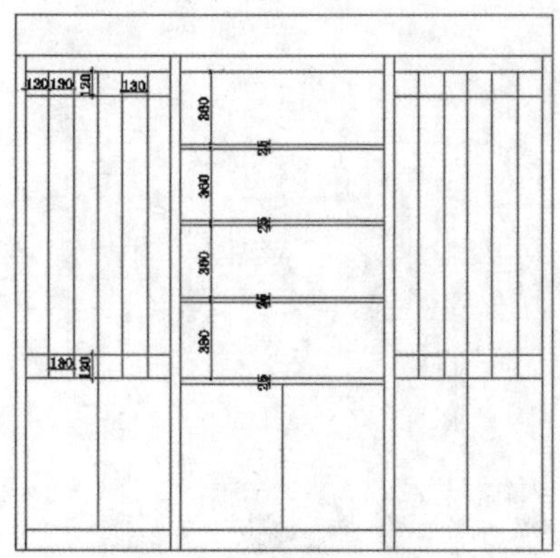

图 11-137 偏移线段

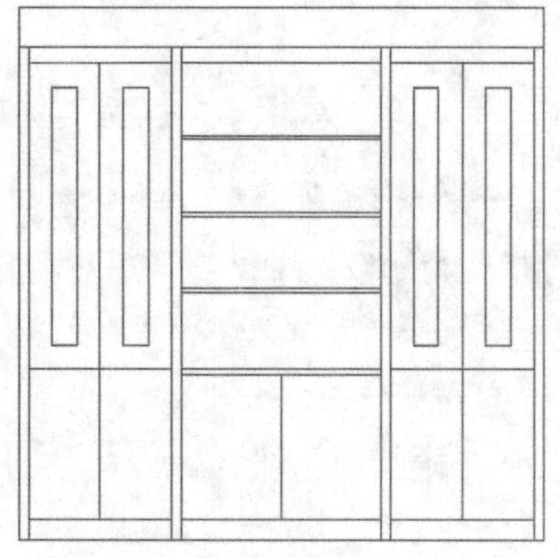

图 11-138 修剪线段

Step 07 执行“多段线”和“直线”命令，绘制出长为190mm、宽为20mm的酒柜门把手图形，如图11-139所示。

Step 08 执行“插入”→“块”命令，选择装饰品图形放置在绘图区的合适位置，如图11-140所示。

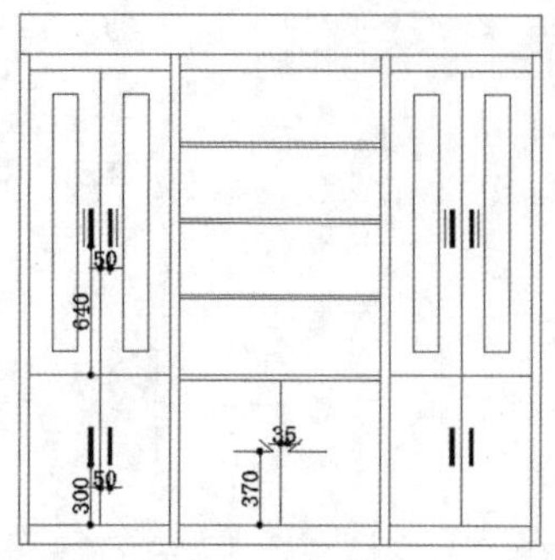

图 11-139 绘制把手

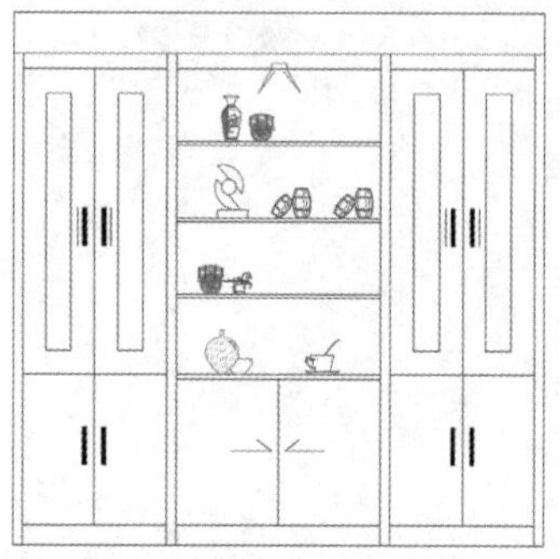

图 11-140 插入图块

Step 09 执行“绘图”→“图案填充”命令，设置样例名为AR-SAND，比例为0.5，对玻璃图形进行图案填充，如图11-141所示。

Step 10 执行“绘图”→“直线”命令，绘制装饰线，并设置其线型为CENTERX2，比例为100，颜色为青色，如图11-142所示。

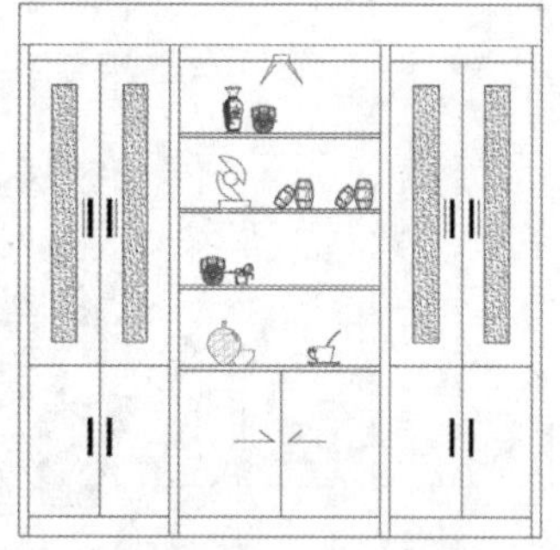

图 11-141 图案填充

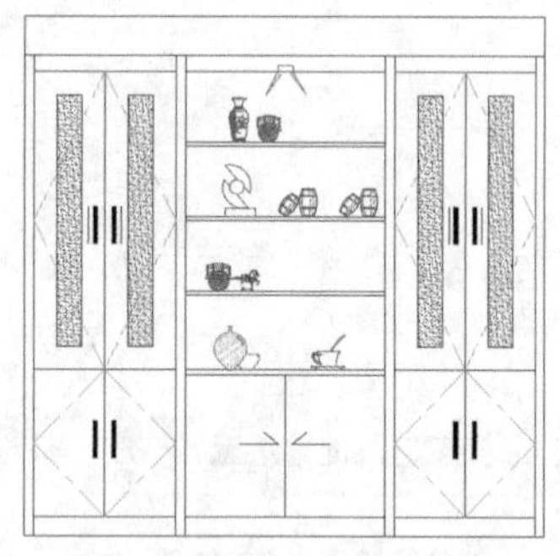

图 11-142 绘制装饰线

Step 11 设置“标注”图层为当前层，对酒柜立面图进行文字注释，如图11-143所示。

Step 12 执行“标注”→“线性”命令，对酒柜立面图进行尺寸标注，完成酒柜立面图的绘制，如图11-144所示。

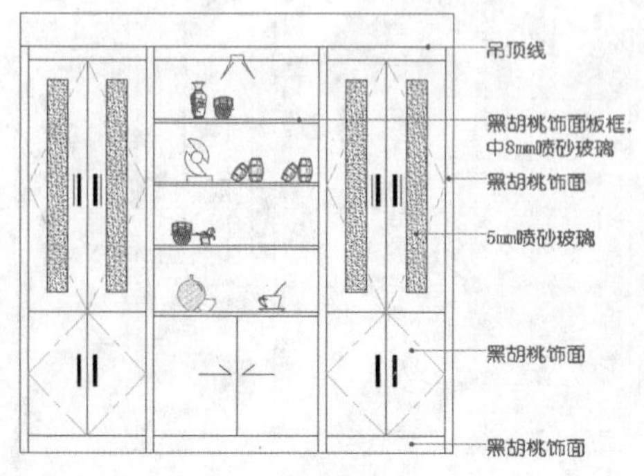

图 11-143 引线标注

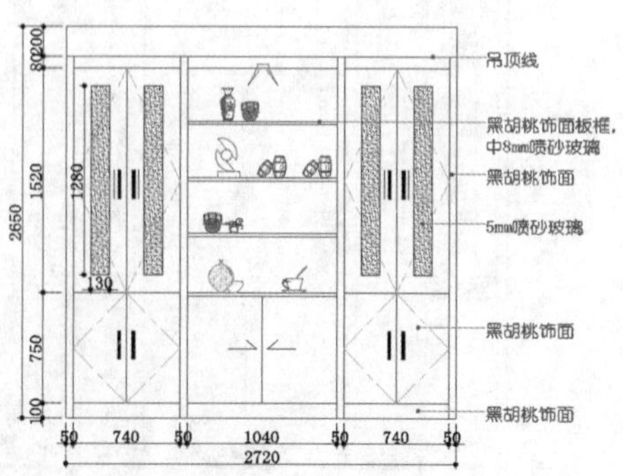

图 11-144 尺寸标注

11.4.2 绘制衣柜详图

下面将利用“射线”“直线”“偏移”“修剪”“插入”“块”等命令绘制衣柜详图。

Step 01 复制衣柜平面图，执行“绘图”→“射线”命令，捕捉平面图主要轮廓线绘制射线，如图 11-145 所示。

Step 02 执行“偏移”“修剪”命令，绘制衣柜轮廓，如图 11-146 所示。

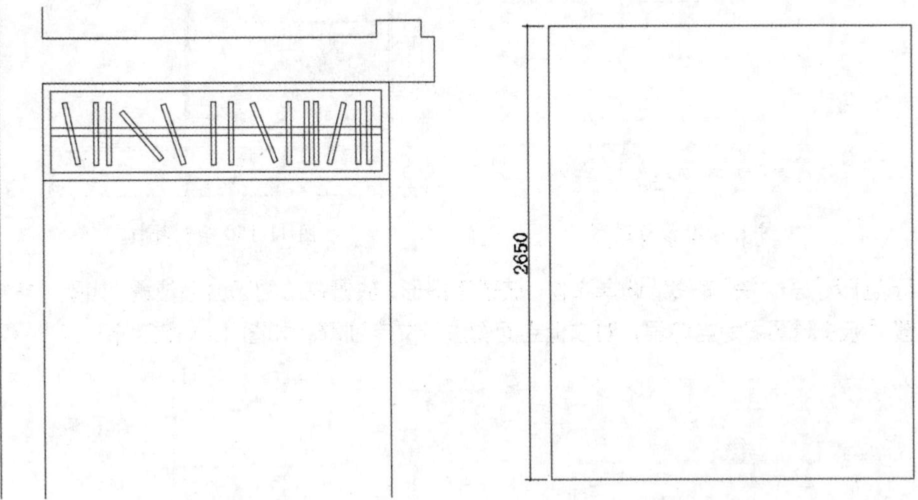

图 11-145 绘制射线　　图 11-146 绘制轮廓

Step 03 执行“偏移”和“延伸”命令，将轮廓向内偏移 20mm，分解内部矩形，删除底部直线，再延伸两侧图形，如图 11-147 所示。

Step 04 执行“修改”→“偏移”命令，绘制衣柜的木隔板，尺寸如图 11-148 所示。

图 11-147 偏移和修剪线段

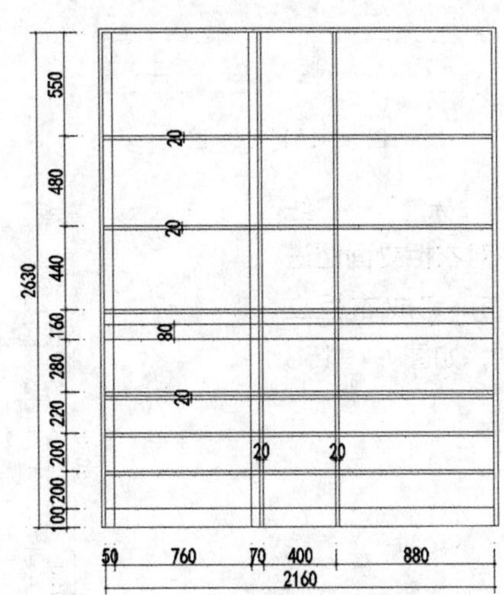

图 11-148 绘制木隔板

Step 05 执行“修改”→“修剪”命令，修剪掉多余的线段，并绘制长为 165mm、宽为 22mm 的矩形图形，放在图中合适位置，如图 11-149 所示。

Step 06 执行“绘图”→“矩形”命令，绘制衣柜的金属挂杆，如图 11-150 所示。

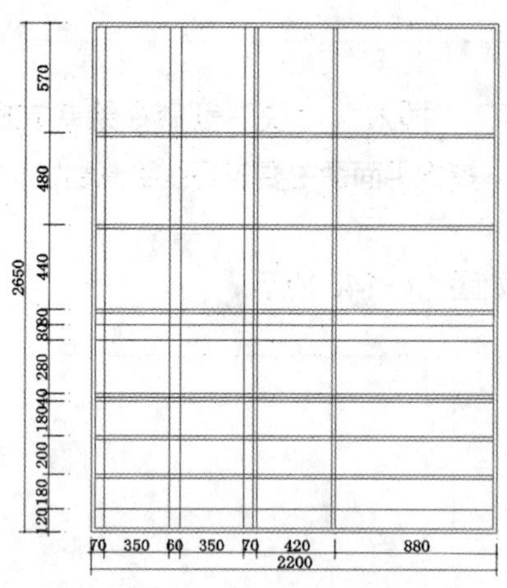

图 11-149 修剪图形

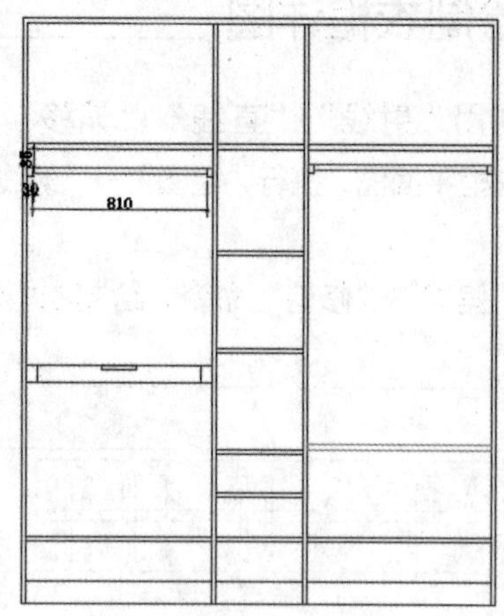

图 11-150 绘制挂杆

Step 07 执行“插入”→“块”命令，选择衣物、被子等图形，放置在绘图区合适位置，如图 11-151 所示。

Step 08 设置“标注”图层为当前层，对衣柜立面图进行文字注释，如图 11-152 所示。

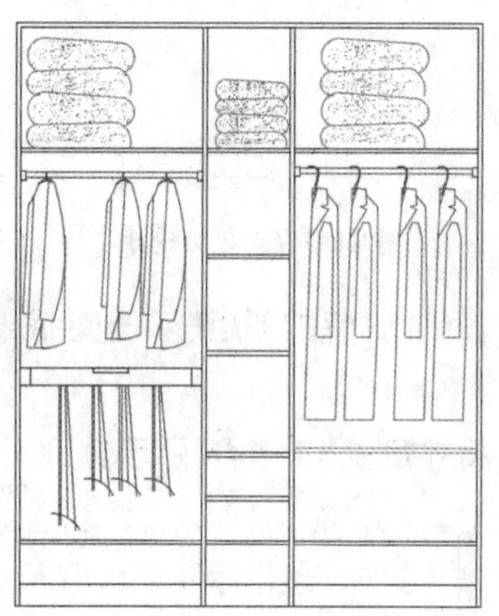

图 11-151 插入图块

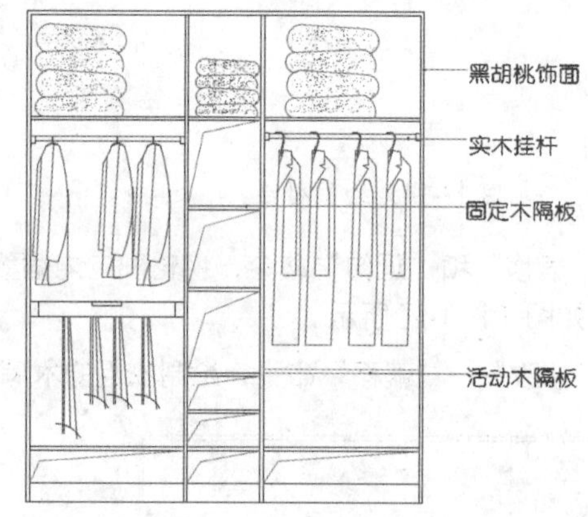

图 11-152 引线标注

Step 09 执行“标注”→“线性”命令，对衣柜立面图进行尺寸标注，完成衣柜立面图的绘制，如图 11-153 所示。

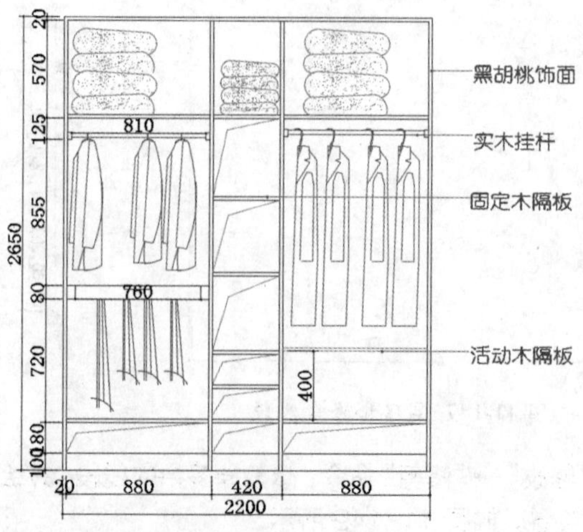

图 11-153 尺寸标注

11.4.3 绘制客厅吊顶详图

Step 01 复制顶面布置图，插入索引符号，绘制 A 立面吊顶剖面图，如图 11-154 所示。

Step 02 执行“绘图”→“多段线”命令，将线宽宽度设为 2，绘制墙体，如图 11-155 所示。

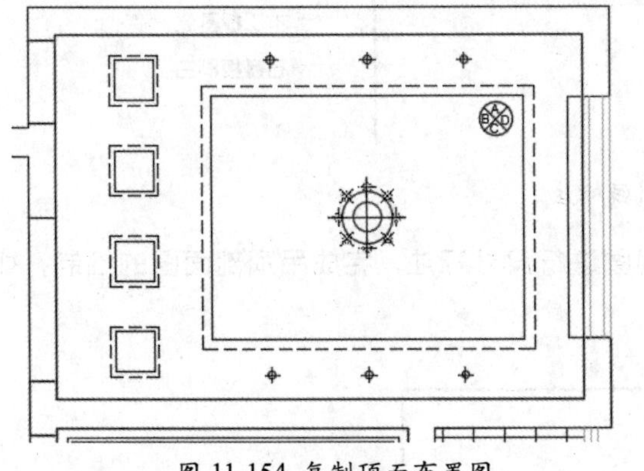

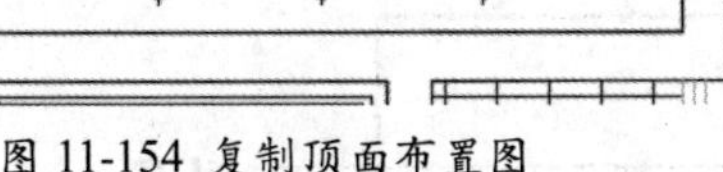
图 11-154 复制顶面布置图

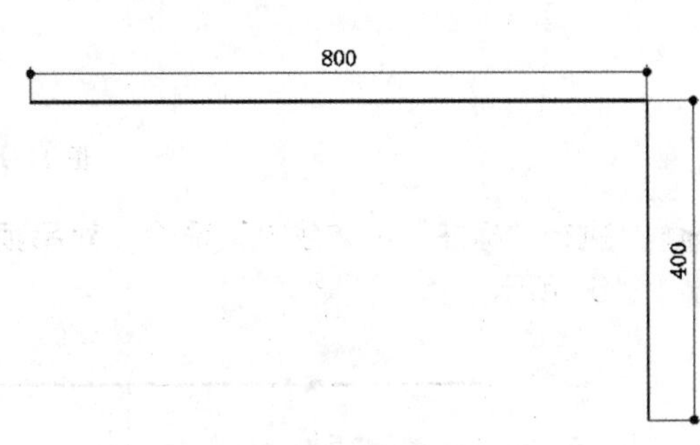

图 11-155 绘制墙体

Step 03 执行“直线”“偏移”命令，绘制吊顶剖面图形，如图 11-156 所示。

Step 04 执行“修改”→“修剪”命令，修剪掉多余的线段，如图 11-157 所示。

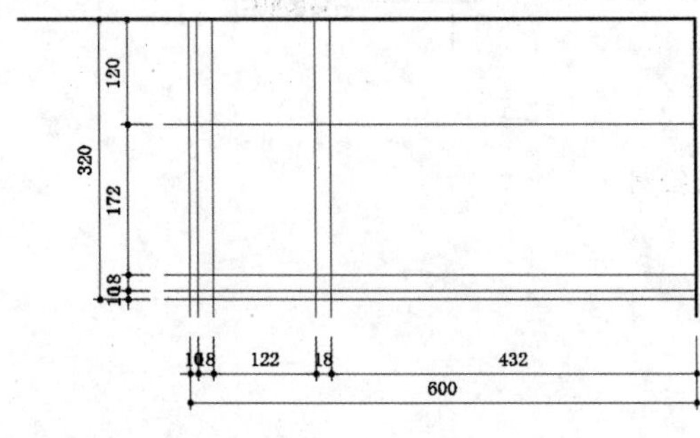

图 11-156 偏移线段

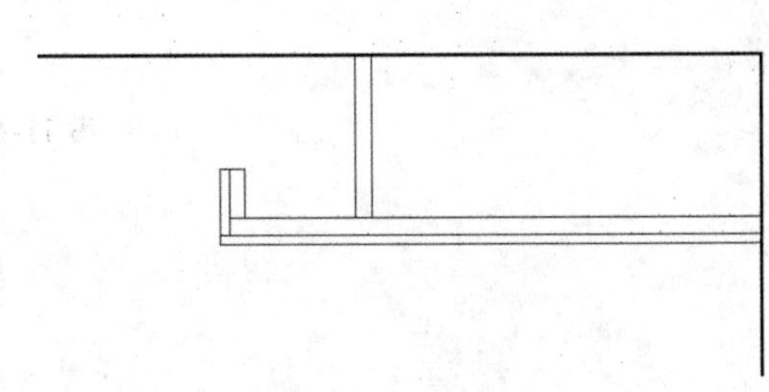
图 11-157 修剪线段

Step 05 执行“直线”“圆”命令，绘制长分别为 54mm 和 48mm 的两条相交直线及半径为 15mm 的圆，如图 11-158 所示。

Step 06 执行“绘图”→“图案填充”命令，设置图案名为 AR-SAND，比例为 0.1，如图 11-159 所示。

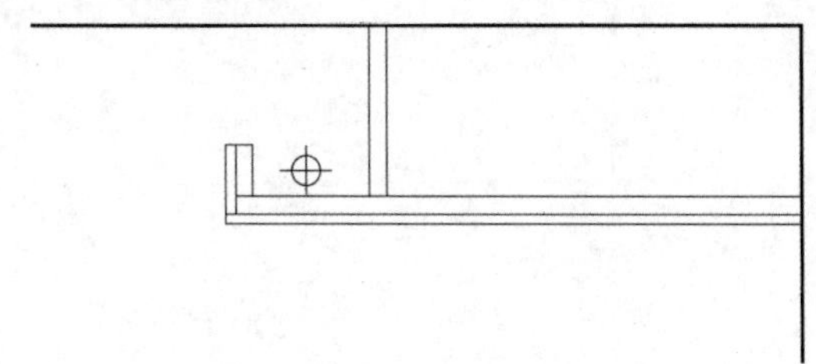
图 11-158 绘制灯管

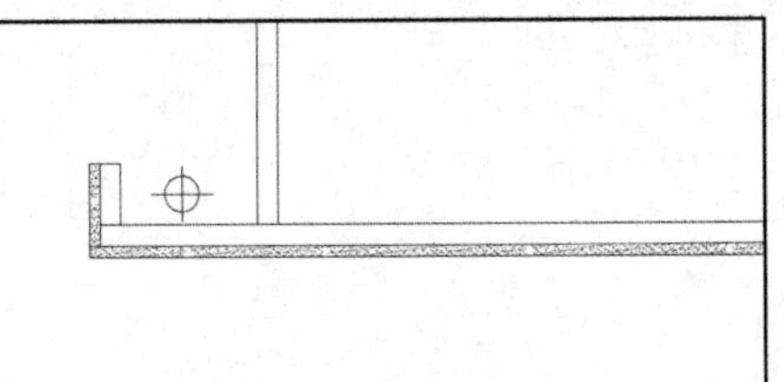
图 11-159 图案填充

Step 07 执行“标注”→“引线”命令，对吊顶剖面图进行引线标注，如图 11-160 所示。

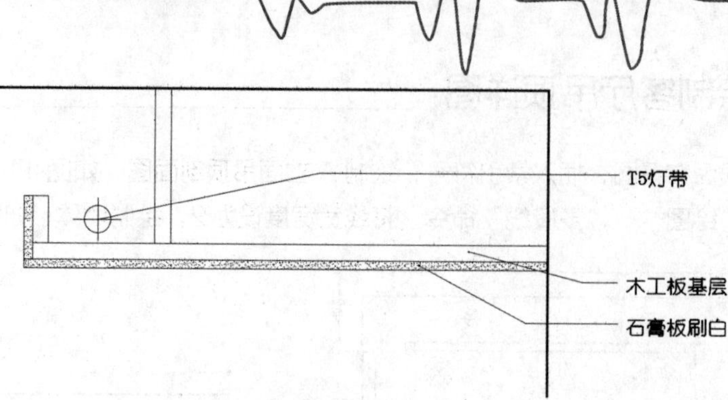

图 11-160 引线标注

Step 08 执行“标注”→“线性”命令，对吊顶剖面图进行尺寸标注，完成吊顶剖面图的绘制，如图 11-161 所示。

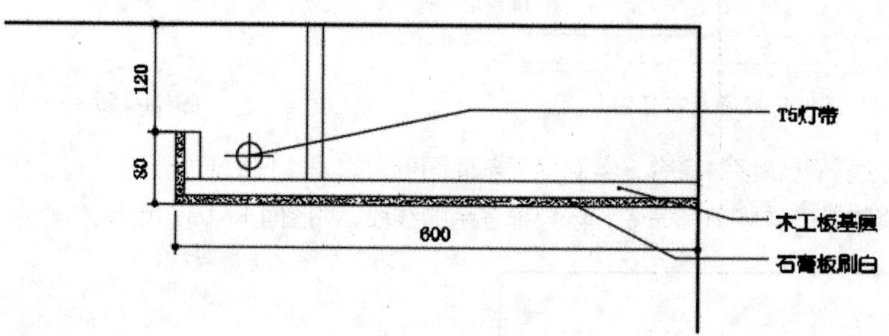

图 11-161 完成绘制

第12章

绘制园林景观图

随着社会不断地发展，人们对自己的居住环境要求也越来越高。园林景观作为一门环境艺术，其目的就是创造出环境舒适、风景如画的居住环境。本章以几个园林作品为例，来向读者介绍园林设计与制图的基本知识及技巧，使读者对园林制图有一个大概的了解。

知识要点

- ▲ 园林景观设计要点
- ▲ 园林平面规划图的绘制方法
- ▲ 花盆平面图、立面图及剖面图的绘制方法
- ▲ 桥平面图、剖面图的绘制方法

12.1 园林景观设计概述

园林景观是指在空间内创造一个就形态、形式因素构成的较为独立的，具有一定社会文化内涵及审美价值的景物。通过景观设计，使环境具有美学欣赏价值、日常使用的功能，并能保证生态可持续性发展。在一定程度上，园林景观设计体现了当时人类文明的发展程度和价值取向及设计者个人的审美观念。

12.1.1 园林景观设计要点

园林不单纯是一种艺术形象，还是一种物质环境，是对环境加以艺术处理的理论与技巧，它是与功能相结合的艺术，是有生命的艺术，是与科学相结合的艺术，是融汇多种艺术于一体的综合艺术。景观设计的宗旨就是给人们创造一个休闲、活动的空间，创造舒适、宜人的环境。

在园林设计过程中，“实用，经济，美观”三者之间不是孤立的，而是紧密联系不可分割的。首先要考虑适用的原则，要具有一定的科学性，园林功能适用于服务对象。适用的观点带有永恒性和长久性。其次要考虑经济问题，正确的选址，因地制宜，就可以减少投资，避免资源的浪费。最后就是观赏性，美观是园林设计的必要条件，既要满足园林布局，又要符合造景的艺

术要求。用审美的眼光来安排花草树木、喷泉、水池、道路、雕塑等，这就是园林艺术。园林艺术本身就允许多种风格的存在，随着东西方文化交流，思想感情的沟通，各自的风格都会产生一些微妙的变化，从而使园林艺术更趋于丰富多彩、日新月异。

12.1.2 园林艺术风格

景观园林在漫长的发展进程中，由于世界各地自然、地理、气候、人文、社会等多方面的差异，逐步形成了多种流派与风格，也形成了不同的类型与形式，从世界范围来看，主要有两大体系，即东方自然式园林和西方几何式园林。

1. 东方自然式园林

东方自然式园林又称风景式、自由式、山水派园林，其主要代表是中国古典园林。它以自然美为基础，提炼和概括优雅的自然景观作为人工造园的题材，并提出因地制宜、效法自然的自然风景理论，有大量的实践活动。从实践来说，我国北方的颐和园、承德避暑山庄，南方的苏州、扬州等地的私家园林（如拙政园、狮子林、瘦西湖等），都可以作为典型示例来说明中国东方园林的理论体系，如图 12-1、图 12-2 所示。

图 12-1 瘦西湖

图 12-2 狮子林

2. 西方几何式园林

西方几何式园林又叫整形式、规则式、图案式或建筑式园林。以埃及、希腊、罗马古典时期庭院为代表。到 18 世纪英国风景式园林产生以前，基本属于几何式园林体系，形成了自己的理论及显著特征，如图 12-3、图 12-4 所示。

图 12-3 埃及庭院

图 12-4 希腊庭院

12.2 绘制园林景门图

景观设计风格的选择与地域、文化层次等因素有着很大关系。下面对园林景门的绘制过程进行介绍。

12.2.1 绘制园林景门平面图

下面讲解景门平面图的绘制操作。

Step 01 启动 AutoCAD 2016，新建空白文档，将其保存为“园林景门”文件，新建“尺寸标注”“文字注释”等图层，设置“轮廓线”图层为当前层，如图 12-5 所示。

Step 02 执行“绘图”→“矩形”命令，绘制一个长为 6200mm、宽为 1600mm 的矩形，如图 12-6 所示。

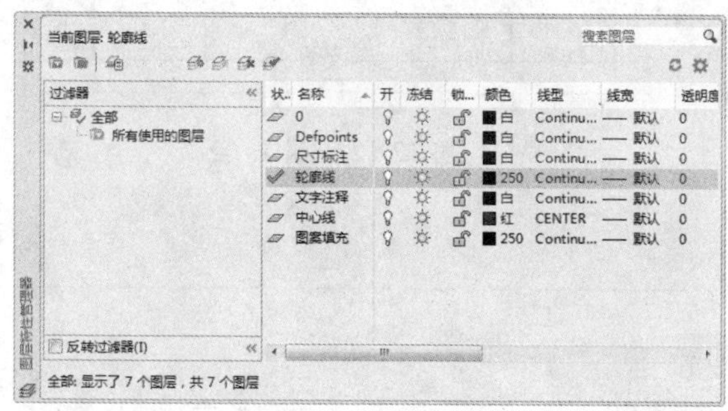

图 12-5 创建图层

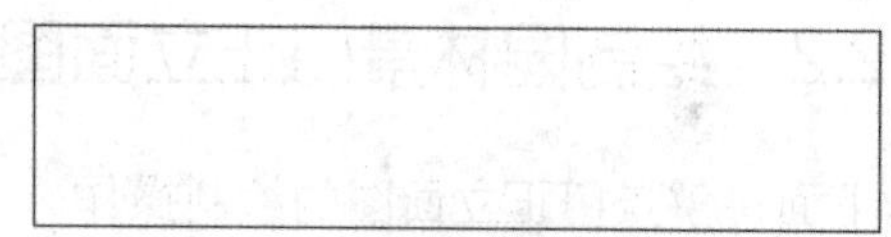

图 12-6 绘制矩形

Step 03 继续执行当前命令，绘制两个长和宽都为 800mm 的矩形，并放置在绘图区合适位置，如图 12-7 所示。

Step 04 对其执行“绘图”→“图案填充”命令，选择实体图案进行填充，如图 12-8 所示。

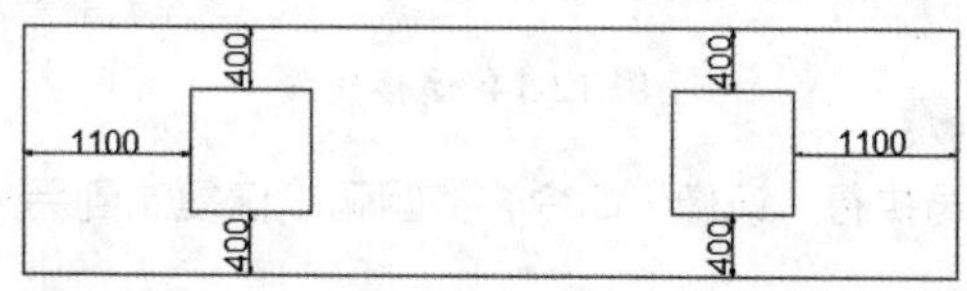

图 12-7 绘制矩形

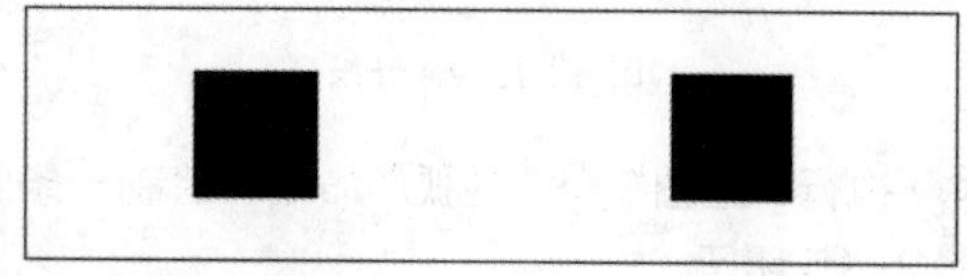

图 12-8 图案填充

Step 05 执行“格式”→“标注样式”命令，打开“标注样式管理器”对话框，如图 12-9 所示。

Step 06 单击“新建”按钮，在打开的“创建新标注样式”对话框中输入新样式名为“尺寸标注”，如图 12-10 所示。

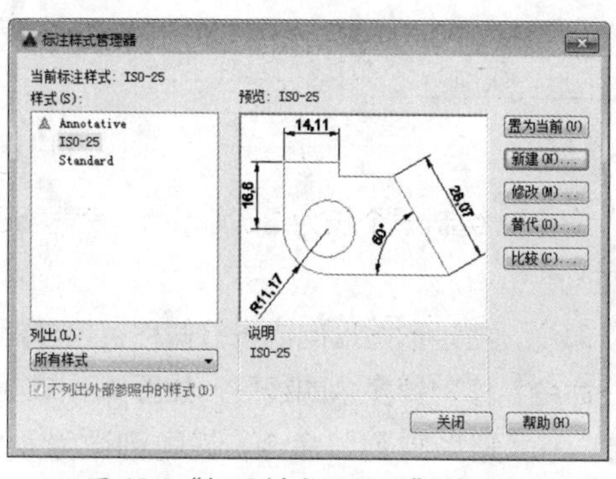

图 12-9 “标注样式管理器”对话框

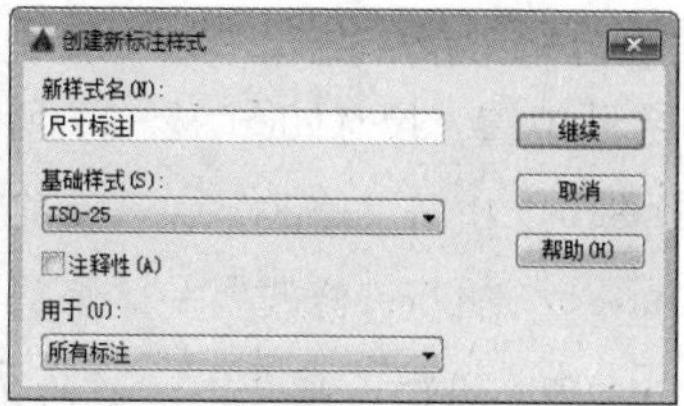

图 12-10 “创建新标注样式”对话框

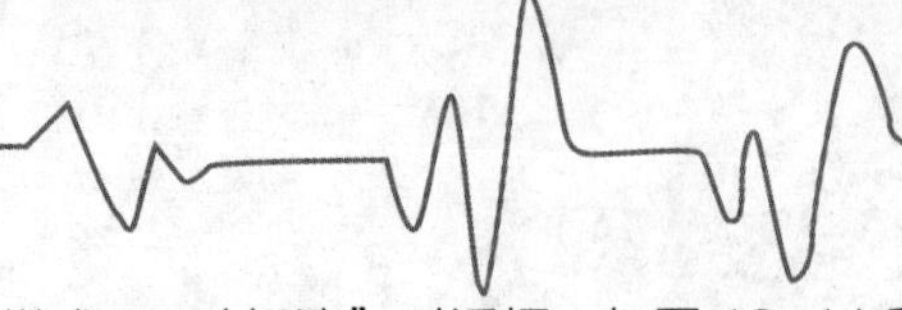

Step 07 单击“继续”按钮，打开“新建标注样式：尺寸标注”对话框，如图 12-11 所示。设置超出尺寸线为 50，箭头大小为 50，文字高度为 150，主单位精度为 0，其余参数保持默认。

Step 08 执行“线性”“连续”命令，对景门平面图进行尺寸标注，完成景门平面图的绘制，如图 12-12 所示。

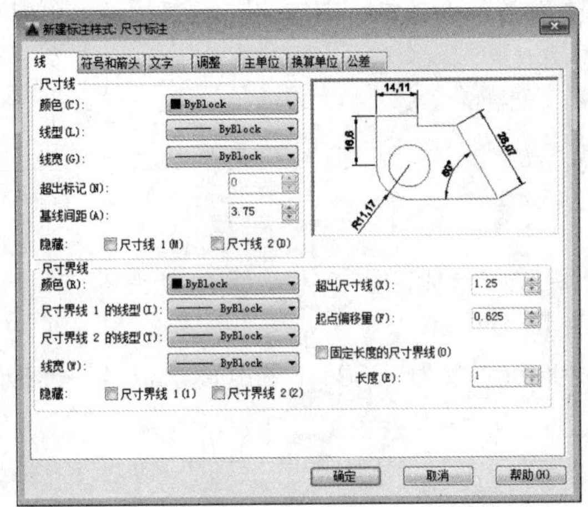

图 12-11 设置参数

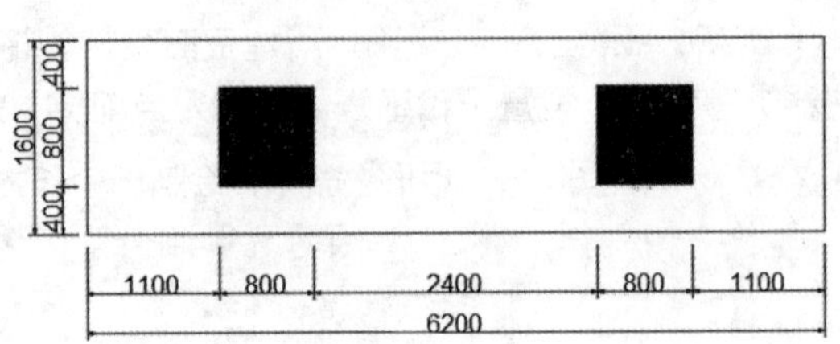

图 12-12 尺寸标注

12.2.2 绘制园林景门正立面图

下面讲解景门正立面图的绘制操作。

Step 01 执行“绘图”→“直线”命令，绘制一个长为 6200mm、宽为 700mm 的矩形图形，如图 12-13 所示。

Step 02 执行“修改”→“偏移”命令，将线段向内偏移，尺寸如图 12-14 所示。

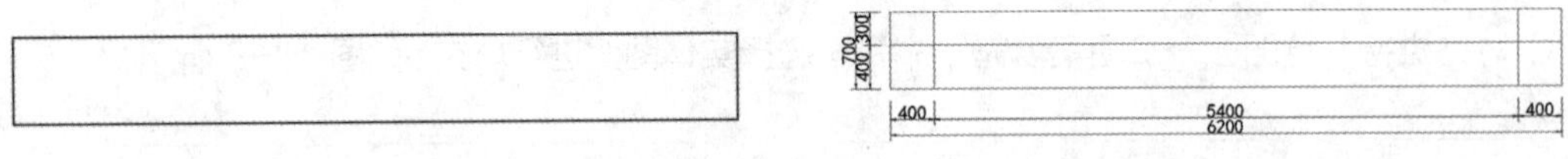

图 12-13 绘制矩形

图 12-14 偏移线段

Step 03 执行“绘图”→“圆弧”命令，绘制一条圆弧，再执行“镜像”命令，将圆弧镜像复制到另一侧，如图 12-15 所示。

Step 04 执行“修改”→“修剪”命令，修剪并删除掉多余的线段，绘制出景门顶部的轮廓，如图 12-16 所示。

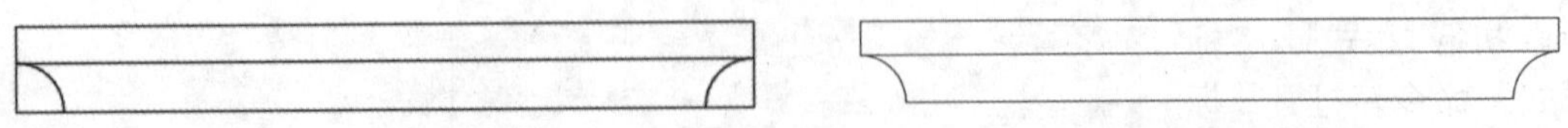

图 12-15 镜像图形

图 12-16 修剪图形

Step 05 执行“绘图”→“直线”命令，绘制一个长为 3600mm、宽为 600mm 的柱子图形，并放置在合适位置，尺寸如图 12-17 所示。

Step 06 执行“修改”→“偏移”命令，将矩形图形向内进行偏移，尺寸如图 12-18 所示。

Step 07 执行“修改”→“修剪”命令，修剪掉多余的线段，如图 12-19 所示。

Step 08 执行“修改”→“阵列”→“矩形阵列”命令，设置列数为 1，行数为 9，行介于 360，如图 12-20 所示。

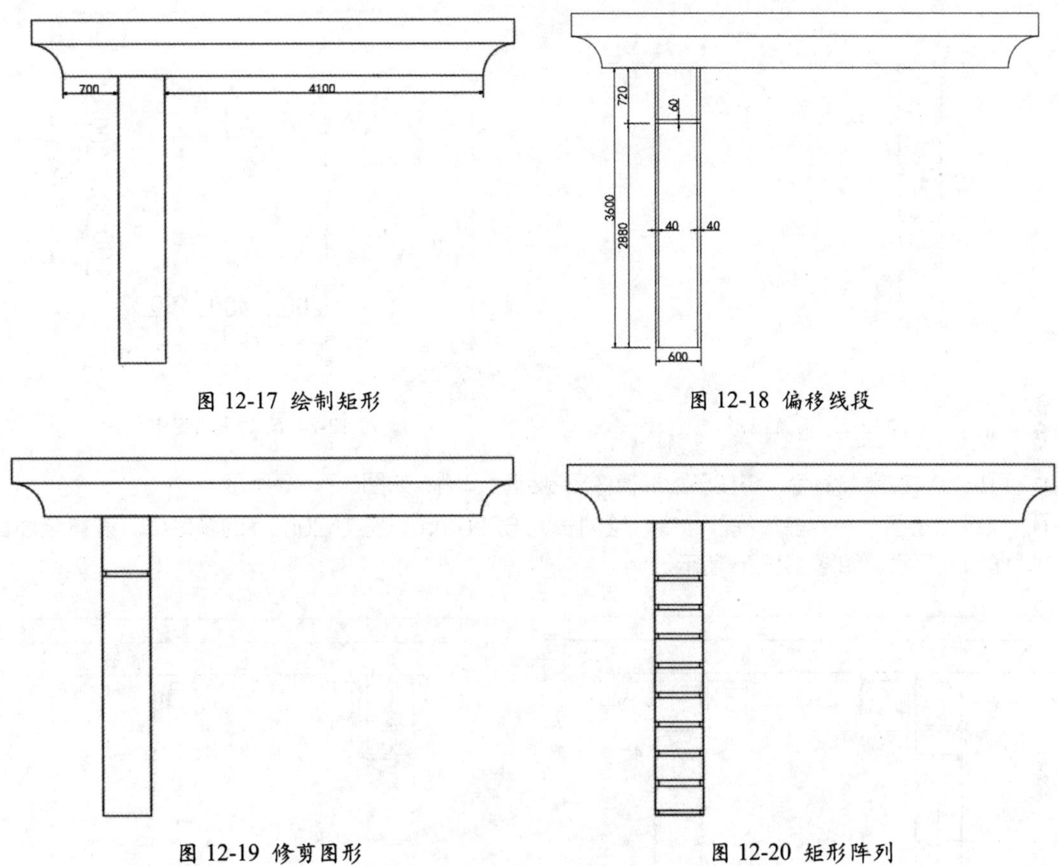

图 12-17 绘制矩形

图 12-18 偏移线段

图 12-19 修剪图形

图 12-20 矩形阵列

Step 09 执行“修改”→“修剪”命令，修剪掉多余的线段，如图 12-21 所示。

Step 10 执行“绘图”→“直线”命令，绘制一个长和宽都为 800mm 的矩形作为柱脚，放置在图中合适位置，如图 12-22 所示。

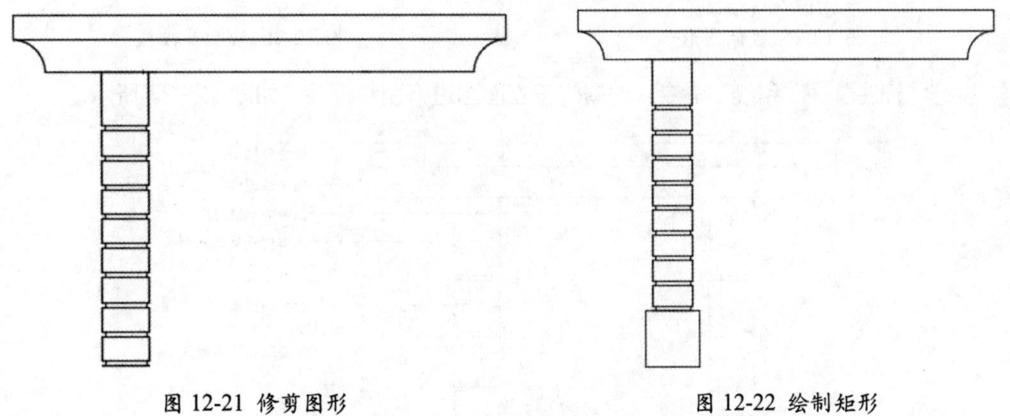

图 12-21 修剪图形

图 12-22 绘制矩形

Step 11 执行“修改”→“圆角”命令，对柱脚矩形进行圆角操作，设置圆角半径为 80mm，如图 12-23 所示。

Step 12 执行“绘图”→“多段线”命令，绘制景门的斗拱图形，尺寸如图 12-24 所示。

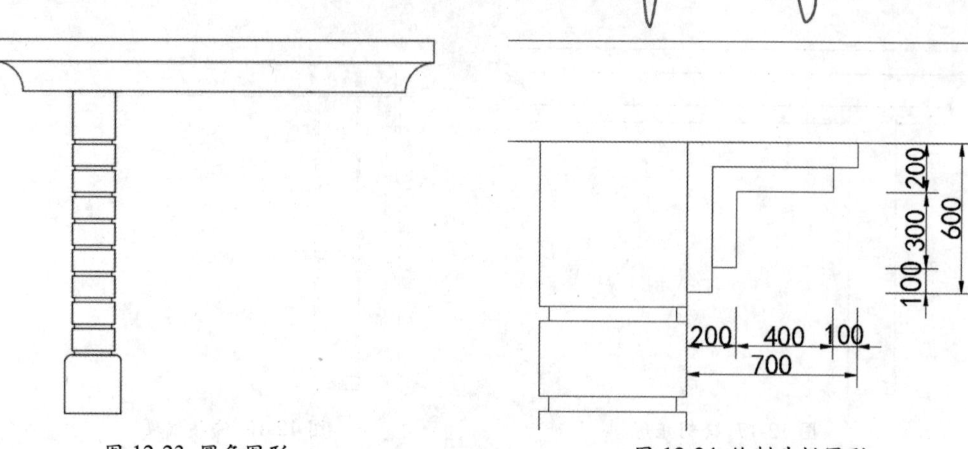

图 12-23 圆角图形　　图 12-24 绘制斗拱图形

Step 13 再执行“镜像”命令，将柱子图形镜像复制到另一侧，如图 12-25 所示。

Step 14 执行“绘图”→“多段线”命令，绘制长为 6200mm、宽为 20mm 的多段线，设置全局宽度为 20，作为地平线，如图 12-26 所示。

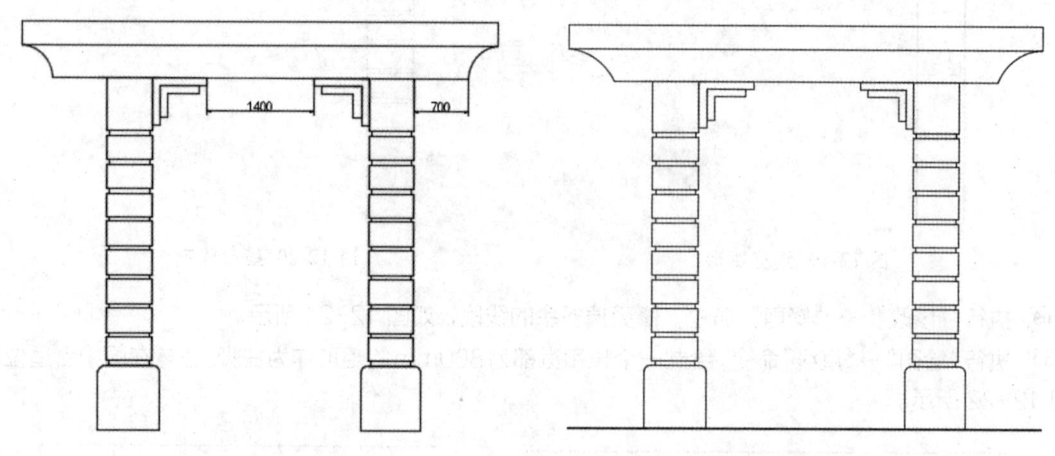

图 12-25 镜像图形　　图 12-26 绘制多段线

Step 15 执行“标注”→“引线”命令，对景门正立面图进行引线标注，如图 12-27 所示。

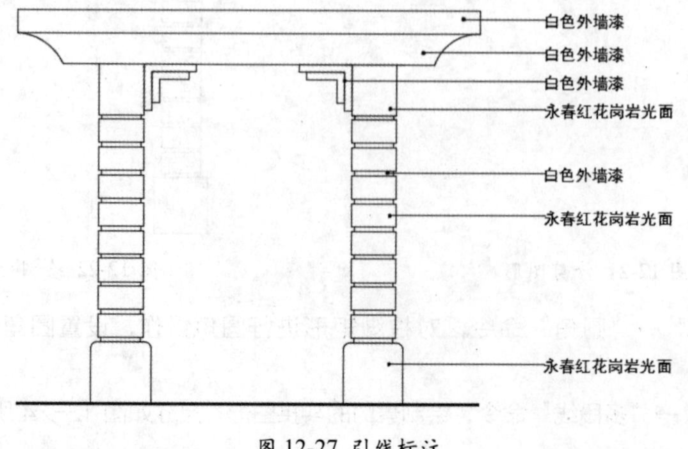

图 12-27 引线标注

Step 16 执行“标注”→“线性”命令，对景门正立面图进行尺寸标注，完成景门正立面图的绘制，如图 12-28 所示。

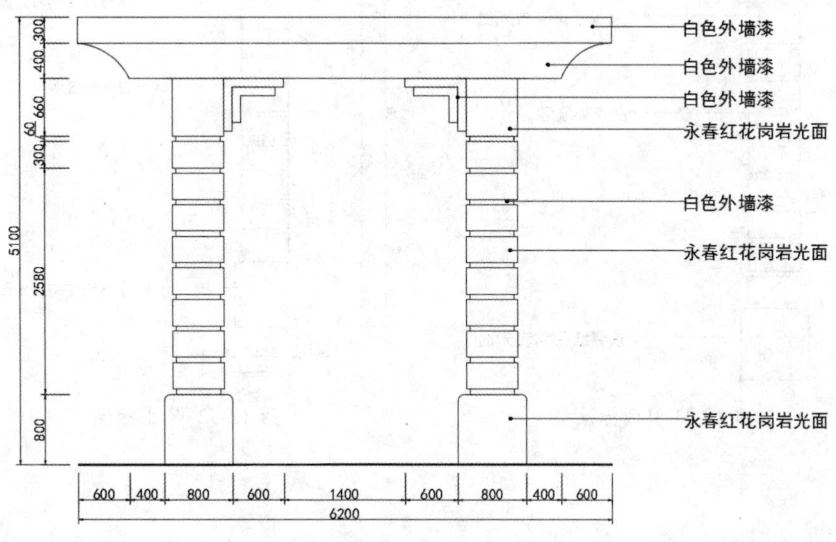

图 12-28 尺寸标注

12.2.3 绘制园林景门侧立面图

下面讲解景门侧立面图的绘制操作。

Step 01 复制景门正立面图，并删除多余图形，如图 12-29 所示。

Step 02 执行“拉伸”命令，对景门的顶部轮廓进行拉伸，并放置在柱子顶部正中位置，如图 12-30 所示。

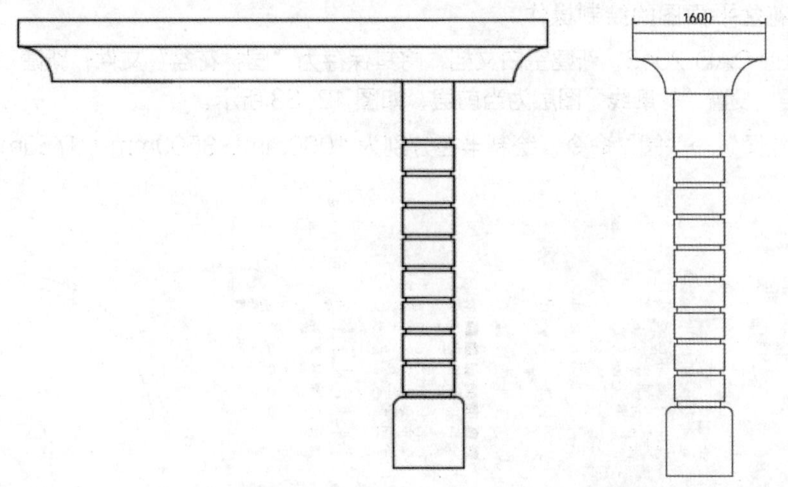

图 12-29 修剪图形　　图 12-30 拉伸图形

Step 03 执行“标注”→“引线”命令，对景门侧立面图进行引线标注，如图 12-31 所示。

Step 04 执行“线性”“连续”命令，对景门侧立面图进行尺寸标注，完成景门侧立面图的绘制，如图 12-32 所示。

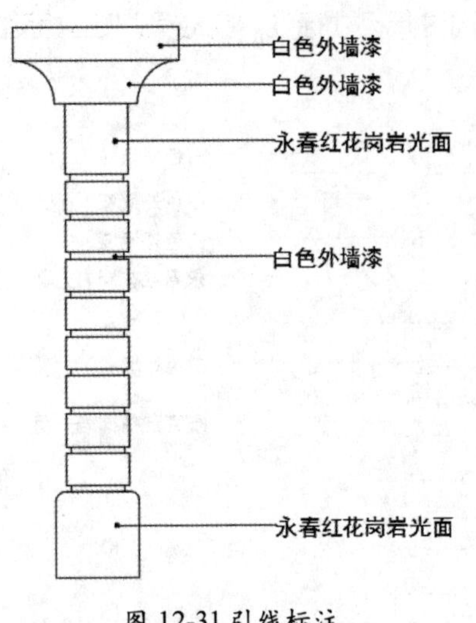

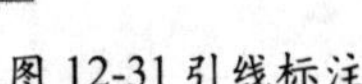
图 12-31 引线标注

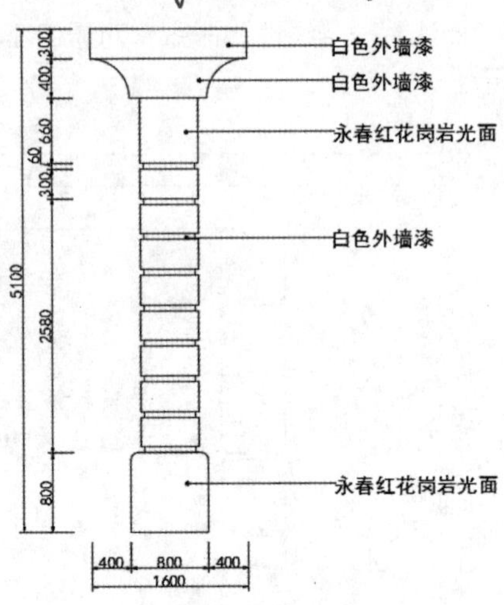

图 12-32 尺寸标注

12.3 绘制花盆图

在景观绿化中，花坛、花池以及一些小型的花盆随处可见。各种草本、花卉创造出各种造型图案，为整个绿化带添加一道靓丽的风景线。

12.3.1 绘制花盆平面图

下面讲解花盆平面图的绘制操作。

Step 01 启动 AutoCAD 2016，新建空白文档，将其保存为“园林花盆”文件，新建“尺寸标注”“文字注释”等图层，设置“轮廓线”图层为当前层，如图 12-33 所示。

Step 02 执行“绘图”→“圆”命令，绘制半径分别为 1000mm、3500mm、3750mm 的同心圆，如图 12-34 所示。

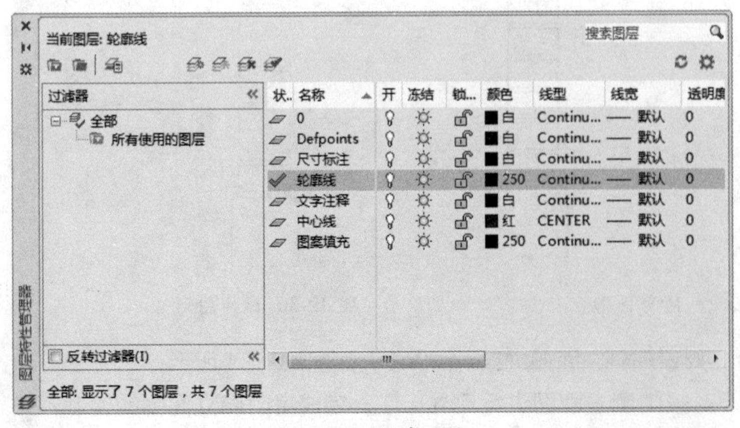

图 12-33 创建图层

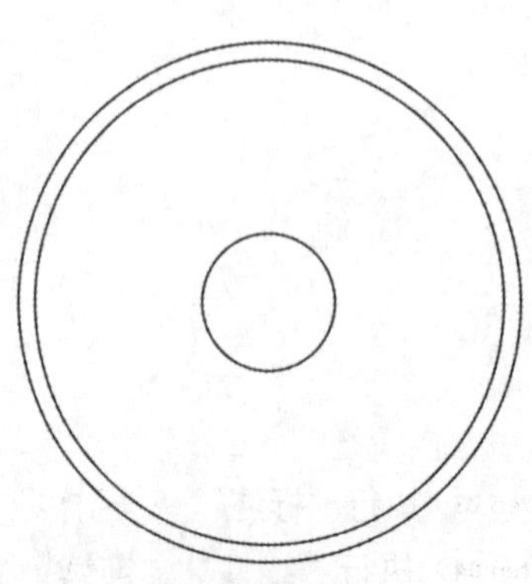

图 12-34 绘制同心圆

Step 03 执行“标注”→“引线”命令，对花盆平面图进行引线标注，如图 12-35 所示。

Step 04 执行“线性”“连续”命令，对花盆平面图进行尺寸标注，完成花盆平面图的绘制，如图 12-36 所示。

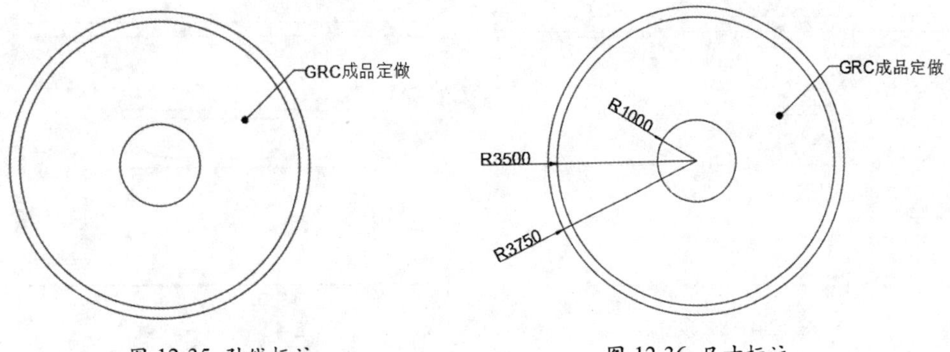

图 12-35 引线标注　　　图 12-36 尺寸标注

12.3.2 绘制花盆正立面图

下面讲解花盆正立面图的绘制操作。

Step 01 执行“绘图”→“直线”命令，绘制一个长为7500mm、宽为4520mm的矩形，如图 12-37 所示。

Step 02 执行“修改”→“偏移”命令，将线段向内进行偏移，尺寸如图 12-38 所示。

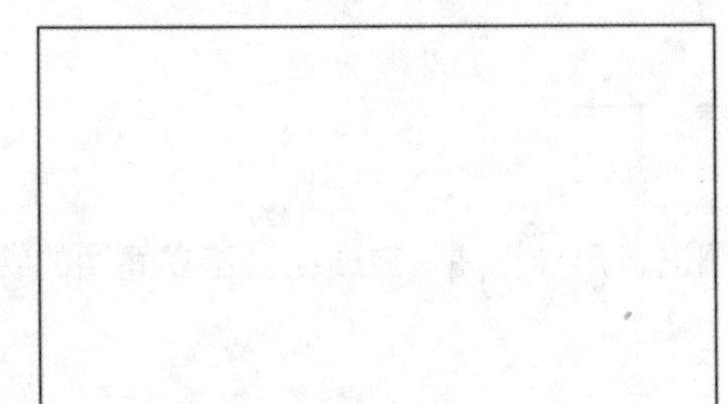

图 12-37 绘制矩形

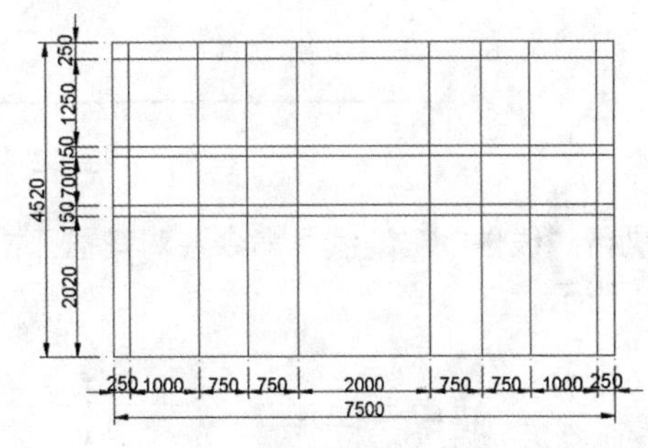

图 12-38 偏移线段

Step 03 执行“修改”→“修剪”命令，将多余的线段进行修剪并删除，如图 12-39 所示。

Step 04 执行“绘图”→“圆弧”命令，绘制圆弧，再执行“镜像”命令，将圆弧镜像复制到另一侧，如图 12-40 所示。

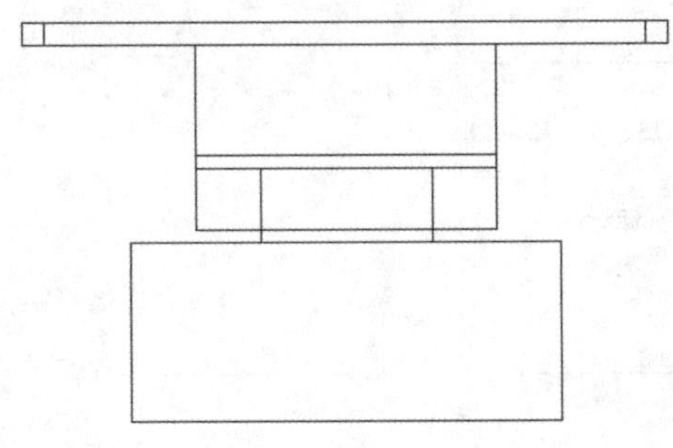

图 12-39 修剪图形

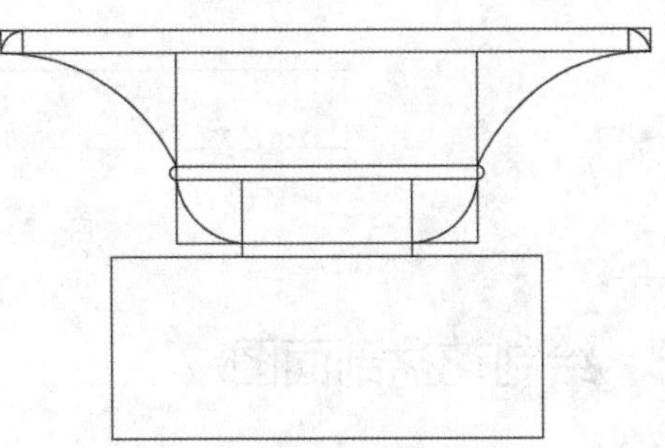

图 12-40 镜像图形

Step 05 执行“修改”→“修剪”命令，将多余的线段进行修剪并删除，如图 12-41 所示。

Step 06 执行“绘图”→“多段线”命令，绘制长为 7500mm 的多段线，设置全局宽度为 20，作为地平线，如图 12-42 所示。

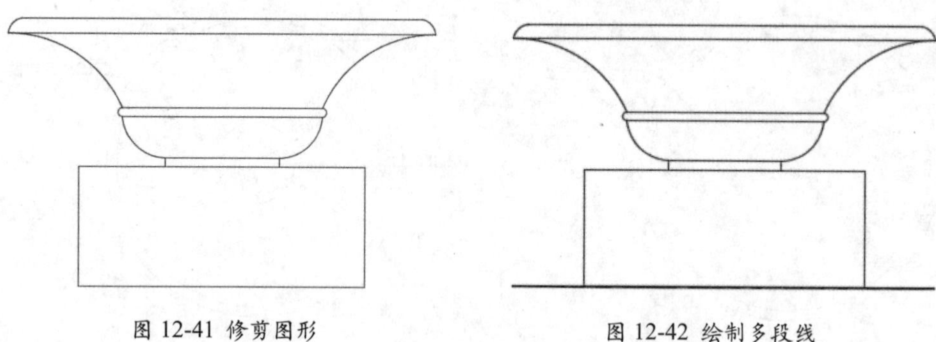

图 12-41 修剪图形　　图 12-42 绘制多段线

Step 07 执行“标注”→“引线”命令，对花盆正立面图进行引线标注，如图 12-43 所示。

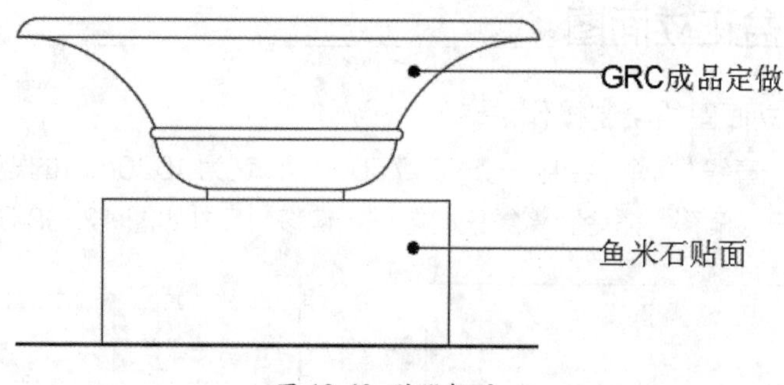

图 12-43 引线标注

Step 08 执行“线性”“连续”命令，对花盆正立面图进行尺寸标注，完成花盆正立面图的绘制，如图 12-44 所示。

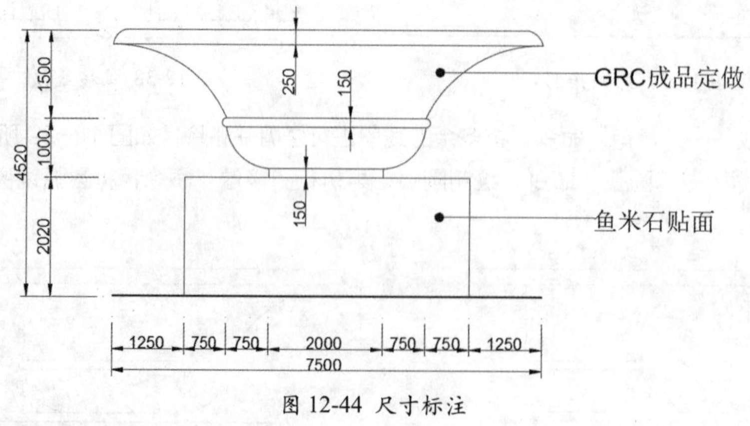

图 12-44 尺寸标注

12.3.3 绘制花盆剖面图

下面讲解花盆剖面图的绘制操作。

Step 01 复制花盆正立面图，并删除多余图形，如图 12-45 所示。

Step 02 执行“偏移”命令，将线段向内偏移 300mm，绘制花盆的剖切面，如图 12-46 所示。

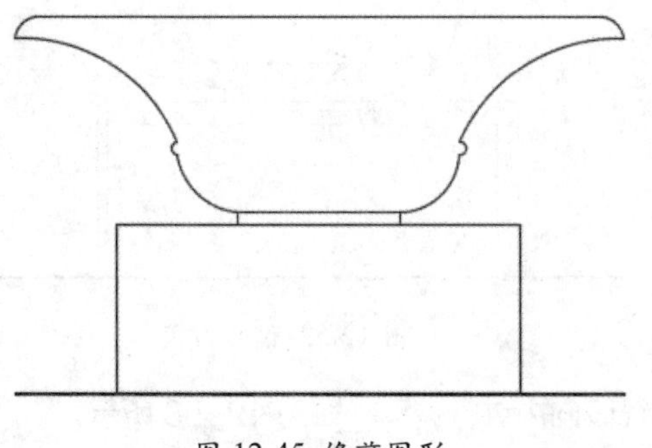

图 12-45 修剪图形

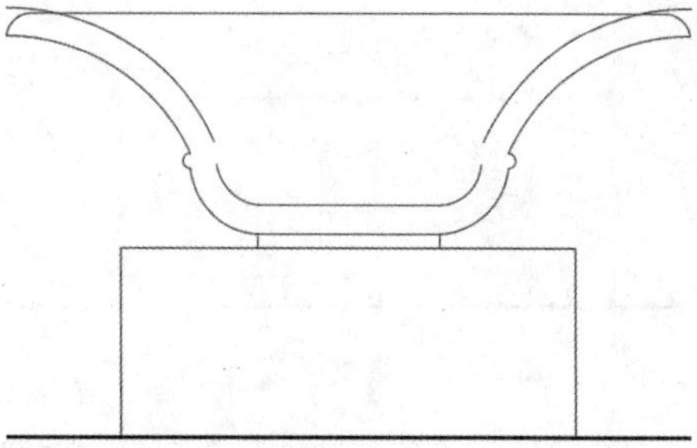

图 12-46 偏移线段

Step 03 执行“修改”→“圆角”命令，设置圆角半径为 800，连接花盆的剖面图，如图 12-47 所示。

Step 04 执行“修改”→“修剪”命令，修剪掉多余的线段，如图 12-48 所示。

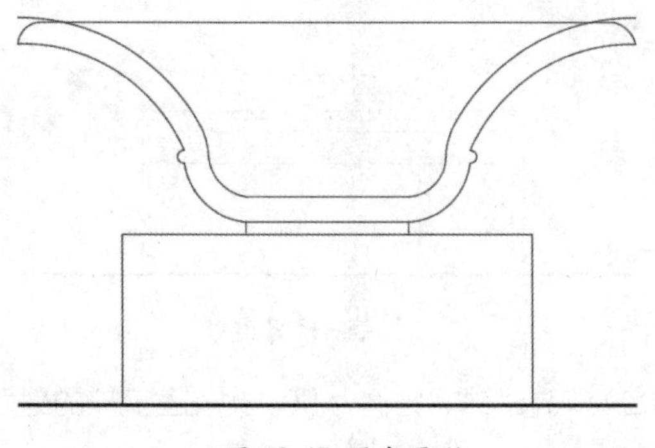

图 12-47 圆角图形

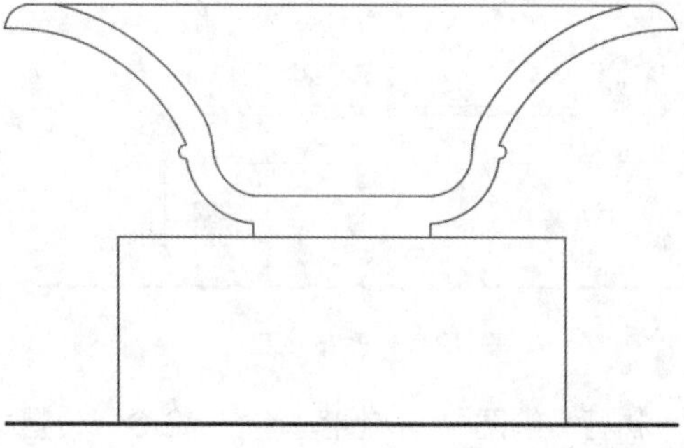

图 12-48 修剪图形

Step 05 执行“绘图”→“图案填充”，命令，设置样例名为 ANSI33，比例为 50，对花盆的剖切面进行图案填充，如图 12-49 所示。

Step 06 执行“绘图”→“多线”命令，绘制比例为 150 的泄水孔，尺寸如图 12-50 所示。

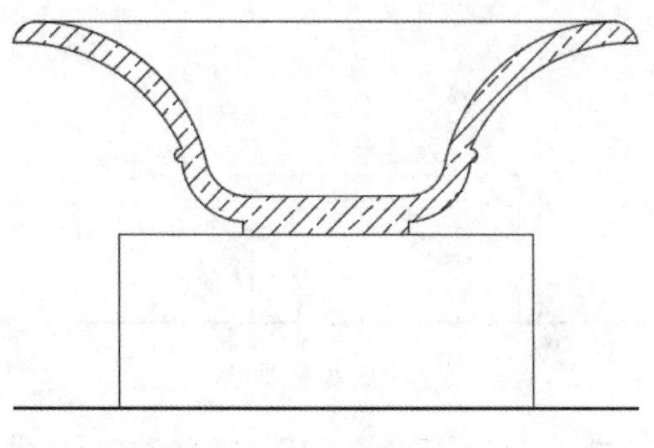

图 12-49 图案填充

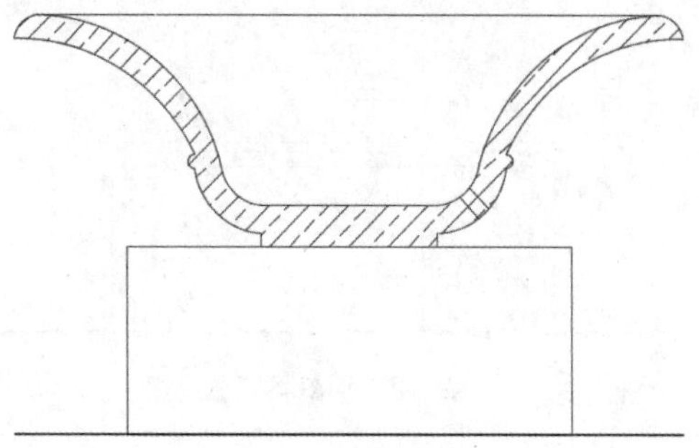

图 12-50 绘制多线

Step 07 执行“绘图”→“多段线”命令，设置线段宽度为 0，绘制一条多段线，如图 12-51 所示。

Step 08 执行“修改”→“偏移”命令，将多段线向内偏移 100mm 和 150mm，如图 12-52 所示。

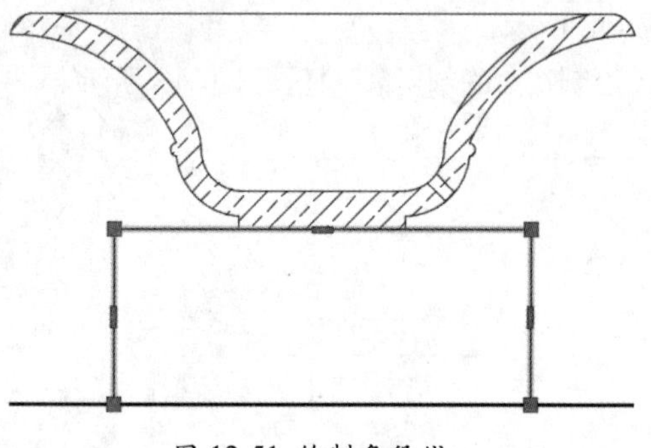
图 12-51 绘制多段线

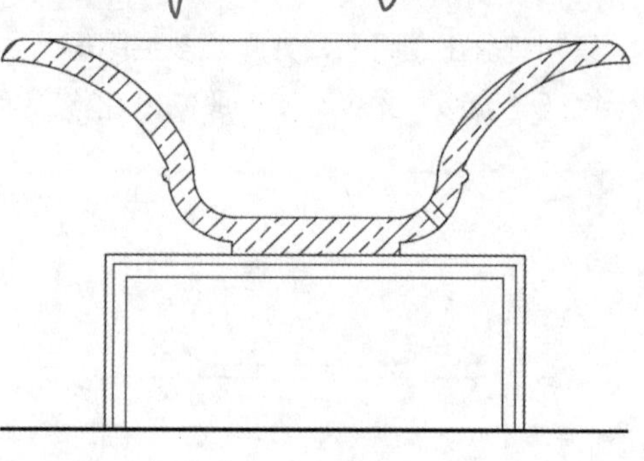
图 12-52 偏移线段

Step 09 分解多段线，执行“偏移”命令，将分解后的线段向内进行偏移，如图 12-53 所示。

Step 10 执行“修改”→“修剪”命令，删除多余的线段，如图 12-54 所示。

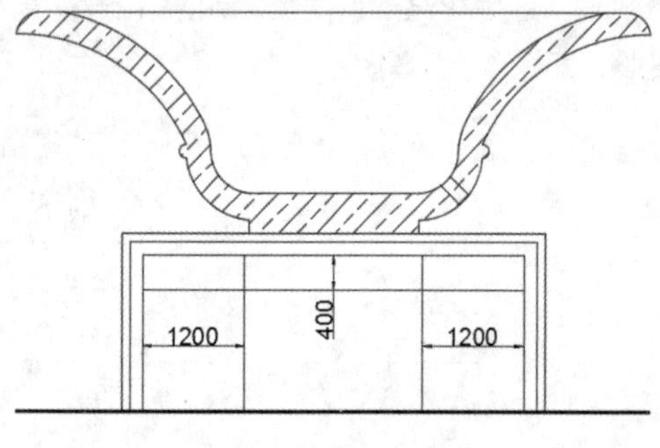

图 12-53 偏移线段

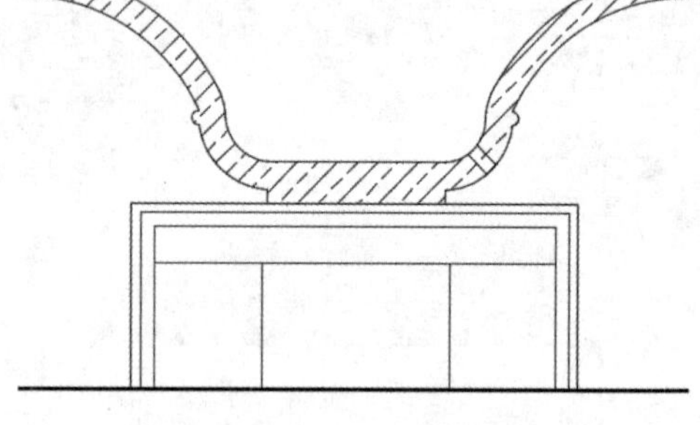
图 12-54 修剪图形

Step 11 执行“绘图”→“图案填充”命令，设置样例名为 ANSI31，比例为 50，对花盆底座的剖切面进行图案填充，如图 12-55 所示。

Step 12 依次执行“多线”“圆”“修剪”命令，多线比例为 20，圆半径为 40mm，绘制单层双向剖切面图形，如图 12-56 所示。

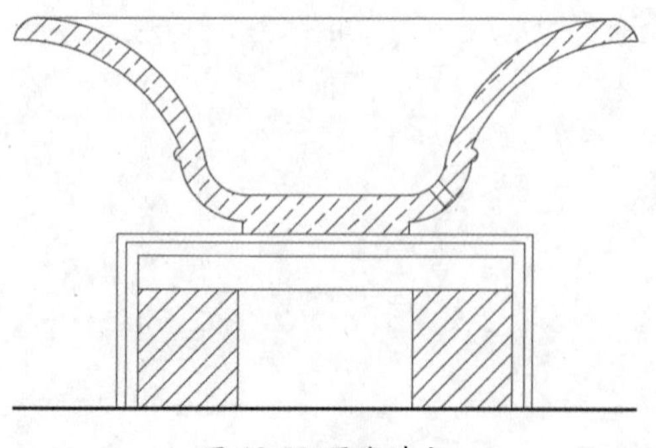
图 12-55 图案填充

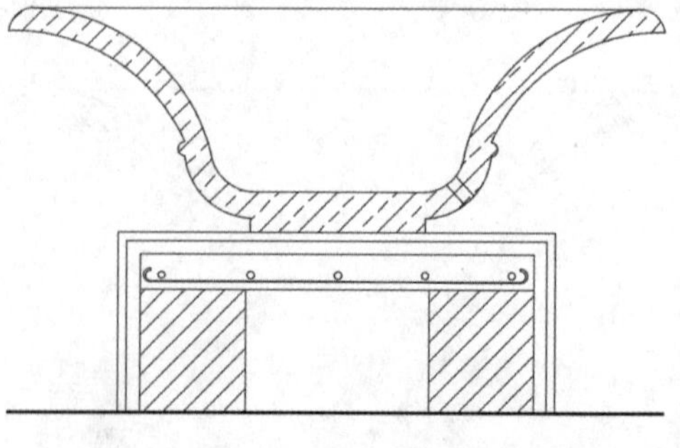
图 12-56 绘制图形

Step 13 执行“绘图”→“图案填充”命令，设置样例名为实体色，颜色为 210，其余参数保持默认，对单层双向的剖切面进行图案填充，如图 12-57 所示。

Step 14 执行“标注”→“引线”命令，对花盆剖切面图进行引线标注，如图 12-58 所示。

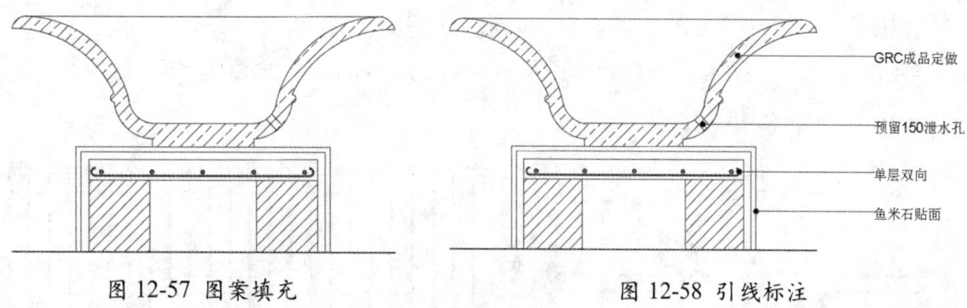

图 12-57 图案填充　　　　图 12-58 引线标注

Step 15 执行“线性”“连续”命令，对花盆剖切面图进行尺寸标注，完成花盆剖切面图的绘制，如图 12-59 所示。

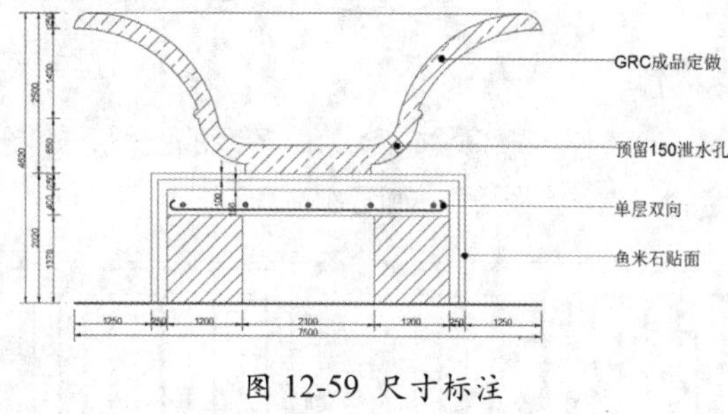

图 12-59 尺寸标注

12.4 绘制园林木桥图

在园林景观中，常见的景观桥有石桥、木桥、竹桥等，下面对木桥的绘制过程进行介绍。

12.4.1 绘制木桥平面图

下面讲解木桥平面图的绘制操作。

Step 01 启动 AutoCAD 2016，新建空白文档，将其保存为“园林木桥”文件，新建“尺寸标注”“文字注释”等图层，设置“中心线”图层为当前层，如图 12-60 所示。

Step 02 执行“绘图”→“直线”命令，绘制一个长为 3630mm、宽为 1700mm 的矩形，如图 12-61 所示。

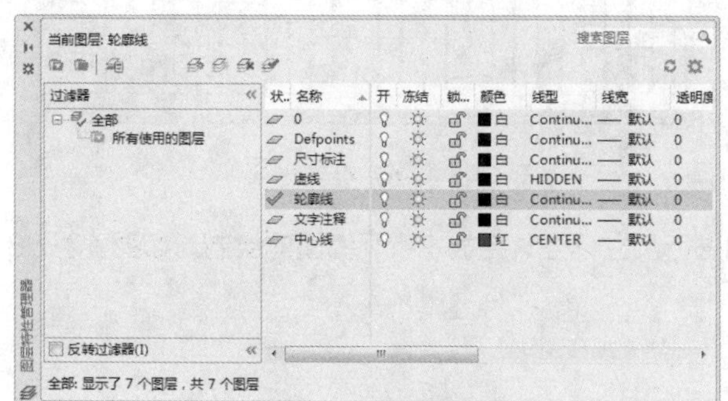

图 12-60 创建图层

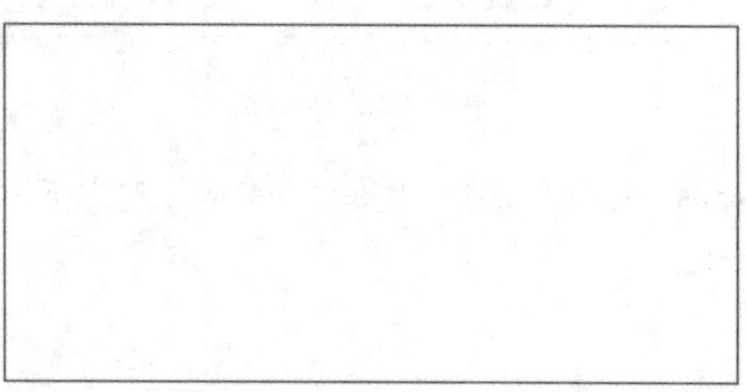

图 12-61 绘制矩形

Step 03 执行“修改”→“偏移”命令，将线段向内进行偏移，如图 12-62 所示。

Step 04 执行“绘图”→“图案填充”命令，设置样例名为 ANSI32，角度为 45，比例为 10，对木桥地面进行填充，如图 12-63 所示。

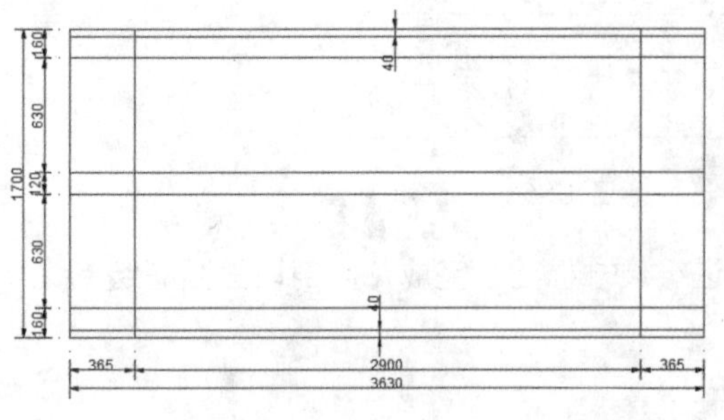

图 12-62 偏移线段

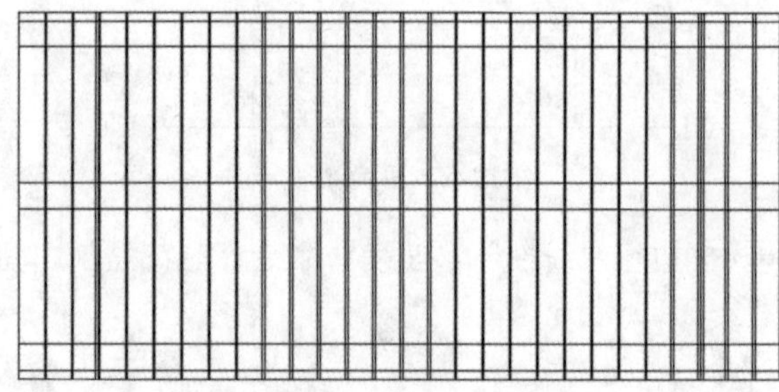

图 12-63 图案填充

Step 05 分解图形，执行“修改”→“修剪”命令，修剪掉多余的线段，如图 12-64 所示。

Step 06 选择内部构造线，设置为“虚线”图层，如图 12-65 所示。

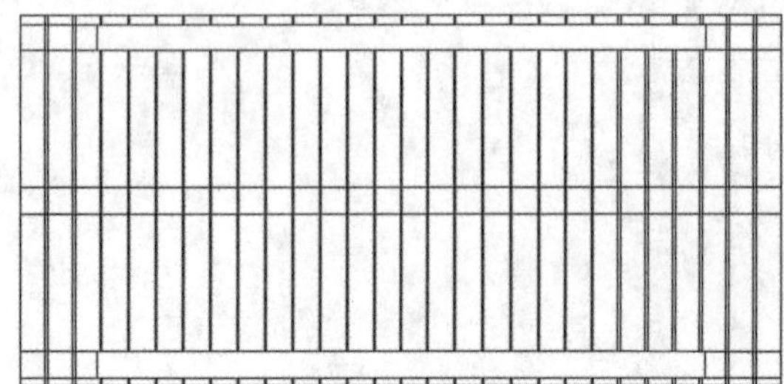

图 12-64 修剪图形

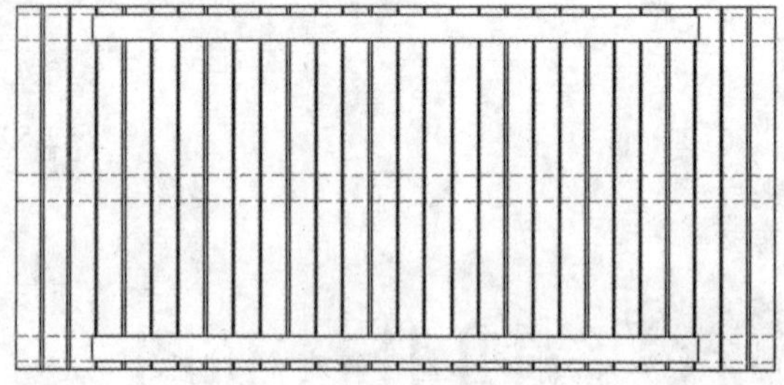

图 12-65 设置图层

Step 07 执行“绘图”→“圆”命令，绘制 3 个半径为 50mm 的圆，圆心间距为 1050mm，再执行“镜像”命令，将圆镜像复制到另一侧，如图 12-66 所示。

Step 08 执行“标注”→“引线”命令，对木桥平面图进行引线标注，如图 12-67 所示。

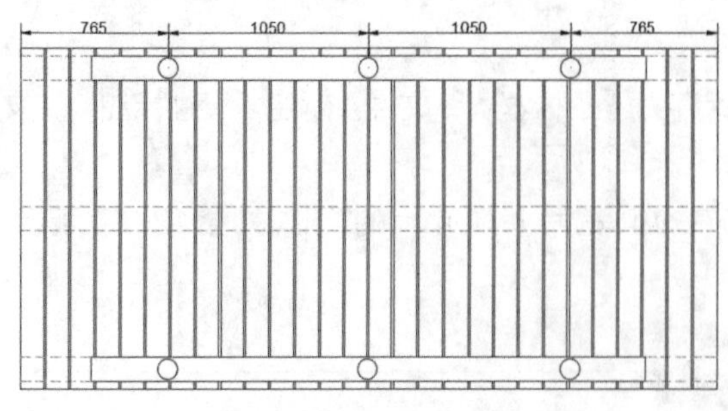

图 12-66 绘制圆

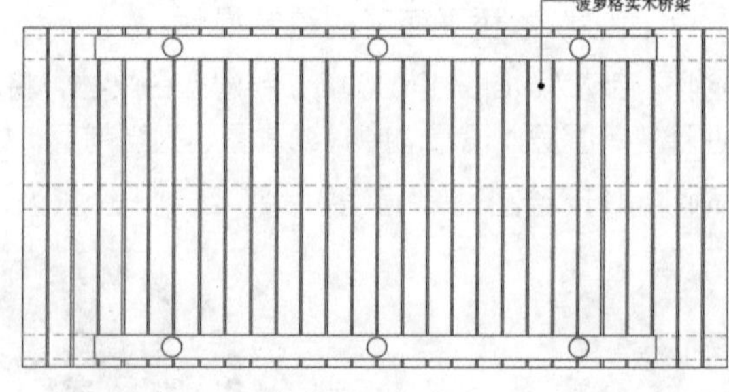

图 12-67 引线标注

Step 09 执行“线性”“连续”命令，对木桥平面图进行尺寸标注，完成木桥平面图的绘制，如图 12-68 所示。

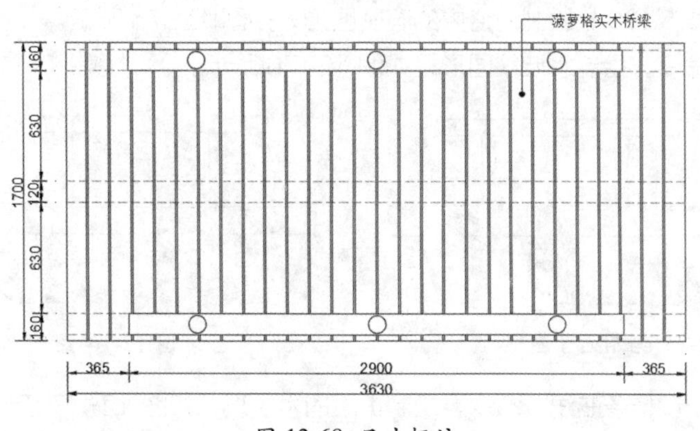

图 12-68 尺寸标注

12.4.2 绘制木桥正立面图

下面讲解木桥正立面图的绘制操作。

Step 01 执行“绘图”→“直线”命令，绘制一个长为3630mm、宽为880mm的矩形，如图 12-69 所示。

Step 02 执行“修改”→“偏移”命令，将线段向内进行偏移，尺寸如图 12-70 所示。

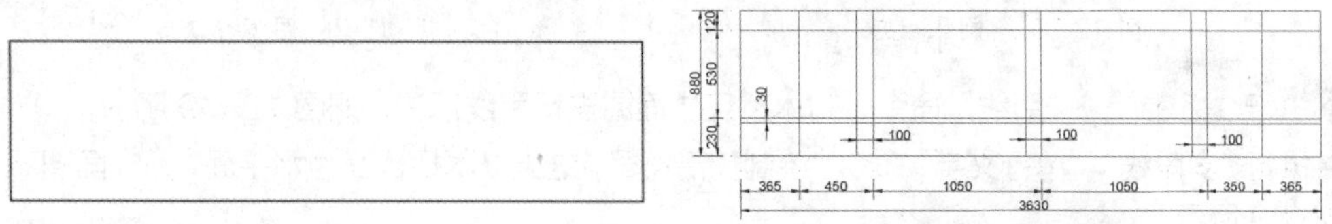

图 12-69 绘制矩形　　图 12-70 偏移线段

Step 03 执行“修改”→“修剪”命令，修剪掉多余的线段，如图 12-71 所示。

Step 04 执行“绘图”→“直线”命令，绘制一条长为895mm的直线，放置在图中合适位置，如图 12-72 所示。

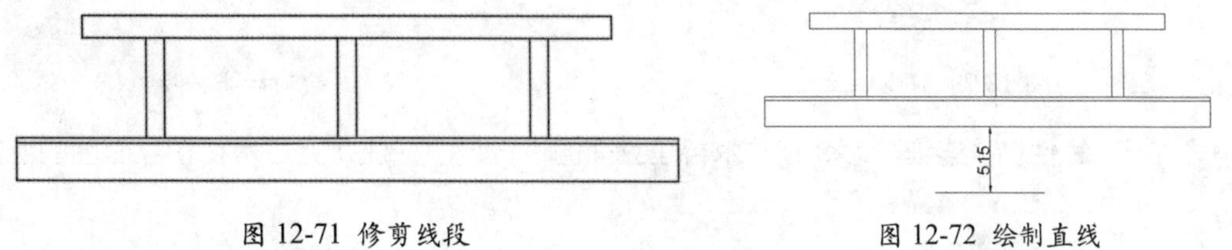

图 12-71 修剪线段　　图 12-72 绘制直线

Step 05 执行“绘图”→“多段线”命令，绘制石块图形，如图 12-73 所示。

Step 06 继续执行当前命令，绘制其余石块和水草，如图 12-74 所示。

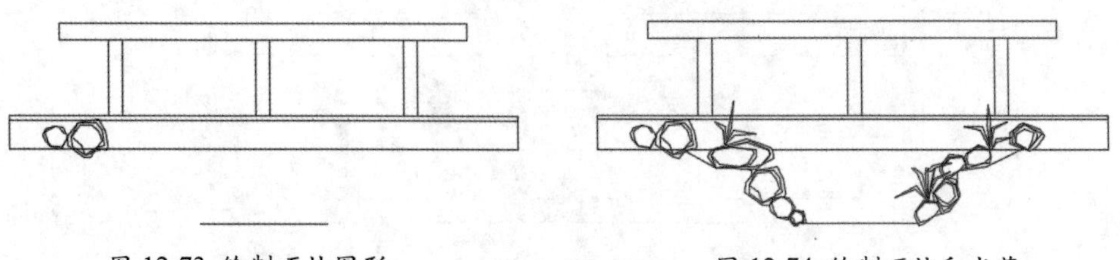

图 12-73 绘制石块图形　　图 12-74 绘制石块和水草

Step 07 执行“样条曲线”命令，绘制河道内的石子图形，如图 12-75 所示。

Step 08 执行“直线”命令，绘制水波纹图形，如图 12-76 所示。

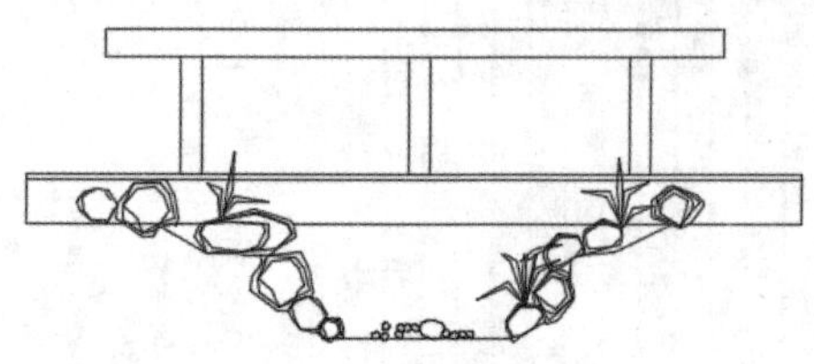
图 12-75 绘制石子图形

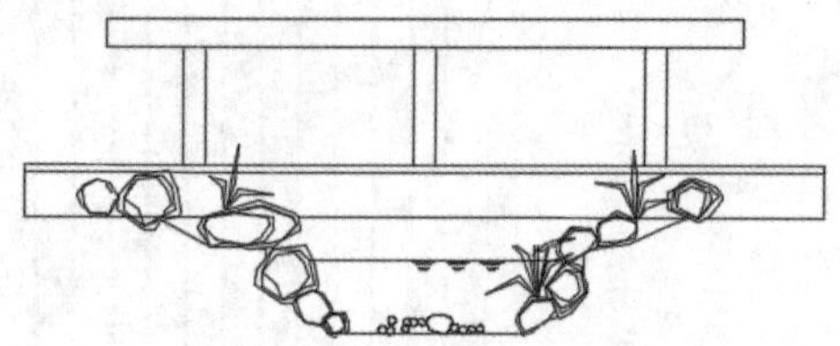
图 12-76 绘制水波纹

Step 09 执行“绘图”→“样条曲线”命令，绘制护栏的木纹理，如图 12-77 所示。

Step 10 执行“绘图”→“图案填充”命令，设置样例名为 ANSI32，角度为 45，比例为 10，对桥面进行图案填充，如图 12-78 所示。

图 12-77 绘制木纹理

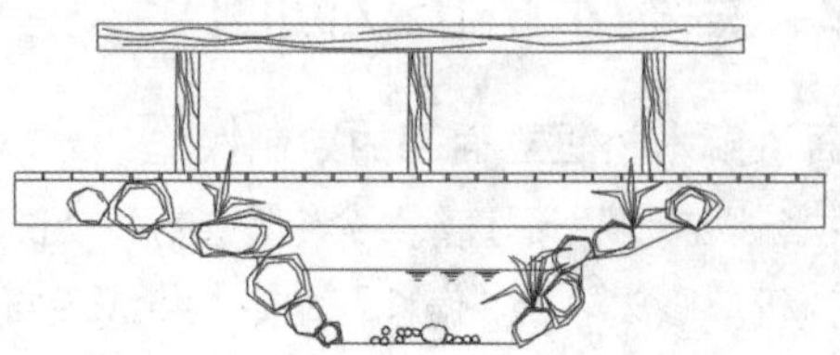
图 12-78 图案填充

Step 11 执行“标注”→“引线”命令，对木桥正立面图进行引线标注，如图 12-79 所示。

Step 12 执行“多段线”“单行文字”命令，绘制标高符号，这里以木桥桥面为水平面，为立面图添加标高，如图 12-80 所示。

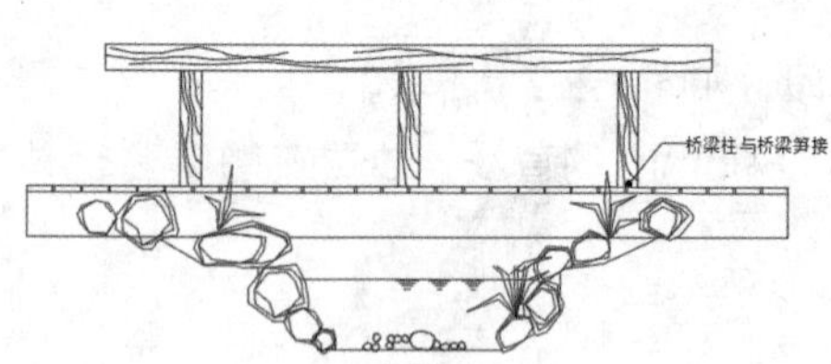

图 12-79 引线标注

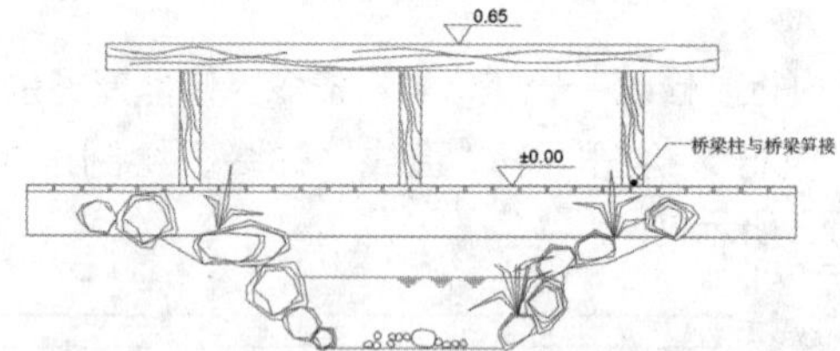

图 12-80 绘制标高符号

Step 13 执行“线性”“连续”命令，对木桥正立面图进行尺寸标注，完成木桥正立面图的绘制，如图 12-81 所示。

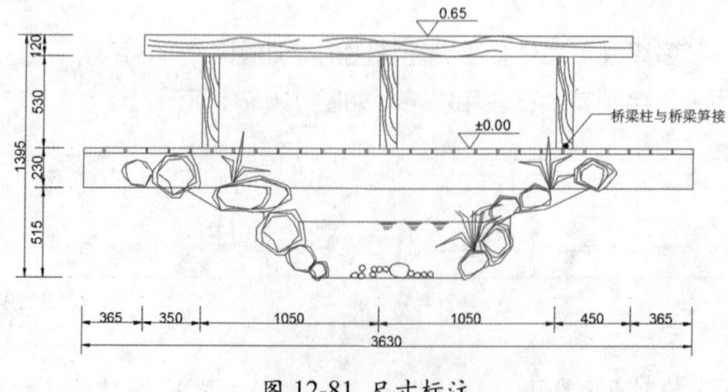

图 12-81 尺寸标注

12.4.3 绘制木桥剖面图

下面讲解木桥剖面图的绘制操作。

Step 01 复制木桥正立面，删除多余图形，如图 12-82 所示。

Step 02 执行“绘图”→“矩形”命令，分别绘制长为 450mm、宽为 600mm，长为 650mm、宽为 500mm 和长为 770mm、宽为 500mm 的 3 个矩形，并居中对齐，作为桥墩图形，如图 12-83 所示。

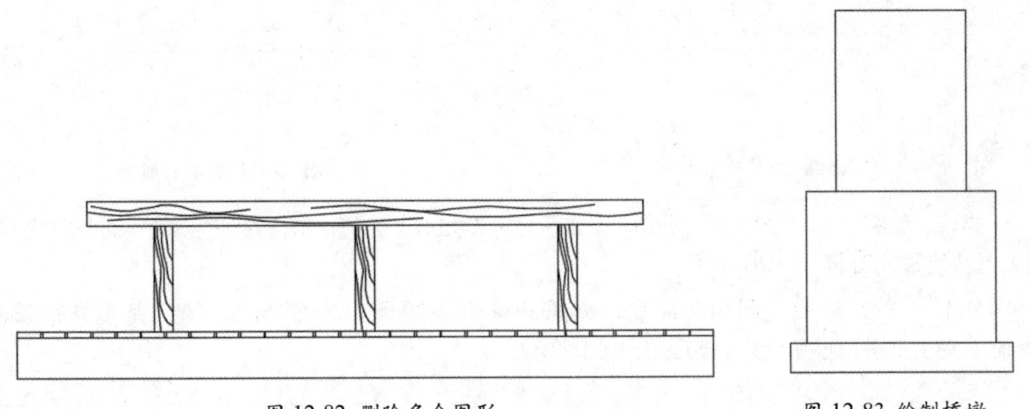

图 12-82 删除多余图形　　图 12-83 绘制桥墩

Step 03 将桥墩放置在图中合适位置，再执行“镜像”命令，将桥墩镜像复制到另一侧，如图 12-84 所示。

Step 04 执行“修改”→“偏移”命令，将线段向下进行偏移 120mm 和 30mm，如图 12-85 所示。

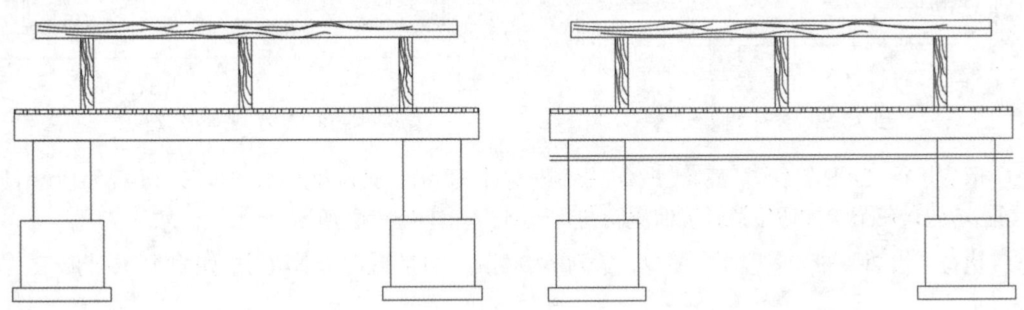

图 12-84 镜像桥墩　　图 12-85 偏移直线

Step 05 执行“绘图”→“多段线”命令，绘制一条多段线，尺寸如图 12-86 所示。

Step 06 执行“修改”→“偏移”命令，依次将多段线向内偏移 50mm、100mm、20mm，如图 12-87 所示。

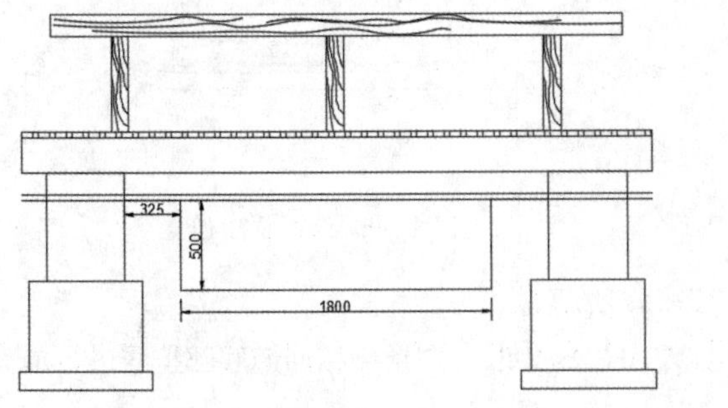

图 12-86 绘制多段线

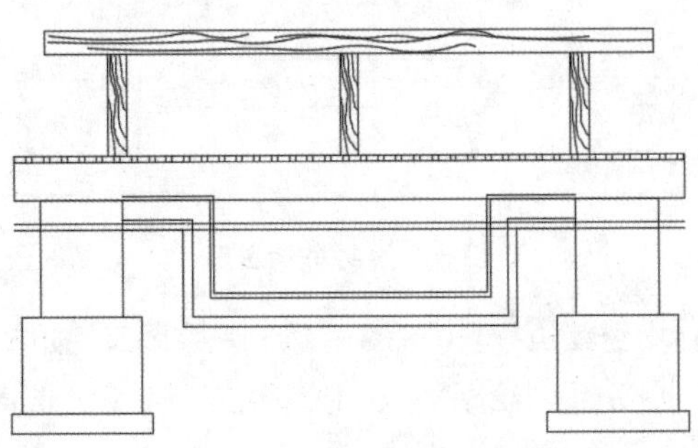

图 12-87 偏移线段

Step 07 执行“修剪”命令，绘制出河道图形，如图 12-88 所示。

Step 08 执行“绘图”→“矩形”命令，绘制一个长为 2000mm、宽为 100mm 的矩形，如图 12-89 所示。

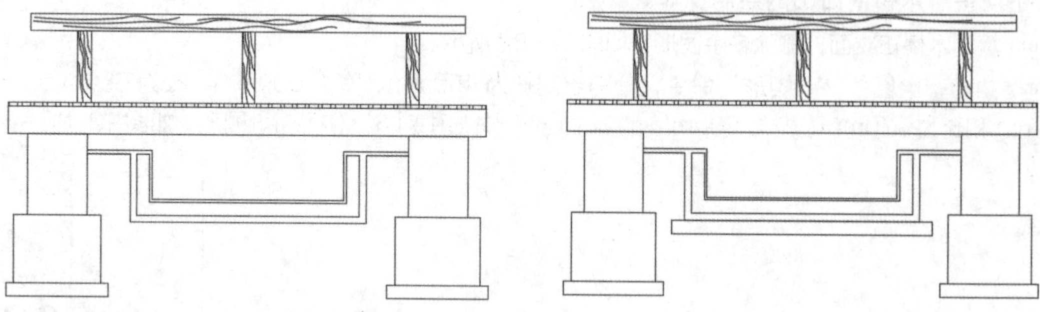

图 12-88 修剪线段　　　　图 12-89 绘制矩形

Step 09 执行“绘图”→“多段线”命令，将线段宽度设为 5，绘制一条长为 2100mm 的多段线，放置在图中合适位置，如图 12-90 所示。

Step 10 执行“修改”→“倒角”命令，将第一条倒角距离设为 30mm，第二条倒角距离设为 200mm，对河道进行倒角处理，如图 12-91 所示。

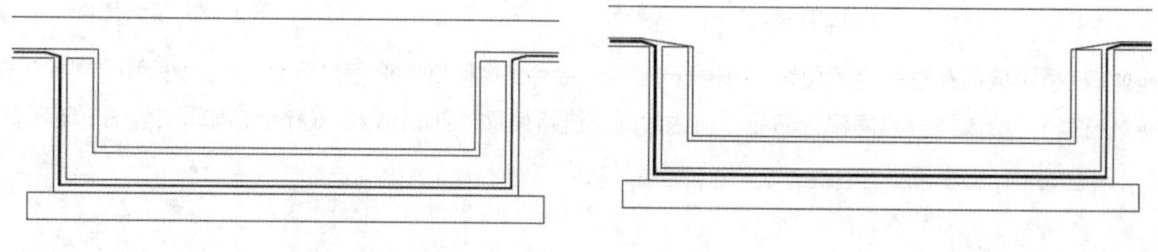

图 12-90 绘制多段线　　　　图 12-91 倒角多段线

Step 11 依次执行“矩形”“圆”“镜像”命令，绘制长为 160mm、宽为 80mm 的矩形和半径为 8mm 的圆，将角钢图形放置在图中合适位置并镜像复制到另一侧，如图 12-92 所示。

Step 12 执行“绘图”→“多段线”命令，绘制桥墩图案，并放置在合适位置，如图 12-93 所示。

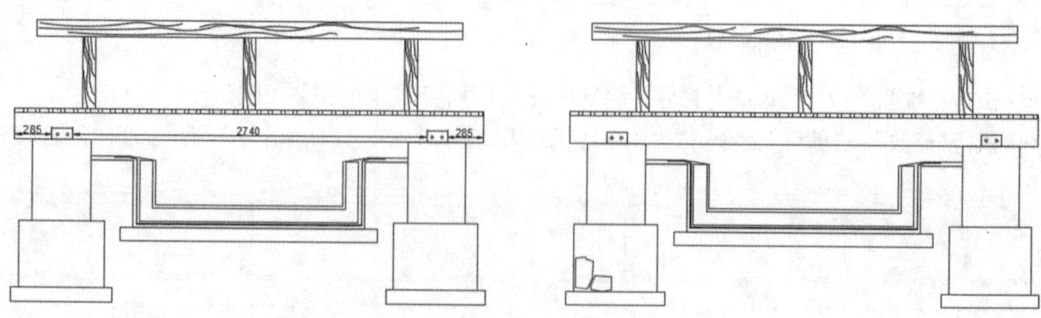

图 12-92 绘制角钢图形　　　　图 12-93 绘制桥墩图案

Step 13 继续执行当前命令，绘制其余图案，如图 12-94 所示。

Step 14 执行“绘图”→“图案填充”命令，选择图案 AR-SAND，对桥墩和河道底部垫层进行填充，如图 12-95 所示。

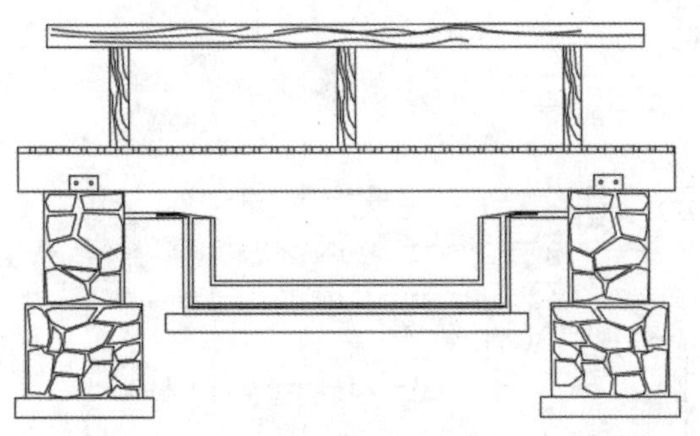

图 12-94 绘制多段线

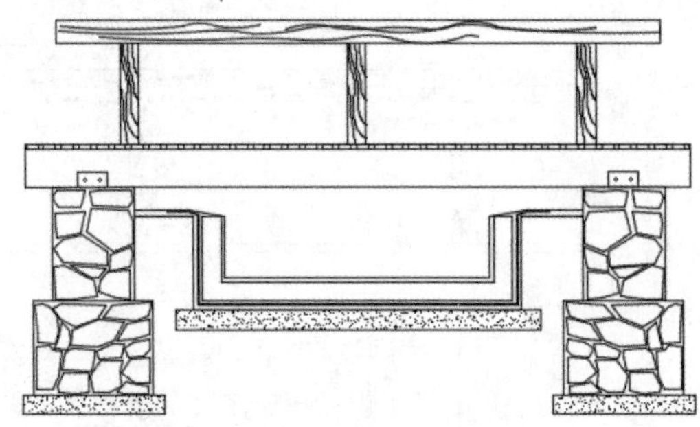

图 12-95 图案填充

Step 15 将立面图河道内的石块、水草、水波纹图形复制到剖面图中，如图 12-96 所示。

Step 16 执行“绘图”→“图案填充”命令，选择图案 AR-CENC 和 ANST31，填充河道，如图 12-97 所示。

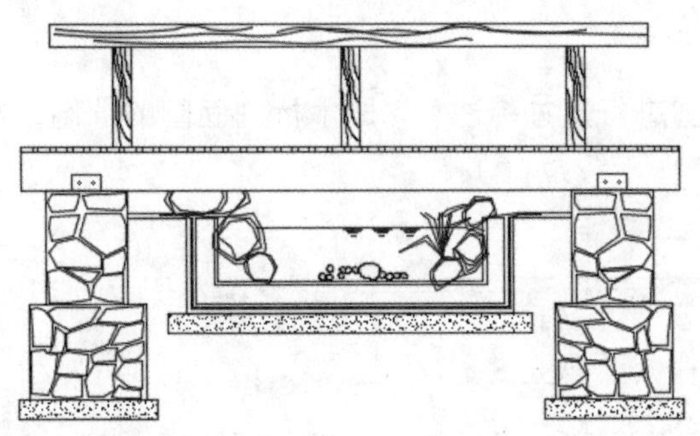

图 12-96 复制图形

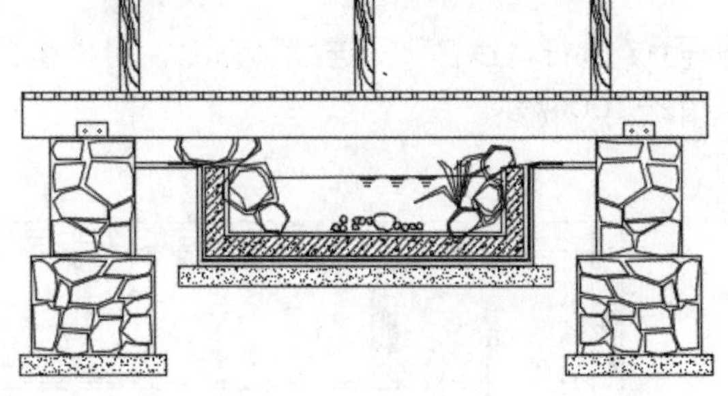

图 12-97 图案填充

Step 17 执行“标注”→“引线”命令，对木桥剖面图进行引线标注，如图 12-98 所示。

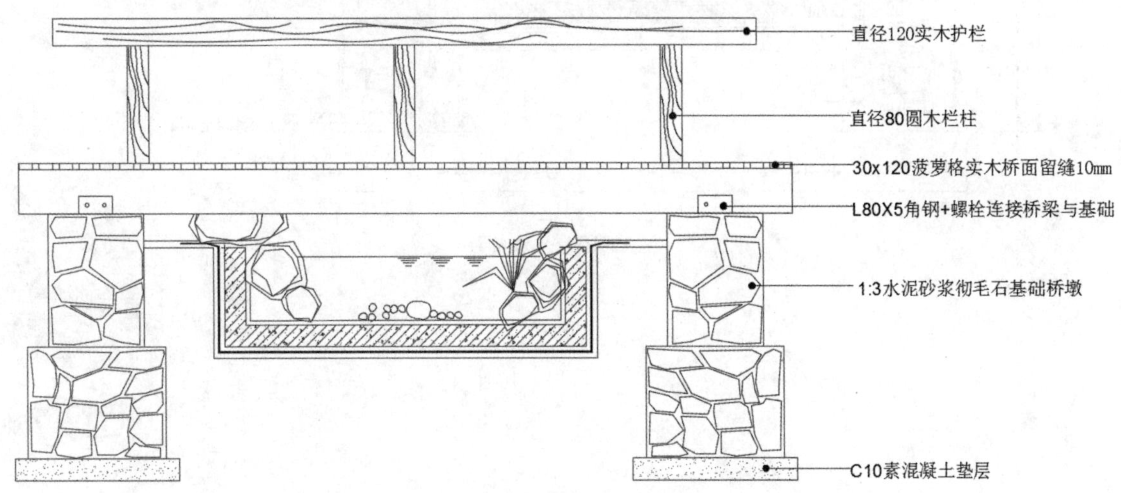

图 12-98 引线标注

Step 18 复制标高符号，这里以木桥桥面为水平面，为剖面图添加标高，如图 12-99 所示。

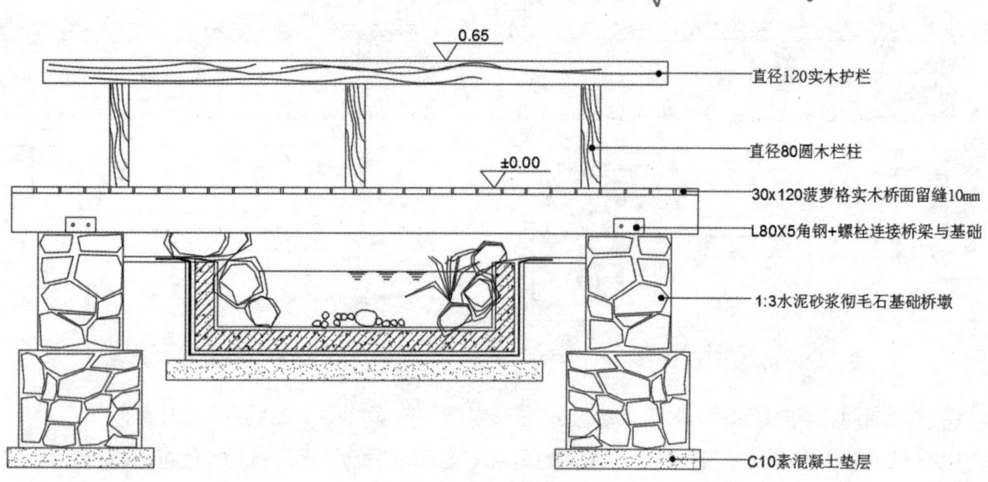

图 12-99 添加标高

Step 19 执行“线性”“连续”命令，对木桥剖面图进行尺寸标注，完成木桥剖面图的绘制，如图 12-100 所示。

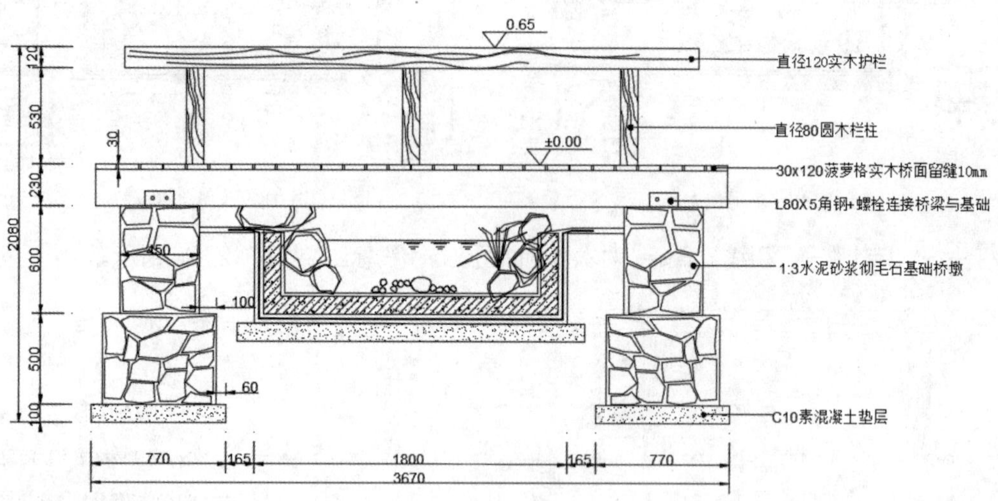

图 12-100 尺寸标注

第 13 章

绘制机械零件图

随着当今科学技术的发展，AutoCAD 软件已被广泛运用到各行各业中，如建筑设计、工业设计、服装设计、机械设计、电子电气设计等。运用 AutoCAD 等软件绘制机械图形，可以提升机械设计的效率和准确性。机械零件又称机械元件，它是组成机械和机器的重要零件。本章将以绘制螺母、机件、泵盖、底座为例，结合 AutoCAD 中的一些基本命令，来介绍机械零件的绘制方法和技巧。

知识要点

- ▲ 绘制螺母三视图
- ▲ 绘制机件三视图
- ▲ 绘制泵盖三视图
- ▲ 绘制底座三视图

13.1 绘制螺母三视图

螺母是将机械设备紧密连接起来的零件，通过内侧的螺纹，同等规格螺母和螺丝，使其连接在一起。下面以绘制螺母正视图、侧视图、俯视图来介绍其绘制方法。

13.1.1 绘制螺母正立面图

下面绘制螺母正立面图，具体操作步骤如下。

Step 01 启动 AutoCAD 2016，新建空白文档，将其保存为“螺母视图”文件，新建“粗实线”“尺寸”和“中心线”等图层，设置图层的颜色、线型及线宽，如图 13-1 所示。

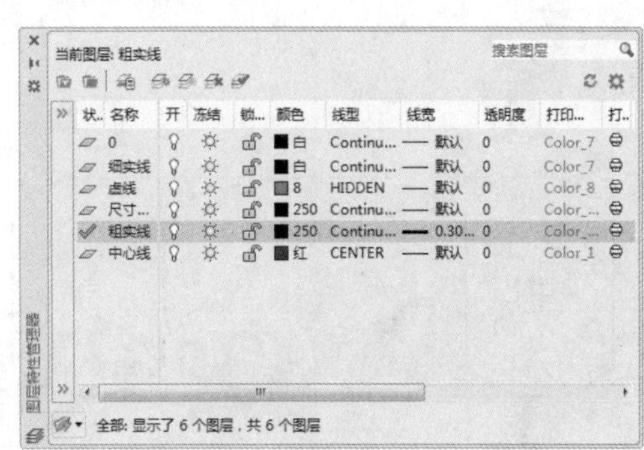

图 13-1 新建图层

Step 02 设置“粗实线”图层为当前层，执行“绘图”→“直线”命令，绘制一个长为 20mm、宽为 7mm 的矩形，如图 13-2 所示。

图 13-2 绘制矩形

Step 03 执行“修改”→“偏移”命令，将线段向内进行偏移，尺寸如图 13-3 所示。

Step 04 执行“绘图”→“圆弧”命令，绘制圆弧，如图 13-4 所示。

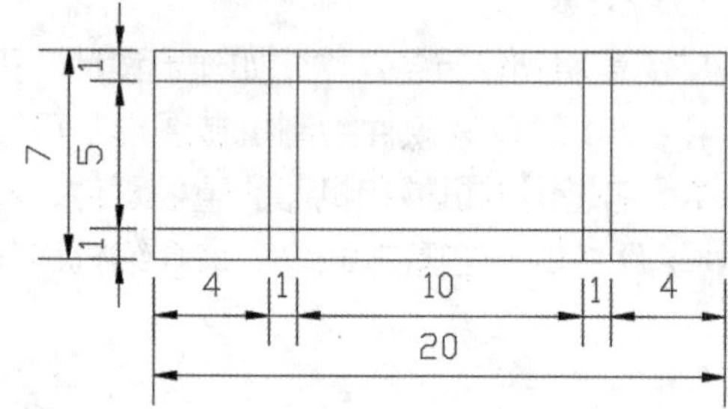

图 13-3 偏移直线

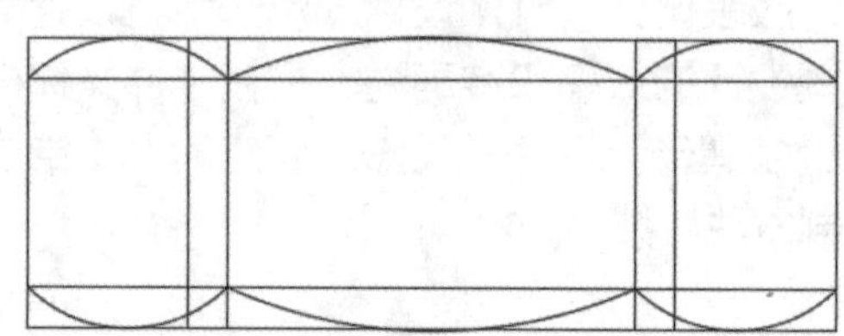

图 13-4 绘制圆弧

Step 05 执行“修改”→“修剪”命令，修剪掉多余的线段，如图 13-5 所示。

Step 06 选择内部结构线段，设置为“虚线”图层，如图 13-6 所示。

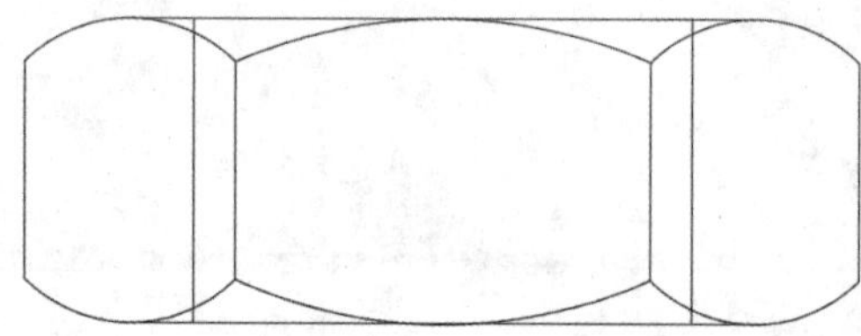

图 13-5 修剪图形

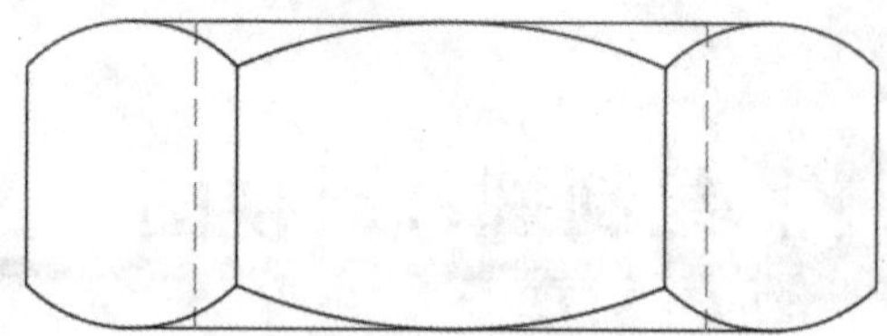

图 13-6 设置图层

Step 07 设置“中心线”图层为当前层，绘制一条长为 10mm 的中心线，放置在图形的正中，如图 13-7 所示。

Step 08 执行“格式”→“标注样式”命令，打开“标注样式管理器”对话框，如图 13-8 所示。

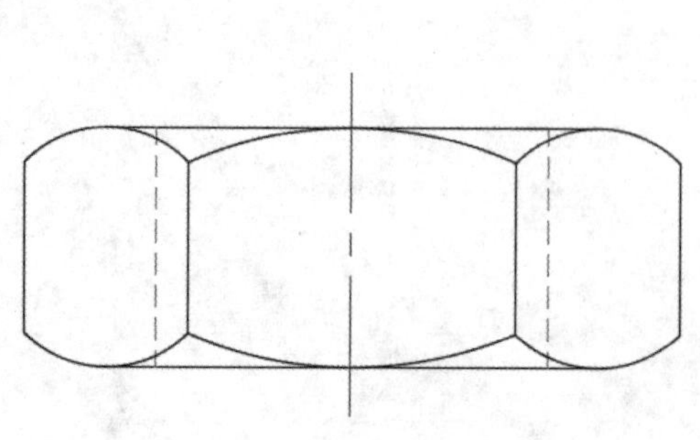

图 13-7 绘制中心线

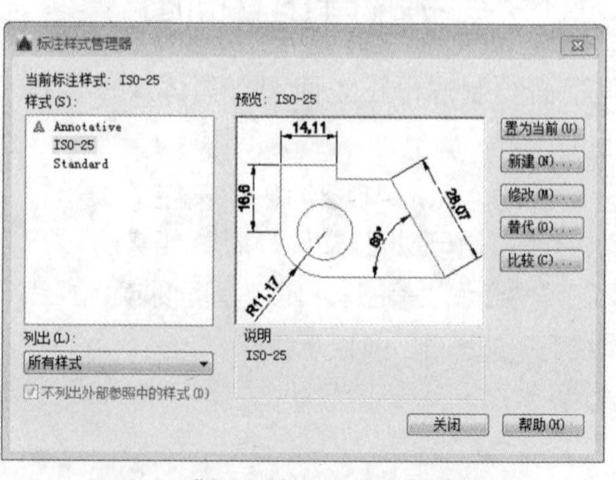

图 13-8 “标注样式管理器”对话框

Step 09 单击“新建”按钮，打开“创建新标注样式”对话框，输入新样式名“尺寸标注”，如图 13-9 所示。

Step 10 单击“继续”按钮，在打开的“新建标注样式：尺寸标注”对话框中设置箭头为实心闭合，箭头大小为 1，文字高度为 2，主单位精度为 0，其余设置为默认，如图 13-10 所示。

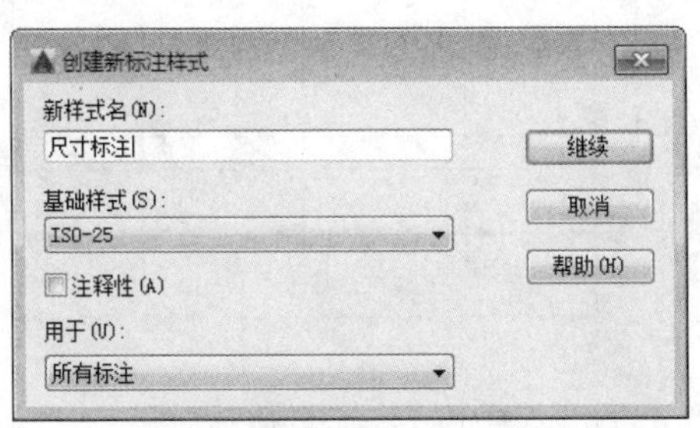

图 13-9 “创建新标注样式”对话框

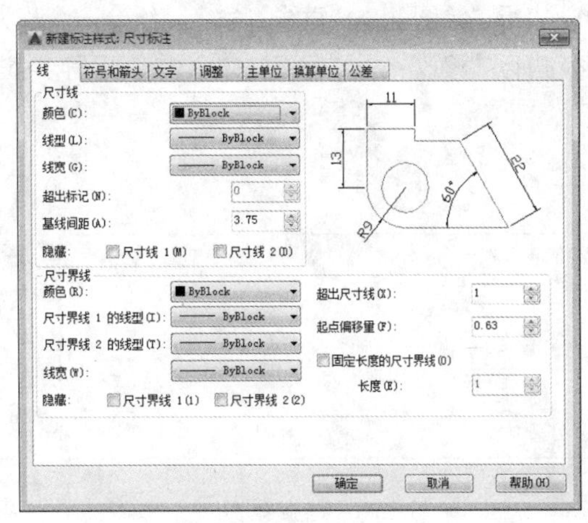

图 13-10 设置参数

Step 11 单击“确定”按钮，返回到“标注样式管理器”对话框，并单击“置为当前”按钮，关闭对话框，如图 13-11 所示。

Step 12 设置“尺寸标注”图层为当前层，执行“半径”“线性”命令，对螺母正视图进行尺寸标注，完成螺母正视图的绘制，如图 13-12 所示。

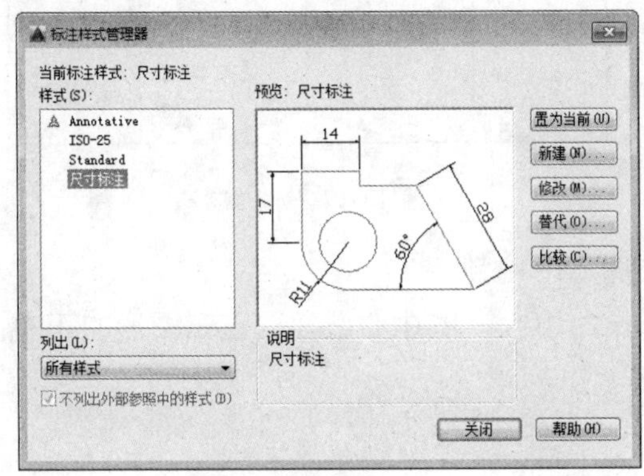

图 13-11 置为当前

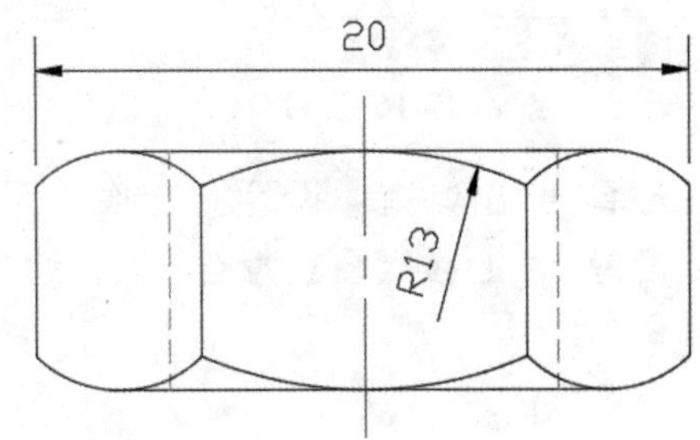

图 13-12 尺寸标注

Step 13 在状态栏中单击“显示线宽”按钮，图形效果如图 13-13 所示。

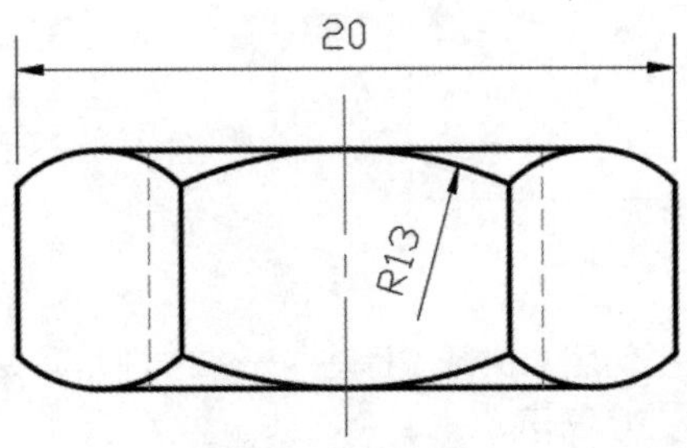

图 13-13 显示线宽

13.1.2 绘制螺母侧立面图

下面绘制螺母侧立面图，具体操作步骤如下。

Step 01 执行“绘图”→“直线”命令，绘制一个长为 17mm、宽为 7mm 的矩形，如图 13-14 所示。

Step 02 执行“修改”→“偏移”命令，将线段向内进行偏移，尺寸如图 13-15 所示。

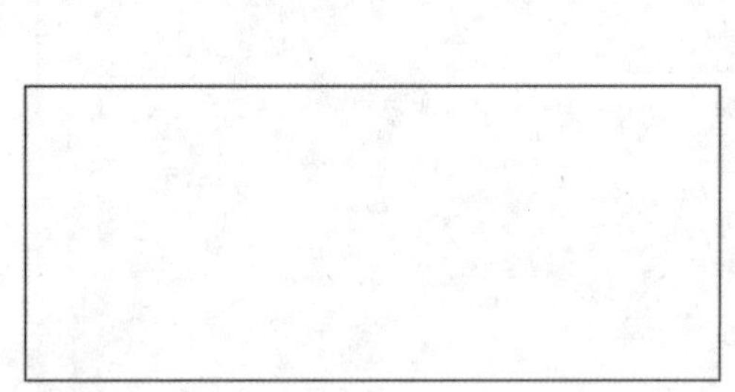

图 13-14 绘制矩形

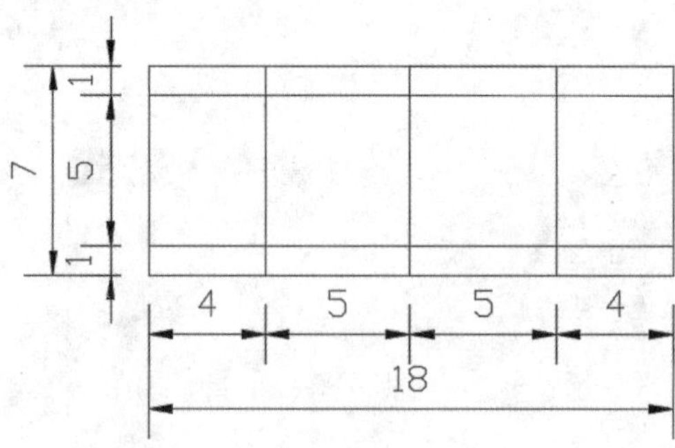

图 13-15 偏移直线

Step 03 执行“绘图”→“圆弧”命令，绘制圆弧，如图 13-16 所示。

Step 04 执行“修改”→“修剪”命令，修剪掉多余的线段，如图 13-17 所示。

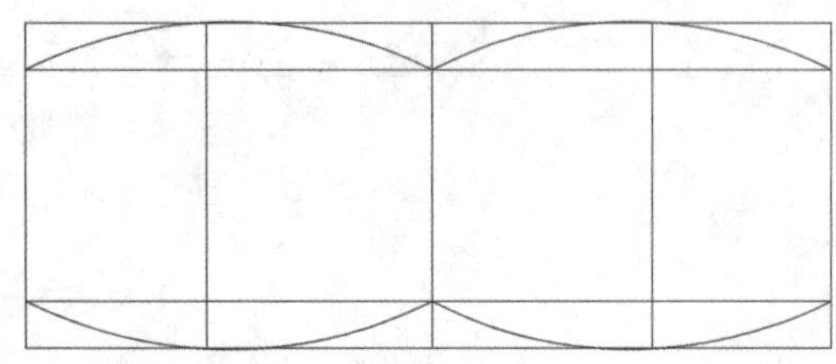

图 13-16 绘制圆弧

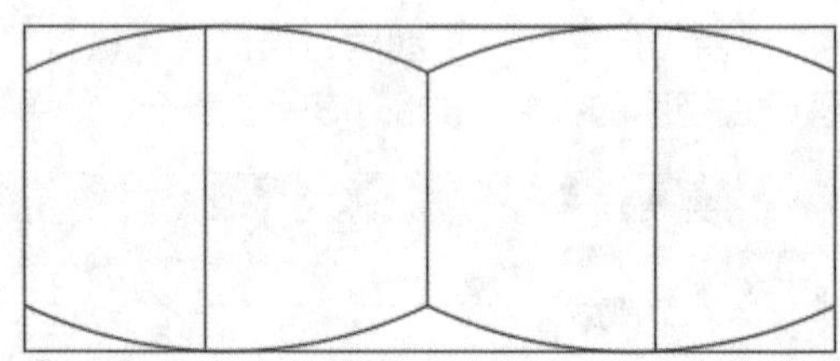

图 13-17 修剪图形

Step 05 选择内部结构线段，设置为“虚线”图层，如图 13-18 所示。

Step 06 设置“中心线”图层为当前层，绘制一条长为 10mm 的中心线，放置在图形的正中，如图 13-19 所示。

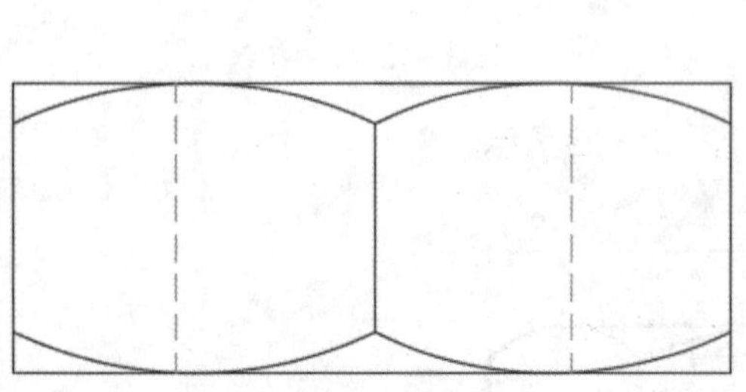

图 13-18 设置图层

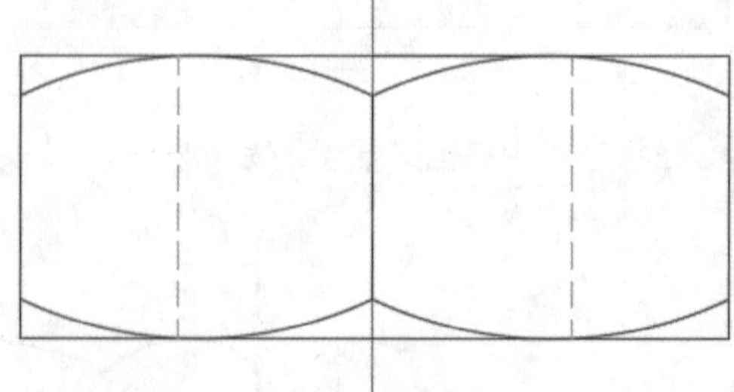

图 13-19 绘制中心线

Step 07 设置“尺寸标注”图层为当前层，执行“标注”→“线性”命令，对螺母侧视图进行尺寸标注，完成螺母侧视图的绘制，如图 13-20 所示。

Step 08 在状态栏中单击“显示线宽”按钮，图形效果如图 13-21 所示。

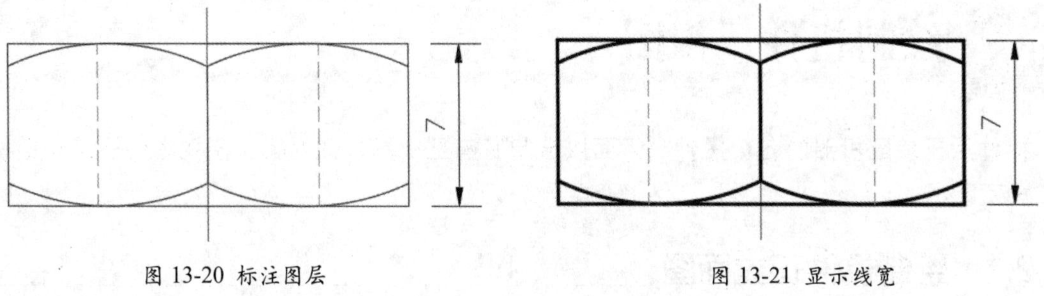

图 13-20 标注图层　　图 13-21 显示线宽

13.1.3 绘制螺母俯视图

下面绘制螺母俯视图，具体操作步骤如下。

Step 01 设置“中心线”图层为当前层，绘制两条长为 25mm 相交的中心线，如图 13-22 所示。

Step 02 执行“绘图”→“圆”命令，绘制一个直径为 10mm 和直径为 17mm 的同心圆，如图 13-23 所示。

Step 03 执行“绘图”→“多边形”命令，以中心线的交点为中心绘制六边形，如图 13-24 所示。

图 13-22 绘制中心线　　图 13-23 绘制同心圆　　图 13-24 绘制六边形

Step 04 设置“尺寸标注”图层为当前层，执行“标注”→“线性”命令，对螺母俯视图进行尺寸标注，完成螺母俯视图的绘制，如图 13-25 所示。

Step 05 在状态栏中单击“显示线宽”按钮，图形效果如图 13-26 所示。

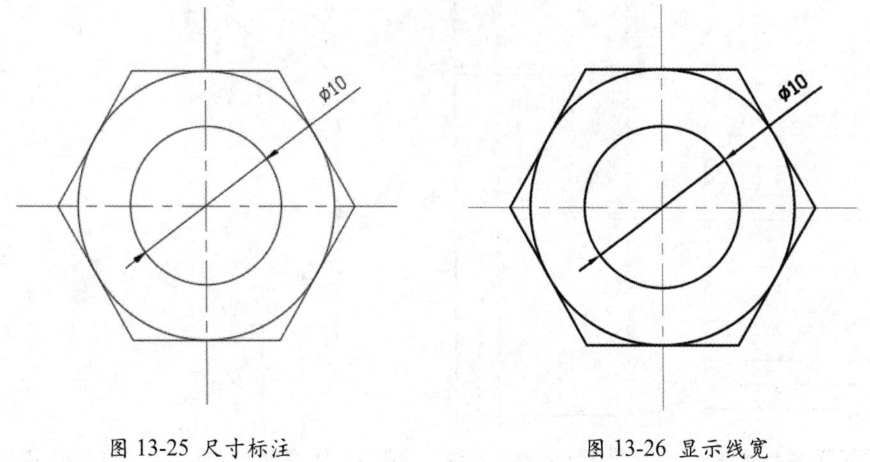

图 13-25 尺寸标注　　图 13-26 显示线宽

13.2 绘制机件三视图

机件用于装配机器的各个零件。下面以绘制底座正视图、侧视图、俯视图为例来介绍机件的绘制方法。

13.2.1 绘制机件正立面图

下面绘制机件正立面图，具体操作步骤如下。

Step 01 启动 AutoCAD 2016，新建空白文档，将其保存为“机件视图”文件，新建“粗实线”“中心线”等图层，设置图层颜色、线型及线宽，如图 13-27 所示。

Step 02 设置“粗实线”图层为当前层，执行“绘图”→“直线”命令，绘制一个长为 20mm、宽为 48mm 的矩形，如图 13-28 所示。

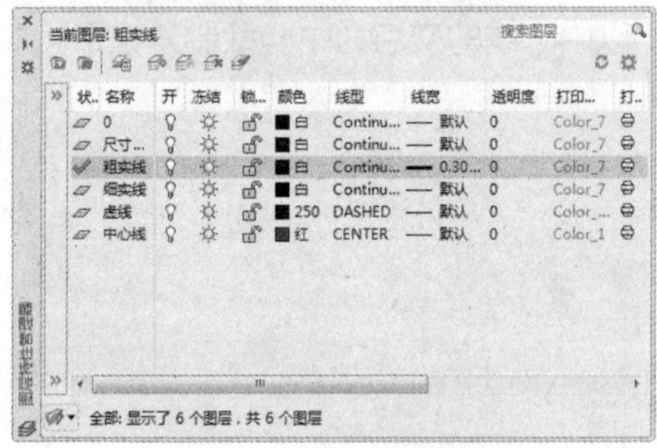

图 13-27 新建图层

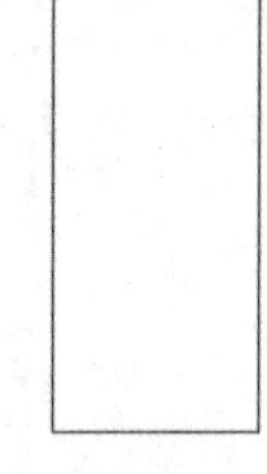

图 13-28 绘制矩形

Step 03 执行“修改”→“偏移”命令，将线段向内进行偏移，尺寸如图 13-29 所示。

Step 04 执行“修改”→“修剪”命令，修剪掉多余的线段，如图 13-30 所示。

Step 05 捕捉矩形短边的中点，执行“绘图”→“圆”命令，绘制两组同心圆，直径分别为 15mm、20mm 和 19mm、28mm，如图 13-31 所示。

Step 06 执行“修改”→“修剪”命令，修剪掉多余的线段，如图 13-32 所示。

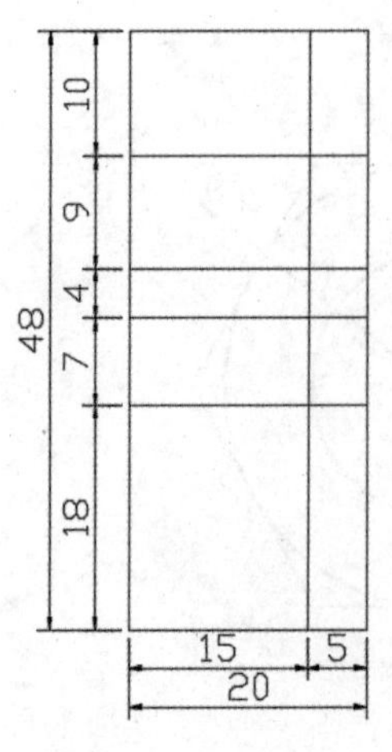

图 13-29 偏移直线

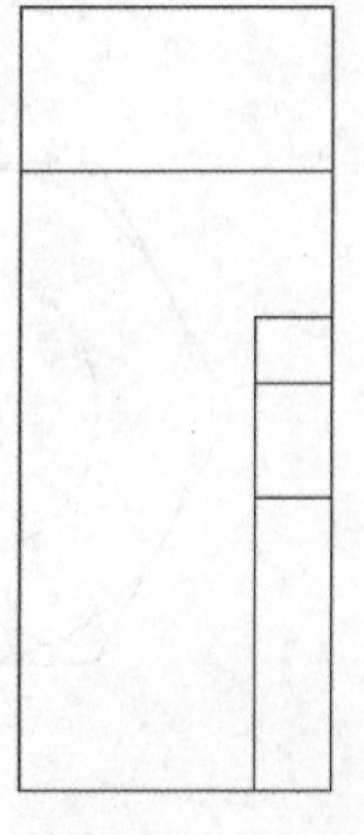

图 13-30 修剪图形

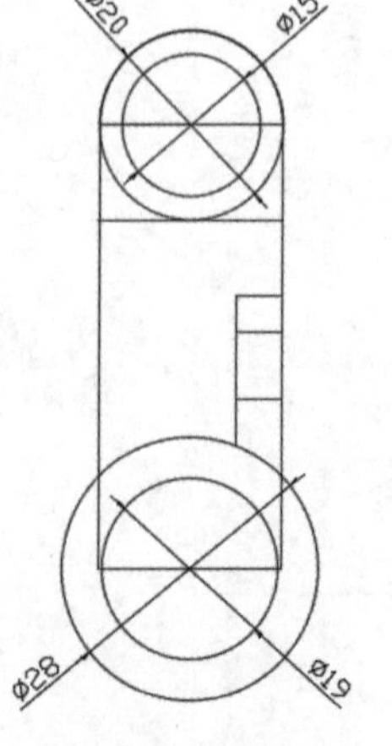

图 13-31 绘制同心圆

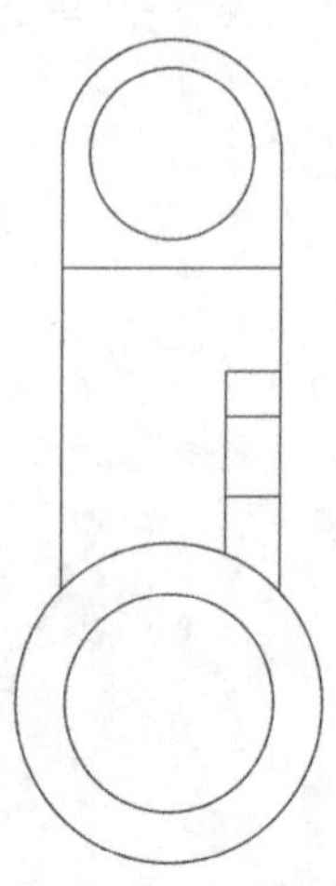

图 13-32 修剪图形

Step 07 选择内部结构线段，设置为“虚线”图层，如图 13-33 所示。

Step 08 设置“中心线”图层为当前层，捕捉同心圆的圆心绘制中心线，如图 13-34 所示。

Step 09 设置“尺寸标注”图层为当前层，执行“标注”→“线性”命令，对机件正立面图进行尺寸标注，完成机件正立面图的绘制，如图 13-35 所示。

Step 10 在状态栏中单击“显示线宽”按钮，图形效果如图 13-36 所示。

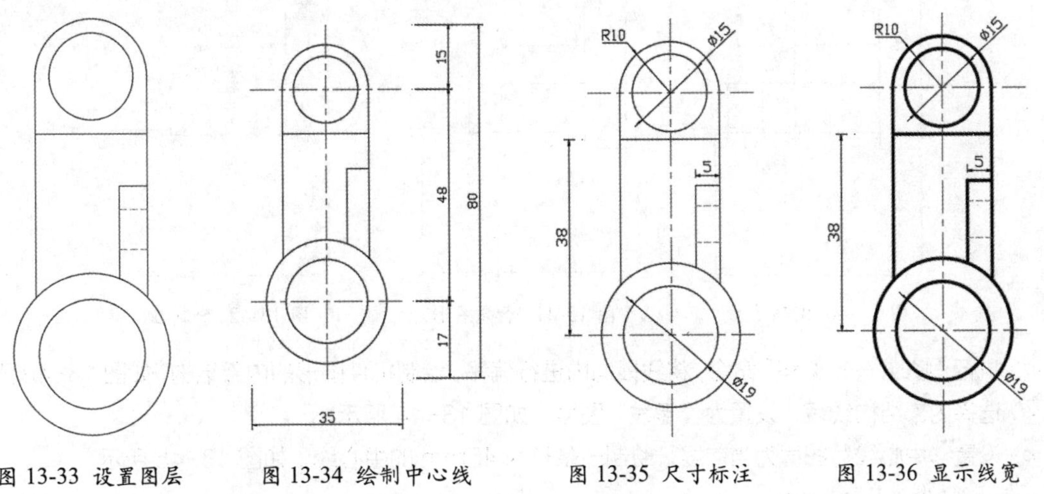

图 13-33 设置图层　图 13-34 绘制中心线　图 13-35 尺寸标注　图 13-36 显示线宽

13.2.2 绘制机件侧立面图

下面绘制机件侧立面图，具体操作步骤如下。

Step 01 执行“绘图”→“直线”命令，绘制一个长为 39mm、宽为 71mm 的矩形，如图 13-37 所示。

Step 02 执行“修改”→“偏移”命令，将线段向内进行偏移，尺寸如图 13-38 所示。

Step 03 执行“修剪”和“圆角”命令，设置圆角半径为 8mm，修剪掉多余的线段，如图 13-39 所示。

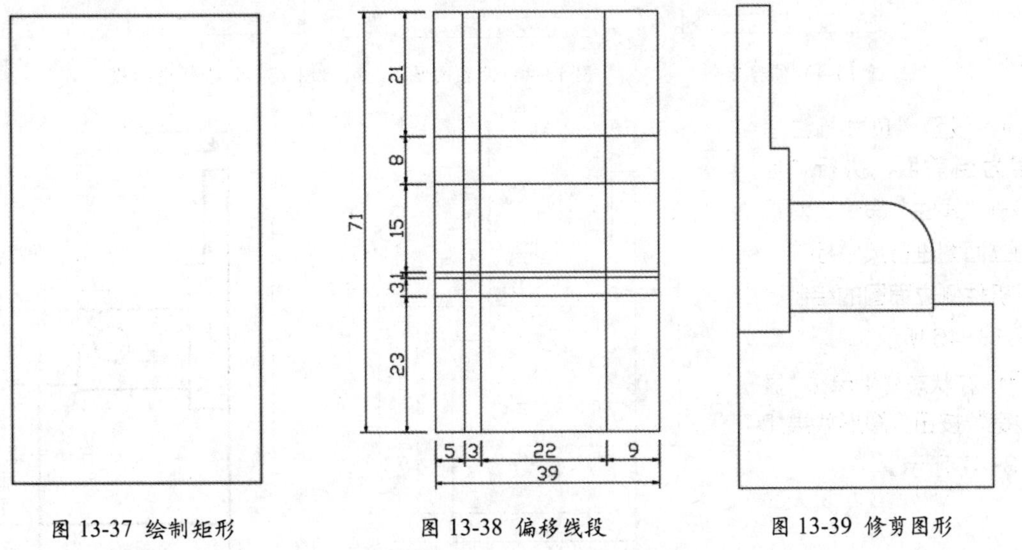

图 13-37 绘制矩形　图 13-38 偏移线段　图 13-39 修剪图形

Step 04 执行“修改”→“偏移”命令，绘制机件的结构图形，如图 13-40 所示。

Step 05 执行“修改”→“修剪”命令，修剪掉多余的线段，如图 13-41 所示。

Step 06 执行“绘图”→“圆”命令，绘制直径为 7mm 的圆，并删除多余线段，如图 13-42 所示。

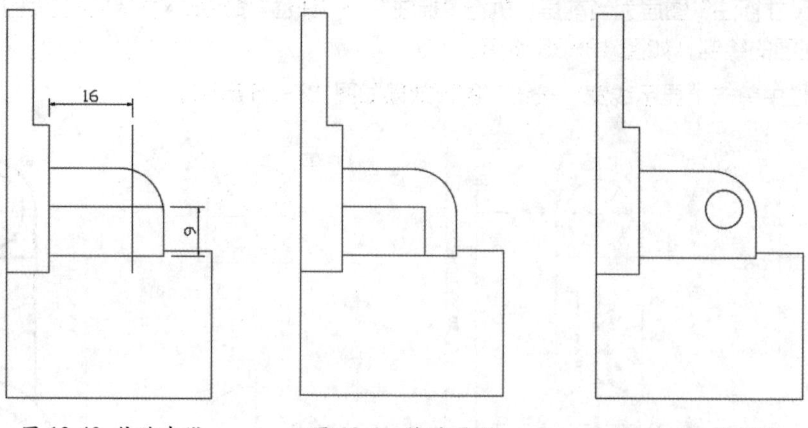

图 13-40 偏移直线　　图 13-41 修剪图形　　图 13-42 绘制圆

Step 07 执行“修改”→“偏移”命令，将线段向内进行偏移，绘制机件图形的内部结构，如图 13-43 所示。

Step 08 选择内部结构线段，设置为“虚线”图层，如图 13-44 所示。

Step 09 设置“中心线”图层为当前层，绘制一条长为 45mm 的中心线，如图 13-45 所示。

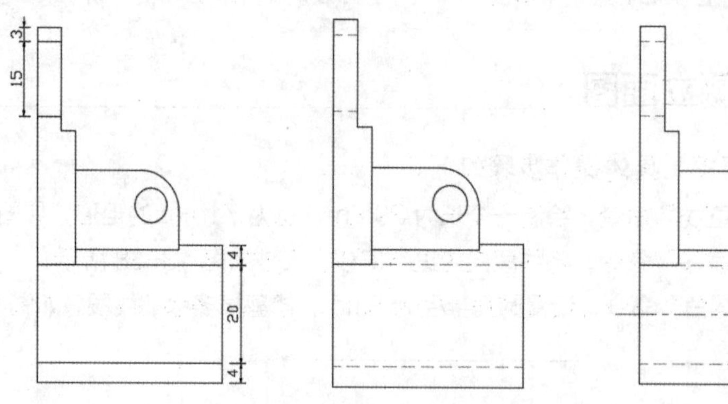

图 13-43 偏移直线　　图 13-44 设置图层　　图 13-45 绘制中心线

Step 10 设置“尺寸标注”图层为当前层，执行“标注”→“线性”命令，对机件侧立面图进行尺寸标注，完成机件侧立面图的绘制，如图 13-46 所示。

Step 11 在状态栏中单击“显示线宽”按钮，图形效果如图 13-47 所示。

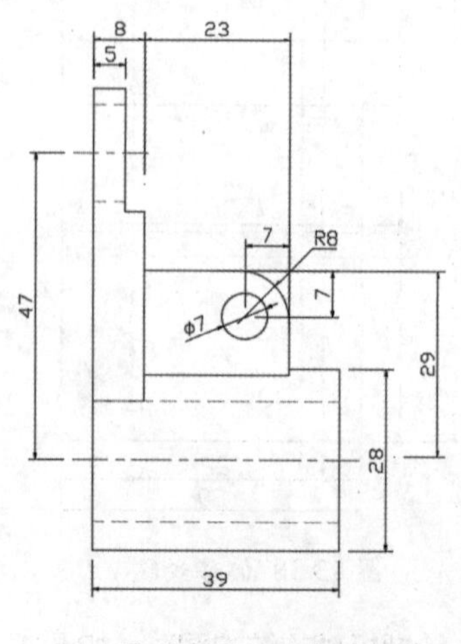

图 13-46 尺寸标注

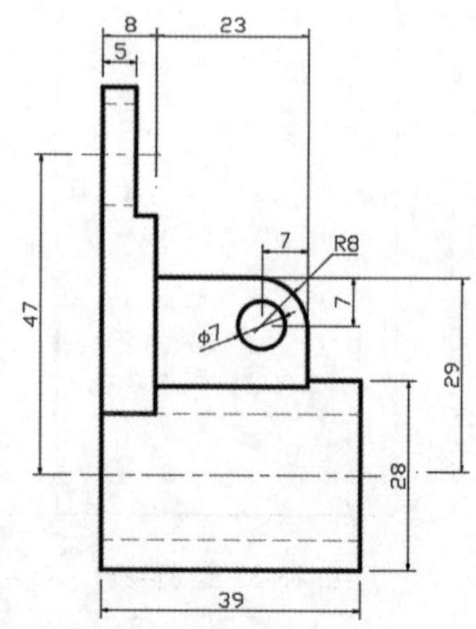

图 13-47 显示线宽

13.2.3 绘制机件俯视图

下面绘制机件俯视图，具体操作步骤如下。

Step 01 执行“绘图”→“直线”命令，绘制一个长为 28mm、宽为 39mm 的矩形，如图 13-48 所示。

Step 02 执行“修改”→“偏移”命令，将线段向内进行偏移，尺寸如图 13-49 所示。

Step 03 执行“修改”→“修剪”命令，修剪掉多余的线段，如图 13-50 所示。

Step 04 选择内部结构线段，设置为“虚线”图层，如图 13-51 所示。

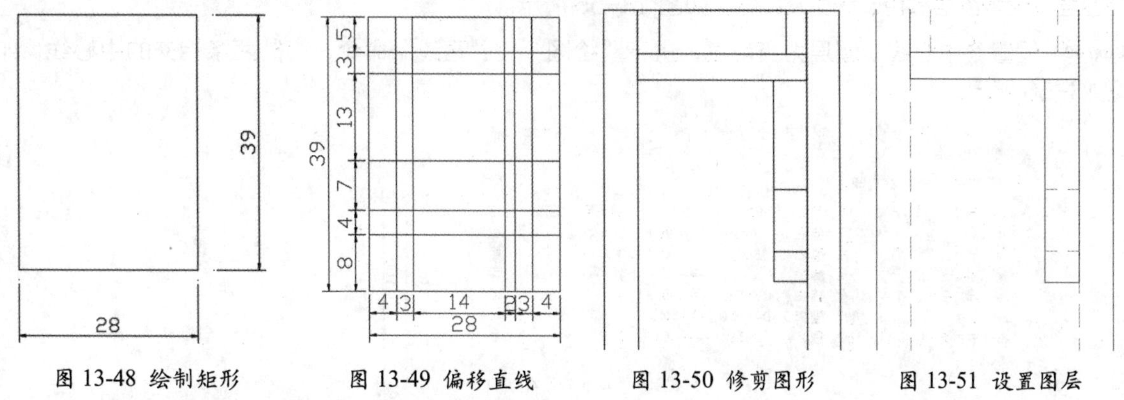

图 13-48 绘制矩形　　图 13-49 偏移直线　　图 13-50 修剪图形　　图 13-51 设置图层

Step 05 设置“中心线”图层为当前层，绘制一条长为 45mm 的中心线，放置在图形的正中，如图 13-52 所示。

Step 06 设置“尺寸标注”图层为当前层，执行“标注”→“线性”命令，对机件俯视图进行尺寸标注，完成机件俯视图的绘制，如图 13-53 所示。

Step 07 在状态栏中单击“显示线宽”按钮，图形效果如图 13-54 所示。

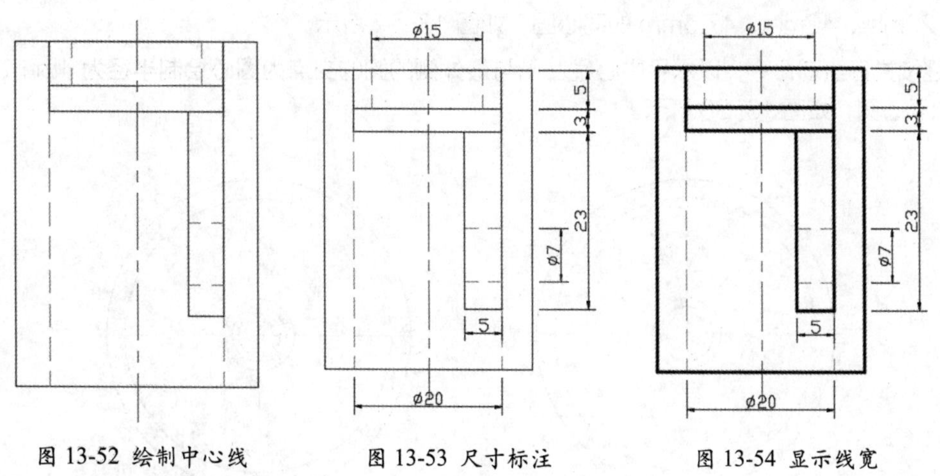

图 13-52 绘制中心线　　图 13-53 尺寸标注　　图 13-54 显示线宽

13.3 绘制泵盖三视图

泵盖放置在刹车泵或离合器泵的储液罐上端。泵盖上有橡胶密封垫防止刹车液漏出，水分

进入。泵盖可以是塑料或金属制成。形状有圆的、正方形的或长方形的。下面就以圆形泵盖为例介绍其绘制步骤。

13.3.1 绘制泵盖俯视图

下面绘制泵盖俯视图，具体操作步骤如下。

Step 01 启动 AutoCAD 2016，新建空白文档，将其保存为“泵盖视图”文件，新建“粗实线”“中心线”等图层，设置图层颜色、线型及线宽，如图 13-55 所示。

Step 02 设置“中心线”图层为当前层，执行“绘图”→“直线”命令，绘制两条相交的中心线，如图 13-56 所示。

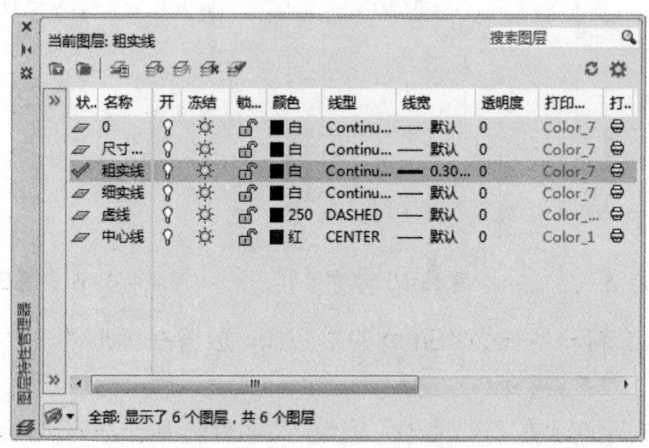

图 13-55 新建图层

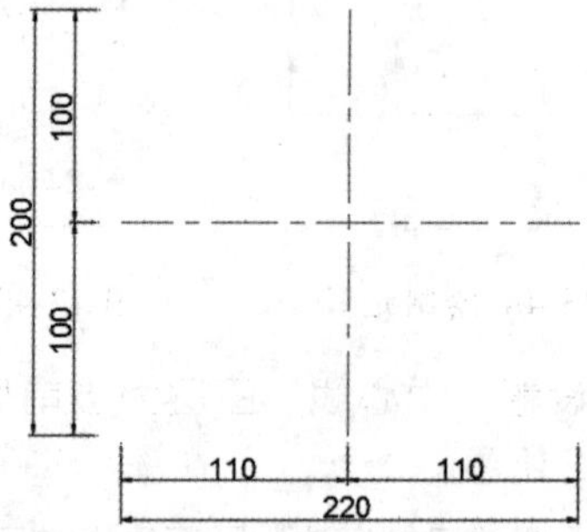

图 13-56 绘制中心线

Step 03 设置“轮廓线”图层为当前层，执行“绘图”→“圆”命令，依次绘制半径为 13mm、17mm、22mm、42mm、47.5mm 的同心圆，如图 13-57 所示。

Step 04 继续执行当前命令，以水平中心线左侧与最外侧的圆的交点为圆心绘制半径为 4mm、7mm、12mm 的同心圆，如图 13-58 所示。

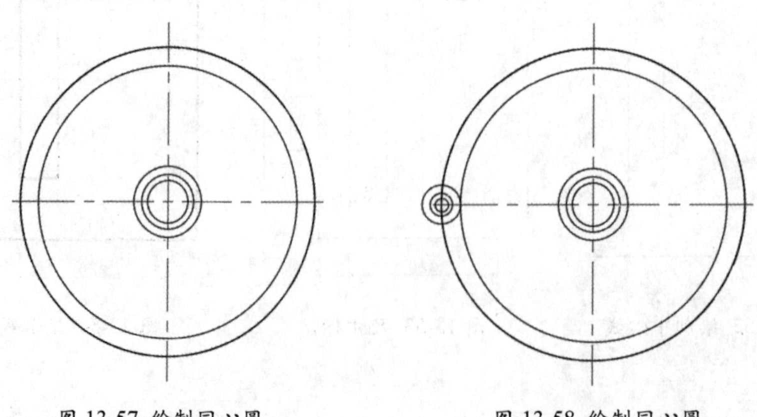

图 13-57 绘制同心圆　　图 13-58 绘制同心圆

Step 05 执行“修改”→“阵列”→“环形阵列”命令，设置项目数为 6，介于 60，填充 360，如图 13-59 所示。

Step 06 执行“修改”→“修剪”命令，修剪掉多余的线段，如图 13-60 所示。

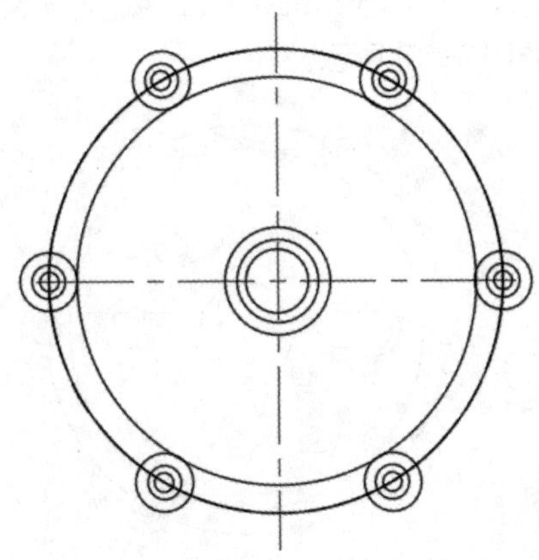

图 13-59 环形阵列

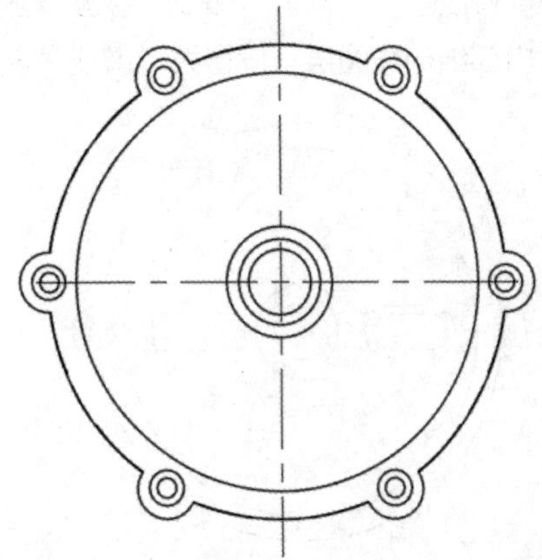

图 13-60 修剪图形

Step 07 关闭“中心线”图层，以同心圆的圆心为中点绘制长为 50mm 和长为 160mm 的两条相交的直线，如图 13-61 所示。

Step 08 执行“修改”→“偏移”命令，将线段向内进行偏移，尺寸如图 13-62 所示。

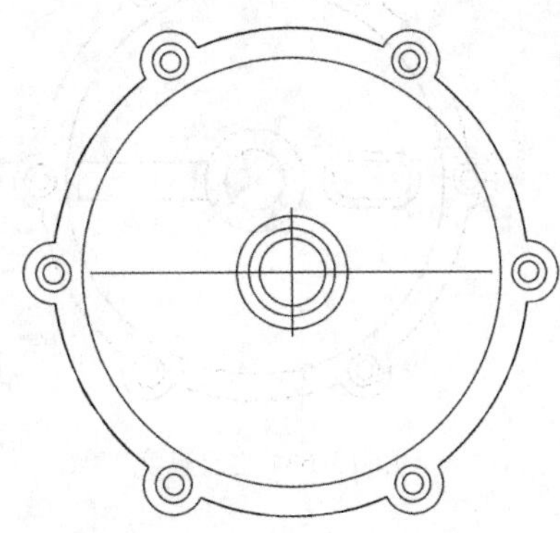

图 13-61 绘制直线

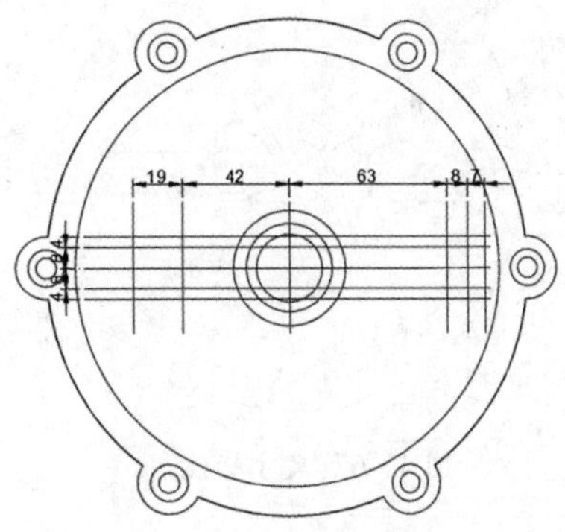

图 13-62 偏移线段

Step 09 执行“修改”→“修剪”命令，修剪掉多余的线段，如图 13-63 所示。

Step 10 执行“绘图”→“圆”命令，以捕捉左侧长方形两边线的中点为圆心绘制半径分别为 8mm、12mm 的两个同心圆，如图 13-64 所示。

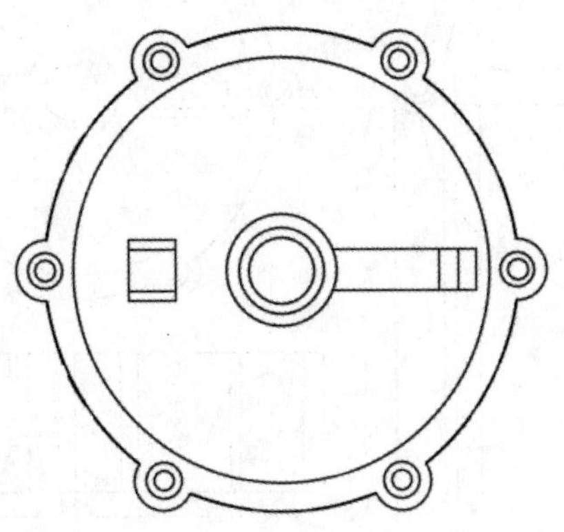

图 13-63 修剪线段

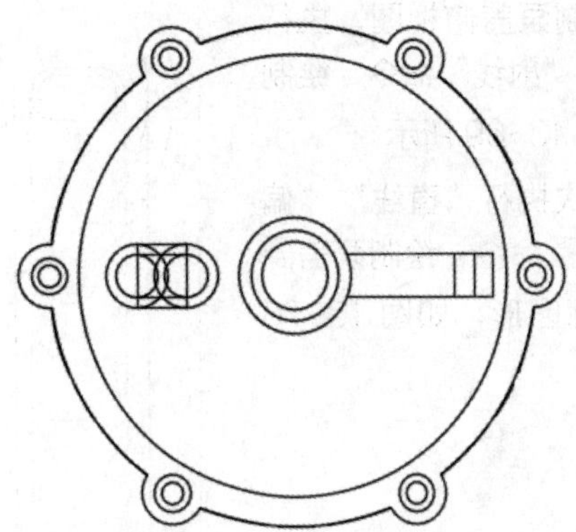

图 13-64 绘制同心圆

Step 11 执行“修改”→“修剪”命令，修剪掉多余的线段，如图 13-65 所示。

Step 12 选择内部结构线图层，设置为“虚线”图层，如图 13-66 所示。

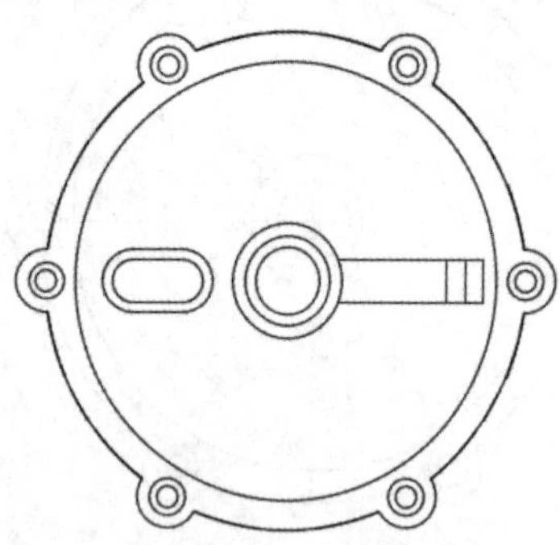

图 13-65 修剪图形

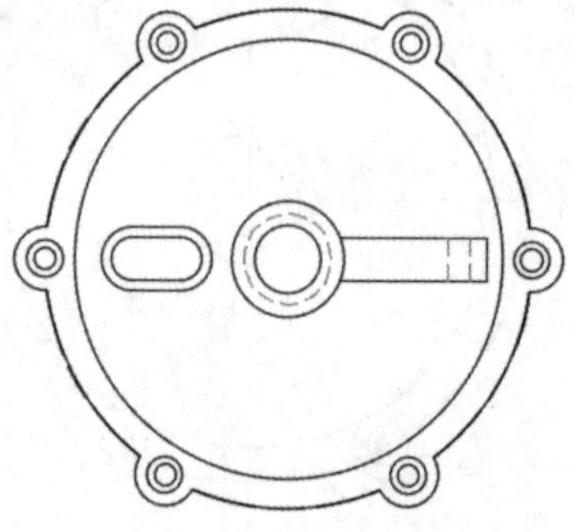

图 13-66 设置图层

Step 13 执行“标注”→“线性”命令，对泵盖的俯视图进行尺寸标注，如图 13-67 所示。

Step 14 在状态栏中单击“显示线宽”按钮，图形效果如图 13-68 所示。

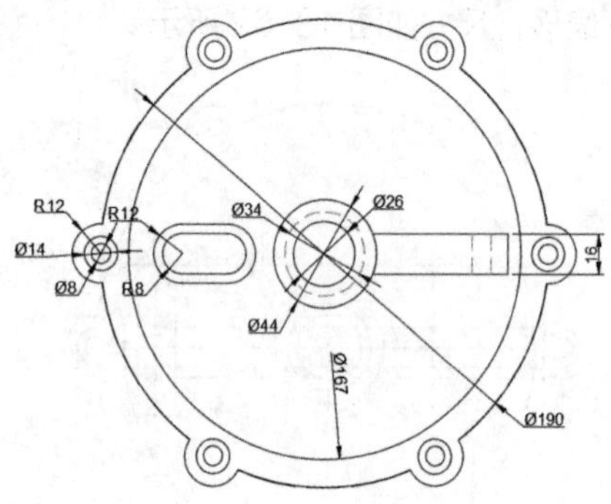

图 13-67 尺寸标注

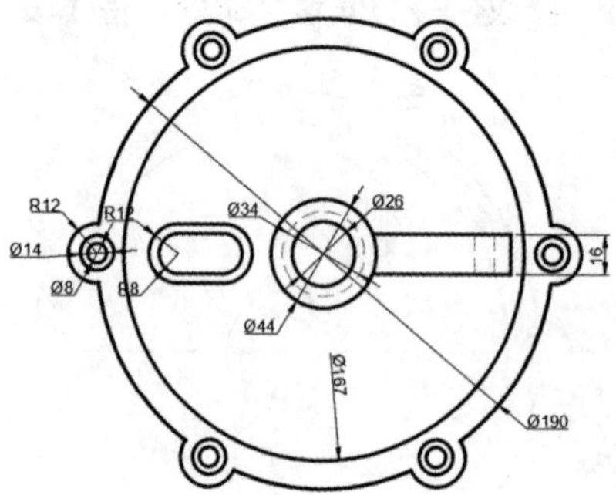

图 13-68 显示线宽

13.3.2 绘制泵盖剖面图

下面绘制泵盖剖面图，具体操作步骤如下。

Step 01 复制泵盖俯视图，执行“绘图”→“射线”命令，绘制射线，如图 13-69 所示。

Step 02 依次执行“直线”“偏移”“修剪”命令，绘制泵盖剖面图的轮廓图形，如图 13-70 所示。

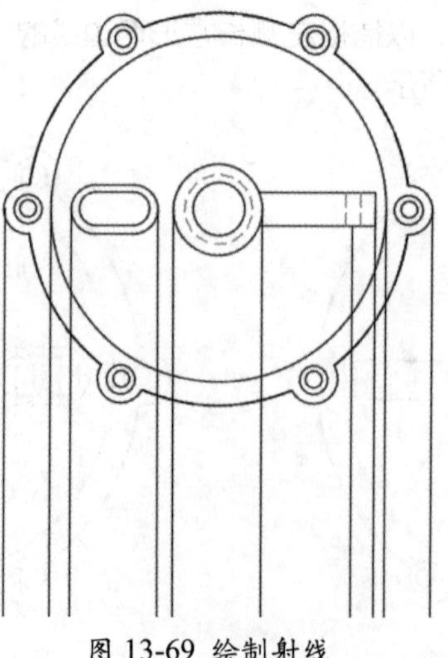

图 13-69 绘制射线

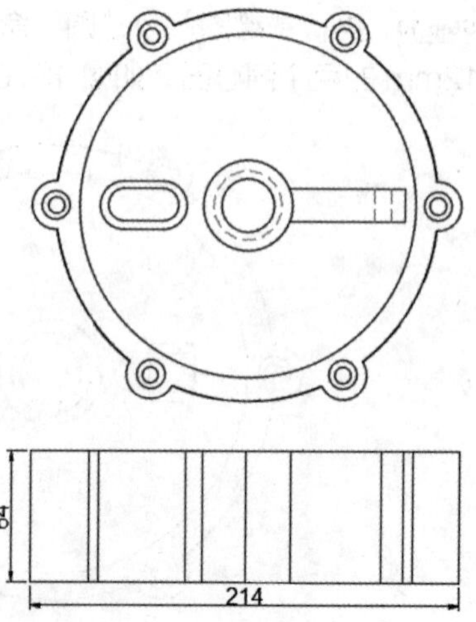

图 13-70 绘制剖面轮廓

Step 03 执行“修改”→“偏移”命令，将轮廓线向内进行偏移，尺寸如图 13-71 所示。

Step 04 执行“绘图”→“圆弧”命令，绘制一条圆弧，如图 13-72 所示。

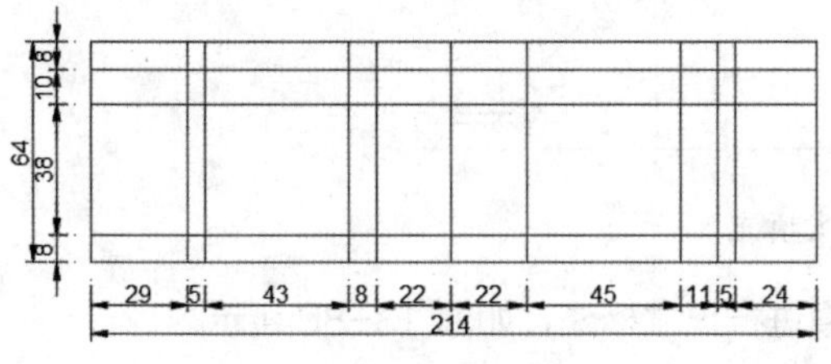

图 13-71 偏移图形

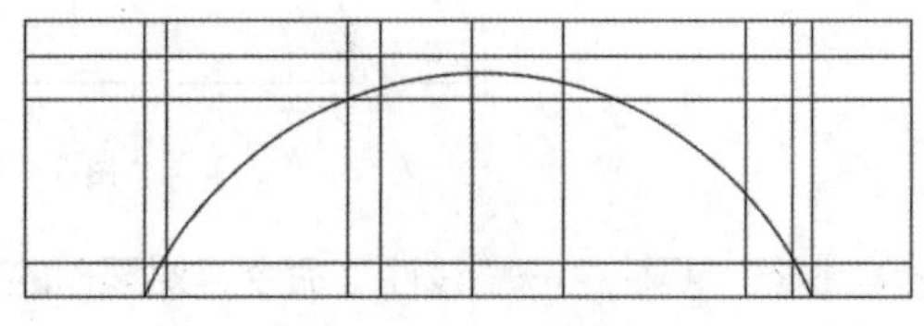

图 13-72 绘制圆弧

Step 05 执行“偏移”“延伸”命令，将圆弧向外偏移 5mm，并进行延伸，如图 13-73 所示。

Step 06 执行“绘图”→“圆”命令，绘制一个半径为 4mm 的圆，如图 13-74 所示。

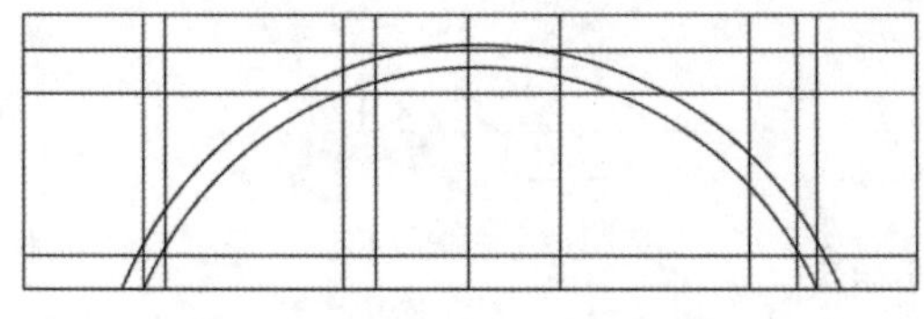

图 13-73 偏移图形

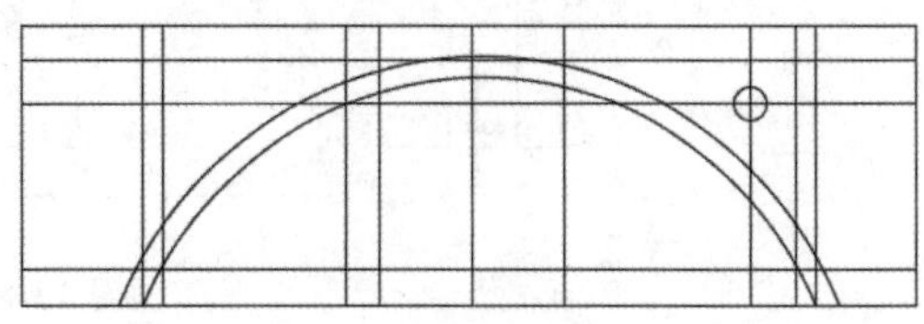

图 13-74 绘制圆

Step 07 执行“修改”→“修剪”命令，修剪掉多余的线段，如图 13-75 所示。

Step 08 执行“绘图”→“矩形”命令，绘制矩形并放置在图中合适位置，如图 13-76 所示。

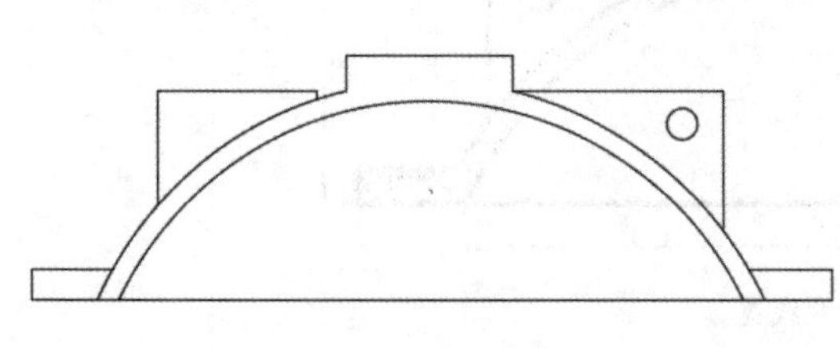

图 13-75 修剪图形

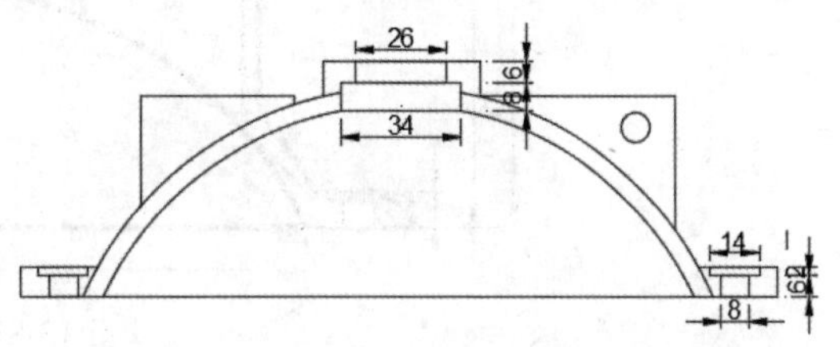

图 13-76 绘制矩形

Step 09 执行“修改”→“偏移”命令，将线段向内进行偏移 4mm，如图 13-77 所示。

Step 10 执行“修剪”“延伸”命令，修剪掉多余的线段，如图 13-78 所示。

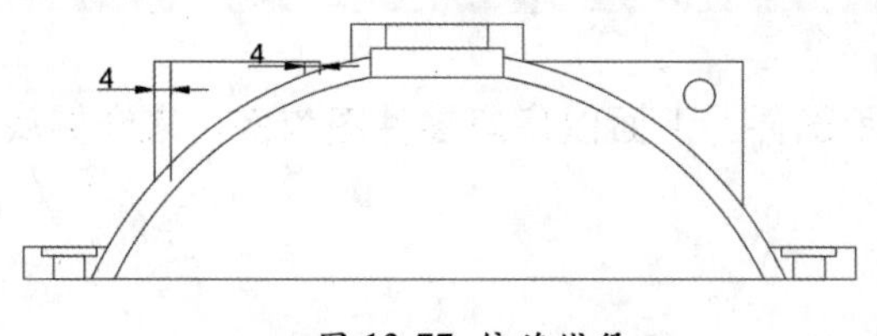

图 13-77 偏移线段

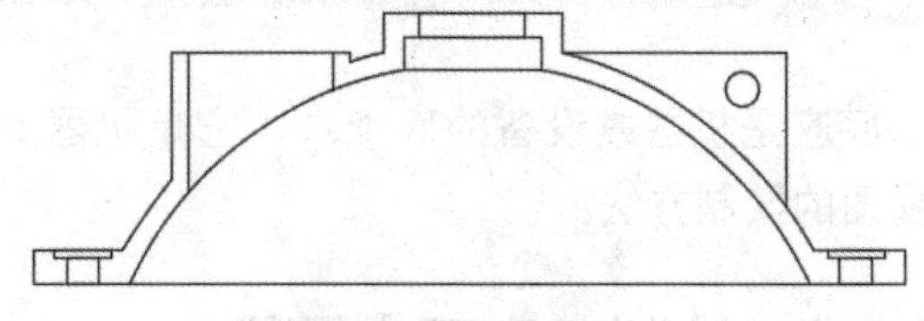

图 13-78 修剪图形

Step 11 执行“绘图”→“图案填充”命令，设置图案名为 ANSI31，对泵盖的剖面图进行图案填充，如图 13-79 所示。

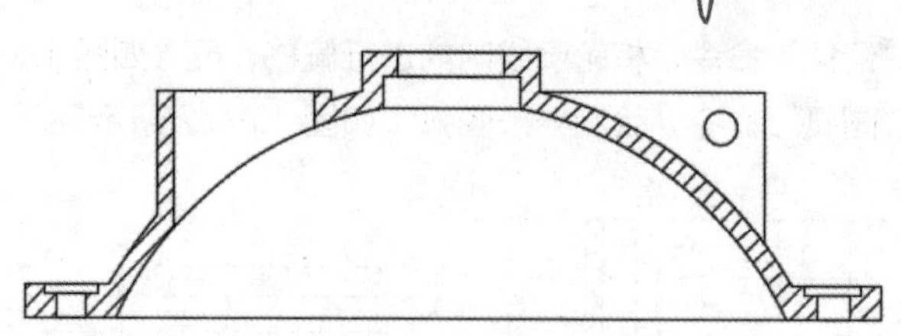

图 13-79 图案填充

Step 12 执行“标注”→“线性”命令，对泵盖的剖面图进行尺寸标注，如图 13-80 所示。

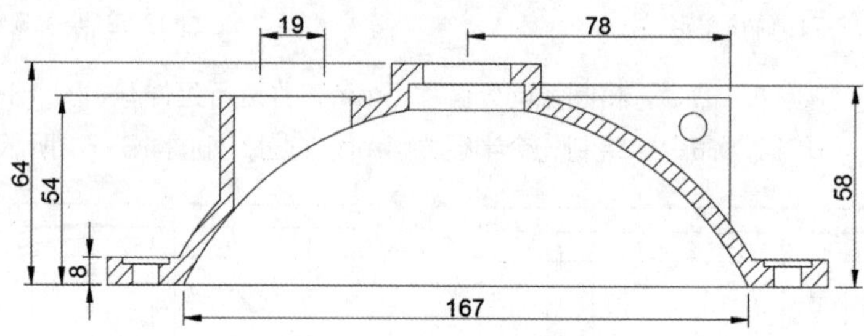

图 13-80 尺寸标注

Step 13 在状态栏中单击“显示线宽”按钮，图形效果如图 13-81 所示。

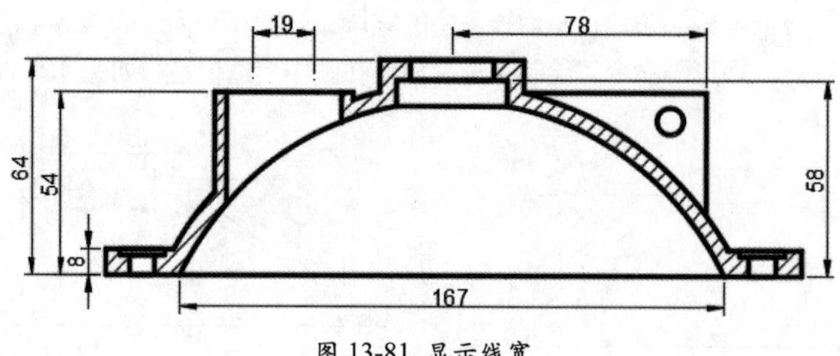

图 13-81 显示线宽

13.4 绘制底座三视图

底座是机器或设备的底承块，它是机器的支承部件。下面以底座零件图为例，来介绍底座三视图的绘制方法。

13.4.1 绘制底座正立面图

绘图前应先分析图形，设计好绘图顺序，以便于合理布置图形。下面绘制底座正立面图，具体操作步骤如下。

Step 01 启动 AutoCAD 2016，新建空白文档，将其保存为“底座视图”文件，新建“粗实线”“标注”“中心线”等图层，设置图层颜色、线型及线宽，如图 13-82 所示。

Step 02 设置“粗实线”图层为当前层，执行“绘图”→“直线”命令，绘制一个长为 38mm、宽为 30mm 的矩形，如图 13-83 所示。

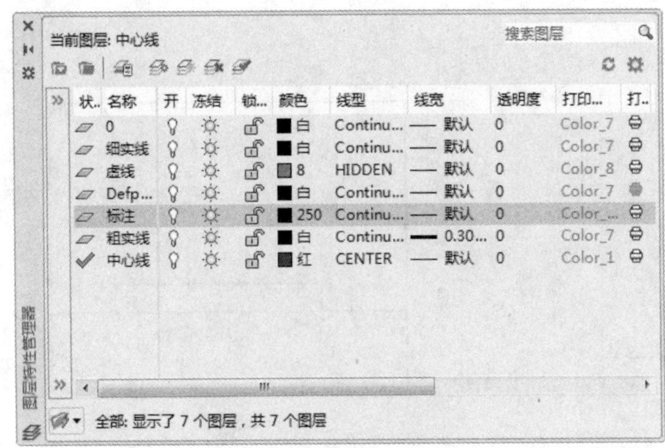

图 13-82 新建图层

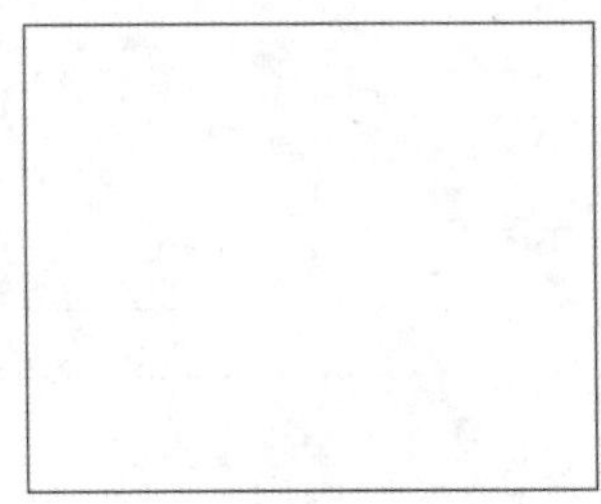

图 13-83 绘制矩形

Step 03 执行“修改”→“偏移”命令，将线段向内进行偏移，尺寸如图 13-84 所示。

Step 04 执行“修改”→“修剪”命令，修剪掉多余的线段，如图 13-85 所示。

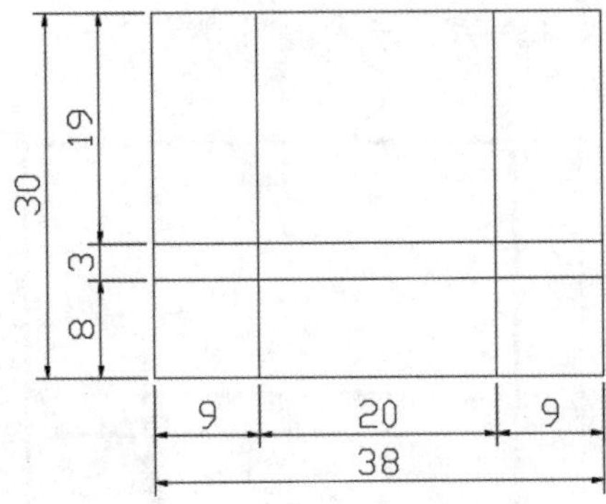

图 13-84 偏移线段

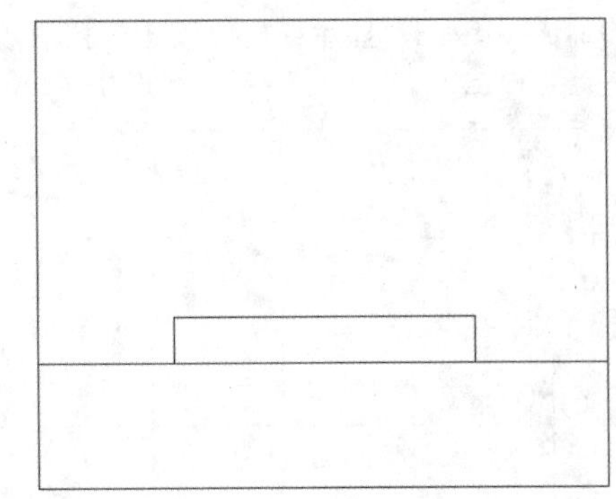

图 13-85 修剪图形

Step 05 执行“修改”→“偏移”命令，将矩形线段再次向内进行偏移，绘制内部结构线段，尺寸如图 13-86 所示。

Step 06 执行“修改”→“修剪”命令，修剪掉多余的线段，如图 13-87 所示。

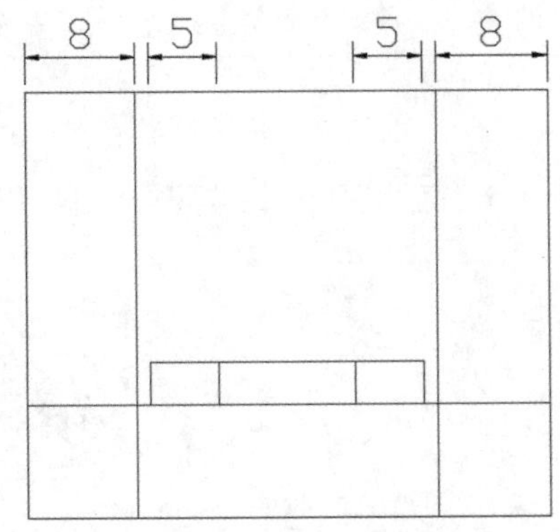

图 13-86 偏移直线

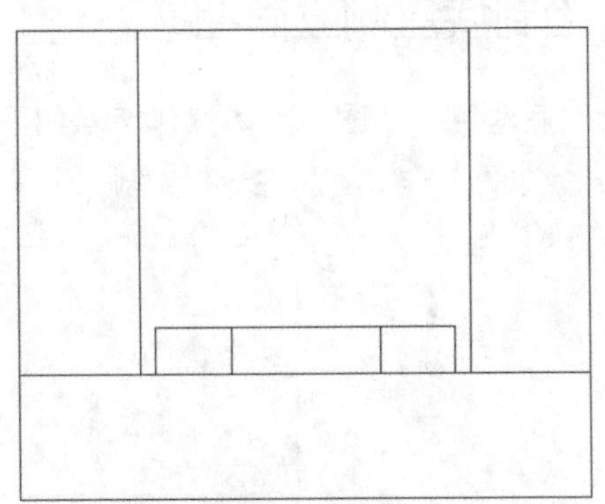

图 13-87 修剪图形

Step 07 选择内部结构线段，设置为“虚线”图层，如图 13-88 所示。

Step 08 设置“中心线”图层为当前层，执行“绘图”→“直线”命令，绘制一条长为 35mm 的中心线，放置在图形正中，如图 13-89 所示。

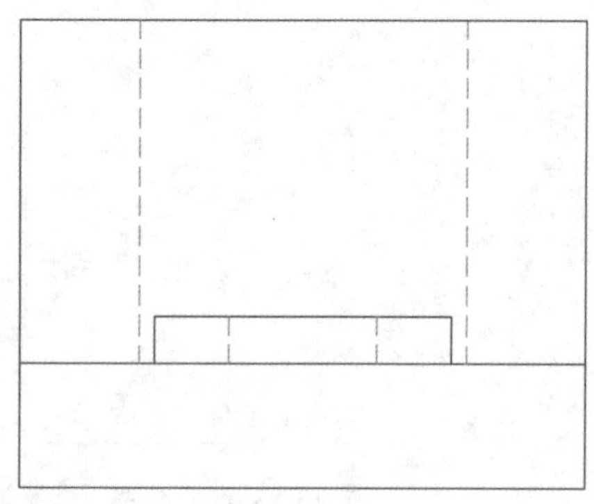

图 13-88 设置图层

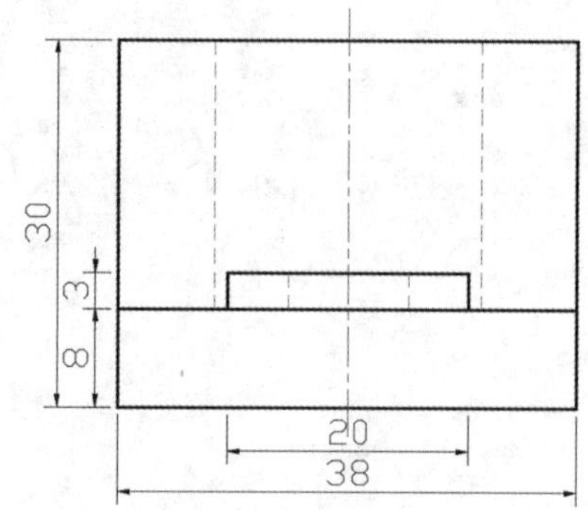

图 13-89 绘制中心线

Step 09 执行“标注”→“线性”命令，对底座正立面图进行尺寸标注，完成底座正立面图的绘制，如图 13-90 所示。

Step 10 在状态栏中单击“显示线宽”按钮，图形效果如图 13-91 所示。

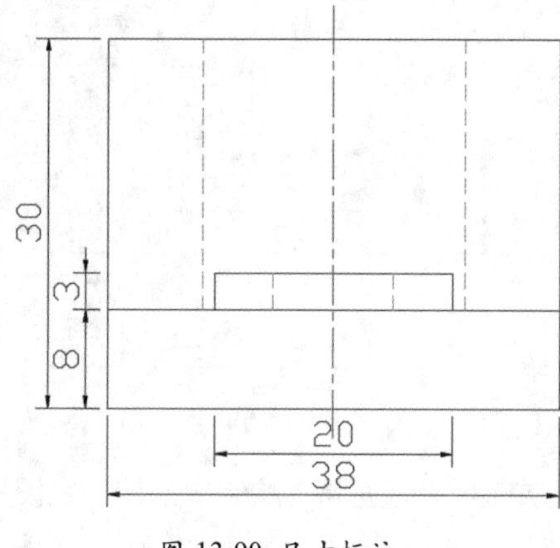

图 13-90 尺寸标注

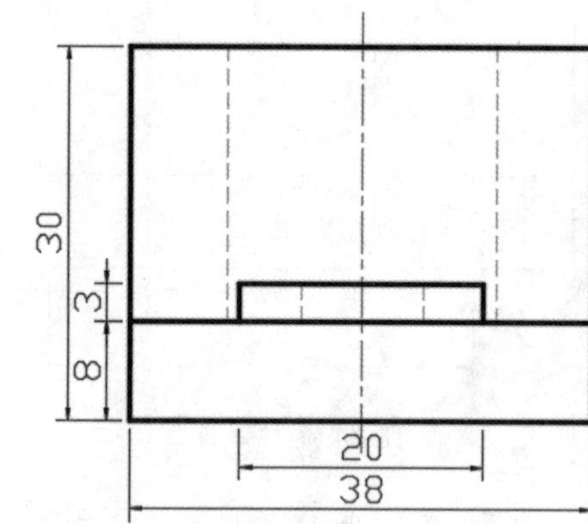

图 13-91 显示线宽

13.4.2 绘制底座侧立面图

下面绘制底座侧立面图，具体操作步骤如下。

Step 01 执行“绘图”→“直线”命令，绘制一个长为 75mm、宽为 30mm 的矩形，如图 13-92 所示。

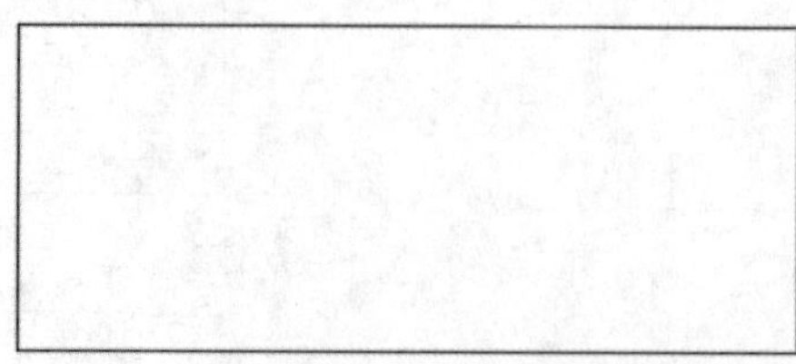

图 13-92 绘制矩形

Step 02 执行“修改”→“偏移”命令，将线段进行偏移，尺寸如图 13-93 所示。

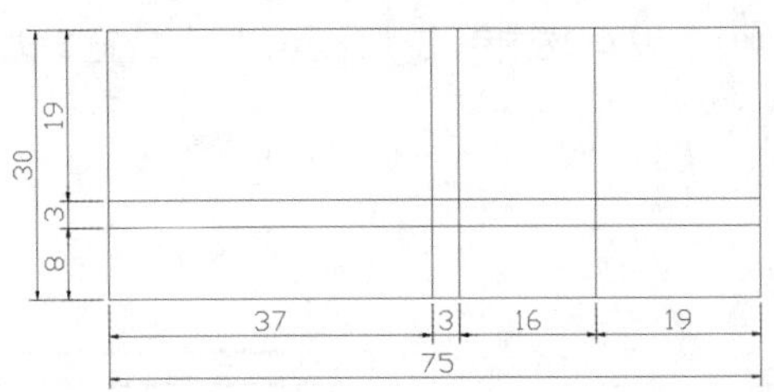

图 13-93 偏移线段

Step 03 执行“修改”→“修剪”命令，修剪掉多余的线段，如图 13-94 所示。

Step 04 执行“修改”→“偏移”命令，将修剪后的线段再次向内偏移，绘制内部结构线段，尺寸如图 13-95 所示。

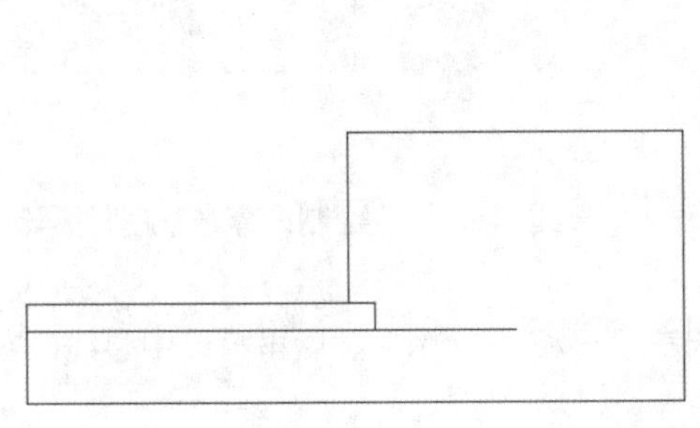
图 13-94 修剪图形

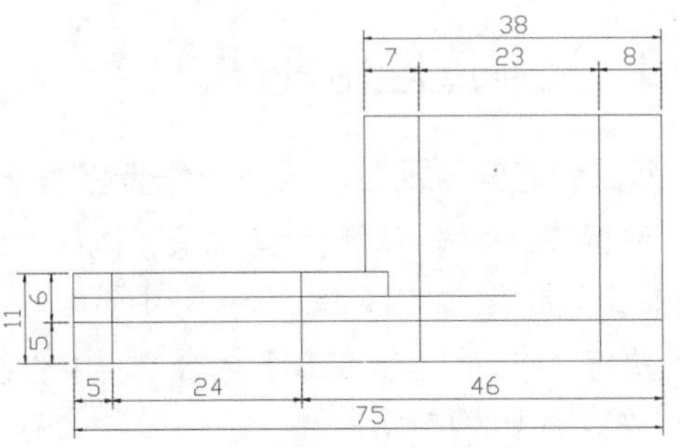

图 13-95 偏移线段

Step 05 执行“修改”→“修剪”命令，修剪掉多余的线段，如图 13-96 所示。

Step 06 选择内部结构线段，将其设置为“虚线”图层，如图 13-97 所示。

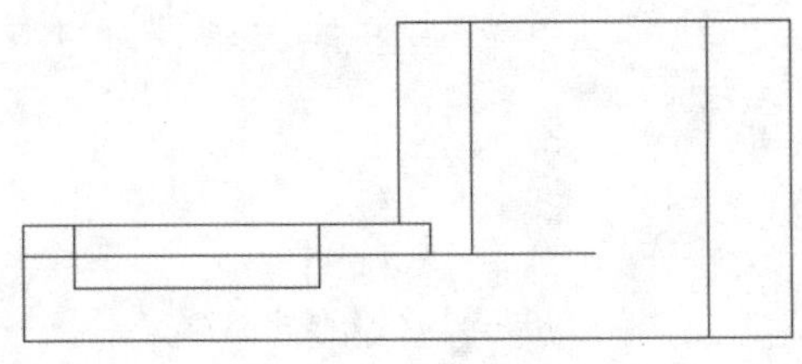
图 13-96 修剪图形

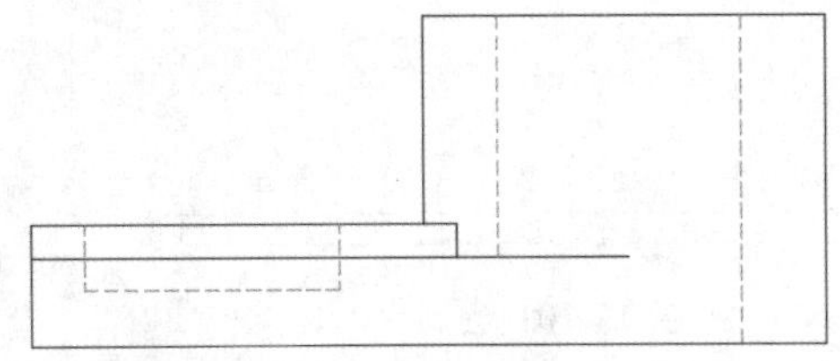
图 13-97 设置图层线型

Step 07 设置“中心线”图层为当前层，执行“绘图”→“直线”命令，绘制一条长为 35mm 的中心线，放置在虚线的正中，如图 13-98 所示。

Step 08 执行“标注”→“线性”命令，对底座侧立面图进行尺寸标注，完成底座侧立面图的绘制，如图 13-99 所示。

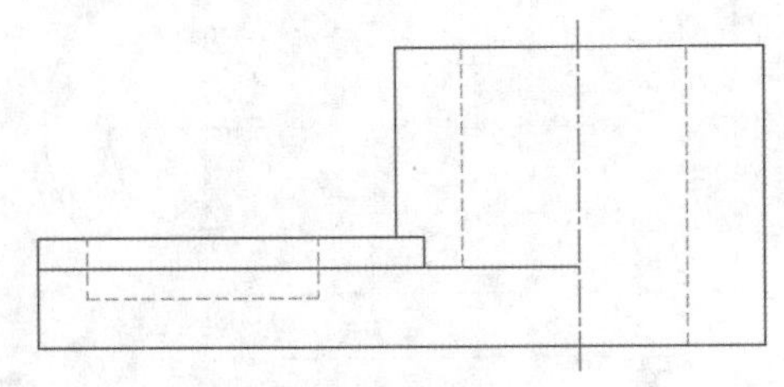
图 13-98 绘制中心线

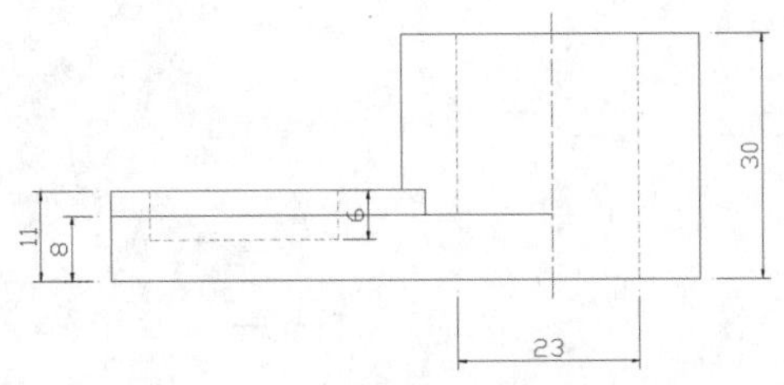

图 13-99 尺寸标注

Step 09 在状态栏中单击“显示线宽”按钮，图形效果如图 13-100 所示。

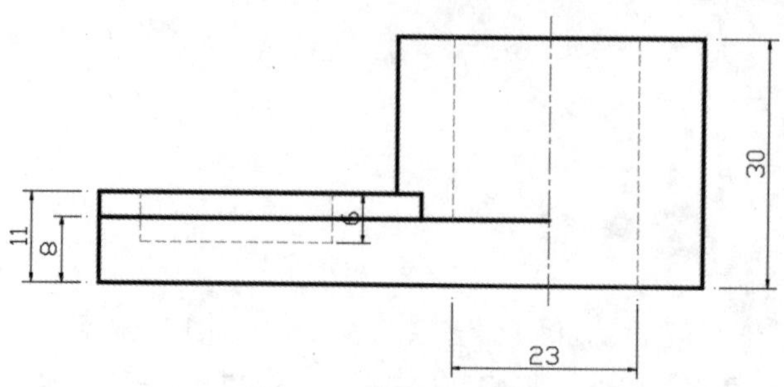

图 13-100 显示线宽

13.4.3 绘制底座俯视图

下面绘制底座俯视图，具体操作步骤如下。

Step 01 设置“中心线”图层为当前层，执行“绘图”→“直线”命令，绘制两条长分别为 45mm、85mm 相交的直线，尺寸如图 13-101 所示。

Step 02 执行“修改”→“偏移”命令，将中心线先向左侧偏移 32mm，然后再将该中心线向左偏移 47mm，如图 13-102 所示。

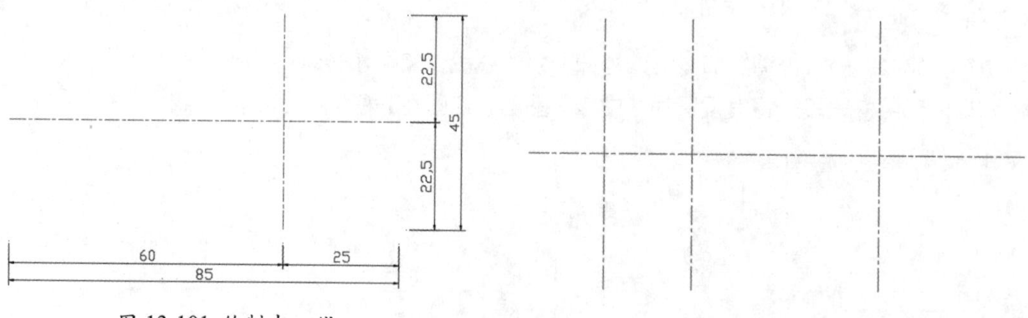

图 13-101 绘制中心线　　图 13-102 偏移中心线

Step 03 设置“粗实线”图层为当前层，执行“绘图”→“圆”命令，捕捉最右侧的交点作为圆心，绘制两个直径为 32mm 和 38mm 的同心圆，如图 13-103 所示。

Step 04 执行“绘图”→“直线”命令，绘制直线，尺寸如图 13-104 所示。

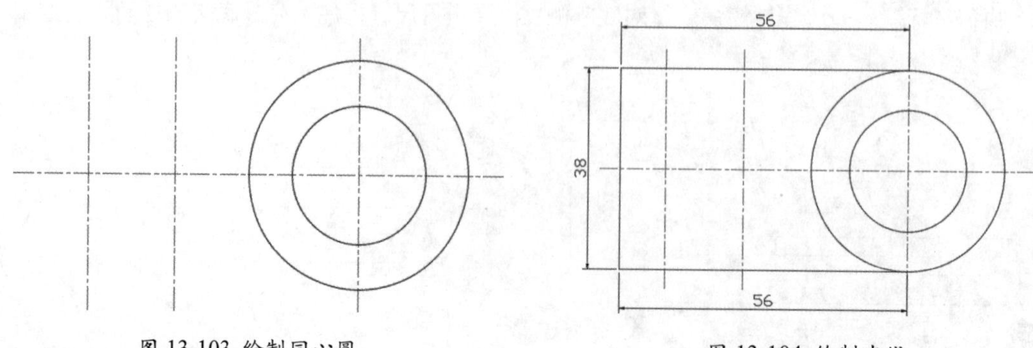

图 13-103 绘制同心圆　　图 13-104 绘制直线

Step 05 执行“修改”→“偏移”命令，将直线向内进行偏移，尺寸如图 13-105 所示。

Step 06 执行“修改”→“修剪”命令，修剪掉多余的线段，如图 13-106 所示。

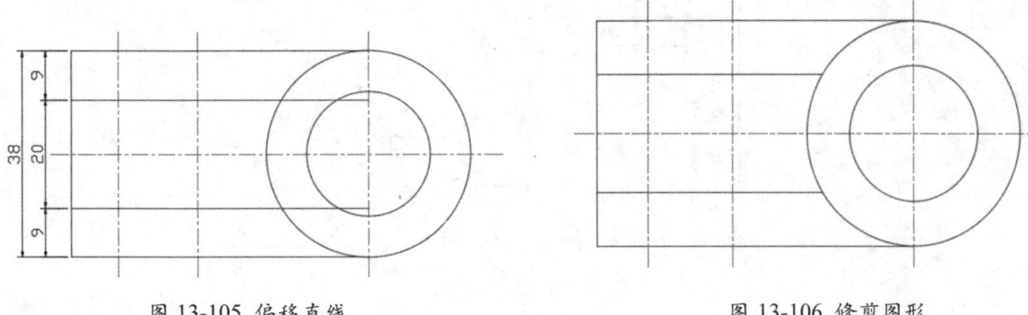

图 13-105 偏移直线　　图 13-106 修剪图形

Step 07 在其余中心线的交点处，执行“绘图”→“圆”命令，绘制两个直径为 10mm 的圆，如图 13-107 所示。

Step 08 执行“修改”→“偏移”命令，将线段进行偏移，尺寸如图 13-108 所示。

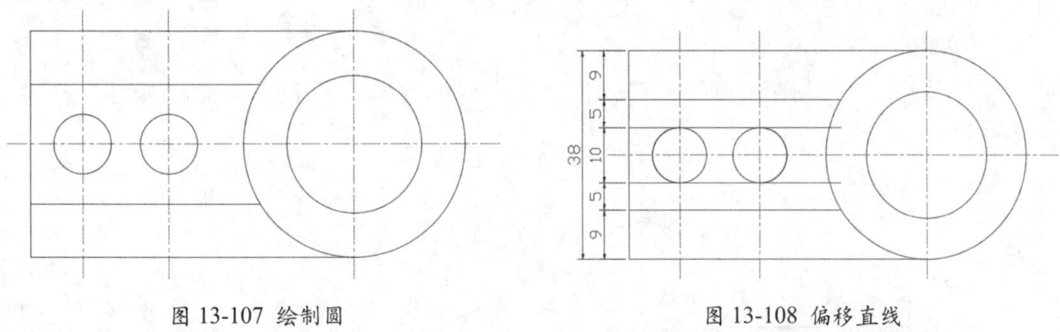

图 13-107 绘制圆　　图 13-108 偏移直线

Step 09 执行“修改”→“修剪”命令，修剪掉多余的线段，再执行“拉伸”命令，调整中心线的长度，如图 13-109 所示。

Step 10 执行“标注”→“线性”命令，对底座俯视图进行尺寸标注，完成底座俯视图的绘制，如图 13-110 所示。

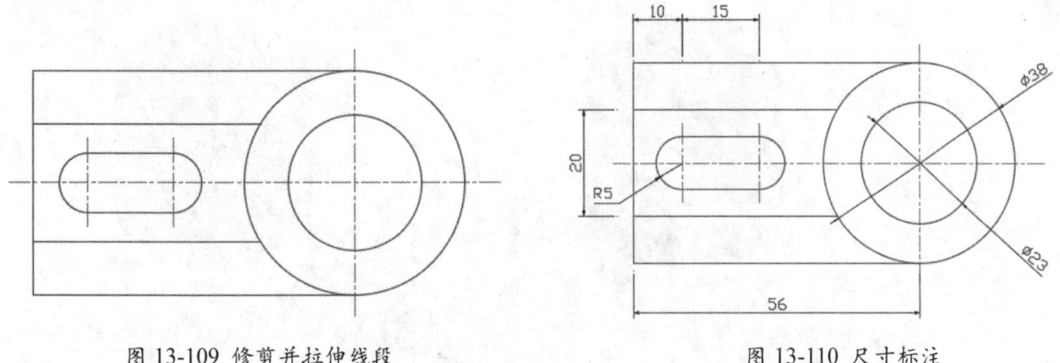

图 13-109 修剪并拉伸线段　　图 13-110 尺寸标注

Step 11 在状态栏中单击“显示线宽”按钮，图形效果如图 13-111 所示。

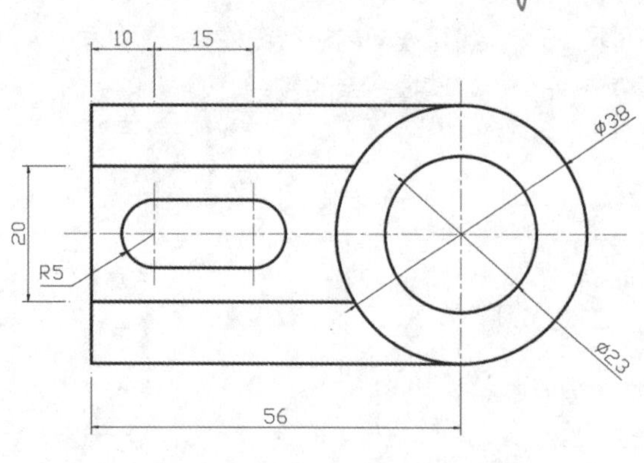

图 13-111 显示线宽

13.4.4 绘制底座模型

本节将运用 AutoCAD 2016 三维建模工具来制作底座模型。

Step 01 打开 AutoCAD 软件，新建空白文档，将其保存为“底座模型”文件，执行“复制”命令，复制俯视图的轮廓线，如图 13-112 所示。

Step 02 将“视图控件”转化为“西南等轴测”视图，“视觉样式”控件转化为“概念”样式，如图 13-113 所示。

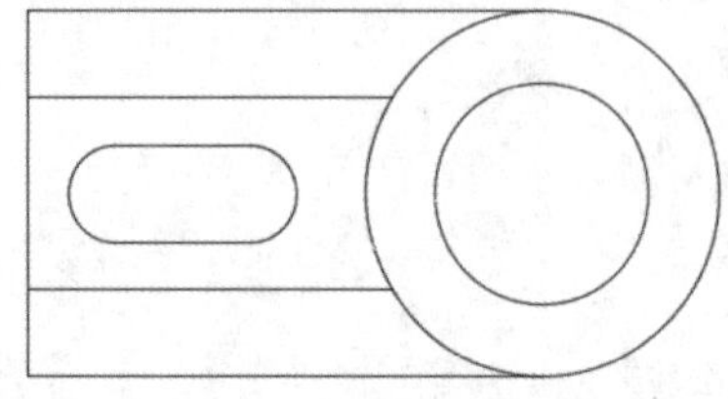
图 13-112 复制图形

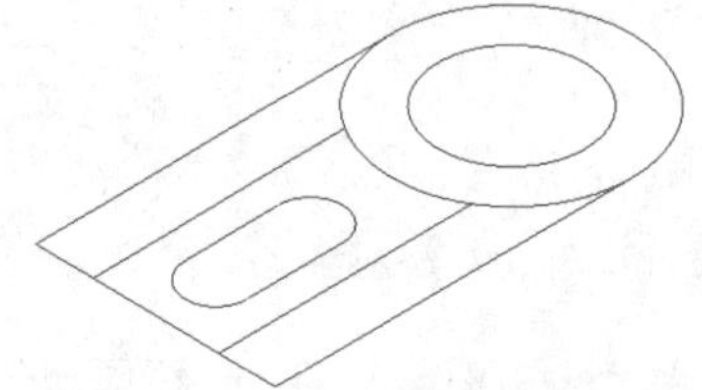
图 13-113 切换视觉样式

Step 03 执行“拉伸”命令，将图形中的同心圆沿 Z 轴方向拉伸 30mm，如图 13-114 所示。

Step 04 执行“多段线”命令，捕捉绘制多段线，如图 13-115 所示。

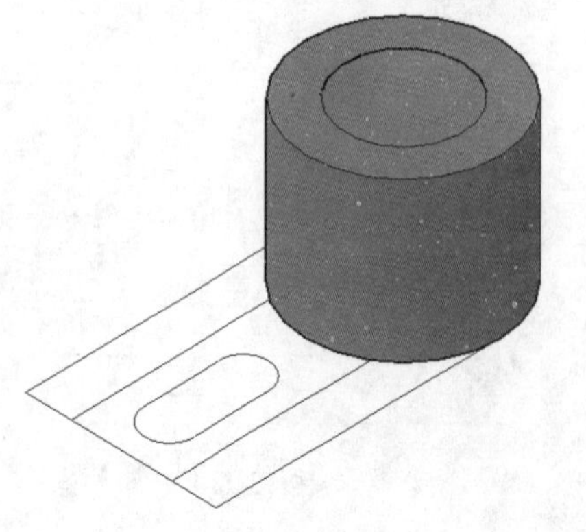
图 13-114 拉伸图形

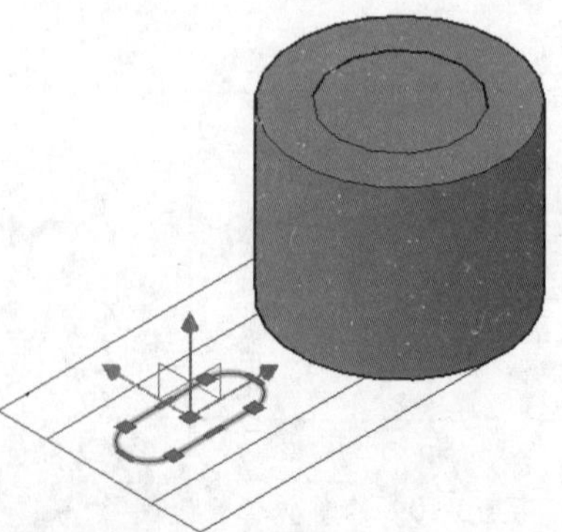
图 13-115 绘制多段线

Step 05 执行“拉伸”命令，将多段线沿 Z 轴向上拉伸 6mm，如图 13-116 所示。

Step 06 执行“长方体”命令，捕捉绘制长方体图形，其高度为 3mm，如图 13-117 所示。

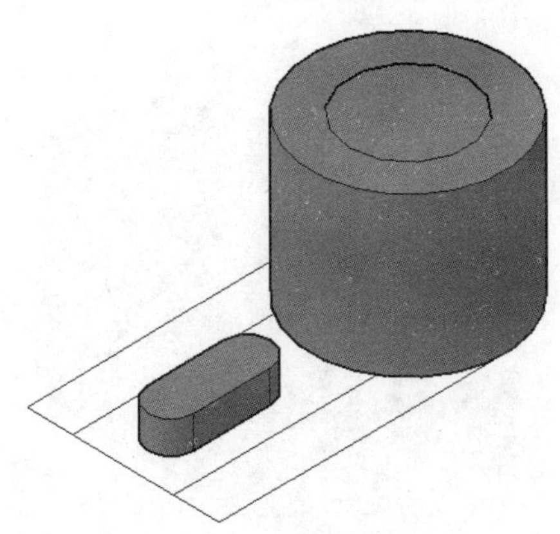

图 13-116 拉伸图形

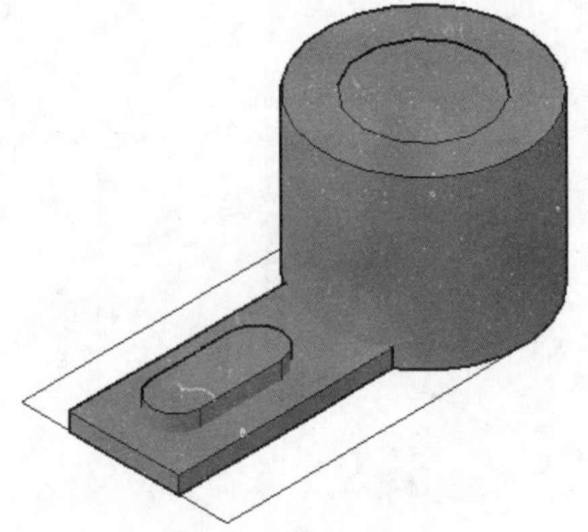

图 13-117 绘制长方体

Step 07 继续执行当前命令，捕捉绘制长方体，其高度为 8mm，如图 13-118 所示。

Step 08 将视觉样式切换为二维线框模式，如图 13-119 所示。

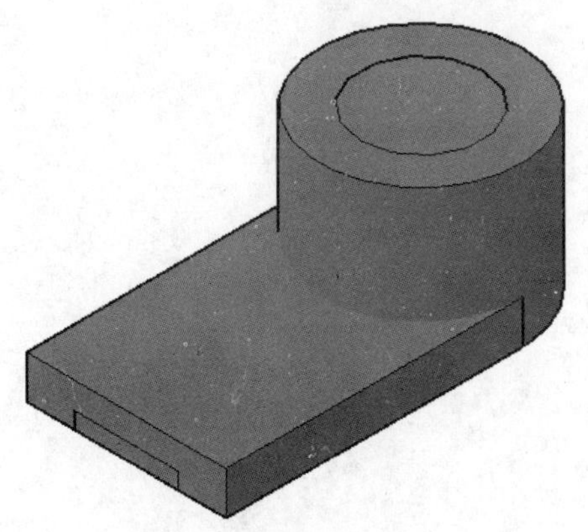

图 13-118 绘制大长方体

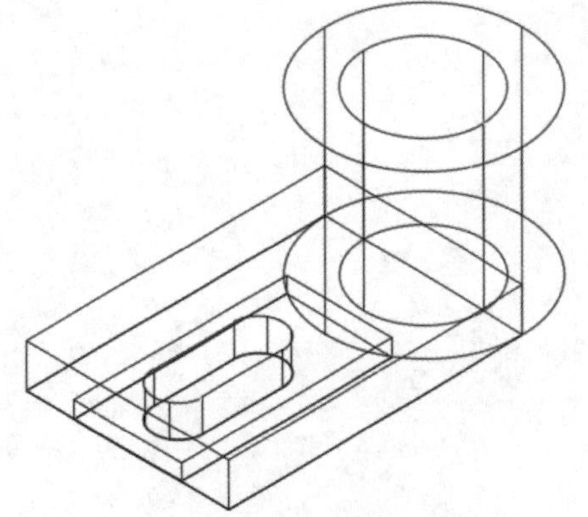

图 13-119 切换视觉样式

Step 09 执行“移动”命令，将图形模块向左移动到合适位置，如图 13-120 所示。

Step 10 执行“并集”命令，将大圆柱体和两个长方体合并为一个整体，如图 13-121 所示。

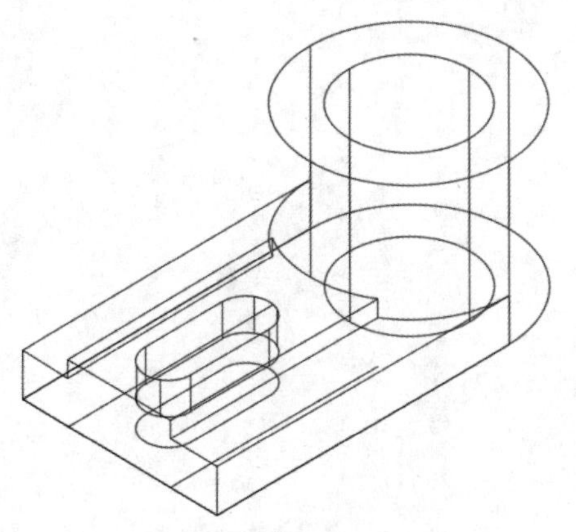

图 13-120 移动图形

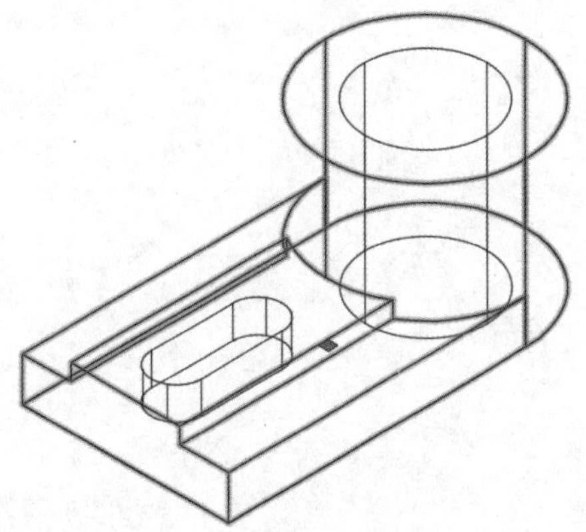

图 13-121 合并图形

Step 11 执行“差集”命令，将剩下的实体从模型中减去，完成模型的制作，如图 13-122 所示。

Step 12 将“视觉样式”切换为“概念”模式，效果如图 13-123 所示。

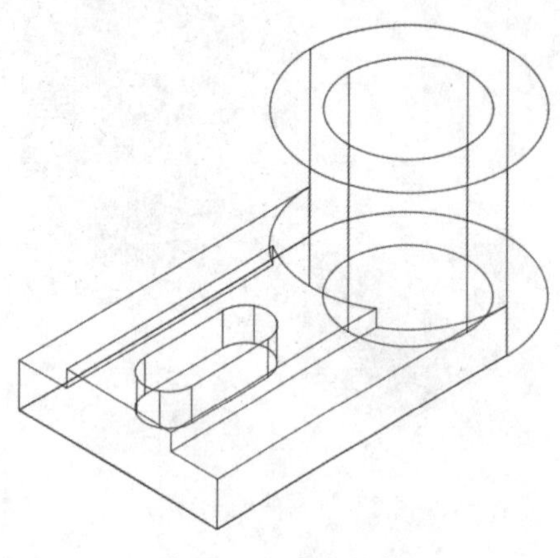

图 13-122 完成绘制

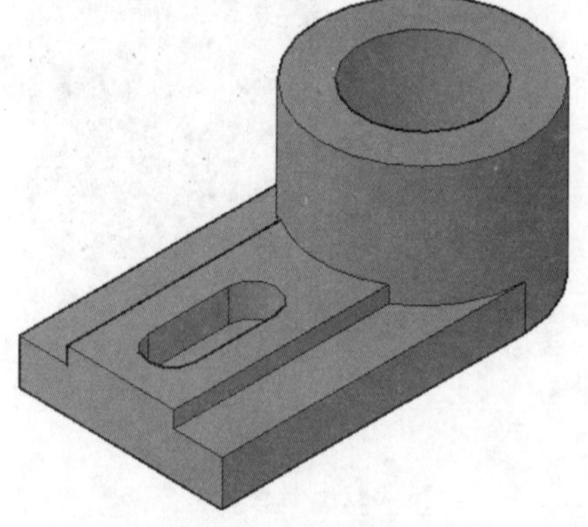

图 13-123 切换视觉样式

附录 A

认识 3ds Max

3ds Max 全称为 3D Studio Max，它是一款优秀的效果图设计和三维动画制作软件，它利用建立在算法基础之上并高于算法的可视化程序来生成三维模型。与其他建模软件相比，3ds Max 操作更加简单，更容易上手，因此受到了广大用户的青睐。3ds Max 与 AutoCAD 之间有着密切的联系，AutoCAD 设计出建筑图纸，然后导入 3ds Max 中，通过建模、赋予材质等步骤渲染出极为真实的效果。在建筑、游戏开发、工业设计、影视动画等领域两者相辅相成，缺一不可。

1. 3ds Max 应用领域

3ds Max 是用于三维建模、动画、渲染和可视化的软件，可以创建出绝佳的场景、细致入微的角色并使场景栩栩如生。如今已被广泛地应用于建筑室内外设计、影视制作、游戏动画、工业产品造型等多个领域。

1）建筑室内外设计

3ds Max 可以创建具有精确结构与尺度的仿真模型，一旦模型制作完成，就可以在建筑物的外部与内部以任意视点与角度进行观察，结合现实的环境场景输出更为真实的效果图，如图 A-1 所示。甚至可以表现自然现象如风雨雷电、日出日落、阴晴圆缺等。

2）游戏动画

随着设计与娱乐行业的交融，3ds Max 改变了原有的静帧或者动画的方式，能为游戏元素创建动画、动作，使这些游戏元素“活”起来，从而能够为玩家带来生机勃勃的视觉感官效果，如图 A-2 所示。

图 A-1 3D 室内设计效果

图 A-2 3D 动漫效果

3）影视制作

3ds Max 不仅可以创建逼真的三维场景，生成栩栩如生的三维角色，还可以创建只有在计算机中才能存在的奇幻世界，极大地拓展了视觉空间，如图 A-3 所示。

图 A-3 3D 影视效果

4）工业设计

图 A-4 3D 工业设计效果

3ds Max 正成为产品造型设计过程中最为有效的技术手段，它极大地拓展了设计师的思维空间。在新产品的研制开发过程中，可以利用 3ds Max 进行计算机辅助设计，在产品批量生产之前模拟产品实际的工作情况，可以监测其造型与机构在实际使用过程中的缺陷，并及早做出相应的改进，很大程度上避免了因设计失误造成的巨大损失，如图 A-4 所示。

2. 3ds Max 2015 工作界面

启动 3ds Max 2015 应用程序后，即可看到其初始界面。3ds Max 2015 的工作界面由标题栏、菜单栏、功能区、命令面板、视图区、坐标显示和状态区、动画控制栏和视图导航栏几个部分组成，如图 A-5 所示。

1）标题栏

标题栏位于工作界面的最上方，它包括快速访问工具栏、显示栏、搜索栏、Autodesk Online 服务和控制窗口按钮。

2）菜单栏

菜单栏由编辑、工具、组、视图、创建、修改器、动画、图形编辑器、渲染、自定义、MAXScript（X）和帮助等 12 个菜单组成，这些菜单包含了 3ds Max 2015 的大部分操作命令。

3）工具栏

在建模时，可以利用工具栏中的按钮进行操作，单击相应的按钮即可执行相应的命令，在默认情况下，工具栏位于菜单栏的下方，用户可以在工具栏的左侧单击鼠标左键，并拖动工具栏使工具栏更改为悬浮状，将其放置在任意位置。

4）视图区

视图区是 Max 的工作区，通过不同的视图可以查看场景的不同角度，默认情况下视图分为“顶

视”图、“前”视图、“左”视图、“透视”视图等 4 个视图区域，一般情况下，主要通过“透视”视图观察模型的立体结构、颜色和材质等，然后使用其他 3 个视图进行编辑操作。

5）命令面板

命令面板由切换标签和卷展栏组成，它位于工作界面的右侧，由创建、修改、层次、运动、显示、实用工具 6 大面板组成，每个面板都包含相应的命令和卷展栏。

6）动画控制区

动画控制区在工作界面的底部，主要用于制作动画时，进行动画记录、动画帧选择、控制动画的播放和动画时间的控制等。

7）坐标显示和状态区

坐标显示和状态区在动画控制栏的左侧，主要提示当前选择的物体数目以及使用的命令、坐标位置和当前栅格的单位。

8）视图导航栏

视图导航栏主要控制视图的大小和方位，通过导航栏内相应的按钮，即可更改视图中物体的显示状态。视图导航栏会根据当前视图的类型进行相应的更改。

9）场景资源管理器

场景资源管理器面板主要设置场景中创建物体和使用工具的显示状态，并优化屏幕显示速度，提高计算机性能。将选项卡拖动到任意位置，可以使其更改为悬浮状。

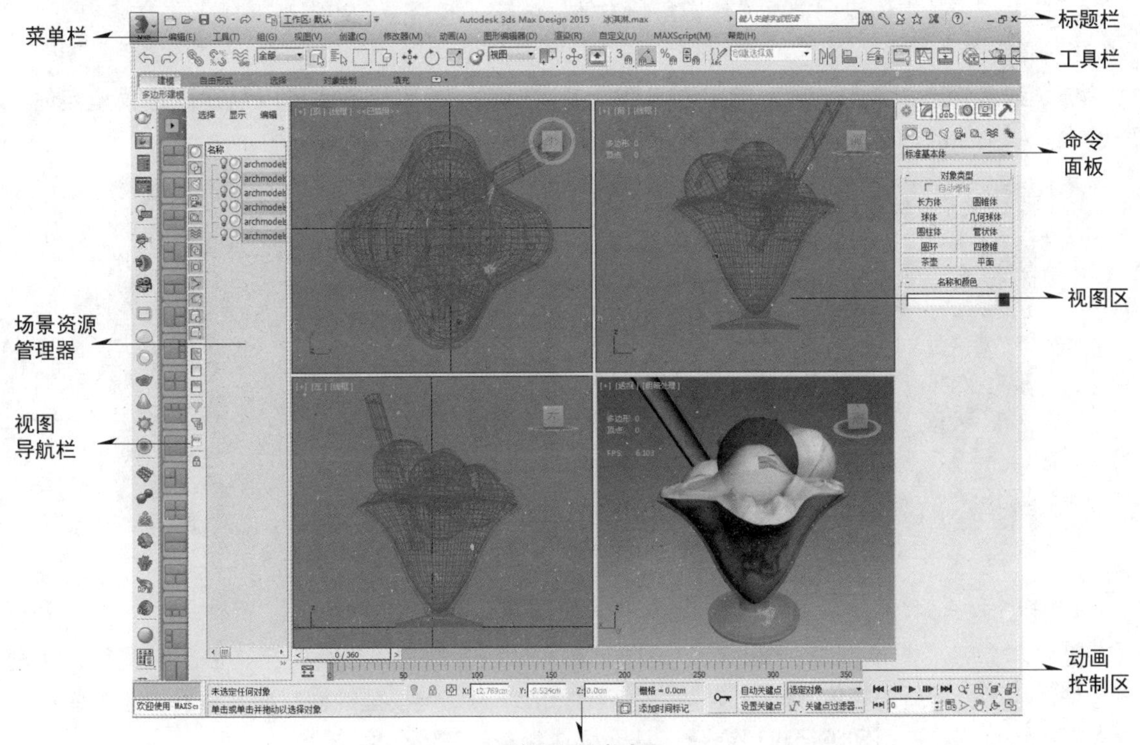

图 A-5 3ds Max 2015 工作界面

3. 建模技术

建模技术包括了基础建模技术和高级建模技术。其中基础建模技术包括了创建标准基本体、

创建扩展基本体，高级建模技术包括了样条线、Nurbs 曲线、创建复合对象、修改器等。下面介绍几种常用的建模技术。

1）创建标准基本体

标准基本体是三维建模的基础。标准基本体是最简单的三维物体，在视图中拖动鼠标即可创建标准基本体，如长方体、球体、圆柱体、圆锥体、茶壶等模型，如图 A-6、图 A-7 所示。

图 A-6 创建几何体

图 A-7 创建茶壶模型

2）创建扩展基本体

扩展基本体可以创建带有倒角、圆角和特殊形状的物体，和标准基本体相比，它相对复杂一些。其中扩展基本体包括异面体、切角长方体、油罐、胶囊等，如图 A-8 所示。

3）样条线

样条线包括线、矩形、圆、椭圆、圆环、多边形等，利用样条线可以创建三维模型实体，所以掌握样条线的创建非常重要，如图 A-9 所示。

图 A-8 创建扩展基本体

图 A-9 创建样条线

4）创建复合对象

复合对象包括了布尔和放样。布尔是通过对两个以上的物体进行并集、差集、交集、切割的运算，从而得到新的物体形态。放样是将二维图形作为三维模型的横截面，沿着一定的路径，生成三维模型，横截面和路径可以变化，从而生成复杂的三维物体。

5）修改器

无论是建模还是制作动画，都经常需要利用修改器对模型进行修改，修改器中包括了车削、挤出、可编辑多边形、可编辑样条线等，如图 A-10 所示为车削效果和挤出效果。其中“挤出”修改器可以将绘制的二维样条线挤出厚度，从而产生三维实体，如果绘制的线段是封闭的，即可挤出带有地面面积的三维实体，如图A-11所示。若绘制的线段不是封闭的，那么挤出的实体则是片状的。如果对创建的模型不满意，可以选择需要修改的模型，将其转换为可编辑多边形，然后编辑顶点、边、多边形和元素子对象。“可编辑样条线”命令是可以将任意的线条转换为样条线进行编辑。

图A-10 利用“车削”挤出的效果

图A-11 利用“挤出”命令创建实体

4. 摄影机

3ds Max自带的摄影机包括目标和自由两种类型，目标摄影机可以观察和渲染环境，查看静帧或单一镜头的画面。和自由摄影机相比，它的优点在于更容易定向。自由摄影机没有目标点，只包含一个摄影机图标和摄影区域，随意移动摄影机可以更改视图的显示。

安装VRay渲染器之后，3ds Max软件中就增加了VRay摄影机类型。VRay摄影机由VR穹顶摄影机和VR物理摄影机两种类型组成，和3ds Max自带的摄影机相比，VRay摄影机可以模拟真实成像，轻松地调节透视关系，还可以渲染半球圆顶效果，使用起来非常方便。

5. 灯光

灯光可以模拟现实生活中的光线效果。在3ds Max中提供了标准、光度学和VRay 3种灯光类型，每个灯光的使用方法不同，模拟光源的效果也不同。其中标准灯光包括泛光灯、聚光灯、平行光、天光等多种类型。光度学灯光包括目标灯光、自由灯光和MR天空入口3种灯光效果。

在安装过VRay灯光后，灯光栏中就会增加VRay灯光，在软件中专门提供了VRay灯光的命令面板，面板中包括VR-灯光、VRayIES、VR-环境灯光和VR-太阳等4种灯光类型。

6. 材质

Max软件中默认材质为标准材质，安装和3ds Max软件版本相同的VRay渲染器后，在材质卷展栏中将另外添加V-Ray选项。

标准材质中包括INK’n Paint、光线跟踪、双面、变形器、合成、壳材质等15个标准材质类型。

V-Ray材质中包括VR-Mat-材质、VR-凹凸材质、VR-散布体积、VR-材质包裹器、VR-模拟有机材质、VR-毛发材质等19种材质。

1）标准

标准材质是3ds Max默认的材质类型，它可以模拟物体的表面颜色。使用“标准”材质时可以选择各种明暗器，为各种反射表面设置颜色以及使用贴图通道等，这些设置都可以在参数面板的卷展栏中进行。

2）VRayMtl（基本材质）

VRayMtl 材质是 VRay 中最基本的材质，也是效果图制作过程中最常用到的材质，它与 MAX 中标准材质的使用方法类似，同样可以设置漫反射和高光等。不同的是 VRayMtl 材质添加了“折射”选项，设置折射可以创建透明或半透明材质。而且渲染速度和细节质量要比 MAX 中的标准材质高出很多，如图 A-12、图 A-13 所示分别为皮面材质与藤编材质。

图 A-12 皮面材质

图 A-13 藤编材质

7. VRay 渲染器

3ds Max 拥有自带的渲染器，如描线渲染器、VUE 文件渲染器等，设计者在进行高质量的效果制作时，通常会选用 VRay 渲染器。VRay 渲染器不是 3ds Max 自带的渲染器，只有安装与 3ds Max 软件的版本相兼容的 VRay 渲染器后，才可以使用该渲染器。作为独立的渲染器插件，VRay 在支持 3ds Max 的同时，也提供了自身的灯光材质和渲染算法，可以得到更好的画面计算质量。

VRay 渲染器可以利用全局光照系统模拟真实世界中光的原理渲染场景中的灯光，渲染灯光较为真实。主要用于渲染一些特殊效果，如光迹追踪、焦散、全局照明等。其最大特点是较好地平衡了渲染品质和渲染速度，在渲染设置面板中，VRay 渲染器还提供了多种 GI 方式，这样渲染方式就比较灵活，既可以选择快速高效的渲染方案，还可以选择高品质的渲染方案，如图 A-14、图 A-15 所示为渲染前后的效果对比。

图 A-14 渲染前效果

图 A-15 渲染后效果

附录 B

认识 SketchUp

SketchUp 也就是常说的“草图大师”，它是一款令人惊奇的设计工具，它能够给建筑设计师带来边构思边表现的体验，而且产品打破建筑师设计思想表现的束缚，快速形成建筑草图，创作建筑方案。因此，有人称它为建筑创作上的一大革命。

1. SketchUp 的特点

对于 SketchUp 的运用，通常会结合 AutoCAD、3ds Max、VRay 或者 LUMIOM 等软件或插件制作建筑方案、景观方案、室内方案等。SketchUp 之所以能够快速、全面地被室内设计、建筑设计、园林景观、城市规划等诸多设计领域设计者接受并推崇，主要有以下几种区别于其他三维软件的特点。

1）直观的显示效果

在使用 SketchUp 进行设计创作时，可以实现“所见即所得”，在设计过程中的任何阶段都可以作为直观的三维成品来观察，并且能够快速切换不同的显示风格。摆脱了传统绘图方法的繁重与枯燥，与客户的交流更为直接、有效。

2）建模高效快捷

SketchUp 提供三维的坐标轴，这一点和 3ds Max 的坐标轴相似，但是 SketchUp 有个特殊功能，就是在绘制草图时，只要稍微留意一下跟踪线的颜色，即可准确定位图形的坐标。SketchUp“画线成面，推拉成体”的操作方法极为便捷，在软件中不需要频繁地切换视图，有了智能绘图工具（如平行、垂直、量角器等），可以直接在三维界面中轻松地绘制出二维图形，然后直接推拉成三维立体模型。

3）材质和贴图使用便捷

SketchUp 拥有自己的材质库，用户也可以根据自己的需要赋予模型各种材质和贴图，并且能够实时显示出来，从而直观地看到效果。同时，SketchUp 还可以直接用 Google Map 的全景照片来进行模型贴图，这样对制作类似于“数字城市”的项目来讲，是一种提高效率的方法。材质确定后，可以方便地修改色调，并能够直观地显示修改结果，以避免反复的试验过程。

4）全面的软件支持与互转

SketchUp 不但能在模型的建立上满足建筑制图高精确度的要求，还能完美结合 VRay、Piranesi、Artlantis 等渲染器实现多种风格的表现效果。此外，SketchUp 与 AutoCAD、3ds Max、Revit 等常用设计软件可以进行十分快捷的文件转换互用，满足多个设计领域的需求。

2. SketchUp 工作界面

SketchUp 以简易明快的操作风格在三维设计软件中占有一席之地，其界面非常简洁，初学者很容易上手。当软件正确安装后，启动 SketchUp 应用程序，首先出现的是 SketchUp 的“学习”界面，如图 B-1 所示。

SketchUp 中有很多模板可以选择，如图 B-2 所示。使用者可以根据自己的需求选择相对应的模板进行设计建模。选择好合适的模板后，单击 “开始使用 SketchUp”图形按钮，即可进入 SketchUp 的工作界面。

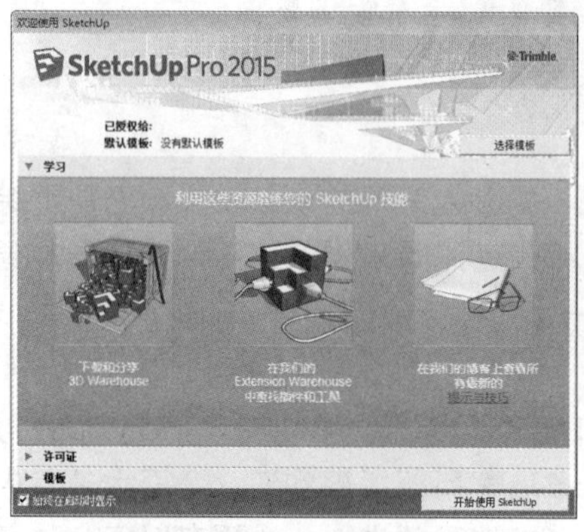

图 B-1 SketchUp 学习界面

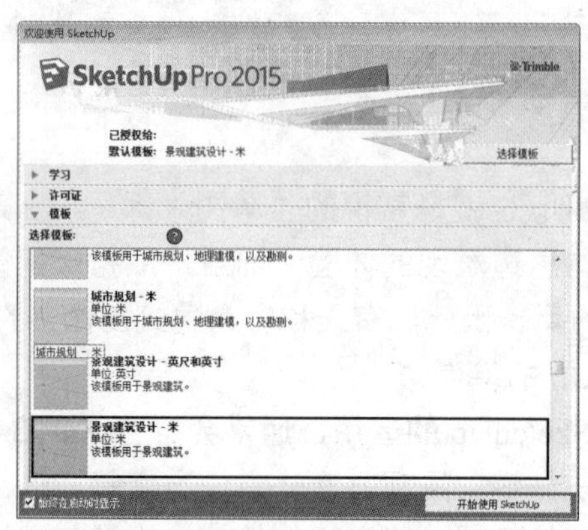

图 B-2 SketchUp 模板选择界面

SketchUp 的设计宗旨是简单易用，其默认的工作界面也十分简洁，界面主要由标题栏、菜单栏、工具栏、状态栏、数值控制栏及中间的绘图区构成，如图 B-3 所示。

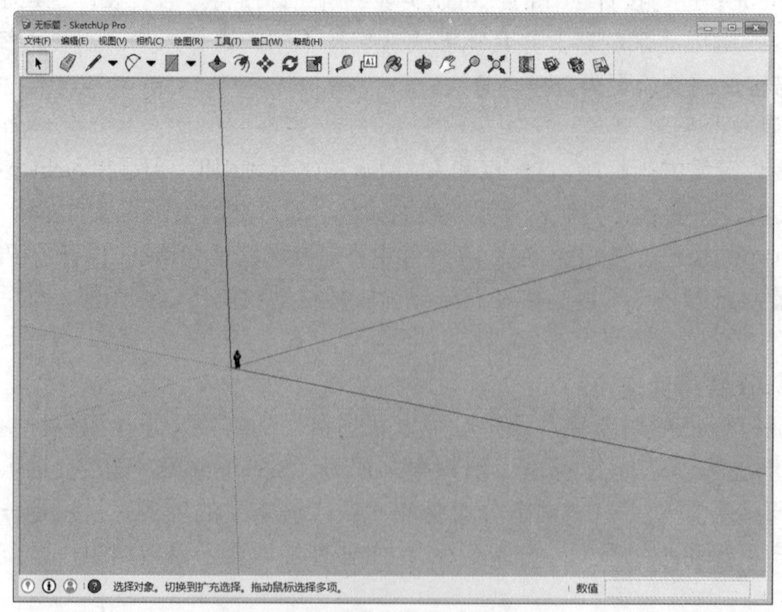

图 B-3 SketchUp 2015 工作界面

1）标题栏

标题栏位于绘图窗口的顶部，其右端包含 3 个常见的控制按钮，即最小化、最大化、关闭按钮。用户启动 SketchUp 并新建空白文件时，系统将显示空白的绘图区，表示用户尚未保存自己的作业。

2）菜单栏

菜单栏显示在标题栏的下方，提供了大部分的 SketchUp 工具、命令和设置，由“文件”“编辑”“视图”“相机”“绘图”“工具”“窗口”“帮助”8 个菜单构成，每个主菜单都可以打开相应的子菜单及次级子菜单。

3）工具栏

工具栏是浮动窗口，用户可随意摆放。默认状态下的 SketchUp 仅有横向工具栏，主要包括“绘图”“测量”“编辑”等工具组按钮。另外，通过执行“视图”→“工具栏”命令，在打开的“工具栏”对话框中也可以调出或者关闭某个工具栏。

4）状态栏

状态栏位于绘图窗口的下面，左端是命令提示和 SketchUp 的状态信息，用于显示当前操作的状态，也会对命令进行描述和操作提示。其中包含了地理位置定位、归属、登录以及显示 / 隐藏工具向导 4 个按钮。

状态栏的信息会随着鼠标的移动、操作工具的更换及操作步骤的改变而改变，总的来说是对命令的描述，提供操作工具名称和操作方法。当用户在绘图区进行任意操作时，状态栏就会出现相应的文字提示，根据这些提示，用户可以更加准确地完成操作。

5）数值控制栏

数值控制栏位于状态栏右侧，用于在用户绘制内容时显示尺寸信息。用户也可以在数值控制栏中输入数值，以操纵当前选中的视图。

6）绘图区

绘图区占据了 SketchUp 工作界面的大部分空间，与 Maya、3ds Max 等大型三维软件的平面、立面、剖面及透视多视口显示方式不同，SketchUp 为了界面的简洁，仅设置了单视口，通过对应的工具按钮或快捷键可快速地进行各个视图的切换，有效节省了系统显示的负担。

3. SketchUp 效果赏析

SketchUp 作为室内、建筑及园林效果图的建模工具十分合适，从业余设计、居家环境的改善，到设计大型且复杂的住宅区、商业区、工业区、景观园林等，皆可用此软件进行操作，且可以获得立体视觉化的效果。下面就来欣赏一组 SketchUp 制作的效果，如图 B-4 ～图 B-7 所示。

图 B-4 住宅效果图

图 B-5 建筑外观效果图

图 B-6 园林景观效果图

图 B-7 模拟手绘街景效果图

参 考 文 献

[1] CAD/CAM/CAE技术联盟.AutoCAD 2014室内装潢设计自学视频教程[M]. 北京：清华大学出版社，2014.

[2] CAD辅助设计教育研究室. 中文版AutoCAD 2014建筑设计实战从入门到精通[M]. 北京：人民邮电出版社，2015.

[3] 姜洪侠，张楠楠.Photoshop CC图形图像处理标准教程[M]. 北京：人民邮电出版社，2016.